경제학은
어떻게
과학을
움직이는가

How Economics Shapes Science

경제학은 어떻게 과학을 움직이는가

How Economics Shapes Science

폴라 스테판 지음 | 인윤희 옮김

최첨단 과학 프로젝트 뒤에 숨겨진
경제적 논리

글항아리

차례

그림과 표

그림

표

들어가는 말

이 책은 경제학이 과학과 어떤 관계에 있는가를 탐험한다. 또 과학이 경제, 특히 경제성장에 어떤 영향을 미치는지도 살펴본다. 미국에서는 주로 대학교와 의과대학에서 공공연구를 수행하다보니 대학에서 어떻게 연구를 수행하고 지원하는가에 초점을 맞추었다. 이는 적어도 미국 학계에서는 전적으로 대학이 권한을 가지고 연구 사업을 추진하기 때문이다.

그렇다고 경제학이 과학 연구에 영향을 미치는 단 하나의 요인이라는 말은 아니다. 사회학이 과학의 구성 체계와 보상 구조를 이해하는 데 크게 도움이 되듯 다른 분야도 과학 연구에 상당히 기여한다. 마찬가지로 과학이 경제성장에 공헌하는 유일한 요인이라는 말 역시 아니다. 예컨대 정치학이나 가치관도 분명 중요한 몫을 담당한다.

비록 제목에서는 경제학과 과학만을 언급했지만, 이 책은 다른 분야의 통찰과 연구에도 의지하고 있음을 밝힌다. 사실 나를 과학 연구로 이끈 여러 요인 가운데 하나는 경제학으로 한정된(때로는 몹시 좁은) 범위를 벗어나 관심사와 취향에 맞는 책들을 마음껏 읽을 수 있다는 점이었다.

한편 이 책에서 연구 행위와 성과에 영향을 미치는 다양한 주체와 요인들에 대해 매우 서술적으로 요약하는 방식을 취한 부분이 있다. 이와 같은 서술 방식을 의도적으로 취한 이유는 30년 넘게 과학을 연구하면서 연구 환경에 대한 이해조차 없이 과학과 과학 정책에 관해 글을 쓰는 무모한 사람들을 보며 놀라곤 했기 때문이다. 이 책을 쓰는 목적은 과학계가 돌아가는 풍경을 펼쳐 보여 사람들을 끌어들이고, 과학경제학을 공부하고자 하는 사람들(기쁘게도 점차 늘어나고 있다)이 탄탄한 기반 위에서 과학경제학에 접근할 수 있도록 돕기 위함이다. 또 추가적인 연구로 이어질 만한 질문도 중간 중간 던지고자 한다. 이렇게 한다고 해서 내가 이 주제들을 최초로 연구했다거나 내가 가장 통달한 사람이라는 뜻은 분명 아니다. 오히려 그것과는 거리가 멀다. 과학경제학을 연구하는 나와 동료 학자들의 연구는 내가 이 분야에 뛰어들기 한 세대(또는 반 세대) 전부터 이 분야를 개척해온 학자들에게 어마어마한 빚을 지고 있다. 이 학자들 중에서는 케네스 애로, 폴 데이비드, 즈비 그릴리치, 로버트 C. 머튼, 리처드 넬슨, 네이선 로젠버그가 대표적이다.

나는 이 책을 이 분야의 동료나 학생뿐만 아니라 미국, 중국, 유럽, 일본 등 공공 연구기관에서 일하는 수많은 사람을 위해 썼다. 또 과학 연구와 공공 기관에서 수행하는 연구에 관심이 있는 각계각층의 사람들과 정책입안자들도 고려했다. 부디 이 책을 통해 경제학이 과학을 어떻게 구체화하는가를 폭넓게 이해하고 좀 더 효과적인 과학정책 수립과 효율적인 연구 재원 활용으로 이어지기를 기대한다.

주요 약어

AAMC 미국의과대학협회 Associations of American Medical Colleges

AAU 미국대학연합 American Association of Universities

ANR 프랑스국립연구지원국 L'Agence nationale de la recherche (France)

APS 고등광자소스, 아르곤 국립연구소 Advanced Phoron Source, Argonne National Laboratory

ARRA 미국 경기부양 및 재투자법 American Recovery and Reinvestment Act

AUTM 대학기술관리자협회 Association of University Technology Managers

BLS 미국 노동통계국 Bureau of Labor Statistics

CERN 세른, 유럽핵입자물리연구소 European Organization for Nuclear Research

CIS 지역혁신조사 Community Innovation Surveys (Europe)

CMS 인구압축도 조사 Compact Population Survey

CPS 현재 인구 조사 Current Population Survey

CNRS 프랑스 국립과학연구센터 Centre national de la recherche scientifique (National Center for Scientific Research, France)

DARPA **미국 방위고등연구계획국** Defense Advanced Research Projects Agency (U.S.)

DGF **직접 정부 기금** Direct government funds

DOD **미국 국방부** Department of Defense (U.S.)

DOE **미국 에너지국** Department of Energy (U.S.)

E-ELT **유럽형 초대형 망원경** European Extremely Large Telescope

ERC **유럽연구위원회** European Research Council

FIRB **이탈리아 기초연구투자기금** Fund for Investing in Fundamental Research (Italy)

GMT **거대 마젤란 망원경** Giant Magellan Telescope

GRE Graduate Record Examination

GUF **일반 대학 기금** General university funds

H-1B 비자 전문 지식을 갖춘 외국인이 미국에서 단기체류하며 일하도록 허용하는 비이민 비자

hESC **인간배아줄기세포** human Embryonic Stem Cell, 2001년 조지 W. 부시 대통령이 정책 시행

HGP **인간 게놈 프로젝트** Human Genome Project

HHMI **하워드휴스 의학연구소** Howard Hughes Medical Institute

ITER **국제 열핵융합 실험로** International Thermonuclear Experimental Reactor

LHC **거대강입자가속기** Large Hadron Collider (유럽핵입자물리연구소에 위치)

MOU **양해각서** Memorandum of Understanding

NASA **나사, 미국항공우주국** National Aeronautics and Space Administration

NIGMS **미국국립일반의학연구소** National Institutes of General Medical Science

NIH **미국국립보건원** National Institutes of Health

NIST **미국국립표준기술연구소** National Institute of Standards and Technology

NRSA **국가연구서비스상** National Research Service Awards

NSCG 전미대학졸업자 조사 National Survey of College Graduates (미국국립과학재단이 감독)

NSF 미국국립과학재단 National Science Foundation

OECD 경제협력개발기구 Organization for Economic Co-operation and Development

OWL 초대형 망원경 Overwhelmingly Large Telescope

PSI 단백질 구조 계획 Protein Structure Initiative (미국국립보건원 주도)

R&D 연구개발 Research and Development

RAE 연구 실적 평가 Research Assessment Exercise (영국)

REF 연구 우수성 프레임워크 Research Excellence Framework (RAE 후속 평가제도, 영국)

R01 미국국립보건원이 수여하는 가장 오랜 역사를 지닌 연구 지원금

S&E 과학 · 공학 Science and Engineering

SDR 박사학위 취득자 조사 Survey of Doctorate Recipients (미국국립과학재단 집계)

SDSS 슬론 디지털 스카이 서베이 Sloan Digital Sky Survey

SED 박사학위취득조사 Survey of Earned Doctorates (미국국립과학재단 집계)

SEPPS 전미 과학 · 공학박사 및 박사후연구원 조사 National S&E PhD & Postdoc Survey

SER-CAT 동남지역협동접근팀 Southeast Regional Collaborative Access Team

SKA 스카 망원경 Square Kilometer Array Telescope

SMSA 표준대도시 통계지역 Standard Metropolitan Statistical Area

Study Section 스터디 섹션 Scientific review groups at NIH (주로 비정부기관 전문가로 구성)

TMT 30 구경 망원경 30-meter telescope

TTO 기술이전사무소 Technology Transfer Office

일러두기

1. 본문에서 저자는 경제와 경제학이라는 용어를 정확히 구분해서 사용하고 있다. 옮길 때 이 부분을 유의했음을 밝혀둔다.

제1장

경제학은 과학을 어떻게 움직이는가

이 책은 공공 연구기관이 수행하는 과학 연구에서 경제학이 어떻게 작동하는가를 탐구한다. 미국의 공공 연구기관은 대개 대학교와 의과대학이다. 반면 유럽이나 아시아에서는 공공 연구의 상당수가 전문 연구소에서 수행된다. 이 책은 공공 연구기관에서 수행하는 '지식의 창조'라는 막중한 역할에 초점을 맞췄다. 가령 미국에서 과학 저널에 발표되는 전체 논문 가운데 약 75퍼센트가 대학교와 의과대학 소속 과학자 및 공학자의 저작이다.[1] 마찬가지로 기초연구의 약 60퍼센트도 대학교와 의과대학에서 이뤄진다.[2]

그렇다면 경제학과 과학은 어떤 관계일까? 둘 사이에는 다양한 연관성이 있다. 경제학은 결국 경쟁적인 필요와 욕구에 부합하도록 희소한 자원을 어떻게 배분할 것인가를 묻는 인센티브와 비용에 관한 학문이 아니던가. 이와 같이 과학에도 돈이 필요하고 인센티브가 핵심적인 역할을 하고 있다. 과학 연구를 위해 막대한 비용을 투입한 극단적인 사례로는 유럽에서 80억 달러를 들여 제작해 2009년 가을에 (두 번째로) 가동을 시작한 거대강입자가속기LHC, Large Hadron Collider(빅뱅을 재현해 우주 탄생의 비밀을 알아내려는 실험 장치. 스위스 제네바의 유럽핵입자물리학연구소CERN가 제작했다. 빛의 속도에 가깝게 양성자를 가속한 후 충돌시켜 이때의 반응을 관찰함으로써 '힉스입자' 등을 확인하고자 한다.—옮긴이)를 들 수 있다.[3] 이외에도 사례는 얼마든지 있다. 연구원 8명으로 구성된 전형적인 대학 실험실에 소요되는 인건비는 연간 대략 35만 달러다. 이 수치는 복리후생비를 포함했으나 책임연구원들의 시간 비용과 간접비는 감안하지 않은 금액이다.[4] 공공 연구기관들은 으레 연구시설을 갖추고 유지하는 데 많은 돈을 들이며, 그래서 새로운 시설에서 연구할 교수진에 막대한 초기 연구비start-up package를 지급한다. 최근 몇 년 동안 초기 연구비의 규모가 크게 늘어나 어느 대학에서는 교수진 연봉 총액의 4~5배에 이르기도 했다.[5] 어떤 실험실에나 있는 실험용 쥐조차 구입비와 유지비가 상당히 드는 편이다. 당뇨, 알츠하이머, 비만 등 특정 질환이나 문제가 발생하기 쉽게 설계한 쥐를 주문하면 대략 3500달러 정도가 들며 쥐 한 마리를 유지하는 데 드는 비용은 하루에 0.18달러 정도다. 싼 듯 보일지 몰라도, 실험동물이 많이 필요한 일부 과학자들은 쥐에만 연간 20만 달러가 넘는 돈을 쓴다.[6]

공공 부문에서 과학 연구에 투입하는 비용은 엄청나다. 미국은 국민총생산GDP의 0.3~0.4퍼센트를 대학교와 의과대학의 연구개발비로 쓴다. 2009년에는 거의 550억 달러에 달했으며 이는 국민 1인당 약 170달러에 해당되는 금액이다.[7] 세계 각국은 대부분 연구개발비로 GDP 대비 낮은 비율을 투입하지만 스웨덴, 핀란드, 덴마크, 캐나다 등 몇몇 국가는 대학교와 의과대학의 GDP 대비 연구개발비 비율이 이례적으로 높다.[8]

비용이 연구 수행에 미치는 영향

비용은 연구를 수행하는 방식에 영향을 미친다. 유럽이 당초 훨씬 큰 반사경을 사용하려던 초대형 망원경Overwhelmingly Large Telescope; OWL이 아니라 유럽형 초대형 망원경European Exceedingly Large Telescope; E-ELT으로 방향을 바꾼 결정도 비용 때문이었다.[9] 비용은 대규모 프로젝트를 좌초시킬 수도, 지연시키는 선에서 그칠 수도 있다. 국제 열핵융합 실험로International Thermonuclear Experimental Reactor(1980년대 후반부터 국제원자력기구의 지원 아래 미국, 유럽연합, 일본, 러시아, 인도, 우리나라가 협력하여 진행하고 있는 핵융합 에너지 공동연구 프로젝트. 이하 ITER—옮긴이)는 2016년 가동을 목표로 하는 원안에서만 수십억 유로가 필요했다. 현재 ITER은 빨라야 2018년에 가동될 예정이며 그때도 가장 기본적인 형태만 갖출 전망이기 때문에 에너지를 생산하는 플라즈마plasmas를 만들기 위해 추가 설비가 필요할 것이다.[10] 추진 과정에서도 ITER의 건설비용은 꾸준히 늘어났다. 2010년 봄에 새로 공표한 비용만 봐도 유럽은 예상보다 2.7배, 미국은 2.2배나 부담하는 비용이 커질 전망이다.[11]

비용은 연구원들이 수컷 쥐로 실험할지 암컷 쥐로 실험할지(암컷이 더 비싼 편이다), 실험실의 책임 연구진을 박사후과정을 밟는 연구원postdoc(이하 박사후연구원)으로 할지 대학원생들로 꾸릴지 결정할 때도 영향을 미친다. 또 교수들이 정규 직원보다 주로 대학원생이나 박사후연구원, 실무 연구원 등 '임시직'으로 이뤄진 스태프를 선호하는 이유도 설명해준다. 비싼 전기료 때문에 거대강입자가속기를 겨울에는 가동하지 않고 전기 요금이 싼 나머지 계절에만 가동하기도 한다.[12] 어떤 설비는 대학에서 '핵심'으로 삼고, 어떤 설비는 특정 실험실에서 독점하기보다 여러 실험실에서 공동으로 사용할 것인지 결정할 때도 비용이 핵심 요인이며, 대학에서 종신직tenure-track 교수를 비종신직nontenure-track 교수로 대체할지 여부를 결정할 때도 비용(그리고 위험도를 최소화하려는 욕망)이 가장 중요한 변수다.

비용은 연구 속도에도 영향을 미친다. 1990년 인간 게놈 프로젝트를 시작할 때 염기쌍 하나의 서열을 분석하는 데 10달러 이상이 들었다. 이 비용은 빠르게 낮아져 2007년에는 염기쌍 하나당 비용이 1페니 아래로 떨어졌고 지금은 그조차 옛날이야기다. 이후에 새로운 세대의 염기서열 결정기술이 개발되면서 비용이 급격하게 낮아졌다. 어쩌면 이 책이 출간되기 전에 "게놈당 1회 반복 비용이 1만 달러를 넘지 않으면서, 10일 이내에 인간 게놈 100개의 염기서열을 결정하는 장치를 처음으로 고안한" 팀에게 유전체학을 위한 아르콘 엑스 상이 수여될지도 모르는 일이다.[13]

과학자들의 인센티브에 대한 반응

대학은 인센티브에 반응한다. 2000년대 초 대학들이 생의학 분야에 새로운 연구 설비를 도입하며 유례없는 경쟁을 벌였다. 미국의 의과대학들이 5년이 채 되지 않는 기간에 생의학 연구시설의 건립과 개선 작업에 들인 비용이 연간 3억4800만 달러에서 11억 달러로 늘어났다.(모든 수치는 1990년 기준 가격으로 조정하여 산정했다.)[14] 이유는 이렇다. 생의학 분야의 연구 자금을 대규모로 지원하는 미국국립보건원NIH이 1998년부터 2003년 사이에 예산을 2배로 늘려, 대학들이 연구 성과를 확대하고 학교의 명성을 높일 새로운 기회라고 여길 만한 다양한 길을 열어줬다. 미국의 의과대학들이 재정적인 인센티브에 처음으로 반응을 보인 것은 아니었다. 지난 40년간 의과대학이 상당히 늘어난 데는 1965년에 메디케어Medicare(65세 이상의 노인을 위한 요양보험—옮긴이)와 메디케이드Medicaid(저소득층의 의료비용을 책임지는 것—옮긴이)의 영향이 컸으며, 이들 제도는 의과대학에 새로운 수입원이 되었다.

과학자와 공학자도 인센티브에 반응하기는 마찬가지다. 늘 하는 말과 달리 돈은 중요하지 않은 게 아니다. 말보다 행동을 보면 알 수 있다. 과학자들은 더 높은 연봉을 약속하는 자리로 쉽게 이직한다. 최근 들어 많은 공립대학에서 교수들이 빠져나갔는데, 이는 사립대학에서 (특히 2008년 금융위기 이전에) 공립대학보다 훨씬 많은 초기 연구비를 제공하는 경우가 흔했기 때문이다.

실제로 정교수의 연봉이 2009~2010학년도에 상위 20위 안에 든 공립대학은 캘리포니아대 LA캠퍼스UCLA뿐이다(1위인 하버드대보다 4만3000달러가 적었다). 또 캘리포니아대가 교수들의 봉급을 대폭 삭감한 직후인 2009년에는 버클리캠퍼스(UC버클리) 교수들에게 전화가 걸려오기 시작했다. UC버클리의 정교수는 이미 하버드대나 컬럼비아대보다 연봉이 25퍼센트나 적은 상황이었다. 지금은 이보다 더 적겠지만 말이다.[15]

과학자들은 논문을 게재할 학술지를 결정할 때도 인센티브에 반응한다. 『사이언스Science』 지에 접수되는 많은 논문은 이 학술지에 발표할 경우 해당 과학자의 고국에서 지급하는 보너스나 다른 금전적인 보상과 관련이 깊다.[16] 몇몇 사례를 보면 보너스 금액이 과학자의 기본 연봉 대비 20~30퍼센트에 달할 정도로 많은 편이다.

금전적인 수익 때문에 대학교수들이 자신의 연구를 바탕으로 창업에 나서는 경우도 많다. 최근 수년간 많은 과학자가 기업을 일으키거나 자신이 출원한 특허를 사용하는 대가로 대학에서 로열티를 받아 엄청난 규모의 돈을 벌어들였다. 하버드대 교수이며 서트리스 파머수티컬Sirtris Pharmaceuticals의 창업자인 데이비드 싱클레어David Sinclair는 2008년에 글락소Glaxo가 서트리스를 인수할 때 자신이 보유한 서트리스 주식을 이전해서 340만 달러 이상을 받았다. 로버트 티지앙Robert Tjian도 UC버클리 교수 시절에 공동 설립한 툴래릭Tularik을 암젠Amgen이 2004년에 13억 달러에 인수할 때 수백만 달러를 받은 바 있다. 오리건대 물리학과 스티븐 수Stephen Hsu 교수는 자신이 설립한 소프트웨어 회사 두 곳 가운데 한 곳을 2003년 시만텍Symantec에 매각하고 2600만 달러를 현금으로 받았다. 녹내장 치료제 잘란탄Xalantan의 개발을 이끈 라즐로 Z. 비토László Z. Bitó는 컬럼비아대가 보유한 해당 약물의 특허 덕분에 연간 수백만 달러를 벌어들였다. 이 특허는 2011년에 만료되었다.[17] 2005년에 에머리대의 세 연구원은 대학 측이 인체면역결핍바이러스HIV 치료제 엠트리시타빈emtricitabine에 대한 권리를 길리어드 사이언스Gilead Sciences와 로열티 파마Royalty Pharma에 넘길 때 로열티 수익으로 2억 달러 이상을 나눠 가졌다.

드물기는 했지만, 이와 같은 사례가 점차 잦아지면서 미국 내 거의 모든 연구대학의 교수들 가운데 두세 명은 자신의 연구 덕분에 부유해졌다.

과학자들, 특히 연구 성과가 뛰어난 과학자들이 받는 급여가 터무니없이 적지는 않다. 2006년에 미국의 연구중심대학 중 사립대 수학과의 수석 정교수라면 연간 18만 달러를 받았다. 이들과 비슷한 공립대의 정교수는 15만 달러였다. 사립 연구대학의 생물학과 정교수는 27만7700달러, 공립대의 경우는 20만 달러를 받았다.[18] 그러다보니 미국이 연구 성과가 뛰어난 유럽의 과학자들을 끌어들이는 자석과 같다고 해도 전혀 놀라운 일이 아니다. 미국은 과학자들이 연구에 착수하도록 북돋는 전통이 있을 뿐 아니라 연봉도 확실히 높다. 부분적이기는 해도 연구 성과에 따라 추가 수입까지 주어지니 말이다. 미국과 대조적으로 유럽의 많은 대학이나 연구소에 소속된 과학자들은 공무원 신분이어서 연구 실적과 관계없이 동일한(상대적으로 낮은) 급여를 받는다. 프랑스의 경우, 연차가 상당히 높은 대학교수라도 약 7만 달러를 받을 수 있을 뿐이다.[19]

다른 직업군과 비교해 생기는 연봉 차이는 누가 과학 분야에 종사하는가에 영향을 미친다. 과학계로 진로를 정하는 미국인(여러 해에 걸친 지원자 수) 가운데 특히 남성이 감소하는 현상은 과학자나 공학자의 연봉이 다른 직업군보다 상대적으로 낮은 탓도 있다. 하버드대를 졸업한 가장 뛰어난 인재들이 자연스레 월 가로 대거 가버리지 않았는가. 물론 생물학과 정교수가 받는 연봉 27만7000달러가 적은 금액은 아니다. 수학과 정교수의 연봉 18만 달러도 적지 않다. 하지만 수년간 훈련을 거치고 고된 연구를 수행한 뒤에야 손에 쥘 수 있는 연봉이다. 대학 졸업장을 갓 취득하고 월 가에서 기본 직무에 배치된 졸업생은 (특히 경제위기 전에) 자기 직종에서 고위직에 해당되는 박사학위 소지자 연봉의 3분의 2를 받았다.[20] 유수의 MBA 출신이 금융계에서 10년 이상 근무하고 커리어를 쌓기 시작하면 교수들보다 3배가 조금 넘는(더 정확하게 말하면 55만9802달러) 연봉을 기대할 수 있다.[21]

펠로십fellowship(학교에서 일이나 연구를 하며 받는 장학금—옮긴이) 규모가 커지고 기회도 많아지면서 갈수록 많은 학생이 대학원으로 유입되고 있다. 미국에서는 학업 중에도 다양한 연구조교 일을 할 수 있고, 대학원 졸업 뒤에도 일할 기회가 많아 외국인이 학업을 이유로 미국을 찾게 하는 강력한 인센티브가 된다.

그렇다고 금전적인 인센티브가 전부는 아니다. 금전 이외의 인센티브도 교수진과 연구소 양측에 중요하다. 아무 과학자나 붙들고 왜 과학자가 되었는지 물어보라. "수수께끼 푸는 게 재미있어서"라는 대답을 가장 흔히 들을 수 있을 것이다. 과학자들은 대부분 '문제 해결의 즐거움'에서 느끼는 만족감이 크다. 수수께끼를 풀고서 얻는 기쁨은 연구에 따르는 보상의 일부인 셈이다. 뿐만 아니라 과학자는 인정을 받으며 연구 수행의 동기를 부여받기도 한다. 과학계에서 '명성'은 중요하다. 그리고 이 명성은 연구 결과를 최초로 발표할 때 쌓인다. 그 대가는 발견의 '우선권' 확보다. 일반적으로 과학계에서 명성을 측정할 때는 과학자의 논문이나 연구 활동이 인용된 횟수를 기준으로 삼는다. 최근에는 과학자의 인용 실적을 기초로 특정 과학자가 수행한 연구의 영향력을 측정하는 에이치-인덱스h-index가 각광을 받고 있다. 몇몇 과학자는 자신의 에이치-인덱스를 이력에 일상적으로 포함시키기도 하고, 눈에 띄게 개인 홈페이지에 내거는 사람도 있다.[22] 과학계도 채용을 결정할 때 지원자들의 에이치-인덱스를 사용하는 것으로 알려져 있다.

우선권을 부여해 공로를 인정recognition하는 방식은 과학계가 발견에 애착을 갖는 것만큼이나 다양하다. 최상위 우선권은 발견에 과학자의 이름을 붙이는 명명 방식이다. 예컨대 리히터 지진계Richter scale(지진파의 진폭, 주기, 진앙 등을 계산해서 지진의 규모를 나타내는 척도—옮긴이)는 1935년 캘리포니아 공과대학Caltech에서 베노 구텐베르크Beno Gutenberg(지구 내부의 지진파 속도 분포, 특히 유체 핵 및 맨틀 저속층의 존재를 밝히는 데 공헌한 지구 물리학자—옮긴이)와 함께 지진계를 고안한 찰스 리히터Charles Richter의 이름을 차용했고[23] 허블 망원경은 1929년에 우주의 팽창을 발견한 천문학자 에드윈 허블Edwin Hubble의 이름에서 따왔다. 다른 명명 사례로는 핼리 혜성Halley's comet, 소크 백신Salk vaccine(소아마비 예방 백신), 플랑크 상수Planck's constant, 호지킨병Hodgkin's disease 등이 있다.

인정은 상의 형태로도 표현된다. 과학 분야에서는 노벨상이 가장 널리 알려져 있지만 상의 종류는 수백 가지에 달하며 해마다 새로운 상이 생겨나고 있다. 노르웨이 국왕이 3개 부문(천체물리학, 나노과학, 신경과학)에 각 100만 달러의 상금을 주는 카블리상은 2008년 가을에 처음으로 수상자를 배출했다.[24]

비단 과학자나 공학자들만 명성을 추구하지는 않는다. 대학도 교수들의 연구 역량이나(인용 횟수나 연구 자금으로 측정) 노벨상 수상자 및 국립 아카데미 회원 수 등을 기준으로 매겨지는 서열에서 상위권을 차지하려고 고군분투한다. 대학들이 연구비를 탕진한다는 불평을 들으면서도 이를 추구하는 한 가지 이유는 의심의 여지가 없다. 계속해서 교수들이 지원금을 받아오도록 독려(압력이라고 하는 사람들도 있겠지만)하려는 것이다.[25]

지식은 공공재인가

과학자들이 자신의 발견을 적절하게 공유하도록 장려하는 수상 체계는 매우 기능적이다. 이유는 지식이란 경제학자들이 공공재public good라고 일컫는 특성을 지녔기 때문이다. 공공재는 비배제성과 비경합성을 띤다. 경제학에서 공공재의 고전적인 예는 등대다. 등대를 설치하면 누구든 사용할 수 있기 때문에 비배제적nonexcludable이다. 동시에 사용자가 늘어나더라도 타인의 등대 사용 편익이 감소하지 않으므로 비경합적nonrivalrous이다. 지식도 공공재와 닮았다. 일단 연구 결과가 공표되면 다른 사람들이 지식을 사용하지 못하도록 배제하기 어렵다. 또 연구 결과가 공유된다고 해서 고갈되지 않는다.[26]

경제학자들은 시장이 공공재 특성을 지닌 재화를 생산하기에는 매우 적합하지 않다고 누누이 밝혀왔다.[27] 간단히 말해 인센티브가 없다는 뜻이다. 타인의 접근을 제한하지 못한다면 이익을 얻기 어렵다. 공공재는 소비자가 대가를 지불하지 않고도 재화를 사용할 수 있으므로 무임승차를 불러오는데, 유사한 무임승객 문제가 과학자들 사이에도 존재한다. 와인회사는 소비자에게 와인을 팔면 되고 야구팀은 경기 티켓을 팔면 되지만, 연구원은 연구 성과가 출판되어 공표되는 한 타인이 사용하지 못하도록 막을 방법이 없다. 가치를 평가할 길이 없는 셈이다. 특히 시장이 가치를 평가하든 안 하든 상품에 기여하기까지 오랜 시간이 걸리는 기초연구는 더욱 값을 매기기 어렵다. 금전적인 인센티브가 부족하면 사회에 필요한 연구보다 매우 적은 연구가 수행되는, 즉 경제학자들이 '시장 실패'라고 일컫는 상태에 이를지도 모른다.

하지만 "사회는 시장보다 훨씬 영리하다."[28] '지식의 우선권'을 중시하는 풍토가 과학 분야에서 지식의 생산과 공유를 장려하는 보상 체계를 만들며 진화해왔다. 과학자들이 연구 결과에 대해 소유권을 주장하려면 자신의 발견을 사람들과 공유해야만 한다. 과학자들은 발견을 나눔으로써 연구 결과를 소유할 수 있는 것이다. 그 과정에서 과학자들은 전문가로서 명성을 쌓고, 그 명성이 좀 더 높은 연봉이나 컨설팅 기회, 공개적으로 기업과 거래하는 과학자문위원회와 같은 형태의 재정적인 보상을 간접적으로 가져다준다.

그렇다고 과학자들이 모든 것을 내준다는 의미는 아니다. 누군가는 꿩도 먹고 알도 먹는다. 어떤 연구는 특허로 이어지기도 하고 어떤 연구는 연구 수행에 필요한 기술이 베일 속에 가려지기도 한다. 하지만 또 어떤 경우에는 연구 결과물이 공개적으로 공유되기도 한다. 그렇다고 해도 과학자들은 대개 비슷한 계통에서 일하는 동료들과 정보를 공유하지 않는 편이다. 명성을 쌓으려면 최초가 되어야 하는데 경쟁을 돕다보면 두 번째로 밀려날 수도 있기 때문이다.[29]

정부의 연구 지원금

지식의 우선권이 연구 수행의 인센티브가 될는지도 모른다. 하지만 그것이 연구 자금을 제공하지는 않는다. 그래서 특히 기초연구는 전통적으로 정부나 자선 단체의 지원을 받아왔다. 정부가 연구비를 지원하는 것은 시장이 실패할 경우 사기업이 충분한 연구 자금을 감당할 수 없으리라는 주장에 부분적으로 근거를 둔다.[30] 공공 부문이 지원하는 연구 자금은 국방이나 보건 개선처럼 사회적으로 필요하지만 시장이 직접 제공하지 않는 연구의 중요성 때문이기도 하다. 1940년 이후, 기대수명이 14년 이상 늘어난 까닭은 항생제의 발명이나 효과적인 심혈관계질환 치료약 개발 등 주로 과학 진보의 덕을 봤다고 해도 무리가 아니다.[31] 수명 연장에 따른 이득은 막대하다. 어떤 연구는 사람들의 기대수명 연장으로 발생하는 혜택이 무려 3조 2000억 달러에 달한다고 주장할 정도다.[32]

맨해튼 계획Manhattan Project(제2차 세계대전 중 프랭클린 루스벨트 대통령이 이끈 미국의 원자폭탄 제조 계획—옮긴이)이 충분히 보여줬듯 과학 연구는 국방 분야에서도 중요한 역할을 담당한다. 그런데 레이더와 컴퓨터 등 국방 분야의 많은 혁신적인 연구가 국가 방위뿐 아니라 상업적으로도 광범위하게 응용되어왔다.[33]

세계 각국은 '과학 올림픽'에서 승리하고 싶은 욕망 때문에 연구를 지원하기도 한다. 마음껏 뽐내기 위해 최초로 달에 사람을 보내거나 최초로 인간의 유도 만능 줄기세포iPS, induced Pluripotent Stem cell(역분화 줄기세포. 완전히 자란 체세포에 세포분화 관련 유전자를 지닌 조작된 유전자를 주입해 배아줄기세포와 같이 세포 생성 초기의 만능세포 단계로 되돌아간 세포.—옮긴이)를 만들어내기도 한다. 각국 정부는 기본적인 이해를 위한 인도적인 차원의 탐구 목적으로도 연구를 지원한다. 숱한 예가 떠오르지만 2009년 가을에 수리한 허블 우주 망원경이 보내오는 근사한 이미지들이야말로 최근에 접할 수 있는 최고의 예가 아닌가 한다. 만일 거대강입자가속기가 힉스입자Higgs boson(일부 물리학자들이 '신God의 입자'라고 부르는 것)를 확인한다면 과학은 우주의 기원을 알아내는 대약진을 달성할 수 있으리라.[34]

기초연구와 경제성장 간의 관계도 공공 연구 지원을 위한 논리에 힘을 실어준다. (이제는 무척 친숙해진) 국가가 기초과학 연구를 지원해야 한다고 주장하는 사람들의 논리는 다음과 같다. 경제성장은 상위 부문 연구(신제품이나 공정으로 이어지기까지 오랜 기간이 소요되는 연구)에서 동력을 공급받는다. 더욱이 기초연구는 광범위한 분야에 기여하고 다양한 쓰임새를 지닌다는 잠재력이 있다. 다양한 쓰임새라는 기초연구의 본질 때문에 발견과 적용 사이에는 오랜 시간이 필요하다. 그렇다보니 개인이나 기업, 산업계가 사회에 필요한 만큼 충분히 기초 연구를 지원하기를 기대하는 것은 어렵다. 경제적인 인센티브가 없기 때문이다. 연구 결과는 경쟁자 등 다른 사람들에게 흘러 들어갈 테고 경쟁자들은 최초 비용보다 낮은 비용으로 지식을 사용할 수 있게 된다. 지식의 확산spillover은 사회 전체의 성장에는 유익하지만 시장을 기반으로 하는 단체들은 충분한 상위 연구를 수행하지 않으려 한다. 그러므로 정부가 연구를 지원하는 역할을 담당해야 하는 것이다.

공공 부문에서 신상품이나 공정에 기여한 연구 사례는 많다. 항해 방식을 탈바꿈시킨 GPS 장치는 원자시계atomic clock(원자가 복사 또는 흡수하는 전자기 에너지의 일정한 주기에 맞게 제작한 정밀한 시계—옮긴이)가 개발되지 않았다면 불가능했으리라.[35] 시간 측정에 원자의 진동을 사용한다는 개념은 무려 130년 전인 1879년에 켈빈Kelvin 경이 처음으로 제안했다. 이 제안을 실현시킬 실제 방법은 1930년대에 이지도어 아이작 라비Isidor Isaac Rabi가 개발했다.[36] 식품 공급을 획기적으로 개선한 잡종옥수수도 (오늘날의) 미시간주립대 교수 한 명이 처음 개발했다.[37] 방위 분야는 물론이고 커뮤니케이션, 엔터테인먼트, 수술 분야에서 막대한 영향력을 끼친 레이저는 1950년대 컬럼비아대 대학원생의 연구에 커다란 신세를 지고 있다.[38] 지난 1세기 동안 진단 기술diagnostic techniques 분야에서 가장 중요한 진보를 이뤘다고 할 자기공명영상MRI 기술은 1946년에 핵자기공명을 개별적으로 발견한 하버드대의 퍼셀Edward Purcell과 스탠퍼드대의 블로흐Felix Bloch가 수행한 연구에 뿌리를 둔다.[39] 두 사람은 1952년에 "새로운 핵자기 정밀 측정 방법 고안과 상호 관련성을 발견"한 공로로 노벨상을 공동 수상했다.[40] 현대의 대용량 하드드라이브는 유럽의 두 물리학자(1980년대에 거대 자기저항giant magnetoresistance을 개별적으로 발견한 페르Albert Fert와 그륀베르크Peter Gruenberg)의 연구가 없었다면 불가능했을 것이다. 그 연구 덕에 인류는 작은 공간에 방대한 정보를 저장할 수 있게 되었다. 이 두 사람은 2007년에 노벨물리학상을 공동 수상했다. 그런가 하면 약학 분야만큼 공공 연구가 뚜렷하게 기여한 분야도 없다. 1965년부터 1992년까지 도입된 가장 중요한 치료용 약물 중 4분의 3이 공공부문 연구에 기원을 둔다.[41]

이 정도는 시작에 불과하다. 현재 진행되고 있는 과학자들의 연구는 신제품을 개발하고 기존 공정을 발전시킬 가능성이 충분하다. 만일 상온 초전도체(상온에서 전기 저항이 0인 물질—옮긴이)를 개발한다면, 전력 손실 없는 전선을 만들 수 있게 된다.[42] 현재의 고온 초전도체는 138켈빈(약 -135℃) 부근에서 작동한다. 실내 온도가 300켈빈(약 27℃)임을 감안하면 실용적인 전선을 만들기에는 지나치게 낮은 온도다.[43] 태아의 피부에 난 상처는 흉터가 남지 않고 아무는데, 그 원리를 충분히 연구한다면 출생 후에도 흉터 없이 상처를 치료할 수 있을 것이다.[44] 또 유전자 치료는 심각한 실명 상태로 태어난 사람들에게 시력을 회복할 기회를 제공하며[45] 세계 각국이 국제 열핵융합 실험로ITER 연구에 수십억 달러를 투자하는 이유는 토카막tokamak(핵융합용 고온 플라즈마 발생 장치—옮긴이)이 설치된 원자로 내부에서 일어나는 수소 융합이 미래에 필요한 에너지를 충분히 공급할 수 있는 현실적인 방법이라는 희망 때문이다.[46] 그리고 줄기세포 연구는 손상된 장기의 치료를 도울 것이며, 센서, 이미징 툴, 소프트웨어의 진보는 폭발성 물질을 감지하는 새로운 방식의 개발에 기여할 것이다.[47] 또 연구원들이 탄소 나노튜브carbon nanotube를 고성능 전자 장치로 집약시키는 작업에 성공한다면 지금보다 조그마한 트랜지스터가 탄생할지도 모르겠다.[48]

공공 부문 연구와 경제성장은 최근 들어 더 많은 자원을 계속해서 필요로 했다. 국립연구위원회National Research Council는 2007년에 발표한 『몰려오는 폭풍을 넘어서Rising above the Gathering Storm』라는 보고서에서 국가 차원의 막대한 연구비 투자가 이뤄지지 않는다면 미국이 신흥 국가들에 뒤처질 것이라고 경고했다. 과학은 국가 경쟁력을 지켜주는 지니genie(『아라비안나이트』에 나오는 램프의 요정—옮긴이)지만 먹이를 줘야 한다. 이를 반영하듯 대학 총장들은 기부금을 모금하면서 으레 대학이 경제에 공헌한다고 강조한다. 그리고 지역 사회도 대학이 경제성장을 이끌 것이라고 믿으며 대학에 로비를 벌인다.

공공 기관의 연구가 성장의 발판이라는 관점이 잘못된 것은 아니다. 하지만 지나친 단순화이기도 하다. 대학교와 공공 연구기관의 숱한 연구가 신상품이나 공정으로 즉각 탈바꿈하지 않기 때문이다. 원자시계와 잡종옥수수가 보여주듯 시간이 필요하다. 물론 거의 처음부터 반향을 일으킨 월드 와이드 웹World Wide Web처럼 예외도 있다. 거대 자기저항 현상을 이용해 하드디스크를 만든 것도 시간문제였다. 반면에 어떤 경우는 그릇된 희망일 때도 있다. 전도유망해 보이던 연구가 예상했던 시간 안에 결과물을 내놓지 못하기도 하는 것이다. 1989년 낭포성 섬유증cystic fibrosis 유전자의 발견은 유전자를 기반으

로 한 치료를 가능케 하리라는 희망을 불러일으켰지만 지금도 그 성과를 기다리고 있는 실정이다.[49]

시간만 걸리는 게 아니다. 연구 결과가 신상품과 공정으로 이어지기까지 막대한 투자가 필요하고 기술 또한 요구된다. 이런 과정을 수행하는 데는 산업계가 학계보다 단연 뛰어나다.[50] 학계의 연구 성과를 칭송하면서도 혁신은 연구개발에서 나온다는(그리고 개발은 산업계에서 오랫동안 해온 일이라는) 사실을 잊지 말아야 한다.

산업계에서 일하는 과학자와 공학자들은 콘퍼런스에 참석하거나 대학 동료들이 발표한 학술 논문을 읽으면서 공공 부문이 수행한 연구를 배운다. 이들은 동료들과 학계에서 진행하는 합동연구에 참여하기도 한다. 산학 협동은 학계에서 끊임없이 배출하는 젊은 인재들을 통해서 활력을 얻는데, 공학과 화학 같은 몇몇 분야에서는 새로 양성한 박사들을 산업계로 대거 배출한다. 대학교수진이 산업계에 컨설턴트로 고용되기도 하고 산업계에서 연구 자금의 6퍼센트가량을 지원받기도 한다.[51]

그렇다고 지식이 일방적으로 학계에서 산업계로 흐르는 것은 아니다. 기업과 연계하여 연구하는 교수들은 대학 연구에서 드러나는 문제점들이 주로 산업계와 컨설팅을 하면서 바로잡힌다고 말한다.[52] 더욱이 공공 부문에서 개발해 과학 진보의 속도에 영향을 미친 기술 대부분이 산업계에서 꽃을 피운다.

과학 연구의 틀을 제공하는 경제학

경제학은 과학을 형성하는 데서 그치지 않는다. 경제학은 과학 연구의 틀을 제공하기도 한다. 과학자들은 과학이나 연구 사업을 구상하면서 생산함수(투입과 산출 사이의 관계를 상세하게 밝히는 개념)나 앞서 언급한 공공재 같은 경제학 개념을 차용한다. 아니면 자원 재할당이 생산성 개선에 기여하는가를 점검하며, 경제학의 효율성 개념을 끌어다 쓰기도 한다. 이는 투자 규모가 적절한가, 여러 프로젝트 사이에 효율적으로 자원이 배분되었는가에 관한 의문이기도 하다. 또 과학 분야에서 시장의 효율성에 관한 질문, 가령 "연구 분야에 채용할 과학자를 좀 더 효과적으로 훈련시킬 박사 훈련 모델의 기발함이 있는가?" "과학 설비 시장은 판매자들이 시장의 권력을 지나치게 독점하고 있지 않은가?"와 같은 의문도 갖게 된다.

경제학은 인센티브와 비용의 관계를 분석할 도구도 제공한다. 경제학은 이 도구를 다른 분야와도 공유하는데, 특정 개념과 접근법은 특히 과학과 과학자들을 연구할 때 핵심이 된다. 분명한 부분도 있고 불분명한 부분도 있지만 다음과 같은 사항들을 고려할 필요가 있다. 첫째, 상관관계에서 인과성을 끌어낼 때 조심하라. 둘째, 만일 가능하다면 사실과 반대로 생각해보라. 반대 상황을 가정해보지 않고서 정책의 성과가 미칠 영향력을 평가하기란 불가능하다. 예컨대 MRI와 원자시계를 탄생시킨 연구가 학계에 바탕을 두었다고 해서, 반대로 학계의 연구가 없었다면 MRI와 원자시계가 발명되지 않았을 것이라는 의미는 아니다. 셋째, 실험에서 특정 요인을 통제하지 않고 실시하는 자연적 실험natural experiment에서 얻은 증거는 선택이 일으키는 영향이 최소화되므로 그 어떤 증거보다 확신을 준다.[53] 가령 이미 존재하는 특허의 규제를 제한하는 외부 사건이 발생했다면, 특허가 후속 연구에 어떤 영향을 미치는가를 좀 더 확실히 알 수 있다. 넷째, 시간의 흐름에 따른 개별 데이터는 특정 시점에 수집한 데이터(이런 데이터는 '고정' 효과라고 여기는 요소를 통제할 수 있다)보다 독특한 강점을 지닌다. 즉, 개별 특성들은 시간이 흐른다고 해서 달라질 개연성이 적은 탓이다. 이외에도 고려해야 할 사항들이 있지만 이 정도만 언급해도 아이디어를 얻었으리라고 본다.

이 책의 초점

이 책은 주로 미국에 초점을 두었다. 미국은 내게 가장 익숙한 체계로 운영되며, 경제 용어로 표현하자면 '비교우위'를 지닌 지역이다. 그렇다고 미국만으로 한정하지는 않았다. 과학연구 지원은 물론 인센티브 제공 측면에서 다른 나라들과 비교했다. 수수께끼 풀기의 흥미와 우선권의 중요성 등 과학의 근본적인 특성은 국가라는 경계를 넘어선다. 과학은 또한 갈수록 국제화되어간다. 한 통계에 따르면, 전 세계 물리학 박사 가운데 50퍼센트가 모국이 아닌 다른 나라에서 일한다.[54] 미국의 연구소에서 발표하는 논문(단독 또는 복수 저자) 중에서 약 30퍼센트는 적어도 한 명이 외국인인 국제적인 공동저작이며, 이는 15년 전에 비하면 2배가 넘는 비율이다.[55] 이와 같은 현상은 여러 국가가 합동으로 대규모 설비에 투자하는 현실이 일부 반영된 탓인데, 다시 말해서 돈이 가장 중요한 요인이란 얘기다. 이는 10억 달러가 넘는 설비에 한 국가가 투자하기 어려운 오늘날의 현실에 대한 통찰을 제시한다. 아니면 과학의 국제화가 과학자의 이동성 증가와 광범위한 정보기술 채택이 과학자들의 의사소통을 혁신적으로 바꾸어놓았음을 보여준다고도 할 수 있다.

이 책은 과학과 공학에 꽤 '정통적인 정의orthodox definition'를 적용했다. 더 정확히 말해서 미국국립과학재단NSF이 사회과학(내 전공 분야인 경제학 포함)과 심리학을 과학 분야로 정의했음에도 이 책에서는 분석에 포함시키지 않았다. 그렇다고 이 책의 내용이 사회과학과 무관하다는 의미는 아니다. 오히려 여기서 발전시킨 많은 개념은 사회과학과 관련이 있다. 한 예로 우선권이 사회과학에서 중요한 역할을 수행하듯 수수께끼 해결에서 오는 만족감도 마찬가지다. 그리고 사회과학 분야의 연구는 대개 과학이나 공학에서 요구하는 수준까지는 아니더라도 방대한 자료를 필요로 한다.

좀 더 범위를 좁혀 이 책은 연구에 초점을 두었다. 2장과 3장은 연구 수행을 위한 인센티브를, 4장과 5장에서는 어떻게 연구가 이뤄지는지를 중점적으로 다룬다. 6장에서는 어떻게 연구비를 유치하는지 살펴본다. 여기에서는 기초연구와 응용연구를 구분한다. 일반적으로 기초연구는 본질적인 이해를 추구하고 응용연구는 실질적인 문제 해결에 관심을 두지만, 생의학 같은 특정 분야에서는 구분이 다소 모호해지는 추세다. 연구원들은 실제적인 문제를 해결함과 동시에 기본적인 이해 증진이라는 두 가지 목표를 추구할 수 있다. 도널드 스톡스

Donald Stokes는 루이 파스퇴르의 세균학 연구에 경의를 표하는 의미로 이 두 목표를 가진 연구를 파스퇴르의 사분면Pasteur's Quadrant이라고 일컬었다. 파스퇴르의 연구는 와인과 맥주 산업계가 직면한 문제 해결에 도움이 되었다.[56] 또 질병에서 세균이 담당하는 역할에 대한 기본적인 이해를 도왔으며, 인류 역사상 기대수명 증대에 그 어떤 조치보다 크게 기여한 공공 용수와 하수시설 투자에 강력한 동력을 제공했다.

이 책의 계획

이 책은 과학 수행에 있어 본질적인 '보상'에 관한 검토부터 시작한다. 수수께끼 해결에서 오는 즐거움은 과학 연구에 따르는 보상의 일부다. 하지만 과학자들은 즐거움뿐 아니라 인정을 받고 싶어한다. 과학자들은 최초 발표자에게 상을 주는 연구 사업에 관여하고 이 과정에서 발견의 우선권을 확립한다. 2장에서는 새로운 지식을 창조하고 공유하는 인센티브의 측면과 경제학자들이 논의할 필요가 있다고 생각하는 우선권 해결 방식이라는 측면에서 우선권 체계의 기능에 대해 살펴보고자 한다.

과학을 2등이나 3등에게는 아무런 보상이 돌아가지 않는 승자독식winner-take-all 경쟁이라고 흔히 묘사하곤 하지만, 이는 극단적인 관점일 뿐이다. 그보다는 테니스나 골프처럼 일종의 토너먼트 방식이라고 보는 편이 좀 더 적절한 비유다. 하지만 과학도 승자독식 경쟁이 지닌 몇몇 특질을 공유하는데, 특히 성과의 불평등 측면에서 그렇다. 과학의 성과물은 지나치게 한쪽으로 쏠려 있다. 전체 과학자와 공학자 중 6퍼센트에 불과한 인원이 전체 발표 논문의 50퍼센트를 쓴다. 2장에서 지극히 불평등한 과학 산출물의 배분과 연구 성과 측정 기준을 살펴보고자 한다.

과학 연구에 뒤따르는 재정적인 보상에는 과학자들이 창업(소수이기는 하지만)으로 벌어들이는 막대한 수입, 연봉, 로열티, 컨설팅 수수료가 포함된다. 여기에 직급, 교육기관의 성격(공립이냐 사립이냐), 분야에 따라 개인별로 다양한 분포를 보이는 교수 연봉까지 포함해 3장에서 자세하게 짚어보자. 3장에서는 국가별로 다양한 연구자의 급여와 이를 반영한 연구자들의 이동성까지 점검한다.

4장과 5장에서는 연구가 어떻게 수행되는지를 다룬다. 4장에서는 연구를 하는 사람들, 그리고 그들이 연구 사업에서 활용하는 설비와 기자재를 둘러본다. 5장의 핵심은 설비와 기자재, 연구 공간이다. 4~5장에서는 과학의 분야별로 수행하는 연구의 유사점과 더불어 과학 및 공학 전 분야에 꼭 들어맞는 연구 모델이 없다는 사실도 알아본다. 한 예로 수학, 화학, 식물학, 고에너지물리학, 공학, 해양학 분야는 생산 측면에서 정확한 공통점을 공유하는데, 바로 시간과 경험적 지식이 투입되어야 한다는 점이다. 하지만 차이점도 만만치 않다. 대표적으로 연구 수행 방식이 다르다. 수학자나 이론물리학자는 실험실에서 거의 연구하지 않고 혼자 일하는 경우가 잦은 반면 화학자나 생명과학자, 공학자와 많은 실험 물리학자는 공동연구를 수행하며 실험실에서 연구하는 경우가 대부분이다. 5장에서는 특정 분야에서 어떻게 연구가 설비로 정의되고 조직되는가를 천문학자와 고에너지 실험 물리학자들의 경우에 빗대어 살펴보겠다. 수학, 화학, 유체물리학 등 특정 분야는 연구 수행에 설비가 거의 필요 없다.

하지만 일반적으로 연구에는 돈이 든다. 쥐 한 마리를 구입하려면 17~60달러를 지불해야 하고 박사후연구원 한 명에는 4만 달러(복리후생비를 감안한다면 더 많다)가 들어간다. 염기서열분석기 한 대 가격은 47만 달러이며, 망원경 하나에 10억 달러가 넘게 들어가기도 한다. 6장에서는 공공 부문과 민간 부문의 연구 지원 현황과 체계를 살펴볼 것이다. 연구비를 결정하는 동료 심사, 상, 행정적인 배분, 지정예산 등이 여기에 해당된다. 6장에서는 또한 이런 체계들의 혜택과 비용도 고찰할 것이다. 예컨대 동료 심사는 지적으로 자유를 허락하고 과학자들이 직업을 통해 성과를 유지하도록 권장하는 등 다양한 장점이 있다. 거기에다 연구의 질을 높여주고 정보의 공유를 촉진하기도 한다. 반면 아쉬운 점도 있는데, 보조금을 연구 수행으로 연결짓기까지 보조금을 신청하고 관리하는 데 엄청난 시간을 들여야 하고, 실패에 대해서는 관용을 베풀지 않기에 위험을 감수하기 어렵게 만든다.

"누가 과학자나 공학자가 되는가"라는 의문에 대한 답은 7장에서 탐구하자. '지식을 향한 사랑'만 있으면 과학자가 될 수 있다고 말하는 사람들도 있지만 실제로는 그것만으로 과학자가 되기 어렵다. 펠로십을 지원받을 가능성과 지원금 규모는 과학과 공학 분야에 진출하는 사람 수에 영향을 미친다. 법률, 비즈니스 등 다른 분야의 높은 연봉이 과학이나 공학을 선택하려는 사람들을 머뭇거리게 할 수도 있다. 또 월 가나 영업직만 피라미드 구조로 이뤄진 게 아니다. 과학 분야도 피라미드 구조를 이루는데, 특히 일자리가 충분치 않은 데다 교수들이 실험실 인력을 직접 채용하는 방식을 고집하는 생의학이 대표적인 분야다.

외국인은 오늘날 거의 모든 서방 국가의 과학과 공학 분야에서 두드러진 활약을 펼친다. 8장에서 중점적으로 다룰 내용이다. 미국에서 전체 과학 및 공학박사 가운데 44퍼센트가, 박사후연구원은 60퍼센트에 육박하는 인원이 임시거주자 신분이고 교수 가운데 35퍼센트는 미국 이외의 국가에서 태어났다. 외국인이 특히 미국에서 큰 비중을 차지한다는 점을 감안해 8장에서는 미국에서 연구하는 외국인을 집중적으로 다룬다. 다시 말하자면 누가 공부하러 오고, 누가 학위 취득 후에도 머물 것인가를 결정할 때 경제학이 중요한 역할을 담당한다는 사실을 확인할 것이다. 또 미국에서 외국인이 증가함에 따라 점차 전반적으로 과학자들의 연봉이 낮아지고 있으며(특히 박사후연구원), 그로 인하여 미국 시민이 과학과 공학 분야의 선택을 주저하는지도 모른다는 증거를 보게 될 것이다.

9장에서는 과학과 경제성장의 관계를 추가로 살펴본다. 또 과학지식이 공공 부문과 민간 부문의 사이에서 어떻게 확산되는지 알아본다.

경제학은 인센티브와 비용만을 다루는 학문이 아니다. 경제학은 경쟁적인 필요와 욕구에 맞추어 자원을 배분하는 학문이기도(또는 전문용어를 사용하기 위한 학문이기도 하다) 하고, 자원을 효율적으로 배분했는가에 관한 학문이기도 하다. 마지막 장에서는 효율성의 문제와 공공 부문 연구에 효율성을 더해줄 조치들에 대해 미국을 중심으로 살펴보려 한다. 증거가 불충분한 부분이 있다면, 다른 연구자들의 연구 사례에 비추어보고 추가적인 연구를 북돋울 생각이다.

제2장

수수께끼와 우선권

어느 과학자에게든 무엇 때문에 과학자가 되었는지 물어보라. 수수께끼를 푸는 흥미 때문이라고 답할 것이다. 수수께끼에 대한 흥미는 일하는 내내 계속된다. 흥미는 과학 분야로 사람들을 끌어들이는 '올가미'이자 과학을 하는 사람들에게는 핵심적이며 본질적인 보상이다. 노벨상을 수상한 물리학자 파인먼Richard Feynman의 말을 인용하면 "상은 무언가를 발견하는 기쁨이며 발견의 활력소다."[1]

그렇다고 과학자들이 수수께끼를 푸는 흥미만으로 과학을 하지는 않는다. 그들은 발견을 처음으로 공표한 사람에게 부여하는 '인정'에도 자극을 받는다. 흥미와 인정의 차이라면 흥미는 연구 과정에서 느끼지만, 인정은 어떤 수수께끼를 처음으로 풀었거나 결과물을 동료들에게 발표했을 때 누린다는 점이 다르다.

과학에서 돈 역시 보상에 포함된다. 부정하는 것과는 달리, 과학자들은 재정적인 보상에도 관심이 있다. 과학자들이 수입 극대화라는 관점에서 직업을 택하지는 않는다 해도, 금전적인 보상이라는 유혹에 초연하지도 않다. 금전적인 보상은 높은 연봉, 석좌 제도와 관련된 추가 혜택, 특허에 따라오는 로열티, 창업 기업의 주식, 보조금으로 받는 보너스 등 다양한 형태로 이뤄진다. 돈은 물질적인 여유를 제공할 뿐 아니라 지위의 상징이기도 하다.

이번 장과 다음 장은 과학자들의 연구 활동에 따르는 보상에 초점을 맞출 것이다. 이 논의는 수수께끼와 인정의 중요성에서 시작해 3장에서는 돈이 과학 연구에서 담당하는 역할을 살펴보려 한다. 수수께끼를 풀고 명성을 얻는 수단으로서가 아니라(이 부분은 6장에서 다룬다) 그 자체를 목적으로, 즉 과학자 개인마다 과학을 하면서 얻는 본질적인 보상이라는 관점에서 돈을 살펴보겠다.

수수께끼

과학철학자 쿤Thomas Kuhn은 보통의 과학을 '수수께끼 풀기' 활동이라고 묘사했다. 쿤에 따르면 대개 과학자가 되는 주요 동기는 수수께끼에 대한 흥미 때문이다. 연구가 지닌 매력이란 "매우 불확실한 문제를 해결하는 과정에 있다. 연구에서 발생하는 통상적인 문제의 해결책을 찾는다는 얘기는 문제에 새로운 방식을 적용한다는 의미다. 그렇게 하려면 복잡하면서도 기계적이고, 개념적이면서도 수학적인, 온갖 종류의 수수께끼를 풀어야 한다. 이 일에 성공하는 사람은 자신이 수수께끼 풀기의 전문가임을 증명하는 셈이다. 이처럼 수수께끼에 대한 도전은 과학자를 이끄는 중요한 요인이다."[2]

초기 사회과학자인 해그스트롬Warren Hagstrom은 "수수께끼 해결 그 자체가 보상이므로 수수께끼를 푸는 과정은 많은 면에서 일종의 게임이다"라고 말하며 자신이 풀어나갈 수수께끼의 주제를 골랐다.[3] 과학철학자 헐David Hull은 과학자들이란 날 때부터 호기심이 많으며 과학자의 활동은 "성인기까지 이어지는 놀이 행동"이라고 주장한다.[4] 그는 "발견했을 때 느끼는 짜릿한 기분은 그 발견이 현실이든 아니든 흥미진진하다. 마치 오르가즘처럼 그것을 경험한 사람들은 다시 경험하고 싶어한다(가급적 자주)"라고 말한다.[5] 노벨상 수상자 레더버그Joshua Lederberg는 헐과 같은 입장이면서도 수수께끼 풀기를 무언가에 완벽하게 비유하기는 어렵다며 "그 정도로는 부족하다. 직접 경험해보지 않았다면 말로 옮길 수가 없다"고 말한다.[6]

분자생물학자이자 1993년 노벨상 수상자인 리처드 J. 로버츠Richard J. Roberts는 수수께끼 풀기에 대한 흥미가 자신을 과학 분야로 이끈 과정을 이렇게 설명한다. 로버츠가 초등학생 시절, 교장선생님이 수학 분야에 흥미를 일깨워주셨고 수학 문제와 수수께끼를 내주셨다. 이 경험으로 로버츠는 "수수께끼를 해결하고 돈도 버는" 탐정이 되고 싶어졌다. 그러다가 그의 야망은 케미스트리 세트chemistry set(간단한 화학 실험용 도구들로 갖추어진 10대들을 위한 교육용 놀이 세트—옮긴이) 선물을 받고 과학이 수수께끼를 풀 기회로 가득하다는 사실을 깨닫고 나서 금세 바뀌었다.[7] 통합 회로 발명가인 잭 킬비Jack Kilby는 발견의 창의적인 과정과 사랑에 빠졌다고 말한다. "저는 발명의 순수한 기뻠을 발견했답니다."[8] 생화학자 스티브 맥나이트Steve McKnight도 '과학자가 되기로 결심한 이유'에 대한 대답으로 '발견의 기쁨'을 이야기했다.[9]

수수께끼 풀기가 그저 만족감을 주는 데서 그치지는 않는다. 수수께끼는 중독성이 있다. 파인먼의 말을 다시 인용하자면 "일단 수수께끼에 빠져들면 헤어 나올 수 없다."[10]

수수께끼 풀기에서 얻는 만족감은 일부 과학자들이 발견 과정에서 찾아온다고 묘사하는 "깨달음의 순간aha moment"과 닮았다.[11] 생화학자 돈 잉버Don Ingber는 그 순간을 이렇게 설명한다. "예일대 학부생 때, 학생들이 '마분지로 만든 보석처럼 보이는 조각품을 들고' 캠퍼스를 돌아다니는 모습을 보았는데, 제게는 그 조각품이 '교과서 속의 바이러스'와 매우 흡사해 보이더군요."[12] 그 모습에 이끌려 잉버는 '텐세그리티tensegrity'(조각가 케네스 스넬슨이 팽팽한 철사와 단단한 기둥으로 강하면서도 유연한 조각을 만든 방식을 묘사할 때 사용하는 용어)를 배우는 수업에 등록했다. 인터뷰에서 잉버는 이 경험이 자신의 직업적인 삶의 행로를 바꿨다고 이야기했다. 1970년대 후반에 연구자들은 세포들이 내부 비계에 붙들려 있는 방식을 설명하는 논문을 발표하기 시작했는데, 잉버는 텐세그리티에 대한 설명을 접하자마자 '오, 세포 구조가 텐세그리티처럼 생겼구나'라고 생각했다고 한다.[13]

수수께끼의 중요성을 알려주는 증거는 여러 일화 말고도 더 있다. 박사학위자를 대상으로 한 조사Survey of Doctorate Recipients에서 미국국립과학재단이 수집한 데이터는 동기부여의 힘과 연구 수행의 보상이라는 두 가지 측면에서 수수께끼의 중요성을 뒷받침할 실증적인 근거를 제공한다. 과학자들은 다양한 업무 요인에 점수를 매겨달라고 요청받으면 일관되게 지적인 도전과 독립성에 가장 높은 점수를 부여하곤 한다. 그들은 지적인 도전이야말로 연구를 하는 중요한 동기이자 보상이라고 여긴다. 같은 조사에서 학계의 과학자들도 다섯 가지 직업의 속성 가운데 독립적인 업무 수행과 지적인 도전에 가장 큰 만족을 느낀다고 답했다.[14]

인정 욕구

취향은 상당 부분 후천적으로 획득된다. 과학도 예외는 아니다. 18세의 물리학 전공자라면 『사이언스』나 『피지컬 리뷰 레터스Physical Review Letters』에 논문을 발표했을 때 따라오는 명예의 중요성에 대해 별 감흥이 없을지도 모른다. 하지만 과학자라면 논문 발표와 함께 시작되는 다른 사람의 인정에 애착을 갖게 되고, 그 인정이 연구자금 지원으로 이어지는 현상을 경험하면서 그런 업적이 지닌 가치를 금세 터득한다. 이런 관점에서 과학자는 보통 사람과 다를 바 없다. 철학자이자 심리학자인 롬 하레는 이렇게 말한다. "명성을 추구하는 것은 인간이 삶에서 가장 중요하게 여기며 집착하는 대상이다."[15] 나폴레옹은 "내게 훈장을 충분히 달라. 그러면 세계를 재패할 수 있다"라고 말하지 않았던가.[16] 나폴레옹의 예는 분야마다 인정에 집착하는 '형식'이 다르다는 사실을 보여준다. 단순히 인정에 흥미가 있다는 설명만으로는 부족하다.

인정은 과학에서 그 자체가 목적일 뿐 아니라 수수께끼 풀기를 지속해나갈 자원의 획득 수단이므로 중요하다. 여기서는 인정 자체가 과학의 목적이라는 측면에 초점을 두려 한다. 6장에서는 명성이 자원의 획득 과정에서 갖는 중요성을 살펴보겠다.

과학 분야에서 명성은 최초 공표자가 되면서 쌓인다. 다시 말해 사회과학자 머튼Robert C. Merton이 말하는 '발견의 우선권'을 굳건히 함으로써 말이다. 머튼은 우선권에 대한 흥미와 최초의 과학자에게 주어지는 지식재산권은 새로운 현상이 아니며, 적어도 300년 동안 최우선시해온 과학의 특성이었다고 덧붙인다.[17] 뉴턴은 미적분법의 창시자는 라이프니츠가 아니라 자신임을 확고히 하려고 극단적인 조치를 취했다(뉴턴은 미적분법을 최초로 고안했지만 공식적으로 발표하지 않았고, 이후 라이프니츠는 독자적으로 고안한 미적분법을 발표했다. 이에 뉴턴은 자신이 최초 고안자라며 영국 왕립학회에 논쟁의 해결을 요청했으며, 왕립학회는 뉴턴의 손을 들어줬다. 하지만 널리 사용하는 미적분법은 라이프니츠의 방식이며 오늘날에는 두 사람이 각자 독립적으로 미적분법을 고안했다고 인정하는 추세다.—옮긴이).[18] 다윈은 월리스Alfred Russel Wallace가 자신과 비슷한 결론에 도달했으며 만일 자신이 먼저 출판하지 않으면 발견의 우선권이 월리스에게 부여될지 모른다는 사실을 깨닫고 『종의 기원』을 출간하기로 마음먹었다. 심지어 1950년대 톰 레흐러의 노랫말에서도 한 러시아 수학자(19세기의 로바쳅스키Nikolai Ivanovich Lobachevsky에 영감을 받았다)가 '최초'의 중요성을 이야기한다.

그러고 나서 나는 썼다

아침까지, 밤까지
그리고 오후에
그리고 곧
드네프로페트로프스크(우크라이나 중부의 중공업지대 중심지)에서
나의 이름은 저주받는다,
내가 최초로 출판했음을 그가 알아버렸을 때![19]

앞에서 언급한 미적분법(뉴턴)과 자연 선택(다윈)의 사례에서 보듯, 우선권(그리고 과학계에서 특히 중요한 특정 연구 주제)을 얻으려는 노력은 중복 발견으로 이어졌다. 베이컨 탄생 400주년 기념 콘퍼런스 연설에서 머튼은 1828년부터 1922년 사이에 여러 저자가 개별적으로 모아놓은 중복 발견 사례 20가지를 언급하면서 과학의 발견에서 중복 발견을 의미하는 '멀티플multiple' 현상이 흔히 일어난다는 사실을 자세하게 설명했다. 또한 머튼은 겉으로 드러난 중복 발견 사례가 없다고 해서 곧 그 발견이 공표될 당시에 진행 중인 동일한 연구가 없었다는 의미는 아니라고 지적했다. 누군가가 우선권을 부여받고 나면, 같은 연구를 하던 과학자들이 자신의 연구를 포기하는 '중도 절단censored data'을 한다는 얘기다.[20]

중도 절단 문제에도 불구하고 중복 발견 사례는 풍부하다. 레흐러의 노래에 등장했던 니콜라이 이바노비치(1830)와 야노시 보여이János Bolyai(1832)의 쌍곡기하학Hyperbolic geometry이 바로 그런 사례다. 1977년에 론 리베스트Ron Rivest, 아디 섀미르Adi Shamir, 레오나르도 아델만Leonard Adleman 세 사람(이들의 이름을 따서 RSA라고 부른다)은 공

개 키 암호방식과 인터넷 신용카드 결제 암호화, 즉 RSA 알고리즘을 발표했다.[21] 하지만 영국 정보기관 정보통신본부 소속 수학자 클리퍼드 콕스Clifford Cocks는 일급 비밀로 분류되어 1997년까지 공개되지 않았던 1973년 보고서에서 동일한 방법론을 이미 설명한 바 있다. 나노튜브는 또 다른 사례다. 1993년 도널드 S. 베순Donald S. Bethune과 IBM 연구팀, 이지마 스미오Sumio Iijima와 NEC 연구팀이 각각 단일벽 탄소 나노튜브를 발견했고, 이 단일벽 탄소 나노튜브를 전이 금속 촉매제를 이용해 생산하는 방법도 고안했다.

형질전환 쥐도 중복 발견의 또 다른 고전적인 사례다. 1980년대 초, 5개의 개별 팀이 놀라울 만큼 짧은 기간 동안 외래 DNA를 쥐의 난자에 주입하고, 그 난자를 암컷 쥐에 이식해서 자손을 낳게 하는 방식으로 형질전환 쥐를 만드는 법을 설명한 논문을 발표한 바 있다.[22]

발견의 우선권을 획득하기 위한 조건은 연구 결과를 대개 학술지에 게재해 과학계에 발표하는 것이다.[23] 사실 과학계에서 발견을 과학자들에게 귀속시키는(그래서 해당 과학자의 자산이 되게 하는) 유일한 방법은 결과물을 공개적으로 사용하도록 만드는 것이다. 이 장 뒷부분에서 '당신의 것을 나눠주기'라는 전제를 바탕으로 보상 체계의 특성을 살펴보겠다.

빠른 대응은 우선권을 굳건히 하기 때문에 명성을 쌓는 과정에서 중요하다. 과학자들이 같은 날 논문을 쓰고 제출하는지, 또는 발표 시점에 저명한 학술지의 편집자와 협상을 했는지, 아니면 제출 시점과 출판 시점 사이에 연구를 완성시킬 만한(그래서 우선권에 대한 주장에 좀 더 힘을 실어줄) '추가 메모'를 덧붙였는지의 여부는 알려지지 않는다.[24] 최고의 종합 잡지는 아니지만 과학계를 선도하는 『사이언스』는 논문 심사자가 원고 수령 후 7일 이내에 검토서를 보내도록 하는 투명한 정책을 시행한다. 또 최근에는 출판 속도 때문에 온라인 논문 출판이 인기를 얻고 있다. 「어플라이드 피직스 익스프레스Applied Physics Express, APEX」는 '제출 후 15일이라는 기록적으로 짧은 기간' 안에 신속한 온라인 게재를 약속하기도 한다.[25] 최근 IEEE(국제전기전자공학회) 산하 의학생명공학회EMBS는 논문 제출부터 발표까지 2개월 안에 완료하겠다는 약속을 「T-BME 레터스」에 발표했다.

과학자들이 우선권 확립에 부여하는 중요성은 과학계의 다양한 관습과 관행을 통해 추론할 수 있다. 우선권을 놓고 벌이는 순서 경쟁은 잘 알려져 있지는 않지만, 과학자들이 매우 집착하는 두 가지 사항이 있다. 하나는 자료의 유출을 원치 않는다는 점, 다른 하나는 첫 번째로 이름을 올리는 것을 중요하게 여긴다는 점이다. 과학자들은 정보 유출이 몰고 올 결과를 우려한다. 2003년 노벨화학상 수상자 피터 아그리Peter Agre는 "나의 개방성 때문에 자료가 유출될까봐 밤마다 걱정하며 잠을 설쳤다"라고 말할 정도였다.[26] 경쟁자들이 궁지에 내몰리도록 극단적인 방법을 쓰는 사람들도 있다. 또 정보 유출을 막기 위해 학생들의 수업 노트를 걷는가 하면, 수학자들은 증명의 핵심 부분을 삭제하기도 한다. 폴 추Paul Chu와 우마우구웬Maw-Kuen Wu이 77켈빈 이상에서 초전도 현상이 일어나는 물질 발견을 설명하는 논문 두 편을 『피지컬 리뷰 레터스』에 제출할 때, 이트륨(원소기호 Y, yttrium)을 이터븀(원소기호 Yb, ytterbium)이라고 표기했다. 추는 이것이 '오타'라고 주장했지만 사람들은 정보 유출을 막으려는 고의적인 행동이

라고 봤다. 추는 막판에 가서야 교정쇄를 수정했고 최종 원고에 수정 내용이 반영되었다.[27]

노벨상 수상자 선정 과정의 충돌도 우선권과 명성이 얼마나 밀착되어 있는지를 보여준다. 2003년에 MRI를 발명한 수상자들 목록에서 배제된 발명가 레이먼드 다마디안Raymond Damadian이 『월스트리트 저널』과 『뉴욕타임스』에 "바로잡아야 할 수치스러운 잘못The Shameful Wrong That Must Be Righted"이라는 제목으로 전면 광고를 내고 수상자 명단에서 자신이 빠진 사실에 대해 항의했다. 수상했을 경우 그에게 할당되었을 상금보다 광고비가 훨씬 많이 들었으니 돈 문제는 아니었을 성싶다. 바로 명성의 문제였던 것이다.[28] 2008년에 로버트 갈로Robert Gallo가 HIV 바이러스를 발견한 수상자들 목록에서 제외되었을 때 상당한 우려가 나오기도 했다. 프랑수아즈 바레시누시Francoise Barré-Sinoussi와 뤼크 몽타니에Luc Montagnier가 상을 받을 만하다는 데에는 아무도 이의를 제기하지 않았다. 하지만 세 번째 수상자로 독일의 바이러스학자 하랄드 추어하우젠Harald Zur Hansen이 선정되자 사람들은 놀라지 않을 수 없었다. 이에 자신이 수상하지 못한 실망감을 공공연하게 표출한 갈로가 제지받기도 했다.[29] 장클로드 셔먼Jean-Claude Chermann은 달랐다. 그는 프랑스에서 일했던 전 동료들이 스톡홀름에 같이 가자는 초청을 받아들이지 않고, 언론인들을 초대해 점심식사를 하며 자신이 공동 수상자여야 하는 이유를 설명했다.[30]

한편 연구원들은 명성의 서열을 조작할 수도 있다. 사회과학 연구네트워크SSRN 웹사이트는 으레 그 분야에서 가장 많이 다운로드되는 상위 10개 논문의 목록을 만든다. 하지만 최근의 한 연구는 학자들이 자신의 논문이 10위에 '근접'했거나 10위권에서 멀어질 위기에 처했을 때 직접 논문을 다운로드 받아 순위를 조작한다는 사실을 보여줬다.[31] 내가 아는 한, 자연과학과 공학 분야에서는 이런 관행이 있는지는 아직 연구되지 않았다.

과학자들은 자신의 명성을 높이려는 의도로 발견 과정에서 본인의 역할을 과장하기도 한다. 한 예로 한 저명한 공학자가 자신의 실험실 학생과 공동으로 연구를 수행한 한 학자를 초대한 적이 있다. 그런데 공학자는 그들이 작업한 연구의 중요성과 가치를 알아차리고는 이들의 논문에 자기 이름을 추가했다. 공학자는 이후 언론과 인터뷰하면서 "그 학자는 그저 지나가는 말로 했을 뿐이죠"라고 말해 자신의 몫을 과장하려 했다. 그와 같은 명예 저자honorary authorship 문제는 드물지 않은데도 입증하기가 만만치 않다.[32]

모든 발견이 동등하지는 않다. 과학자의 공헌이 얼마나 중요한지 측정하는 일반적인 방법은 논문의 인용 횟수나 연구 전체의 인용 횟수를 비교해보는 것이다. 이는 고된 작업이지만, 구글 학술검색Google Scholar과 스코퍼스SCOPUS 등 신생 논문검색 사이트는 물론이고, 기술의 발전 덕분에 연구원들과 평가자들이 즉각(때로는 틀리기도 하지만) 연구인용 횟수 측정이 가능하므로 동료들과 비교해서 자신이 어느 위치에 있는가를 평가할 수 있다.[33]

과학자의 공헌을 측정하는 방법과 순위에 대한 집착이 커지면서 다양한 계량서지학 지수와 결과물이 만들어졌다. 방대한 계량서지학 데이터베이스인 '톰슨 로이터 지식웹Thomson Reuters Web of Knowledge' (전前 ISI 과학웹)을 보유한 톰슨 로이터는 인용 횟수를 기준으로 분야 내

과학자들의 순위를 매긴 결과물을 판매한다. 자신의 분야나 다른 분야의 정보를 원하는 과학자들은 지식웹을 활용해서 개인 또는 그룹별 '인용 보고서'를 만들 수 있다.

2005년에 캘리포니아 샌디에이고대의 물리학자 조지 허슈Jorge E. Hirsch는 특정 과학자가 연구에 미치는 영향력과 생산성을 측정할 에이치-인덱스를 제안했다. 에이치-인덱스는 금세 성공을 거두었다. 이제 그저 마우스 클릭만 하면 과학자들은 자신의 연구가 미친 영향력과 생산성을 (추정치로) 요약해서 숫자 하나로 파악할 수 있다. 보다 정확하게 말하면 에이치-인덱스는 논문 발행 수와 각 논문의 피인용 횟수로 산정한다. 가장 많이 인용된 논문부터 가장 적게 인용된 것까지 나열한 다음, 가장 많이(또는 그 이상) 인용된 논문의 수를 에이치-인덱스로 삼는다. 이를테면 만일 한 과학자가 50편의 논문을 작성했고 그중 25편이 25회 이상 인용되었다면, 에이치-인덱스는 25다. 35편의 논문을 발표한 한 과학자의 경우, 그중 30편이 30회 이상 인용되었다면 에이치-인덱스는 30이다.[34] 허슈는 자신의 최초 논문에서 에이치(h) 값이 10~12이면 물리학자에게 종신직을 보장해야 하고, 18이면 교수로 진급시켜야 한다고 주장했다.[35] 에이치-인덱스는 경력을 증명할 때 빈번히 활용된다. '크게 성공한' 논문을 심하게 깎아내리기도 하며, 오직 논문과 인용 실적으로만 수치를 끌어올릴 수 있다는 한계가 있음에도 상당히 인기를 얻고 있다. 이제 과학자들이 자신의 에이치-인덱스를 자서전이나 웹페이지에 올린다고 해서 특별할 것도 없다.[36]

인정은 어떻게 보상되는가

과학계에서 우선권에 부여하는 인정의 형식은 발견의 중요도에 따라 다양한 형태를 띤다. 일단 최초 발견자의 이름을 붙이는 방식이 있다. 최근에 힉스입자 연구와 관련하여 세른의 거대강입자가속기가 완성되었다는 소식과 탐지기 4개(각각의 탐지기에서 동일한 데이터가 나와야 결과의 정당성을 확보하므로 탐지기마다 다른 팀이 배치된다—옮긴이)에 대한 이야기를 많이 접할 수 있다. 여기에 등장하는 힉스입자는 스코틀랜드의 물리학자 피터 힉스P. W. Higgs가 1964년에 기본 입자들이 질량을 갖는 이유를 설명하는 이론의 일부로 이 입자의 존재를 처음으로 예측했다.[37] 다른 명명 사례로는 핼리 혜성, 플랑크 상수, 호지킨병, 켈빈 온도, 코페르니쿠스 체계, 보일의 법칙, RSA 알고리즘 등이 있다.[38]

인정은 또한 상이라는 형식으로도 이뤄진다. 특정 발견에 수여하기도 하고, 한 과학자의 평생 연구를 인정하는 형태로 수여하기도 한다.[39] 노벨상은 공신력도 으뜸이고 상금도 약 130만 달러로 많아(최대 규모는 아니지만) 가장 널리 알려져 있다. 그 외에도 수백 가지 상이 더 있다. 몇 가지 살펴보면 상금 50만 달러가 수여되는 레멜슨-MIT 상, 크라포드상(상금 50만 달러), 올버니 의료센터상(상금 50만 달러), 쇼상(상금 100만 달러), 스피노자상(상금 150만 유로), 교토상(상금 46만 달러), 루이장테상(상금 70만 스위스프랑) 등 50만 달러 이상을 지급하는 상이 몇 개 있다. 일부의 경우 상에 포함된 상금이 수상자의 연구실 지원에 쓰이기도 하지만 상금이 수상자에게 직접 주어지는 것이 대부분이다.[40] 그렇다보니 수상자들이 돈을 어디에 쓰는가에도 관심이 모아지곤 한다.

최근 들어 상이 늘어나는 추세다. 저커먼Zuckerman은 1990년대 초 북미에만 과학 부문의 상이 3000개 정도였는데, 20년 만에 5배 증가했다고 추정한다(증가 속도가 과학자 수의 증가 속도보다 2배 빠르다).[41] 과학상에 관한 체계적인 연구는 이뤄지지 않았지만 사례를 보면 꾸준한 증가세를 알 수 있다. 『사이언스』는 정기적으로 최근 수상자들, 많은 수상자를 배출한 기업이나 신규로 배출한 재단들을 (주로 상금 25만 달러 이상) 특집으로 다룬다. 몇몇 초대형 상이 최근에 신설되었다. 여기에는 25만 달러의 상금을 수여하는 피터 그루버 유전학상(2000년 첫 시상), 노르웨이 정부가 상금 약 92만 달러를 수여하는 수학 부문의 아벨상(2002), 아시아의 노벨상이라고 불리며 각 수상자에게 100만 달러를 지급하는 쇼상(2004), 상금 100만 달러가 주어지는 카블리 재단상(2008), 역시 상금 100만 달러가 지급되는 조엘 그린블라트와 로버트 골드스타인의 고담상(2008), 8개 부문에 각 53만 달러의 상금을 수여하는 프런티어 지식상(2009) 등이 있다.

모든 상의 규모가 다 크지는 않으며 상금의 규모가 곧 상의 위신을 반영하지도 않는다. 수학에서 노벨상에 필적할 만한 필즈상은 겨우 4년마다 한 번 시상하며, 실제적인 상금이 1만5000달러에 불과하다.[42] 기초의학 및 임상의학 연구 부문에 수여하는 라스커상은 상금이 5만 달러이지만 명성이 매우 높으며, 수상자 가운데 75명이 이후 노벨물리학상이나 의학상을 수상했다. 특히 젊은 연구원들을 주요 대상으로 삼는 일부 상은 2만 달러에서 2만5000달러 범주에서 상금을 수여한다. 레멜슨-MIT 학생상은 상금이 3만 달러다. 또 신경생물학을 위한 에펜도르프 과학상 등 일부 상은 상금(2만5000달러)도 주고 수상자의 논문을 『사이언스』에 게재하기도 한다.

상에는 두 가지 측면이 있다. 수상자에게는 명예(돈도 함께)를 부여하고, 시상 단체는 탁월한 수상자들과 관계를 맺으면서 위신을 얻는다. 게어드너 재단이 자신들의 수상자 288명 가운데 70여 명이 노벨상을 수상했다는 사실을 강조하는 것이나 파사노 재단이 홈페이지에 노벨상도 함께 수상한 학자들을 밝혀놓은 것도 우연이 아니다. 라스커상은 노벨상과의 관련성 덕분에 덩달아 빛이 난다.

최근 많은 기업이 상을 신설해왔다는 사실도 놀랍지 않다. 존슨 앤 존슨은 2005년에 상금 10만 달러를 내걸고 생의학 연구를 위한 폴 얀센 박사상을 제정했다. 제너럴 일렉트릭은 1995년에 『사이언스』와 함께 젊은 과학자 상(상금 2만5000달러)을, 아스트라제네카는 우수 화학상을 신설했다. 여성용 화장품 회사 로레알의 모기업인 로레알 재단은 유네스코와 함께 매년 5개 부문에 '여성 과학상'을 시상한다.[43]

다른 형태의 인정 방법도 있다. 전미 과학 · 공학 · 의학아카데미,[44] 영국 왕립학회, 프랑스 과학아카데미, 일본 아카데미 등과 같이 나라마다 전문가를 선출해 학회를 구성하는 방식이다. 이런 학회의 회원 자격은 가치가 높아 회원 가입 제안을 거절하는 경우는 거의 없다. 그러다보니 2008년에 낸시 젱킨스Nancy Jenkins가 전미 과학아카데미 측의 가입 제안을 거절했을 때 사람들이 의아해할 수밖에 없었다.[45]

우선권을 기반으로 하는 보상 체계의 기능적인 본질

1장에서 언급했듯이 과학 연구는 경제학자들이 말하는 '공공재'의 특성을 지닌다. 일단 공표되면 타인이 쓰지 못하도록 막기가 쉽지 않다.[46] 또 사용한다고 해서 지식이 줄어들지 않으므로 다른 사용자의 비용이 제로라는 점에서 비경쟁적이다. 시장은 이와 같은 특성을 지닌 재화를 생산할 때 특별한 문제에 직면한다. 비배제성은 개인이 무임승차하도록 동기를 부여하고 생산자의 이익을 제한하므로, 이런 재화는 공급될수록 생산이 위축된다. 또, 다른 사용자의 비용이 제로라는 사실은 효율적인 가격이 제로라는 의미다. 당연하게도 시장이 그 가격에 재화를 생산하도록 인센티브를 제공할 리 없다.

경제학자의 관점에서 우선권을 기반으로 하는 보상 체계가 지닌 빼어나면서도 매력적인 속성은 이 체계가 공공재인 '지식'을 생산하도록 시장에서는 제공하지 않는 인센티브를 제공한다는 점이다. 과학자들은 발견의 우선권을 공고히 하려는 열망에 사로잡혀 연구를 수행해야겠다는 동기를 부여받는다.[47] 하지만 과학자가 지식재산권을 확립할 방법은 지식을 나눠주는 것뿐이다. 그러므로 특허나 임대차가 재산권의 한 형태이듯, 과학자에게는 우선권도 재산권의 또 다른 형식이 되는 셈이다. 우선권에 기울이는 관심은 과학자들이 제때에 지식을 생산하고 공유하도록 자극한다.

1986년 10월 28일에 했던 겐트대 조지사턴홀 취임 강연을 2년 후 『이시스』 지에 발표한 머튼Robert C. Merton은 우선권을 이야기할 자격이 있다. 머튼은 과학의 공공성을 이렇게 설명했다. "과학자 집단이 아무리 집중적으로 많은 지식을 사용한다 해도, 지식은 사라지지 않는다. 오히려 반대로 증가하는지도 모른다……."[48] 머튼은 과학의 공공성을 인정했을 뿐 아니라 과학의 우선권에 부여하는 보상 구조가 공공재의 사유화를 가져온다며 다음과 같이 주장했다. "역설적으로 들릴지 모르겠지만, 과학에서 사적 재산이란 사용하고 싶어하는 사람들에게 마음껏 쓰도록 자료를 나눠줄 때 굳건해진다." 머튼은 계속해서 "과학자들이 연구 결과를 발표하고 누구나 접근 가능하도록 할 때, 비로소 공공연하게 인쇄 논문, 모노그래프monograph(주로 단행본 형태로 쓴 특정 분야의 학술 논문—옮긴이), 책 등이 아카이브에 등록되고, 그들의 소유권이 합법적이면서도 안전하게 확립된다"고 주장한다.[49]

사회적으로 가치 있는 속성들을 갖추고 우선권을 기반으로 하는 다른 보상 체계도 존재한다. 그중 하나는 과학 연구에 쏟아 부은 노력을 '모니터링'하는 것과 관련이 있다. 경제학자들은 모니터링하기 어려운 분야에 대한 효율적인 보상 방식이 무엇일까 오랫동안 고민해왔다. 과학이 대표적인 사례로, "과학에서는 '노력'의 정도를 일반적으로 측정하기 어려우므로 노력을 기준으로 보상할 수는 없다. 따라서 과학자들은 노력이 아니라 '성취'만으로 평가받는다."[50] 우선권을 인정한다 함은 과학에서 게으름이 거의 문제가 되지 않는다는 의미이기도 하다. 중복 연구가 흔하다보니 과학자들이 우선권 확보를 위해 각별한 노력을 기울이기 때문이다.

우선권을 기반으로 하는 보상 체계는 과학자들에게 자신이 최초로 고안했다는 확신을 심어주고, 자신이 지식의 뿌리임을 확인받을 수 있도록 해 사회와 개인 간의 상호 작용, 즉 사회적 과정social process을 강화한다.[51] 또 명성은 다른 과학자들이 재생산 비용을 들여 결과를 검증하지 않고도 그 과학자의 다른 연구 결과까지 믿고 사용하고 싶어할 정도로 '신뢰'할 수 있게 해준다.

이러한 우선권을 확립하기까지 표절plagiarism과 조작fraud이 없어야 하고, 동료들의 평가와 정보 공유 과정을 거쳐야 하므로 우선권은 과학계의 합의 도출을 원활하게 한다.[52] 과학계 네트워크라는 '작은 세계'에서 이 효과는 배가된다. 작은 세계는 단단하게 뭉치는 속성이 있어 감시가 철저하게 이뤄지고 과학적인 발견도 쉽게 확산된다.[53]

하지만 연구 결과를 공표할 때 조작이나 부도덕한 행위misconduct가 일어나기도 한다.[54] 최근 드러난 몇 가지 명백한 사례가 있다. 2000년대 중반, 인간 배아줄기세포 복제에 성공했다고 주장한 황우석 박사가 데이터를 조작했고,[55] 2010년 위스콘신대 매디슨캠퍼스의 유전학 및 의학유전학과 부교수 굿윈Elizabeth Goodwin이 연방보조금 신청서의 데이터를 위조하고 조작했음도 밝혀졌다.[56] 같은 해 하버드대 영장류 연구원 마크 하우저Marc Hauser는 "조사위원회 교수진의 철저한 조사 결과 8건의 사례에서 미국과학자연맹FAS 기준으로 부정행위가 드러났으며, 그가 단독으로 책임을 져야 한다"는 평가를 받았다.[57] 같은 해 마운트사이나이 의과대학은 연구 부정행위를 이유로 사비오 우Savio Woo 교수 실험실의 박사후연구원 2명을 해고했다. 대학 측은 우 박사의 잘못도 분명히 해, 논문 4편을 철회했다.[58] 10년 전 벨 연구소에서 연구했던 물리학자 얀 헨드릭 쇤Jan Hendrik Schön의 유기 트랜지스터organic transistor 관련 자료도 상당수 조작이었음이 드러났다. 그로 인해 많은 논문(『사이언스』 8편, 『네이처』 7편, 『피지컬 리뷰』 6편)이 철

회되었다. 당시는 쇤이 평균 8일마다 한 편씩 연구 논문을 쓸 정도로 왕성하게 활동하던 때였다.[59]

경제학은 누가 조작이나 조작과 진배없는 행위에 가장 많이 관여했는가에 대해서도 몇 가지 통찰을 제공한다. 앞서 황우석과 쇤의 경우에서 보았듯, 조작 사례는 급진적인 연구에서 일어날 가능성이 높으며 실제로 점점 증가하는 추세다.[60] 그러나 이런 사건을 경제학으로 이해하기에는 한계가 있다. 낱낱이 밝혀질 것이 분명한 연구 조작에 왜 세간의 주목을 받는 연구자들이 개입하는 것일까? 한 가지 추정을 한다면, 그런 행동의 핵심은 비이성적인 사고이며 입증된 적이 없는 새로운 주장을 펼쳐 자아 만족을 꾀하려는 연구자, 또는 조작이 탄로 날 리 없다며 조작 행위를 대수롭지 않게 여기는 비이성적인 연구자가 저지른다고 할 수 있다.[61]

한편, 과학자들이 발견한 모든 사실을 공짜로 나눠주려 한다고 과장해서는 곤란하다. 양쪽으로 이득을 챙기는 과학자들도 있다. 미래 수익이 기대되는 연구 결과라면 특정 요소를 독점하고 선택적으로 발표하기도 한다. 법학자 아이젠버그는 과학자들 사이에서 그런 행동이 생각보다 훨씬 흔하다고 주장한다. 자료 요청을 거절하거나 쥐와 같은 실험동물을 교환하지 않고 가지고 있다가 결과 발표와 동시에 특정 데이터를 쥐고 독점할 수 있기 때문이다.[62] 만일 아이젠버그가 주장했던 1987년에 그랬다면, 오늘날에는 이보다 더 심하리라고 쉽게 예상할 수 있다. 학계 과학자들이 특허를 출원하면서(3장 참고) 자신의 연구를 다른 사람들이 사용하지 못하도록 제한할 수 있으니 말이다.[63]

'온코마우스OncoMouse'가 바로 그런 사례다. 온코마우스는 특정 암 유발 유전자를 보유하도록 형질을 전환한 쥐로, 암 연구에 새 지평을 열었다. 하버드대 과학자 필립 레더Philip Leder가 조작한 이 쥐는 1988년에 하버드대가 특허를 출원해 듀퐁 사에 독점적으로 라이선스를 판매했다. 듀퐁은 라이선스를 취득한 특허권에 공세적인 입장을 취해 '리치 스루reach through(현재의 연구 결과를 바탕으로 후속 연구에서 얻게 될 발명까지 포괄하는 특허 형식—옮긴이)' 형식을 도입했다. 이는 곧 듀퐁이 온코마우스나 온코마우스를 생산하는 과정에서 매출액이나 수익의 일정 비율을 가져갔음을 뜻한다.[64] 이와 같은 듀퐁의 조치에 학계는 분노했다. 그래서 듀퐁은 1999년 미국국립보건원의 중재 아래 비영리기관 연구원들이 온코마우스를 사용할 수 있도록 허락하는 양해각서에 서명했다. 요구 사항은 물질이전협약material transfer agreement과 라이선스뿐이었다.[65]

피오나 머리Fiona Murray 팀은 듀퐁의 사례를 조사하고 난 뒤, 듀퐁이 취한 조치 때문에 연구 활동이 위축되었다고 주장했다. 이 연구는 미국국립보건원과 양해각서 체결 전후에 쥐 논문 인용에서 나타난 변화를 살펴봤다. 그 결과 재산권의 조건을 느슨하게 하자 관련 연구가 증가했다고 주장한다. 또 양해각서 체결 후 온코마우스 연구논문 인용 횟수가 21퍼센트 증가했음도 밝혀냈다.[66] 이는 머리와 공동저자인 스턴Scott Stern이 초기에 발견한 내용과도 일맥상통한다. 즉 논문과 특허, 이 두 형태를 갖춘 지식은 일단 특허가 출원되면 인용 빈도가 줄어든다는 사실이다.[67]

특허 소송에는 비용이 많이 든다. 그러다보니 특허권이 항상 행사되지는 않으며 과학자들은 특허 논쟁을 피해가며 특허를 사용하는 경우가 다반사다. 하지만 세포주cell line나 시약, 항원 등 다른 연구자들의 기자재를 쓰려면 동료의 직접적인 협조가 있어야 하므로, 그 과정에서 과학자들이 정기적으로 이득을 취하리란 예상도 충분히 가능하다. 생명과학자들의 기자재 공유 경험을 조사한 내용을 보면 기자재 사용은 특허의 유무에 크게 영향을 받지 않았다. 하지만 타인의 연구 기자재 사용은 제한되어 기자재 견본을 요청하면 19퍼센트는 거절당하는 것으로 나타났다. 거절하는 주요 이유는 연구원 간 경쟁, 자료 제공에 따른 비용 등이며, 요청받은 자료가 약물인지 또는 요청한 사람이 상업 활동을 벌인 전례가 있는지도 고려하는 것으로 나타났다.[68]

특정 결과물과 기자재를 독점할(또는 학생들과 함께) 가능성은 출판물 복제가 어렵고 특정 종류의 지식(특히 기술 관련 지식) 전수에 상당한 비용이 들 때 높아진다. 이런 기술은 학습이 불가능하지는 않지만 글로 표현하기 어려운 '암묵적 지식tacit knowledge(폴라니Michael Polanyi는 지식을 암묵적 지식과 명시적 지식으로 구분했다. 명시적 지식은 문서 등의 형태로 표시된 지식이어서 접근이 쉬운 반면, 암묵적 지식은 개인이 습득하고 있지만 문서나 말의 형태로 드러나지 않는 지식을 의미한다.—옮긴이)'의 '골치 아픈' 특성 때문에 사람에게서 직접 노하우를 전수받고 세부적인 지식을 터득해야 하기 때문이다.[69] 9장에서 살펴보겠지만 이것이 실리콘밸리 등 특정 지역에서 혁신이 집중적으로 일어나는 한 가지 이유이기도 하다. 또 암묵적 지식 때문에 과학자가 '어디에서' 훈련을 받았는지가 중요해진다. 과학자가 그저 출판됐거나 체계적으로 정리된 논문을 읽고 회의에 참석하는 정도로는 신기술을 터득할 수 없는 탓이다. 신기술 적용이나 새로운 도구의 사용법을 터득하려면 직접 부딪쳐봐야 한다. 그런 면에서 연구 장소는 중요하다.

형질전환 쥐도 여기에 해당된다. 이런 유형의 쥐를 만들어낼 '마법의 손'이 필요했다. 하버드대 레더의 실험실은 형질 전환 방법을 선도하는 곳이 아니었고, 그런 마법의 손도 없었다. 그러나 티머시 스튜어트Timothy Stewart(초기 형질전환 쥐 개발에 성공한 5개 팀 중 한 팀의 연구원)는 레더의 실험실에서 박사후과정을 밟았다.[70] 스튜어트의 전문기술 덕분에 레더팀은 myc암유전자, 즉 암 소인을 보유한 쥐를 탄생시켰다. 이 시기에 형질전환 전문가였던 실험 책임자가 "박사후과정을 밟으며 형질전환 방법을 배우겠다는 지원자가 몰려서 얼마든지 연구원을 뽑을 수 있었고, 명성과 부를 거머쥐는" 경험을 했다고 해도 놀랍지 않다.[71] 그렇다, 사실 명성과 부는 중요하다.

과학 경쟁은 토너먼트 방식으로 이뤄진다

과학은 때로 2등이나 3등에게는 보상이 돌아가지 않는 승자독식 경쟁이라고 묘사되기도 한다. 하지만 이는 과학자들의 경쟁을 극단적으로 바라보는 시선일 뿐이다. 과학자들의 경쟁을 그렇게 묘사하는 사람들조차 과학 연구에서 반복과 검증이 일반적이며 그런 경쟁이 사회적인 가치를 지닌다는 사실을 알고 있고, 그래서 과학자들의 경쟁이 승자독식 구조라는 설명은 다소 부정확하다는 점을 인정한다. 그리고 몇몇 경쟁만이 존재한다는 주장도 정확성이 떨어지기는 마찬가지다. 힉스입자 증명이나 고온 초전도체 개발 등 일부 경쟁은 세계적인 규모로 진행된다. 하지만 다양한 요소를 내포하는 경쟁이 늘어나는 추세다. 한 예로 암을 치료하는 방법이 한 가지뿐일 것이라고 오랫동안 예상했지만, 오늘날에는 암의 종류가 다양한 만큼 치료 방법도 다양하게 접근해야 한다는 필요성을 인식하고 있다. 승자는 오직 한 명이 아니라 다수가 될 수 있다는 얘기다.

좀 더 현실적으로 과학이 테니스나 골프에서 패한 선수들처럼, 패자들도 얼마간 보상을 받는 '토너먼트 방식을 따른다'는 비유도 가능하다. 이런 방식은 선수들이 실력을 키워가다가, 점차 승리 가능성을 높여나가게 한다. 과학에도 비슷한 유형의 경쟁이 존재한다. X 박사는 라스커상을 받지 못했지만, 연구 성과가 충분히 뛰어났기에 네임드 렉처named lecture 초청을 받았고 지속적인 연구 지원을 받았으며, 모교에서 명예 학위를 받기도 했다. Y 박사의 실험실은 최초 발견을 하지는 못했지만, 다른 사람들이 해결책을 마련하는 데 기여한 장비를 개발했다. 그는 여러 발견으로 공헌을 인정받는 것이다.

일단 과학과 토너먼트를 비교하면 유사점이 많다. 첫째, 토너먼트에는 등급이 있다. 즉, 리그로 나뉜다. 골프 선수가 전부 프로골프협회PGA에서 활동하지는 않으며, 지역선수권대회나 지방선수권대회에 참가하는 선수도 있다. 모든 야구 선수가 메이저리그에서 뛰지 않는 것과 같은 이치다.[72] 일부 연구원들은 유수의 연구대학에서 훈련받고 연구하는 등 상위권에서 경쟁하는 기술과 행운이 따른다. 한편 기술이 부족하고 운이 따라주지 않아서 지역 토너먼트에서 연구하는 사람들도 있다. 이들은 서열이 낮은 대학원에 다니고 지명도가 낮은 실험실에서 박사후연구원이 되며, 결국 명성이 떨어지는 대학에서 연구하게 된다. 때로는 메이저리그에서 부름을 받기도 하지만 흔한 일은 아니다. 이따금 마이너리그 선수들이 동료들에게 홈런이라고 인정받는 발견을 하기도 한다. 미래에 연구될 흥미로운 주제들은 국가와 세계의 주목을 이끌어낸 지역 선수들이 일구어낸 성과인 경우가 많다.

둘째, 35세 미만인 선수들이 참가하는 토너먼트라든가 특별한 분야에서 일하는 참가자를 위한 토너먼트 등 틈새 토너먼트가 있다. 미국국립보건원의 스터디 섹션은 '틈새' 토너먼트의 한 예다.[73] 셋째, 과학 분야의 자금 지원은 승자독식 모델이 아니라 다수의 승자를 인정하는 토너먼트 모델을 따른다. 미국국립과학재단 검토위원들은 출중한 한 가지 안건이 있더라도 주요 연구원 여러 명에게 다양한 상을 수여한다. 비슷하게 미국국립보건원 스터디 섹션도 다수의 R01상(생의학 분야의 생계형 연구보조금)을 추천한다.[74]

과학의 보상 체계인 토너먼트의 본질은 재능의 분포라는 작은 차이를 명성과 경제적인 보상이라는 큰 차이로 확장시킨다. 과학 및 공학 분야 전공자 중에는 크고 작은 상을 받는 이들도 있다. 성공하려면 연구의 독립성, 종신직, 석좌 교수, 명성, 상 등 여러 성과를 두루 갖춰야 한다. 하지만 몇몇은 **어떤** 토너먼트에서도 뛸 자리를 찾지 못할 수도 있다. 그런 사람들은 과학을 그만두고 다른 분야에서 일자리를 찾거나, 탁월한 영광과 금전적인 보수를 받는 명망 있는 과학자의 실험실에 고용되는 길을 택하기도 한다.[75]

바로 그런 사람이 2008년 노벨상에서 큰 관심을 끌었다. 이해에는 '녹색 형광 단백질GFP을 발견 및 개발'한 공로로 시모무라 오사무

Osamu Shimomura, 마틴 챌피Martin Chalfie, 로저 첸Roger Tsien이 노벨화학상을 수상했다.[76] GFP는 과학자들이 암이나 신경의 발달 과정을 관찰하는 추적 장치로 사용하는 물질이다.

그런데 세 사람 외에 네 번째 인물인 더글러스 프레이셔Douglas Prasher도 이 발견에 참여했지만 프레이셔는 노벨상 시상 당시 무료 셔틀버스의 운전기사로 일하고 있었다. 프레이셔는 미국항공우주국NASA이 지원한 생명과학 프로젝트에서 연구직을 잃고 1년간 실직했다가 시간당 8.50달러를 받는 운전기사로 자리를 옮긴 상태였다. 하지만 녹색 형광 단백질의 잠재력을 이해한 사람이 거의 없을 당시, 처음으로 녹색 형광 단백질 복제에 성공한 사람은 다름 아닌 프레이셔였다. 그는 과학계를 떠나면서, 자신의 연구 결과물을 챌피와 첸에게 넘겨줬다. 첸은 프레이셔가 '매우 중요한 역할'을 수행했다며 공을 돌렸다. 챌피도 언론에서 "그들은 나를 빼고 더글러스와 나머지 두 사람에게 상을 줬어야 했다"고 여러 차례 언급했다. 물론 그렇게 되지는 않았지만 말이다. 프레이셔는 과학의 토너먼트가 만들어낼 수 있는 비효율을 상징하는 인물이 되었다.

승자독식의 경쟁

과학도 일부 그러하듯이, 승자독식이라는 속성을 지닌 경쟁은 보상의 배분이 극단적으로 불공평하다. 과학 분야에서는 성과와 우선권의 부여에 있어서도 극단적인 차이가 존재한다. 논문 발표의 지극히 편향된 특성에서 이런 차이를 처음 관찰한 사람이 알프레드 로트카Alfred Lotka다. 로트카는 1907년부터 1916년까지 『케미컬 앱스트랙트Chemical Abstracts』에 등재된 화학자들의 논문과 1910년 펠릭스 아우어바흐가 편집한 과학자들의 공헌도를 분석했다.[77] 로트카가 발견한 것은 약 6퍼센트의 과학자가 전체 논문의 절반을 발표한다는 사실이었다. 로트카의 '법칙'은 이후 오랫동안 여러 분야에서 유효하다는 사실이 입증되었다.[78]

이 같은 과학 분야의 생산성 차이는 창의적인 연구를 할 수 있는 '자질'을 갖춘 과학자들의 동기와 능력의 차이로 설명된다. 그러나 과학 분야에서는 극단적으로 불공평한 상황 탓에 특정 시점에 와서 성과의 차이가 생기기도 하지만 커리어를 쌓아가면서 성과 차이가 더욱 커지는 경우가 많다. 과거의 성공에 기초해, 즉 '(과거) 성과에 의존state dependence'하여 논문으로 실적을 평가하는 현재의 평가 시스템에서는 불공평한 사례를 흔히 접할 수 있다.[79]

현재의 평가 시스템이 과거 실적에 의존하게 된 데는 몇 가지 이유가 있다. 첫째, 과학자의 명성에 따라 연구 결과에 대한 평가가 달라진다. 로버트 머튼은 "명성 있는 과학자들의 공헌은 더 크게 인정하고, 아직 명성을 얻지 못한 과학자의 성과는 낮게 평가받는다"며, 이를 매슈효과Matthew Effect라고 명명했다.[80]

매슈효과가 나타나는 원인으로 머튼이 제시한 한 가지 이유는, 매년 발표되는 자료가 지나치게 방대한 나머지 과학자들이 저자의 명성에 따라 읽을 자료를 선별하게 된다는 점이다. 하지만 한편에서는 '누적된 이점cumulative advantage'들이 지난날의 성공 경험과 상호 작용하여 현재의 성과가 가능해진다고 주장한다. 다시 말해 성공 가도를 달려온 과학자는 더욱 성공을 추구하고, 결과적으로 더 열심히 연구한다. 성공을 거둔 과학자는 과거의 성공 덕분에 연구비를 지원받고, 이는 지렛대처럼 작용해 연구를 좀 더 쉽게 해내게 된다.[81] 미국국립보건원이 상금같이 수여하는 연구비 지원 체계에서는, 적어도 부분적이나마 과거의 성공으로 쌓은 '누적된 이점'(6장 참고)이 뚜렷하게 공헌한다. 더욱이 분명한 성과가 있는 과학자들은 성과가 없는 과학자들에 비해 저명한 학술지에 자신의 연구가 쉽게 받아들여진다는 사실을 알지도 모른다.

연구 성과는 또한 현재의 연구 환경과 관련이 있다(4장 및 7장 참조). 연구에 열성적인 동료가 있으면 도움이 되듯, 설비와 기자재 역시 성과의 차이를 만든다. 크게 성공한 과학자들은 막강한 지원을 약속받고 채용될 가능성이 높고, 그래서 든든하게 지원을 받으며 연구하기 때문에 경력이 쌓일수록 성과 차이는 점점 더 커진다.

바람직한 자질이냐 상태 의존성이냐. 이 두 가지 특성이 성공에 어느 정도 영향을 미치는지 결정하기란 사실상 불가능하다. 이는 개개의 성공마다 요구되는 능력과 동기의 조합이 다르다보니 이를 임의로 할당하기가 불가능하기 때문이다. 설령 할 수 있다 하더라도, 30~40년 이상 추적하면서 그 사람이 커리어를 어떻게 마무리하는지 관찰할 만한 인내심이나 예산이 있는 사람은 없다. 다만 동일한 연구제안서에, 지원자의 '명성'이 다른 이력서를 첨부해서 그 논문에 매겨진 점수를 따져보는 방식으로 과거에 거둔 성공이 미치는 중요성을 가늠할 수는 있다. 동일한 지원서인데도 더 막강한 출판 내력이 있는 사람들의 제안에 더 높은 점수가 매겨진다면, 적어도 성공이 어느 정도 상태 의존적이라는 증거가 될 것이다.

그래서 우리는 간단히 과학자들의 이력을 실증적으로 분석해보고자 연구기관을 옮긴 과학자들의 이력에 어떤 일이 벌어지는가를 '자질'이라는 요소를 통제군으로 삼아 살펴봤다. 만일 이직자의 성과가 새 분야의 상태와 상관관계를 보이지 않는다면 자질의 문제라고 볼 수 있다. 반대로 이직자의 성과가 그 분야의 상태와 상관관계가 있다면, 자질 문제라기보다는 특정 요인이 문제인 셈이다. 이런 방식으로 접근한 한 연구는 성과와 해당 분야의 명성이 서로 관련이 있음을 보여주고 있다.[82] 또 다른 초기 연구에서는 전체적으로 자질을 의심하지 않고 상태 의존성에 무게를 둔다.[83] 과학에서 기본 조건이 다른 경우의 사례들은 상태 의존성이 중요하다는 주장을 뒷받침한다. 예컨대 여러 대학에서 교수를 한 적이 있는 한 물리학자가 내게 이렇게 말했다. "하버드대 교수로서 편지를 쓰는 것과 다른 대학의 교수로서 편지를 쓰는 것은 그 차이가 어마어마합니다. 하버드대 교수라면 즉각 문이 열리며 답변을 들을 수 있겠지만, 다른 대학 교수라면 문을 부숴야 겨우 답을 들을 수 있을 것입니다."[84]

결국 둘 중 하나의 문제가 아니다. 오히려 초기 성공으로 지렛대 효과를 거둬 자극받은 과학자들은 연구를 계속하면서 더 큰 성공을 일궈낼 가능성이 높다.[85] 그런 과정이 승자독식 경쟁의 특징이다. "자본 배분이라는 작은 차이가 경제적인 보상 배분이라는 훨씬 큰 차이를 만든다."[86]

정책 쟁점

상이 늘어나면서, 과학 정책과 관련하여 아직 연구되지 않은 흥미로운 질문들이 쏟아진다. 첫째, 상이 주는 인센티브의 본질은 무엇인가? 새로운 상을 도입하면 연구에 자극제가 되는가? 둘째, 특정 연구를 인정하는 상을 제정하는 방식이 효율적인가, 아니면 연구 전체를 두고 과학자로서의 여정이 끝날 때 상을 수여하는 방식이 효율적인가? 셋째, 다른 상을 제정하면 이미 존재하는 상의 가치를 떨어뜨리는가? 넷째, 상이 지나치게 많은가? 다르게 표현하면 이미 상이 집중된 분야에 상을 하나 추가하면 어찌됐든 연구 성과 향상에 기여하는가, 아니면 단지 수상자나 시상하는 재단에 명성을 부여하는 데 그치는가? 만일 후자라면(누구나 그럴 것이라고 의심한다), 지식을 축적하면서 동기도 부여하고 명성도 얻는, 다시 말해 복합적인 목적을 달성하면서도 자금을 효율적으로 활용할 방식은 무엇일까?

또 다른 정책상의 쟁점은 '상태 의존성'이 성과의 차이를 설명한다는 사실이다. 과거의 성공이 현재의 성공을 결정한다는 관점에서 본다면, 경력 초기에 불운했던 과학자는 경력 내내 암울할 수밖에 없다. 2008년 경제위기를 겪은 사람들만 보더라도 경제가 어려운 시기에 구직시장으로 뛰어든 과학자들은 자신이 생산성을 북돋워주지 못하는 환경에서 연구한다는 사실을 깨닫게 될 것이다. 초기에 성공하지 못하면 이후에는 기회를 얻기가 무척 어려워진다. 설령 경제가 회복된다 해도 그렇다. 따라서 연구비 지원 단체들이 경력 초기 불운을 겪어 줄곧 어려움에 처한 과학자들을 위해 특별히 맞춤 보조금 프로그램을 운영했으면 한다. 그러니까 이들을 검토할 때는 연구 이력이나 초기 실적보다는 그들이 내놓은 '제안'에 많은 관심을 기울여주길 바란다.

결론

수수께끼에 대한 흥미와 사람들의 인정(훈장)이 과학자들에게는 동기로 작용한다. 하지만 수수께끼 풀기와 훈장이 전부는 아니다. 부富도 동기들 중 하나다. 3장에서는 공공 부문에서 일하는 과학자들에게 주어지는 다양한 유형의 재정적인 보상을 살펴보겠다.

제3장

돈

수수께끼에 대한 '흥미'와 우선권에 부여되는 '인정'이 과학자에게 유일한 보상은 아니다. 돈 또한 보상 가운데 하나이고, 사실 과학자들은 돈에 관심이 많다. 미국의 고생물학자 스티븐 제이 굴드의 말을 인용하면, 과학자들은 "누구나 그렇듯 지위, 부, 권력"을 원한다.[1] 한 저명한 하버드대 과학자는 새로 지명된 헨리 로조브스키 학장이 과학적인 영감의 원천이 무엇이냐고 물었을 때 조금도 망설임 없이 이렇게 답했다. "돈과 아첨이죠."[2]

인용한 두 사람의 말에서 놀라운 점은, 두 사람이 25년 이상 과학에 종사했으며 그들이 대학에서 과학자나 공학자로 연봉을 올릴 기회가 오늘날보다 훨씬 제한적이었던 시절에 일했다는 사실이다. 만약 돈이 1980년대에 그 정도 역할을 했다면 오늘날에는 영향력이 더 커졌을 것이다. 학계에서 연구하는 과학자와 공학자들이 특허와 창업으로 수입과 부를 늘릴 기회가 많아졌으니 말이다. 실제로 굴드와 로조보스키의 동료 학자들 중 위에 인용한 말을 할 당시 수백만 달러를 벌어들인 사람은 없었다. 하지만 오늘날 학계에는(물론 드물기는 하지만), 백만장자까지는 아니더라도 무척 부유한 과학자나 공학자가 많다.

이 장은 연구 활동에서 보상으로 작용하는 '돈'에 초점을 맞춘다. 일단 정교수와 부교수, 유수의 연구기관과 학부 연구기관, 공공 기관과 민간 기관 사이의 연봉 차이와 학계의 연봉을 알아보려 한다. 또 성과(출판과 인용으로 평가하는)와 연봉 사이의 관계, 학계 과학자들이 수입을 늘리는 방법, 특히 특허 · 창업 · 자문 활동 등을 중심으로 살펴보겠다.

시작하기 전에 돈이 과학에서 두 가지 중요한 역할을 담당한다는 사실을 짚고 넘어갈 필요가 있다. 첫째, 7장에서 발전시키겠지만 돈은 직업 선택에 영향을 미친다. 즉 과학 분야의 연봉은 과학 및 공학에 종사할 대학원생 수를 결정하는 데에 (대학원 연구비 지원 규모에 못지않게) 영향을 미치는 것이다. 둘째, 연구를 하려면 돈이 든다. 초기 연구비도 곧 바닥을 드러낸다. 그러면 대학 소속 연구원들은 연구비 지원 확대를 기대한다. 이는 학계 과학자들이 거의 끊임없이 돈을 생각한다는 반증이기도 하다. 나는 연구의 성과에 초점을 둘 4장과 5장에서 연구비를 좀 더 자세하게 다루고, 연구비 지원은 6장에서 다시 다루겠다.

학계의 연봉

교수 연봉은 직위, 기관의 성격(공립 대 사립, 연구 중심 대 교육 중심), 분야별로 무척 다양하다. 일반적으로 정교수는 부교수보다, 부교수는 조교수보다 많이 번다. 하버드대 교수는 미시간대 교수보다 연봉이 높고, 미시간대 교수는 센트럴미시간대 교수보다 연봉이 높다. 물리학 교수라면 영문학 교수보다 수입이 많지만, 컴퓨터과학 교수보다는 적다.[3]

연봉은 논문의 수 또는 질, 이직 횟수, 성별 등 개인의 특성에 따라서도 다양하다. 이 다양성 중 일부는 인과관계를 구분하기 어려울 정도로 매우 긴밀하게 연관되어 있다. 예컨대, 성과가 탁월한 교수들은 승진 가능성이 높은 일류 학과에서 일할 가능성이 높다. 여성은 흔히 (특히 과거에) 남성보다 가정사에 따른 제약이 많고, 이동성이 떨어지는 편이라 일자리 제안도 덜 받는 편이다.[4]

2009~2010년 전미대학교수협회AAUP가 실시한 연봉 조사는 이러한 일반화를 어느 정도 뒷받침하고 있다. 대학 정교수 연봉(백분위수 60번째)은 12만867달러, 부교수는 8만4931달러, 조교수는 7만2673달러였다. 석사 교육기관에서 일하는 사람들은 상당히 적다. 정교수가 9만691달러, 부교수가 7만1326달러, 조교수가 5만9974달러를 벌었다. 학부 교육기관은 이보다 더 적었다.[5] 사립대학은 공립대학보다 31퍼센트 많았고, 그 차이는 시간이 지날수록 커졌다.[6] 2009~2010학년도에 정교수 연봉 기준으로 공립대학 중 UCLA만 연구대학에서 상위 20위 안에 들었다. 가장 연봉이 높은 하버드대보다 4만3000달러

(연봉의 25퍼센트) 적어 20위를 차지했다.[7] 여성 정교수는 박사 교육기관에서 남성 정교수 연봉의 91.8퍼센트, 여성 부교수는 92.7퍼센트, 여성 조교수는 91.9퍼센트를 벌었다. 분야에 따라 다르지만 성별에 따른 연봉 차이는 점차 줄어드는 추세다.[8]

분야 및 직위마다 다양

전미대학교수협회 데이터는 유용하지만 분야별 정보가 없다. 하지만 분야는 중요하다. 법학 및 금융 계열 교수들은 인문, 과학, 공학 계열 교수보다 연봉이 훨씬 높다. 과학 및 공학 내에도 명확한 서열이 존재한다.

이런 차이점들 중 일부는 (자료를 수집한 학교인) 오클라호마주립대 조사라고 부르는 분야별 연간 교수 연봉 조사를 보면 알 수 있다.[9] 조사 목적은 전미주립대학 및 토지 무상불하 대학협회 소속 대학을 위한 정보 수집이다. 이들 중 다수가 각 주에서 박사학위를 수여하는 '대표적인' 공립대학이다. 조사 의도에 맞게 사립대는 거의 다 배제했다. 또 연구중심대학을 중심으로 사립대의 연봉이 공립보다 높은 점을 감안하면 이 자료의 평균 연봉이 저평가되었음을 알 수 있다.

〈표 3.1〉은 정교수를 대상으로 한 2008~2009년 오클라호마주립대 연구를 요약하여 보여준다. 가장 높은 연봉은 물론 특정 교원 지위의 평균치는 연구에 참가한 117개 대학의 과학 및 공학과를 감안했다. 비교를 목적으로 상위 2개 분야인 법학 및 금융 계열은 물론 의학 분야를 제외하고 전 분야의 평균 연봉도 실었다. 과학 및 공학 분야에서 컴퓨터과학 교수의 연봉이 가장 많았지만 다른 분야(특히 정교수

직위)도 크게 차이가 나지는 않았으며, 생물학 및 생의학과 연봉은 물리학과와 거의 같았다. 이들과 공학 및 컴퓨터과학 교수들에게 지급되는 연봉 차이는 특히 낮은 직급에서 두드러졌다. 수학 및 통계학과 교수의 연봉은 가장 적었다. 이 차이는 시장 환경을 반영한다. 정보기술 분야의 거품이 빠지고 나서 몇 년을 제외하고, 대학은 공학자와 컴퓨터 공학자를 두고 산업계와 경쟁해야 했다. 하지만 생의학 및 물리학과에서는 산업계의 수요가 공급에 비해 적은 편이다.

과학 및 공학 교수는 일반 교수의 평균 또는 그 이상을 벌어들인다(수학 및 통계학은 예외). 하지만 과학 및 공학 교수의 연봉이 가장 높지는 않다. 컴퓨터과학의 경우 법학 및 금융 부문에 비해 턱없이 적다.

과학 및 공학 분야에서 연봉이 가장 높은 학과는 생물학 및 생의학과로 42만2460달러다. 이는 생산성이 높은 생의학 연구원들이 외부 연구비 유치와 특허를 통해 거두어들인 로열티로 대학에 공헌한 면이 크다. 또한 특히 정교수 직위에서는 최고 연봉과 평균 연봉의 격차가 상당히 벌어졌으며, 분야에 따라 2.5~3.6배에 달했다. 이 범위는 2장에서 다뤘던 과학 토너먼트의 본질이 지니는 특성이다. 유명한 운동선수만큼 엄청난 수입을 거둬들이지는 않지만 명성 있는 과학자라면 같은 직위의 동료들보다 훨씬 많이 벌고, 신입 교수와 비교해도 5~6배는 많이 번다.

이 자료와 비교할 만한 사립대 데이터는 없다. 그래서 미국국립과학재단이 실시한 박사학위 취득자 조사를 근거로 사립 또는 공립대학에 근무하는 교수들의 연봉 자료를 정리했다. 2006년(가장 최근 자료는 2010년 자료임)에 박사학위를 수여하는 대학에서 일하는 응답자

표 3.1 2008년 공립 연구대학에서 선별한 학과의 직위별 평균 및 최고 교수 연봉

(단위: 달러)

	신규 임용 조교수	조교수	부교수	정교수	비율 (정교수/조교수)
컴퓨터 및 정보과학					
평균	84,788	87,298	100,232	132,828	1.52
최고	125,715	125,715	192,974	300,999	2.39
생물학 및 생의학					
평균	64,470	65,865	79,159	116,416	1.77
최고	106,053	199,309	183,048	422,460	2.12
공학					
평균	77,945	79,987	92,853	129,633	1.62
최고	112,000	172,000	177,251	317,555	1.85
수학 및 통계학					
평균	61,979	65,684	76,654	110,889	1.69
최고	86,000	103,000	131,950	328,200	3.18
물리학					
평균	64,670	67,161	78,728	116,557	1.74
최고	99,000	99,000	140,000	382,945	3.87
법학					
평균	90,892	97,714	113,380	164,070	1.70
최고	130,000	190,000	175,000	318,600	1.68
금융					
평균	140,507	139,111	136,016	167,269	1.20
최고	190,000	195,700	242,111	423,866	2.17
의학을 제외한 모든 학과					
평균	67,105	68,472	79,845	115,895	1.69
최고	190,000	200,000	242,111	423,866	2.12

최고 출처: 2008~2009 교수 연봉 조사(오클라호마주립대).
참고: 최고 연봉: 정의된 그룹에서 보고된 가장 연봉이 높은 정교수 연봉임.

가 답변한 이 데이터를 〈표 3.2〉에 정리했다. 이 데이터는 공립대와 사립대 교수를 구별했으며, 비밀유지 서약 때문에 '높은' 연봉은 제외했다. 대신 90번째 백분위수(낮은 것부터 90번째—옮긴이) 연봉을 실었다.

자료가 보여주는 특징은 오클라호마주립대 데이터와 꽤 비슷하다. 수학자가 가장 낮은 연봉을 받았고 공학과 컴퓨터과학 부문은 상대적으로 연봉이 높았다. 하지만 박사학위 취득자 조사에서 공립은 물론 사립대에서 일하는 정교수의 평균 연봉은 생의학 부문에서 평균적으로 가장 높다. 〈표 3.1〉은 9~10개월간 보고된 연봉을 반영한 것이고, 〈표 3.2〉는 여름학기 급여(생물학 같은 분야는 많은 교수가 여름학기에 연구보조금을 받으므로 매우 큰 금액이다)까지 합해 미국국립과학재단이 조정한 것이다. 표는 공립과 사립대 사이에 존재하는 급여 차이도 보여준다. 비록 그 차이가 크지는 않지만, 공립대의 연봉이 모든 직급에서 (적어도 평균치로는) 높은 분야는 컴퓨터 및 정보과학 분야라는 점도 눈에 띈다.

많은 직업에서 신참자와 기존 인력 간 소득 차이는 매우 크다. 관행적으로 그 차이는 무려 5배가 넘는다. 의학 분야도 비슷하다. 하지만 학자의 세계는 다소 다르다. 흔히 임금 곡선이 평평한 모양이라고 알려져 있지만, 시간이 지남에 따라 곡선이 다소 가팔라진다. 자세히 따져보면, 1974~1975년 사이 물리학 분야에서 정교수는 조교수보다 1.61배 많은 급여를 받았고 2008~2009년에 그 비율이 1.74배까지 증가했다. 생명과학 분야에서는 초기에 그 비율이 1.45배였다가 2008~2009년에는 1.76배까지 늘어났다. 이는 중요한 증가세다. 특

표 3.2 박사학위를 수여하는 공립 및 사립대의 분야별, 직급별 교수 연봉 평균 및 90번째 백분위수(2006년 기준)

	공립			사립		
	조교수	부교수	정교수	조교수	부교수	정교수
생물학						
평균	76,200	83,800	128,500	88,200	108,800	157,800
90번째 백분위수	105,000	115,000	200,000	140,000	132,000	277,700
컴퓨터 및 정보과학						
평균	81,100	92,200	112,800	80,900	91,900	82,400
90번째 백분위수	94,000	120,000	146,000	110,000	108,600	150,000
공학						
평균	77,100	87,900	122,500	84,000	94,300	121,400
90번째 백분위수	93,100	98,000	170,000	121,000	120,000	172,000
수학						
평균	70,600	68,000	107,100	70,800	60,600	115,880
90번째 백분위수	100,000	94,800	150,000	87,000	80,000	180,000
물리학						
평균	68,700	77,700	112,700	73,400	81,300	133,300
90번째 백분위수	68,700	77,700	112,700	73,400	81,300	133,300

출처: 2006년 박사학위 취득자 조사, 미국국립과학재단(2011b). 미국국립과학재단의 데이터를 사용했으나, 이 책에 포함된 연구 방법이나 결론을 미국국립과학재단이 보증하지 않는다.

히 생명과학 분야가 의심의 여지 없이 대학에서 대규모 외부 지원금을 많이 유치하는 교수진을 초빙(또는 유지)하려는 노력을 기울였음을 반영한다. 특히 미국국립보건원이 예산을 2배로 확대한 기간에 이런 노력이 집중되었다.[10]

우리는 〈표 3.1〉과 〈표 3.2〉에서 신규 박사학위 취득자가 학계 외에도 선택권이 다양한 분야에서는 정교수와 조교수 간 차이가 덜하다는 사실을 볼 수 있다. 그런 시장에서는 대학이 젊은 교수들을 영입하려면 좀 더 구미가 당기는 제안을 해야 한다.[11] 그래서 〈표 3.1〉에 보고된 공립대의 경우 컴퓨터과학이 1.52, 공학이 1.62이지만 생물학, 물리학은 1.7 이상이다.

정교수와 조교수 사이의 차이는 매우 명성이 높은 연구중심대학이 명성이 떨어지는 대학교보다 대개 크다.[12] 이는 상위 대학들이 대단히 생산적인 고참 교수들을 영입하거나 보유해서 고참 교수들에게 높은 연봉을 지급하기 때문이다. 뿐만 아니라 명성이 높은 대학에서 젊은 교수들이 뛰어난 동료들과 일하면서 얻을 수 있는 기술과 지위를 감안한다면 고참 교수에 비해 그렇게 많이 지불할 필요가 없기 때문이기도 하다.[13]

교수 연봉의 불평등

지난 30~40년간 미국의 소득 불평등이 상당히 확대되었다. 학계 역시 불평등이 심화되었다. 심지어 박사학위를 수여하는 대학에서 일하는 교수들 사이에서도 말이다. 이를 〈표 3.3〉에서 바로 확인 할 수 있다. 〈표 3.3〉은 1975~2006년 사이에 박사학위를 수여하는 대학의 학과 및 직위별 지니계수를 보여준다.(지니계수가 0이면 모든 사람이 같은 연봉을 받는다는 의미다. 지니계수가 1이면 한쪽은 연봉이 '제로'라는 의미다.)[14] 거의 예외 없이, 전 분야와 전 직위에서 지니계수가 33년 동안 2배 이상 커졌다. 비교해보면, 대략 같은 기간에 미국 남성 정교수의 지니계수는 35퍼센트이며 0.314에서 0.424로 증가했다.[15] 학계 연봉이 사회 전체에 비하면 고른 분포를 보이는 편이지만, 학계 내 소

표 3.3 박사학위 수여 대학 교수진의 연봉 불평등 (1973~2006): 지니계수

	1973	1985	1995	2006
공학				
조교수	0.072	0.079	0.106	0.164
부교수	0.064	0.082	0.118	0.152
정교수	0.091	0.110	0.159	0.220
수학 및 컴퓨터과학				
조교수	0.071	0.115	0.119	0.164
부교수	0.079	0.095	0.143	0.184
정교수	0.102	0.113	0.157	0.193
물리학				
조교수	0.070	0.099	0.132	0.142
부교수	0.091	0.104	0.141	0.146
정교수	0.121	0.127	0.167	0.225
생명과학				
조교수	0.091	0.098	0.190	0.228
부교수	0.088	0.115	0.168	0.223
정교수	0.120	0.128	0.206	0.250

출처: 2006년 박사학위 취득자 조사, 미국국립과학재단(2011b). 미국국립과학재단의 데이터를 사용했으나, 이 책에 포함된 연구 방법이나 결론을 미국국립과학재단이 보증하지 않는다.

득 불평등이 매우 빠르게 확산되고 있음을 알 수 있다.

연봉과 생산성의 관계

임금 곡선이 보여주는 상대적으로 평평한 모양은 2장에서 다뤘던 모니터링 문제와 함께 열띤 논쟁의 중심이 된다. 즉 성공하지 못할 수도 있는 연구를 추진하는 과학자들의 위험을 감수하는 노력에도 보상할 필요가 있다는 것이다. 2장에서 선보인 토너먼트 비유를 이어가자면, 경기에서 참가자 전원이 승리할 수는 없으며, 전원이 다음 라운드에 진출하지도 못한다. 그래서 과학에서 보상은 두 가지로 나뉜다고 볼 수 있다. 하나는 토너먼트에서 성공 여부와 관계없이 지급하는 것이고, 다른 하나는 과학에 대한 공헌을 반영하여 우선권을 기반으로 지급하는 방법이다.

이는 분명 보상 구조를 지나치게 단순히 묘사한 것이다. 하지만 대부분 극히 오래된 연구이기는 해도 출판과 인용이 간접적으로는 물론 직접적으로도 학계의 연봉 결정 과정에 중요한 역할을 담당한다는 증거가 있다. 한 연구는 1965년부터 1977년까지(오래된 연구라고 밝혔다!) 버클리대 수학자들의 연봉이 논문 발표와 확실한 연관성이 있음을 밝혔다.[16] 또 다른 연구는 1970년대 자료를 근거로, 추가 논문 발표가 물리학자, 생화학자, 생리학자의 연봉을 약 0.30퍼센트 증가시킨다고 밝혔다.[17] 그 후 출판과 연봉 사이의 관계를 다룬 연구가 거의 없었다. 아마도 데이터를 수집하기가 어렵거나 주제가 지루하기 때문이리라.[18] 다만 한 가지 예외적으로 1999년에 '미국 고등교육 교수 연구'에서 수집한 자료를 활용한 연구가 있다. 이 연구는 지역과 기관의 연구 강도를 포함하여 광범위한 요인을 통제하여 추가적인 출판이 연봉을 0.24퍼센트 끌어올린다고 밝혔다. 초기 추정치인 0.30퍼센트와 놀라울 정도로 근접한 수치다. 비록 큰 차이는 아니지만, 논문 50편을 쓴 성과가 매우 탁월한 교수는 논문 10개를 쓴 동료 교수보다 약 10퍼센트 연봉이 높다.[19]

연봉이 과학자의 출판 경력과 밀접하게 관련되어 있음을 보여주는 다른 증거들이 있다. 연구대학에서 승진과 종신직을 결정하는 열쇠는 출판(연구비 유치 기록도 더불어) 경력이다. 앞서 〈표 3.1〉과 〈표 3.2〉에서 보았듯, 연봉은 교수 직위와도 밀접한 관련성이 있다. 승진에서 강의와 공헌은 중요하다. 하지만 출판 기록이야말로 핵심이다. 대학들은 으레 외부 평론가들(해당 분야에서 개인의 공헌을 평가하고 그 분야에서 교수 순위를 매기는 사람들)의 평가를 받으려고 한다.[20] 한 명문대에서 외부 평론가에게 종신직 관련 의견을 구한 한 편지에는 이렇게 쓰여 있다. "평가를 하실 때, 광범위한 학과 영역이나 분야에 대해서는 물론이고, 하위 분야에 대해서도 A 교수가 동료들 사이에서 어느 위치인지 순위를 매겨주신다면 저희에게 매우 유익할 것입니다."

성과 역시 과학자의 외부 연구비 지원 여부를 결정짓는 중요한 요소다. 보조금 제안서에는 으레 신청자의 출판 정보 등 약력을 포함시켜야 한다. 미국국립과학재단은 출판 정보를 논문 또는 책 10편(권)으로 제한한다. 5편은 제안한 연구와 가장 밀접한 것들로, 나머지 5편은 '다른 중요한 저작물'로 구성하면 된다. '동료 심사에서 선정된 출판물'은 미국국립보건원 지원서와 함께 제출하는 4쪽짜리 약력에서 핵심 요소다. 이때 저작물은 발표 순서대로 번호를 매기고 목록을 만들어야 한다.(미국국립보건원은 등재 목록 수를 제한하지 않았으나, 2010년 1월 25일부터 '15편으로 제한하도록 권장한다.')[21] 심사위원과 패널들은 으레 연구자의 연구 이력을 언급한다. 미국국립보건원의 경우 교수가 R01(국립보건원에서 시행하는 가장 일반적인 연구 지원 형식) 지원금 연장을 신청하면, 심사위원은 해당 교수가 자금을 지원받은 동안 발표한 논문의 양과 질을 조사한다. "생산 혁신을 이룬 탁월한 생산성" "걸출한 성과" "생산 혁신에 성공했으며 훌륭한 성과를 거둔 연구원" "자금 지원 기간 논문 ○○편을 발표한" 등의 표현이 일반적이다.

연구비 유치 규모도 연봉에 영향을 미친다. 의과대학의 경우 종신교수라 할지라도 연구비 유치와 연봉 사이에 직접적인 관련이 있다. 교수 연봉을 지급할 정도로 연구비를 지원받지 못하면, 급여도 없다(또는 감액한다). 좀 더 정확하게 말하면 의과대학 가운데 35퍼센트가량이 기초과학 교수진에게 재정 보증financial guarantee을 하지 않는다. 의과대학 중 52퍼센트는 종신교수에 특정 재정 보증을 약속하지만, 제도적으로 연봉을 보장하는 곳은 단 13퍼센트뿐이다.[22] 따라서 적어도 의과대학들은 위험을 교수에게 전가하는 셈이다. 몇몇 의과대학도 외부에서 연구비를 유치한 교수들에게 보너스를 지급하는 제도를 채택하기 시작했다. 실제로 2004년, 의과대학에서 기초과학 교수 가운데 59퍼센트가 보너스 수령 자격을 갖추었고 20퍼센트는 보너스를 받았다.[23]

여름학기 급여도 사소한 문제가 아니다. 미국에서 학계 과학자 대부분은 9~10개월 계약직으로 고용된다. 그런데 여름학기 급여는 대학을 위한 자금이 아니라, 교수에게 지급하는 보조금이다. 따라서 보조금은 연구를 지원하는 면에서도 중요하지만, 교수 개인을 지원하는 측면에서도 중요하다.

유럽에서는 교수 연봉과 성과 사이에 연관성이 확실히 적다. 벨기에, 프랑스, 이탈리아 등에서 대학교수는 공무원으로 인식되고, 전국 단위로 연봉을 결정한다. 지방대는 사실상 협상을 하거나 연봉을 결정하지 않으며, 교수가 대학을 이동하는 경우도 무척 드물다. 그렇다보니 개인이 논문 발표를 통해 연봉을 끌어올릴 방법은 성과가 일정 부분 영향을 미치는 승진뿐이다. 특정 직위에 따른 연봉은 국가 차원에서 결정된다.[24]

하지만 유럽 전체가 그렇지는 않다. 스페인은 국립학위심사위원회ANECA라는 특별 기관을 최근 설립해 교수의 논문 발표 기록을 종신직 결정에 활용한다. 교수별로 6년 동안 종신직 여부를 평가하는 제도가 18년 넘게 실시되었으며, 이 과정을 통과하면 연봉 3퍼센트가 인상된다.[25] 영국 대학들은 연봉 책정에 상당한 자율성을 확보해왔다. 대학별로 학과마다 자원을 배분하고 논문 발표에 커다란 무게를 둔다. 대학들은 연구 실적 평가Research Assessment Exercise에 앞서 화력을 총동원해 '시기적절하게' 채용을 한다.[26] 2002년부터 2006년까지, 영국에서 10만 파운드 이상 벌어들인 교수의 수가 169퍼센트 증가했다.[27]

몇몇 국가에서는 세계적인 학술지에 논문을 발표한 사람에게 현금으로 보너스를 지급하는 정책을 시행한다. 중국과학원은 2001년에 보너스 정책을 채택했다. 보너스 규모는 학교별로 다양하지만, 연구원 표준 연봉에 비해 매우 큰 금액이다. 보너스는 기관에 따라서 무려 연봉의 50퍼센트에 달하기도 하며, 『사이언스』『네이처』 같은 학술지에 발표할 경우 특히 보너스 규모가 크다. 한국 정부도 2006년부터 비슷한 정책을 시행해 『사이언스』『네이처』『셀』 등 유수의 학술지에 논문을 처음으로 발표할 경우 300만 원(3000달러) 또는 연봉의 약 5퍼센트를 지급한다. 대학이 지급하는 보너스까지 포함하면 보너스 금액은 연봉의 20퍼센트를 훌쩍 넘어선다. 2008년, 터키는 출판 데이터를 수집하는 국가 기관을 설립했으며, 해당 논문에 교수 평균

연봉의 약 7.5퍼센트에 달하는 현금 보너스를 지급하고 있다.[28]

라이선싱과 특허에서 나오는 로열티

미국에서 교수들의 특허 사례는 100년 이상 거슬러 올라간다. 1907년 UC버클리의 프레더릭 코트렐 교수는 굴뚝에서 배출되는 연기를 제거하는 전기 집진장치로 특허 6건을 최초로 출원했다.[29] 16년이 흘러 1923년, 위스콘신대 제임스 콕웰과 해리 스틴벅은 자외선에 노출되면 음식에 농축된 비타민 D가 증가한다는 사실을 발견하고 특허를 신청했다. 1935년 로버트 윌리엄스와 로버트 워터맨은 윌리엄스의 실험실에서 비타민 B1 합성과정을 개발해 1935년에 특허를 출원했다. 1956년 도널드 존스와 폴 망겔스도르프는 '존스-망겔스도르프 교잡 옥수수종'이라는 종자의 특허를 승인받았다. 하버드대 교수였던 망겔스도르프는 이후 자신의 로열티 수입으로 '망겔스도르프 하버드대 실용 식물학 연구소'를 설립했다.[30]

이렇듯 교수들의 특허출원이 새로울 것은 없다. 새로운 점이라면 교수들이 특허를 취득하는 비율, 대학과 교수진이 특허로 거둬들이는 수입 규모, 특허 운영에 대학이 직접적으로 관여한다는 점 등이다. 코트렐의 특허가 바로 그런 사례다. 코트렐의 특허는 리서치 코퍼레이션Research Corporation이 관리했다. 이 회사는 코트렐의 특허만 특별히 관리하고, 대학과 특허 라이선싱을 통한 상업적인 활동 사이의 적정 거리를 유지했다. 특허 라이선스를 취득한 기업은 로열티를 지불하고, 대학은 이 금액을 연구비로 할당했다.(이후 리서치 코퍼레이션이 많은 대학의 특허 및 라이선싱 수입을 관리했다.) 특히 흥미로운 점은 코트렐이 자신의 발명에 대한 로열티를 받지 않기로 결정한 사실이다. 비타민의 사례도 비슷하다. 스틴벅은 자신의 특허에 대한 로열티를 받지 않기로 하고 새로 설립한 위스콘신 얼럼나이 리서치 파운데이션WARF에 양도했다. 이후 아침식사용 시리얼을 만드는 퀘이커 오츠Quaker Oats 기술도 라이선스했으며, 이후 WARF는 스틴벅의 특허료를 위스콘신대 연구 지원에 사용했고, 위스콘신대는 스틴벅을 기리는 도서관을 건립했다. 비타민 B1 합성 과정의 개발자들은 존스와 망겔스도르프, 코트렐의 선례를 따라 자신들의 특허를 리서치 코퍼레이션에 맡겼다.

대학의 특허가 만들어낸 풍경은 그 후 급격하게 변화했다. 단순히 규모 면에서 보자면, 1969년 대학이 출원한 특허 수는 연간 200개에 못 미쳤지만 1995년에는 2000개가 조금 넘어 약 10배 증가했다. 미국특허청USPTO이 등록한 대학의 특허 비율은 0.3퍼센트에서 대략 2.0퍼센트로 늘었다. 이후 13년간, 대학의 특허 수는 50퍼센트 증가했고, 2008년에는 3000개를 조금 넘어섰다. 미국에서 출원한 특허 중 대학의 몫은 약 2.0퍼센트 수준이다.[31]

특허 증가 요인은 기존 교수들이 특허출원을 늘렸을 뿐 아니라, 특허를 출원하는 교수가 늘어났기 때문이다. 1995년에 지난 5년간 특허를 출원해 발명가로 이름을 올린 교수는 9.6퍼센트에 그쳤다. 그러다 2001년에는 11.7퍼센트, 2003년(우리가 가진 믿을 만한 데이터 중 가장 최근)에는 13.7퍼센트로 증가했다.[32]

대학의 특허 및 라이선스 급증은 1980년에 통과된 바이-돌 법안Bayh-Dole Act 덕이다. 이 법안은 연방정부가 비용을 지원한 연구에서 생산된 발명품의 지식재산권을 대학에 부여하는 법안으로, 자연스레 대학들은 지식재산권의 범위를 넓히게 되었다.[33] 하지만 이유를 바이-돌 법안에만 돌린다면 분자생물학에서 일어난 변화를 무시한 지나치게 단순한 인식이 되고 만다. 분자생물학은 과학자들의 기본적인 이해를 높이면서도 '이용'을 지향하는, 다시 말해 과학자들이 일반적으로 파스퇴르의 사분면Pasteur's Quadrant(기초연구와 응용 연구를 각각 축으로 해서 4분면으로 나누고 기초연구와 응용 연구의 정도에 따라 각 분면이 정해진다. 파스퇴르는 기초연구와 응용 연구 모두 높아 4분면을 차지한다.—옮긴이)이라고 말하는 연구를 수행하도록 기회를 열어줬다.[34] 또한 1980년대에 특허출원이 가능한 범주를 넓혀 결과적으로 특허 증가에 결정적인 역할을 한 법원의 결정도 감안하지 않은 설명이다.[35]

대학들은 바이-돌 법안이 논쟁에 휩싸였을 때 소극적인 태도를 취하지 않았다. 오히려 하버드대, 스탠퍼드대, 캘리포니아대, MIT를 포함한 많은 대학이 법안 통과를 지지하며 적극적으로 로비했다.[36] 정부도 바이-돌 법안이 연방정부가 연구비를 지원한 연구에서 창출한 지식재산권 문제를 명료하게 해결해 미국의 경쟁력을 강화할 것이라고 봤다. 대학의 관점에서 이것은 경제학의 문제였다. 라이선스는 대학이 원하는 수입을 가져다줄 것이다. 수입 증가도 증가지만, 무엇보다도 1970년대에 대학들이 겪은 연방정부의 연구비 지원 정체기와 같이 어려운 시기에 큰 힘이 될 것이며, 이는 "상당한 차이를 만들 것이

었다."(6장의 논의 참조)[37]

1960년대 초, 대학이 상업적인 기관들과 거리를 유지하던 관행이 사라지고, 대학들은 기술이전사무소TTO를 설립하기 시작했다. 가장 성공적인 사례는 1968년에 네일스 라이머Neils Reimers가 기술 이전을 추진한 스탠퍼드대다. 라이머는 이 일에 관해 다음과 같이 증언했다. "나는 1954년부터 1967년 사이에 리서치 코퍼레이션이 거둔 수입을 알아봤다. 겨우 4500달러였다. 나는 스탠퍼드가 직접 라이선싱을 한다면 훨씬 잘할 것이라고 생각했고, 이에 기술 라이선싱 프로그램을 제안했다."[38] 다른 대학들도 스탠퍼드를 따랐다. 그 결과 1990년대 중반까지, 거의 모든 연구대학이 기술이전사무소를 열었다.

리서치 코퍼레이션이 미국의 주요 대학들 몫으로 특허 및 라이선싱 분야에서 거둬들인 연간 총소득이 900만 달러 이상인 적은 거의 없었다.[39] 그러다가 1989~1990년, 미국 대학들은 라이선싱 수입으로 8200만 달러를 신고했다. 2007년에는 18억8000만 달러(2007년 뉴욕대가 예외적으로 많이 벌어들인 경우는 제외한 수치. 아래를 참고하라)로 증가했다.[40]

교수들이 로열티 할당 몫을 거절하는 관행은 오래전에 사라졌다. 로열티 증가는 그만큼 할당받는 몫도 증가한다는 의미다. 대학마다 '배분' 공식이 다양하지만, 교수들은 대개 순 로열티 수입의 일정 비율을 받는다. 60퍼센트가 조금 넘는 대학들은 로열티가 5000달러이든 5000만 달러이든 관계없이 같은 비율로 교수에게 지급한다. 지급률은 평균 42퍼센트지만 일부 차이가 있다. 대학 가운데 약 3분의 1이 33퍼센트 아래에서 고정 비율을 정한다. 10개 중 4개꼴로 5대 5 비율을 유지하고, 교수에게 50퍼센트 이상 지급하는 대학도 일부 있다. 노스웨스턴대는 교수들에게 라이선싱 수입의 25퍼센트를 지급하는데 그쳐 비율이 가장 낮고, 애크런대는 65퍼센트로 가장 높다.[41]

대학 중에서 나머지 40퍼센트 정도는 역누진 비율 구조를 채택해서, 특허로 거둬들인 금액이 클수록 비율이 낮아지도록 했다.[42] 이들 대학은 최초 5만 달러에 49퍼센트를 지급한다.[43] 대학 특허의 약 96퍼센트가 벌어들이는 로열티 수입이 5만 달러 미만이기 때문에, 49퍼센트는 특허를 취득한 교수가 대학에서 기대할 수 있는 평균 비율의 근사치다. 앞서 언급했듯 교수들이 고정 비율로 받는 평균 비율은 42퍼센트이다. 하지만 로열티 배분이 완전히 한쪽으로 치우쳐 있기 때문에 로열티 수입 전체에 매긴 평균 비율은 아니다.[44] 가장 높은 로열티 지급 비율은 5만 달러 이상 지급하는 몇몇 특허에서 나오고, 1억 달러 이상 대학에 로열티를 벌어다주는 대형 특허blockbuster variety도 일부 있다. 정해놓은 비율 공식대로 지급받는 교수들은 '준성공작'은 물론이고 대성공을 거둔 특허들에 대해서도 평균 42퍼센트를 받았다. 하지만 역진 공식을 적용받는 교수들은 100만 달러(대부분이 최후에 적용 받는 비율) 이상인 경우 로열티로 평균 32퍼센트를 지급받았다.

대성공을 거둔 특허 사례

근래 들어 대학 연구에서 최초로 크게 성공을 거둔 특허는 재조합 DNA(유전자 슬라이싱gene slicing: 유전자의 일부를 잘라내어 다른 종의 유전자에 화학적으로 결합하는 방식—옮긴이) 기술로 획득한 코언-보이어의 특허다. 이 특허의 이름은 공동 발명자의 이름(코언Stanley Cohen과 보이어Herbert Boyer)에서 따왔다. 두 사람은 1972년 하와이 회의에서 만나 서로의 연구에 흥미를 느끼게 되었다. 4개월 후, 그들은 미리 결정한 DNA 패턴을 성공적으로 복제했다.[45] 1974년에는 이 연구 결과로 특허를 신청했고, 대법원이 생명체 형태의 특허가 가능하다는 판결을 내린 시점부터 6개월 후인 1980년 12월에 특허를 출원했다.[46] 초기 특허출원 과정에서 특허가 3개로 쪼개지면서 다른 특허 2개가 더 출원되었다. 처음 세 특허는 당시 코언이 부교수로 재직하고 있던 스탠퍼드대에 양도되었는데, 로열티는 보이어가 생화학자 겸 유전공학자로 소속되어 있던 캘리포니아대 샌프란시스코캠퍼스와 나눠 가졌다. 첫 특허는 1997년, 두 번째는 2001년, 세 번째 특허는 2005년에 만료되었다. 그 가운데 2001년까지 이 특허들이 로열티로 벌어들인 돈은 2억5500만 달러에 달하며 두 교수의 몫은 대략 8500만 달러 정도였다.[47]

코언-보이어 특허는 최초로 대성공을 거두었지만, 대학이나 교수들에게 가장 많은 로열티를 벌어다준 특허는 아니다. 이후 훨씬 큰 금액을 거둬들인 특허들이 등장했다. 2005년, 에머리대가 인체면역결핍바이러스 치료제 엠트리시타빈에 대한 권리를 길리어드 사이언스와 로열티 파마에 판 대가로 에머리대 교수 3명은 2억 달러 이상을 나눠 가졌다. 더 정확하게 말하면 에머리대는 현금으로 5억2500달러를 받았고, 발명자인 리오타Dennis C. Liotta, 시나지Raymond Schinazi, 최우백Woo-Baeg Choi, 세 사람에게 주어진 몫은 40퍼센트에 달했다. 대학이나 교수들이 받은 돈은 여기에 그치지 않는다. 에머리대는 1996년 라이선싱 이후 로열티도 받고 있다.

비슷한 거래가 2007년에도 있었다. 첫 번째는 뉴욕대이고, 다음은 노스웨스턴대다. 뉴욕대는 학교가 항염증 약물 인플릭시맙(제품명 레미케이드)에서 얻는 전 세계 로열티 권리의 일부(정확한 규모는 미공개)를 로열티 파마에 현금 6억5000만 달러를 받고 팔았다. 협약 조항에 따라, 뉴욕대는 뉴욕대 교수이자 발명자인 얀 빌첵Jan T. Vilcek과 러쥔밍Junming Le에게 로열티 수입의 일부를 계속 지급하고 있다. 두 사람은 빌첵이 창립한 센토코어 사와 협력해 류머티스 관절염과 크론병, 강직성 척추염, 건성성 관절염, 기타 염증성 질환 치료에 사용하는 약물을 개발했다.[48] 빌첵은 로열티 덕분에 부를 거머쥐었고, 2005년에는 뉴욕대에 1억500만 달러를 기부한다고 발표했다. 또 5년 전, 빌첵과 아내는 과학 및 예술 분야에 공헌한 이민자들을 기리는 빌첵 재단을 설립하기도 했다.[49]

노스웨스턴대에도 비슷한 사례가 있다. 2007년 말, 로열티 파마는 프레가발린 성분으로 제조한 약물인 리리카의 로열티로 노스웨스턴대에 7억 달러를 지불했다. 이 약은 최초에 당뇨병 치료용으로 개발되었고 나중에 간질 치료에 쓰였다. 운이 따랐는지 2007년 6월 미국 식품의약국FDA은 이 약을 일반적인 만성 섬유근육통에 사용할 수 있도록 승인했다. 이 약은 노스웨스턴대 화학과 실버맨Richard B. Silverman 교수와 당시 박사후연구원이었던 안드루키비츠Ryszard Andruszkiewicz가 개발했는데, 노스웨스턴대는 기술 이전 정책으로 발명자들에게 25퍼센트를 분배하도록 하고 있다. 최근 실버맨은 노스웨스턴대에서 자신의 이름으로 설립할 새 연구센터의 자금 모금을 돕기 위해 비공식적인 선물을 한 것으로 알려졌다.

로버트 홀턴Robert Holton이 합성에 성공한 파클리탁셀(택솔Taxol)은 대학 측(플로리다대)에 수백만 달러를 안겨준 또 다른 예다. 좀 더 정확하게 말하면 브리스톨-마이어Bristol-Myers가 또 다른(더 저렴한) 약물을 개발했는데, 그 약물이 특정 종류의 유방암과 난소암 치료제로 사용되며, 대학은 로열티 수입으로 3억5000만 달러를 벌어들였다. 홀턴의 몫은 이 금액의 40퍼센트, 즉 1억4000만 달러로 알려졌다.[50]

교수들의 부富가 의학 관련 특허와 라이선스에서만 나온다고 결론지어서는 안 된다. 최근 20년간 대학이 출원한 특허 중 약학이나 생명공학 관련 기술이 차지하는 비중은 전체의 3분의 1 미만이다. 대학에서 특허출원이 활발한 다른 분야는 화학(19퍼센트), 반도체 및 전기(6퍼센트), 컴퓨터 및 주변장치(5퍼센트), 계측 및 제어설비(5퍼센트) 등이다.[51] 하지만 수익에서 가장 큰 몫을 차지하는 분야는 의학 관련 특허다. 1996년에 분야별 전년 대학 라이선스 수입이 발표되었는데, 로열티 수입 가운데 76.7퍼센트가 생명과학 특허에서 나왔다.[52]

또 대학들은 특허받지 않은 지식재산권에서도 이익을 거둬들인다. 플로리다대는 게토레이 상표 등록을 통해 수백만 달러를 벌어들였고, 시카고대는 교수진이 개발한 '일상 수학Everyday Mathematics 교육과정' 로열티로 연간 450만 달러를 받았다. 스탠퍼드대는 1990년대에 박사과정 학생이었던 래리 페이지가 세르게이 브린과 시작한 구글 사와 협력해 두둑한 수입을 거두었다.[53]

발명 활동의 재정적인 열매

위의 논의로 교수들(비록 제한된 수이기는 해도)이 발명으로 거둬들이는 재정적인 열매를 즐기고 있음을 분명히 알게 되었다. 뉴욕대가 이전에 언급했던 판매 수익 6억5000만 달러를 제외하고 2007년 순로열티는 18억8000만 달러였다.[54] 대학 라이선싱 수입의 91퍼센트가 연간 100만 달러 이상을[55] 벌어들이는 대학들 몫이고, 교수들은 대형 라이선싱 계약에서 평균 38퍼센트의 로열티를 받는다는 사실을 고려하면, 교수진이 2007년 대형 라이선스로 6억5000만 달러를 벌어들였다는 결론이 가능하다.[56]

물론 그 정도로 벌어들이는 교수는 얼마 되지 않는다. 2004년에 라이선스 수입이 100만 달러 이상이라고 보고한 의과대학과, 대학 군群(캘리포니아대와 뉴욕주립대 군)은 53개에 그쳤다. 라이선스 수익으로 100만 달러 이상을 벌어들이는 사람들이 보유한 라이선스 중에서 100만 달러 이상 벌어들이는 라이선스 수는 평균 2.5개다. 추가로 라이선싱과 특허출원(조금 무리한 해석이기는 하지만)이 1대 1로 대응한다고 가정하면,[57] 공동 발명자는 특허당 평균 세 명이며,[58] 대성공을 거둔 특허를 두 개 이상 보유한 교수는 거의 없는 셈이 된다. 그러므로 5억5000만 달러를 벌어들이는 교수는 약 400명 정도라는 결론이 나온다. 인원이 매우 적기는 하지만 발명으로 다른 교수들이 '큰 금액'을 번다는 분명한 사실을 일깨우기에는 충분히 많은 수(이자 충분히 인상적인 액수)다. 사실은 미국의 연구중심대학 가운데 절반 이상에서 매년 로열티로 연봉보다 많이 벌어들이는 교수들이 어느 정도 있다. 이

들은 지난 5년간 특허를 신청한 많은 교수보다 최소 30배 이상 특허를 신청했다.[59]

특허 인센티브

교수들이 특허를 받으려는 이유는 돈 때문인가? 랙Lack과 생커만Schankerman이 실시한 연구는 교수에게 돌아가는 로열티와 대학이 라이선스로 거둬들이는 수입 사이에 확실하면서도 중요한 관계가 있음을 보여준다. 공립보다는 사립대와의 관계가 좀 더 굳건했다.[60] 하지만 대학 차원이 아닌 개인 차원에서 데이터를 조사하면 그 증거가 뚜렷하지 않다. 교수들에게 순 로열티를 더 많이 지급하는 학교의 교수들이 특허출원을 더 선호한다는 증거는 없다.[61] 더욱이 교수들의 특허 수는 금전적인 동기와 비금전적인 동기가 함께 영향을 미친다. 다만 비금전적인 동기를 설명할 통계자료는 없는 반면, 특허 활동의 금전적인 동기를 설명할 수 있는 통계자료만 있어 이를 증명할 수 있을 뿐이다. 공학 분야에서 지적으로 도전하고 진보하려는 동기는 특허로 이어진다. 생의학 분야에서는 시나지의 말처럼 사람들은 누구나 사회의 으뜸패society trump가 되고 싶어한다는 동기가 있다. "생명 구하기라는 사명은 우리에게 동기를 불러일으킨다. 누군가는 아름다운 그림을 그릴 수 있겠지만, 나는 훌륭한 약을 만들 수 있다. 그것이면 충분하다."[62] 에머리대에서 로열티 수입으로 7000만 달러 넘게 벌어들이는 사람이니까 그런 말을 쉽게 하는 것 같지만, 훨씬 적은 금액을 버는 다른 이들도 그의 말에 동의한다.

하지만 대학 내 기술이전사무소는 상황을 다르게 본다.[63] 기술이전사무소는 교수들에게 다섯 가지 중요 항목(라이선스 수익, 라이선스 계약 실행, 발명품의 상업화, 연구비를 지원받은 연구, 특허)에 관하여 조사했다. 그들은 '라이선스 수익'을 '연구비를 지원받은 연구'에 이어 두 번째로 중요한 요인이라고 평가했다. 당연한 얘기지만 연구비 유치는 신성하다. 하지만 로열티도 가볍게 여기기 어렵다는 의미다.[64] 로열티 수입이 주어질 경우 이를 거부할 교수들은 사실상 없다는 점만 보아도 이를 짐작할 수 있다.

물론 이 데이터가 교수들의 재정적인 인센티브와 특허 사이의 관계를 정립한다고 볼 수는 없지만, 어쩌면 기술이전사무소의 판단이 옳을지도 모른다. 특허출원은 교수들이 벌이는 떠들썩한 발명 활동의 수단인 까닭이다. 대학 정책은 교수들이 새로운 발견을 했을 경우 기술이전사무소에 공개해야 한다. 그리고 특허 신청 여부를 결정하는 주체는 기술이전사무소다. 게다가 발명 대부분이 특허를 받지 못하고, 대개 특허 대신 라이선스를 얻는 데 그친다. 그렇다보니 발명 활동에 따르는 재정적인 보상은 전망하기 어렵고 10~20년 후에야 보상을 받는 경우도 있다. 에머리대 교수들은 기술이전사무소에 성과를 밝히고 나서 거의 20년이 지나서야 자신들의 몫으로 5억2000만 달러를 받을 수 있었다. 큰 금액이긴 해도 20년 후에 받을 수 있을지의 여부조차 불투명한 보상의 가치는 즉각적으로 보상을 받을 수 있는 다른 경우들과 비교하면 거의 아무것도 아니라고 해도 좋을 것이다.[65]

다른 나라 교수들의 특허 출원

특허출원은 미국 교수들만의 독점 영역이 아니다. 유럽의 교수들이 미국보다 먼저 특허출원을 시작했다. 켈빈 경은 19세기에 특허를 대거 등록했고, 그는 특허 로열티로 부의 상당 부분을 쌓을 수 있었다.[66] 이처럼 유럽에서 먼저 시작했음에도 특허와 관련한 유럽 교수들의 활동을 추적하기는 훨씬 힘들다. 유럽에서는 최근까지 '교수 특권(특허권을 대학이 아닌 교수에게 부여하는 것)'을 일반적으로 인정했다. 이는 많은 유럽 국가의 교수들이 자신의 연구를 지원했거나, 자신이 자문했던 기업에 특허를 양도했음을 의미한다. 예컨대 프랑스에서는 대학교수가 출원한 특허의 60퍼센트가 기업 소유다. 이탈리아는 72퍼센트, 스웨덴은 81퍼센트에 달한다.[67] 독일은 특허의 79퍼센트가 '교수이자 박사'라는 직함을 가진 발명가들이 기업에 양도한 것임이 드러났다.[68] 미국에서도 교수들이 대학이 아닌 곳에서 특허를 취득하는 경우도 있지만, 대부분 대학이 출원한 것들이다. 한 연구에서는 미국의 교수들이 출원한 특허 중 67퍼센트가 대학에 양도된다고 추정했다. 다른 연구에서는 74퍼센트라는 결과가 나오기도 했다.[69]

교수들의 창업

하워드휴스 의학연구소의 티지앙 소장은 1991년 UC버클리 교수 시절 '이것'을 했다.[70] MIT에서 매우 성과가 좋은 연구원이자 화이트헤드연구소의 전 소장이었으며 단백질 접힘protein folding을 연구했던 린드퀴스트Susan Lindquist는 2003년에 '이것'을 했다. RSA 암호화 알고리즘을 발명한 아델만, 리베스트, 섀미르 이 세 사람은 1982년에 '이것'을 했으며, 카네기멜런대 로봇전문가 딘 포멀로Dean Pomerleau도 1995년에 '이것'을 했다. 조울증 이면에 존재하는 유전자를 찾는 연구에 전념했던 캘리포니아대 샌디에이고캠퍼스의 정신의학 유전학자 존 켈소John Kelsoe는 2007년에 '이것'을 했고,[71] 2009년에 노벨생리의학상을 공동 수상한 블랙번Elizabeth Blackburn은 2011년에 '이것'을 했다. 최초로 인간 배아줄기세포를 개발했고, 2008년에는 인간 체세포가 재구성되어 만능줄기세포로 전환될 수 있다는 사실을 보여준 연구팀을 이끈 위스콘신대 톰슨James Thomson 교수는 '이것'을 2번 했다. MIT 기술연구소 소장이었던 랭거Robert Langer는 '이것'을 13번 했다.[72] 2003년 레멜슨-MIT상을 수상했으며 국립아카데미 세 곳의 회원인 리로이 후드Leroy Hood는 14번 넘게 '이것'을 했다.(처음에는 캘리포니아 기술연구소 교수 시절, 다음엔 워싱턴대 시스템생물학연구소에 속했던 시절에.)[73] 오리건대 물리학과 스티븐 수 교수는 두 차례 '이것'을 했고,[74] 1990년대 후반 스탠퍼드대 컴퓨터과학과 교수들 45명 가운데 3분의 1이 적어도 한 번은 '이것'을 하려고 생각했다.[75]

여기에서 '이것'은 교수로 재직 중에 또는 교수직에서 떠났을 때 하는 '창업'—교수들에게 수입과 부를 안겨주는 또 다른 방식—이다. 교수들에게 가장 이익이 되는 시나리오는 일반적으로 설립한 기업을 공개IPO하고 시장에서 주식을 증식하는 방법이다. 간혹 그 보상 규모가 (적어도 서류상으로라도) 막대한 경우도 있다. UC버클리의 컴퓨터공학자 에릭 브루어Eric Brewer는 잉크토미 코퍼레이션을 창업했을 때 『포춘』 지에서 2000년 10월에 가장 부유한 40세 미만 40인 명단에 들기도 했다. 잉크토미 코퍼레이션은 기업공개 당시 순 자산 가치가 8억 달러였다.[76](이 회사는 2003년 야후가 매입하기 전 나스닥 100에 들었다.)[77] 후드는 자신이 창업에 도움을 준 암젠, 어플라이드 바이오시스템스Applied Biosystems 사가 기업공개를 했을 때 (정확한 금액은 알려지지 않았지만) 많은 돈을 받았다. 하버드대의 화이트사이즈George Whitesides 교수도 젠자임Genzyme 코퍼레이션의 창업을 도왔다. 여기에 투입된 자금 규모도 적지 않다. 1997년부터 2004년 사이 기업공개를 실시한 생명공학기업 (학계 출신) 창업자들이 보유한 주식을 기업공개일 종가 기준으로 살펴보았더니 중앙값이 340만 달러부터 870만 달러에 달했다.[78]

주식 실현 규모도 상당한 것으로 드러났다. 1990년대 초 생명공학 분야에서 52개의 기업공개를 연구한 자료가 있는데, 이는 1994년 1월 초까지 기업공개 시 옵션과 주식을 충분히 보유한 교수 40명을 추적 조사했다. 이들 중 14명은 옵션을 행사해 이득을 보았는데, 최소 3만 4285달러부터 최대 1176만 달러였고, 중앙값은 대략 25만 달러, 평균이 123만7598달러였다.[79]

교수들은 설립한 회사를 매각할 때 막대한 수익이 발생한다는 사실을 알고 있다. 하버드대 교수이자 서트리스 파머수티컬 창업자인 데이비드 싱클레어는 갈락소가 서트리스를 인수한 2008년에 서트리스 주식을 340만 달러 이상 보유하고 있었다.[80] 티지앙은 UC버클리 교수 시절 공동 창립한 툴래릭이 암젠 사에 13억 달러에 매각된

2004년에 수백만 달러를 받았고,[81] 로버트 랭거는 1999년 앨커미스 사가 어드밴스드 인헬레이션 리서치를 인수할 때 368만 달러에 상당하는 주식을 보유하고 있었다. 스티븐 수는 자신이 창립한 소프트웨어 회사 두 곳 중 한 곳을 시만텍에 팔면서 2003년에 현금 2600만 달러를 받았다(수가 자신의 이력서에 기재한 사실임).[82] 컴퓨터과학자이자 스탠퍼드대 제10대 총장인 존 헤네시는 스탠퍼드대에서 안식년 기간이었던 1984~1985년 사이에 공동 설립한 MIPS 테크놀로지가 실리콘 그래픽스에 3억3300만 달러에 매각된 1992년에 막대한 수입을 거둬들였다.[83] 헤네시뿐만 아니다. 스탠퍼드대 컴퓨터과학과 교수 가운데 3분의 1이 (닷컴 거품 붕괴 이후에는 얼마나 그 부를 유지했는지 불분명하지만) 2000년만큼은 백만장자가 되었다.[84]

창업 기업들이 설립자의 발명을 기반으로 대학이 보유한 특허의 라이선스를 취득하는 경우도 드물지 않다. 그래서 창업에 관여한 많은 과학자는 기업이 상품 판매를 시작하고 대학 측이 로열티를 받으면 로열티 수익을 대학과 배분해 추가 수익을 얻는다.

혜택을 보겠다고 꼭 창업자가 될 필요는 없다. 창업 기업의 과학자문위원회SAB에서 일하는 동료 교수들도 있다. 생명공학 분야에서 자문위원회에 관여한 교수들은 그 인원이 어마어마하다. 한 연구에 따르면 1972~2002년 사이에 기업공개한 기업의 과학자문위원회에서 확인된 학계 인사만 785명이었다.[85] 급여는 회의 한 번에 500~2500달러로 그다지 높지는 않다. 하지만 일이 꾸준할 뿐 아니라 과학자문위원회 대다수가 회원들에게 스톡옵션을 제공한다.[86] 책임자로 일하는 교수들은 과학자문위원회 회원이 아니더라도 스톡옵션을 받는 경우가 많고 과학자문위원회 회원 교수라면 흔히 신생 기업에 자문을 하는 교수 이사faculty director로 활동한다.[87]

교수가 신생 기업에 참여하는 것은 얼마나 일반적인가? 신생 기업의 몇 퍼센트가 꽤 많은 보상을 안겨줄 만큼 오래 살아남는가? 이를 판단하기란 무척 어렵다. 대학기술관리자협회AUTM는 1980년부터 2000년까지 미국에서 3376개의 학계 관련 기업이 설립되었다고 추정한다. 이들 전부가 교수진이 운영하는 회사는 아니고, 일부는 학생들의 작품이기도 하다. 구글은 학생이 세운 기업의 훌륭한 예다. 스탠퍼드대 대학원생이었던 세르게이 브린과 래리 페이지는 1995년에 창업했는데(스탠퍼드에는 1996년에 공개했다), 다른 사례들도 있다. 일부 대학에서 창업한 기업은 꽤 많은 보상을 할 수 있을 만큼 오래 생존하지 못한다. 3376개 신생 기업 가운데 2001년까지 살아남은 기업은 68퍼센트였다.[88] 기업공개까지 이르는 기업 수는 훨씬 적다. 한 연구에 따르면 비율이 8퍼센트도 안 되었다.[89] 비록 이는 높은 비율이긴 하지만(일반적인 미국 기업들의 '기업공개 비율'의 약 114배), 대학의 과학자들이 창업을 통해 성공을 거두는 경우는 소수라는 사실을 보여준다. 그럼에도 불구하고 하버드나 스탠퍼드가 아니더라도 많은 연구중심대학에서 적어도 한두 명의 교수가 기업공개를 실시한 기업의 주식을 보유하거나, 기업공개에 앞서 주식을 매입했다가 수백만 달러를 벌어들이는 것을 볼 때, 이는 충분히 많은 수라고 할 수 있다. 아니면 좀 더 제한적인 방법이긴 하지만 일부 사람은 책임자나 과학자문위원회 회원으로 이익을 얻기도 한다. 그 금액이 2000년대 초 투자은행가나 헤지펀드 임원과 비교한다면 미약한 수준이겠지만, 학계 기준으로

는 횡재라 할 만하다.[90]

물론 대학 소속 과학자는 재정적인 인센티브 말고도 다른 이유로 창업 회사에 관여한다. 이들은 회사 소속 과학자들과 공동으로 논문을 집필하기도 하고[91] 대학원생들을 창업 기업에 취업시킬 수도 있다. 사회에 공헌하려는 동기도 중요한 인센티브로 작용한다. 텍사스 A&M의 생명공학자 크리시온이 바로 그런 경우다.[92] 2004년 코어이노바를 설립한 크리시온은 다음과 같이 밝혔다. "제 목표는 언제나 의학 기술이 필요한 환자들에게 기술을 제공하는 것입니다. 대안이 없을 때 유일하게 택할 수 있는 길이 되기를 바라지요."[93] 하지만 재정적인 보상이 동기를 부여한다는 사실만큼은 분명하다. 앞서 보았듯 창업으로 어마어마한 금액을 벌어들이는 몇몇 교수처럼 말이다.

자문 활동

교수들은 자문을 통해서도 수입을 늘린다. 자문은 학계의 오랜 전통으로 지역 사회에 대한 대학의 헌신에서 비롯되었다. 초기에는 자신들이 발견한 유용한 지식을 지방 및 지역 경제를 위해 제공하는 경우가 많았다. 비록 자문이 주로 연구 활동이나 외부 프로그램, 또는 지역 산업계의 요구에 맞춰 설계한 과정을 개설하는 방식으로 이뤄지기는 했으나(애크런대의 고무 생성 연구는 대학의 고분자 화학 전문가들이 진행했다),[94] 교수들이 산업계 자문에 응하기도 했다. 가령 MIT 공학과 교수들은 뉴저지의 스탠더드 오일 사 등에 자문하는 것이 일반적이었다.[95] 끈끈한 산학 협동은 '실리콘밸리의 아버지' 프레더릭 터먼이 스탠퍼드대에 남긴 위대한 유산이다. 산학 협동은 다양한 형태로 나타났고, 터먼이 공대 학장과 이후 교무처장 재직 시절 열정적으로 독려했던 활동이 바로 자문이었다.[96]

자문 활동과 관련된 숱한 사례가 있다. 하지만 어떻게 자문 활동이 교수들 사이에서 널리 이뤄졌는지 체계적으로 연구된 바는 거의 없다. 사실은 대부분이 교수들이 아니라 회사를 조사하는 과정에서 알려졌을 뿐이다. 한 예로 미국의 연구개발R&D 관리자들이 산업계의 연구개발에 어느 정도 또는 아주 중요한 '자문' 목록 3분의 1가량을 찾아냈다.[97] 초기 연구는 기업의 신제품이나 공정 개발에 가장 많이 기여한 학계 연구자 다섯 명을 지목해달라는 요청으로 이뤄졌다. 후속 연구에서, 연구자 가운데 90퍼센트가 산업계 자문 활동을 펼쳐왔으며, 활동 기간의 중앙값이 연간 30일이라는 사실도 밝혔다.[98]

이처럼 기업과 교수는 상호 작용한다. 기업과 관계를 맺으면 교수들의 수입이 늘어날 뿐 아니라 성과도 높아진다. 기업 관련 연구자들은 자신들의 연구 주제를 대부분 산업계 자문 활동을 하면서 발전시키며, 이 연구 활동은 정부 지원금을 받기 위해 그들이 제안한 연구의 성격과도 관련이 있다.[99] MIT 공학자는 "산업계는 흥미로운 현안들을 우리에게 제시하기 때문에 실질적인 문제를 겪는 산업계에 해주는 자문 활동은 유익하다"고 진술했다.[100]

교수들 사이에 널리 퍼진 자문에 관한 추가적인 통찰은 발명가가 대학교수이면서, (대학이 아닌) 기업에 양도된 특허 연구를 통해 얻을 수 있다. 이런 관행은 비교적 일반적이다. 앞서 언급했듯 한 연구는 교수들이 취득한 특허 중 33퍼센트가 산업계에 양도된다고 보며, 다른 연구에서는 이보다 약간 낮은 26퍼센트 정도로 본다.[101]

처음에는 이런 활동이 일부 교수의 이기적인 행동이라고 생각했다. 대학은 대개 발명이 대학에 속한다는 정책을 추진했기 때문이다. 하지만 교수들, 기술 이전 인력, 기업체 연구개발 관리자들과 인터뷰를 해보면 이런 유형의 특허 대다수가 교수들의 자문 활동에서 비롯되었다고 강력하게 주장한다.[102] 컨설팅 활동에서 출발하여 기업체에 양도된 특허에 대해서는 특허의 성격을 조사해보면 알 수 있다. 이런 특허들은 대학이 보유한 특허보다 상당히 '증가하고' 있다. 이는 일반적으로 기본 원리 탐구에 무게를 두는 대학 실험실의 프로젝트보다 교수들의 자문 프로젝트가 증가하는 추세라는 연구와 일맥상통한다.[103]

일부 자문 협정이 창업 활동을 확장시키기도 한다. 앞에서도 보았지만, 창업 교수들, SAB 멤버들, 신생 기업의 중역들이 신생 기업과 자문 협정을 맺는 사례가 드물지 않다. 이따금 이 협정의 일환으로 새 특허들이 신청되기도 한다. 첫 특허(주로 지식재산권의 창립 자산)가 대학 소유이고 기업이 라이선스를 취득하면, 추후 창업 단계에서 진행되는 발명은 기업 소유가 된다.

몇몇 자문 활동은 기술이전사무소의 역동적인 독려로 이뤄진다. 예컨대 교수에게 특허가 출원되지 않은 발명을 선정해 넘겨주고, 교수가 특허를 출원하도록 한다. 아니면 대학이 발명 특허를 취득했으나 라이선스 여부를 결정하지 못했다면, 그 발명을 교수의 몫으로 돌려준다. 혹은 기업들이 교수들에게 라이선싱에 동참하도록 요청하는지도 모른다. 기업이 라이선싱한 지식재산권은 미성숙한 단계라서

'개념 증명proof of concept(신기술이나 시스템 등이 문제 해결에 도움이 된다는 증명 과정. 아직 출시되지 않은 제품의 사전 검증에 사용된다.—옮긴이)'과 제품 개발로 이어지기까지 교수들의 참여가 절실하기 때문이다.[104]

자문은 교수와 산업계가 공식적인 관계를 맺는 것으로 끝나지 않는다. 자문은 또 다른 메커니즘의 출발점이 된다. 가장 흔한 관계는 산업계가 교수의 연구를 지원하는 관행인 '연구 후원'이다. 2009년에 후원 금액이 대학 연구개발비 전체에서 5.8퍼센트를 차지했다.[105] 이 관행에 대해서는 과학 분야의 자금 지원에 초점을 맞출 6장에서 살펴보고자 한다. 여기서는 연구비를 지원받는 연구 규모가 2000년대 초에 줄어들기는 했지만, 1980년대와 1990년대에 급격하게 성장했다는 정도만 언급하면 충분하다.

정책 쟁점

특허, 창업, 자문 등 교수들의 수입 창출 기회가 늘어났다고 해서 이것이 연구를 방해하는가? 특허출원이 늘어나는 현상이 공공 영역에서 이용 가능한 지식의 특성과 양에 영향을 미치는가? 특허가 학계 과학자들의 기자재 접근을 제한하는가?

이 의문들, 그리고 다른 관련 의문들이 과학의 장scientific commons에서 벌어지는 광범위한 논쟁에 포함된다.[106] 예컨대 일부에서는 인센티브 등 재정적인 보상이 교수들을 기초연구 대신 응용 연구 쪽으로 이끈다고 주장한다.[107] 또는 특허를 출원하면서 논문을 발표하는 등 공공 부문이 이용할 수 있는 연구 수행에서 교수들을 멀어지게 만든다고 주장하기도 한다.

하지만 증거를 보면 그렇지 않음을 알 수 있다. 한 연구는 특허출원과 출판이 비슷하게 증감한다는 사실을 보여준다. 특허를 취득하는 교수의 수는 그들이 발표하는 논문 수와 관련이 있으며, 발표된 논문 수는 특허 수와 관련이 있다.[108] 물론 이런 연구는 상대적으로 통제하기가 어렵다보니 연구자들 사이에 관찰하지 못한 어떤 특징들에서 나온 결과일 수도 있다. 다만 논문 수와 특허 수가 높은 상관관계를 보이는 한 가지 이유는 특허가 종종 발표된 연구의 부산물이기 때문이다. 실제로 특허와 논문이 짝을 이루는 경우가 많다는 사실은 이를 반증한다.

특허와 출판 사이의 관련성이 증가하는 까닭은 부분적으로 과학자들이 기본적인 통찰과 문제 해결책을 동시에 만들어내는 파스퇴르의 사분면 차원의 연구가 증가하는 데서 연유한 것이다.[109] 연구의 이중적인 특성은 발명과 관련된 인센티브가 교수들을 기초연구에서 등을 돌리게 만든다고 주장하는 증거가 거의 없는 이유를 설명하는데 도움이 된다.[110] 과학자는 특정 질문에 답을 제공하면서 상업적인 가치를 지닌 기초연구를 할 수 있다.

단백질 접힘과 관련한 린드퀴스트의 기업가 활동과 연구는 그녀 자신이 '지식의 만개blooming of knowledge'라고 일컬은 것으로, 연구의 놀라운 이중성을 보여준다.[111] 린드퀴스트는 최초로 특허를 신청한 1994년 이래 미국에서만 특허를 21개 출원한 발명가이며, 2003년에는 회사를 공동 창립했다. 그녀는 이런 활동을 "차이를 만드는 필생의 연구"에 필요하다고 봤다. 그 과정에서 연구의 과학적인 중요성이 떨어지거나 연구 발표 횟수가 눈에 띄게 줄어들지는 않았다. 첫 번째 특허출원 이후 그녀는 논문을 143편이나 발표했으며 톰슨 로이터 지식웹이 추적한 학술지 인용 건수는 1만622건이었다. 하나 빼고 모두 서지학자들이 '기초연구'라고 분류한 학술지였다.[112]

이는 대학의 특허출원이 연구를 방해하지 않는다는 의미가 아니다. 만약 형편없이 관리된다면, 기자재에 부여된 특허가 이후 다른 과학자들의 연구에 찬물을 끼얹게 된다. 머리와 동료들의 쥐 연구(2장 참고)가 매우 적절하게 입증했듯이 말이다.

그렇다고 대학들이 산업계로 지식을 이전할 만큼 효과적이라는 의미도 아니다. 사실 일부에서는 이익을 증대하려는 대학들이 지나치게 공격적으로 산업계와 협상하고 있으며, 이는 지식의 확산을 저해한다고 주장한다.[113]

친밀한 산학 관계가 학계에서 연구를 공개적으로 확산시키는 관행을 저해할 뿐 아니라 출판을 방해하거나 지연시켜 공공 지식의 생산을 더디게 하는지에 대한 의문이 제기된다. 많은 연구가 특히 1990년대에 산학 관계가 굳건해지고 이와 같은 관계가 좀 더 일반화된 생의학 분야에서 이 논쟁을 지켜봐왔다. 그 결과 대체로 산업계의 후원이 출판을 지연시키는 결과를 초래하는 예가 많았다는 점을 확인할 수 있었다. 6장에서 이 문제를 짚어보겠다.

과학의 장에서 심각한 문제는 일부 과학자들이 대학이나 연구비 지원 단체에서 일반적으로 요구하는 산업계와의 밀접하면서도 영리에 도움이 되는 활동에 참가한는다는 점이다. 한 연구는 1992년에 주요 생물학 및 의학 학술지 14개에 발표한 전체 논문 가운데 정확히 3분의 1이 발표한 연구와 관련된 기업과 재정적인 관계를 맺었지만, 사실상 그 관계를 드러낸 저자들은 없었다.[114]

자금 규모는 상당했다. 2008년 에머리대 정신과 의사인 찰스 네머로프는 그가 연구하던 약물의 효과에 관한 강연을 자주 했음에도, 제약회사에서 받았던 외부 수입 가운데 적어도 120만 달러를 보고하지 않았다. 그러자 미국국립보건원은 처음에 930만 달러 규모의 우울증 치료제 비교 연구를 다른 교수에게 맡기는 방식으로 대처했고 한 달 후에는 보조금 지원마저 중단했다.[115] 이후 미국국립보건원은 보고 없이 제약회사에서 수입을 챙긴 20여 명의 다른 교수도 조사했다.[116]

한편 산업계가 논문에서 교수들의 이름을 '유령으로' 만드는 문제도 있다. 로페콕시브rofecoxib(제품명 바이옥스)의 경우, 머크 사 직원들이 원고를 준비한 후 공동저자를 맡을 학계 인사들을 모집했다. 임상실험 논문 가운데 92퍼센트(24편 중 22편)에서 머크 사의 재정 지원 사실이 드러났음에도, 리뷰 논문 중에 50퍼센트(72편 중 36편)만이 후원을 받았거나, 저자가 머크 사에서 재정적인 보상을 받았다고 밝혔을 뿐이다.[117] 이런 비도덕적인 관행이 과학계의 신용을 떨어뜨리고 연구에 대한 공공의 신뢰를 저하시킨다.

결론

오로지 돈 때문에 과학자가 될 사람은 없을 것이다. 훈련을 더 짧게 받고 더 적게 일하면서도 연봉은 더 많은, 그야말로 더 '돈이 되는' 직업은 얼마든지 있다. 그럼에도 과학 분야의 성공에는 금전적인 보상이 뒤따르며 과학자들이 그 유혹에 빠져들지 않을 도리가 없다. 상이 걸린 토너먼트는 더 많은 기술을 요하듯이, 과학의 보상은 부분적으로 경쟁 정도에 의존한다. 가령 일류 연구대학에 속한 과학자들은 석사 수준 연구기관의 과학자들보다 꽤 많이 번다. 토너먼트는 학과 내에도 존재한다. 학교 수준과 무관하게, (정)교수라면 조교수보다 거의 항상 급여가 많다.[118] 과학자와 공학자의 연봉은 전체적으로 연구 성과와는 관련이 없다. 이들의 연봉은 대학 내 교육과 서비스 분야에 대한 공헌에 달렸다.

과학자와 공학자는 학계에서는 오랜 전통으로 굳어진 자문 활동으로 연봉을 늘릴 수 있다. 더욱이 자문은 매우 성과가 뛰어난 과학자만 할 수 있는 독점 영역이 아니다. 접근성이 중요하다. 많은 기업이 특히 응용 문제를 풀어나갈 때 지역 내 과학자와 공학자를 자문역으로 원한다는 사실을 알 수 있다. '거물 과학자big gun'는 좀 더 본질적인 문제에 맞닥뜨렸을 때에야 초빙한다.[119] 과학자들은 전문가로서의 관점을 제시하고 수입 증대도 꾀할 수 있다.

과학자와 공학자도 대부분이 많은 보상에 사로잡혀 있다. 평범한 과학자가 될 것인가, 걸출한 과학자가 될 것인가? 대부분 정교수로 승진하기 위해 충분한 연구 기록을 축적하고 싶어한다. 많은 사람이 학계에서 그 기회를 찾고(또는 요청을 받거나) 자문을 하며 추가 수입도 거둬들인다.

소수의 사람은 훨씬 더 큰 보상을 받는다. 상을 받는 몇몇 사람에게는 명예와 더불어 꽤 많은 상금까지 따라온다. 특허와 창업을 통해 큰 부를 거머쥘 가능성도 높아진다. 비록 그런 활동에 주어지는 보상이 극히 크지만 우리는 그 정도 규모에 참여하는 과학자나 공학자는 거의 없다는 사실을 증명하는 데 공을 들였다. 반면 특허와 창업 관련 보상은 큰 성공을 거둔 과학자들에게만 해당되는 일은 아니다. 교수들 상당수가 특허출원과 밀접하고 상당수가 자문위원회에서 일하거나 동료들의 회사에서 중역을 맡는다. 로열티로 연간 1만 달러 이상을 버는 발명가는 소수에 그치지만 말이다. 동료들의 기업에서 이사회 활동을 하는 교수들은 주식을 받고 자문역으로 일하면서 급여도 받는다.

마지막으로 부유한 소수의 사람들은 그렇지 몰라도 부유한 과학자들이 연구를 게을리 한다는 증거는 찾아보기 어렵다. 공동 창업한 기업을 암젠 사가 인수할 때 수백만 달러를 벌어들인 로버트 티지앙은 하워드휴스 의학연구소에서 일하면서 오랫동안 명성도 얻었다. 존 헤네시는 자신이 창업한 기업이 상장되고 결국 인수된 후 스탠퍼드대 총장이 되었다. 리로이 후드는 여러 기업을 설립하고 20년 이상이 지난 70대까지도 정력적으로 연구를 이어오고 있다.

제4장

공동연구는 어떻게 이뤄지는가

캘리포니아대 샌프란시스코캠퍼스 생체공학 및 치료과학과BTS 공동학과장 겸 교수인 캐시 지아코미니의 실험실은 유전자가 약물 반응에 미치는 영향을 연구한다. 특히 중점을 둔 대상은 다양한 소수 인종이 보유한 수송체 유전자transporter gene 중 어떤 유전자 변이가 치료 과정에서 차이를 만들고, 약물 부작용을 일으키는가이다. 그 밖에 신종 백금착물 항암제anticancer platinum agent도 연구 대상이다. 지아코미니 팀에는 (임상실험을 직접 진행하는) 의학 박사, 실험실 관리자, 박사 후연구원 4명, 대학원생 5명, 일본에서 온 방문 과학자 1명이 있다.[1] 지아코미니 실험실에 지원되는 자금의 출처는 대부분 미국국립보건원이며, 대학의 미션베이캠퍼스Mission Bay Campus 안에 약 232제곱미터 넓이의 실험실이 있다. 이 연구팀은 유전자 조작 쥐, 공초점 현미경, 염기서열 분석과 유전형 분석에 사용하는 어플라이드 바이오시스템스ABI 사의 기기 등 다양한 설비와 기자재를 갖추고 연구에 활용한다. 현미경과 염기서열 분석 설비가 '핵심'인데, 이런 기기는 실험실 바깥에 보관하면서 다른 사람들도 이용할 수 있도록 하며, 유전형 분석기기는 실험실 안에 두지만, 서비스 이용료를 지불한 건물 내 다른 연구원들도 사용한다.

아이스큐브 뉴트리노 관측소IceCube Nutrino Observatory는 남극 부근에 자리 잡고 있다. 이 망원경은 위스콘신대 매디슨캠퍼스 프랜시스 할젠의 발명품이다. 연구에는 33개 기관에서 온 교수 67명, 박사급 및 박사후연구원 62명, 학생 95명이 참여하며, 이들 기관 중 절반가량이 미국 외 연구 기관이다. 이 프로젝트를 구상한 지는 20년도 더 되었지만, 실제 아이스큐브 관측소 건설은 2005년에 시작되었다. 이 관측소는 얼음 속에서 원자핵과 상호 반응하여 생성되는 하전입자charged particle(전기적으로 양성이나 음성 전하를 갖는 이온입자—옮긴이)들 중 높은 에너지를 지닌 뉴트리노nutrino(중성미자. 경입자족lepton group에 속하며 전기적으로 중성을 띠는 소립자의 하나—옮긴이)를 감지하도록 설계했다. 아이스큐브 관측소의 목표는 우주선cosmic ray(지구 밖에서 대단히 빠른 속도로 지구상에 날아오는 고에너지 방사선—옮긴이)의 기원을 둘러싼 수수께끼를 푸는 것이다. 그 연구를 위해 1입방킬로미터 크기의 얼음 땅에 86개의 구멍을 뚫었다. 구멍의 깊이는 1450~2450미터까지 다양하며, 특별 설계해 설치한 광전자증배관photomultiplier들이 뉴트리노 활동을 감지한다. 각 구멍을 완성하기까지 약 이틀이 소요되는데, 이 프로젝트는 2010년 12월 말에 마지막 광전기증배관을 설치했다. 빠듯한 일정 탓에 한 번이라도 얼음 위에 머문 사람은 40명이 되지 않지만, 건설 기간 중 170명이 프로젝트에 참여했다. 또 아이스큐브 부지 밖에서도 많은 기술자와 운영자가 일하고 있다. 2억8500만 달러에 달하는 프로젝트 비용의 85퍼센트 정도는 미국국립과학재단이, 나머지 15퍼센트는 다른 기관과 국가들이 부담한다.[2]

유체물리학자 다비드 케레는 실험실을 두 개 가지고 있는데, 하나는 프랑스공업물리화학대학ESPCI에, 다른 하나는 파리공과대학École Polytechnique에 있다.[3] 두 대학 교수인 케레는 프랑스 국립과학연구센터CNRS의 실험 책임자이기도 하다. 케레 연구팀의 연구는 리퀴드 인터페이스에서 중요한 역할을 담당하는 시스템을 개발하는 데 일조했다. 케레팀은 이 연구 주제를 '인터페이스 앤 코Interfaces & Co'라고 부른다.[4] 이 팀은 케레와 프랑스국립과학연구센터 실험 책임자 1명, 대학원생 9명, 박사후연구원 3명, 도쿄공업대학에서 온 방문자 등으로 이뤄져 있다. 케레는 2010년 9월에 팀원 3명과 발표한 논문으로 많은 관심을 끌어 모았다. 물탱크 하나 분량의 물, 새총, 고속 카메라, 유체에서 발사체의 반응을 검사할 컴퓨터 한 대를 사용하는 실험이었다. 이 논문은 브라질 축구선수 호베르투 카를루스가 1997년 6월 3일 프랑스전에서 넣은 '불가능한 골impossible goal'을 설명할 수 있다고 결론 내렸다.[5]

조지아공대 왕중린Zhong Lin Wang 교수의 나노 연구팀은 기계 에너지를 전기로 변환하는 나노 발전기 개발 등 광범위한 분야를 연구한다. 이 팀은 조지아공대 페이퍼 과학기술대학 건물 내의 약 696제곱미터짜리 연구실을 사용한다. 팀 규모가 계속 바뀌기는 하지만 2011년 봄, 왕 교수를 포함해 박사후연구원 7명, 중국에서 온 방문연구원 1명, 대학원생 11명, 연구 과학자 4명(이들 중 한 명은 전자현미경 조정자), 연구 기술자 2명, 방문 과학자 7명 등 33명이었다. 왕 교수팀은 미국국립과학재단, 미국국립보건원, 국방부, 나사, 미국방위고등연구계획국DARPA과 산업계 등 여러 단체에서 연구비를 지원받는다. 왕 교수팀은 투과 전자현미경TEM, 원자간력현미경AFM, 전계방출전자총FEG으로 작동하는 주사 전자현미경SEM 등 다양한 특화 설비를 이용한다. 왕 교수팀의 웹사이트에서 '실험실 투어'를 클릭하면 이 장비들을 볼 수 있다.[6]

위에 언급한 팀들은 연구 과정에서 노력, 지식, 설비, 기자재, 공간 등을 투입한다.[7] 하지만 연구마다 각 요소의 투입 비율은 동일하지 않다. 가령 설비가 중요한 연구인가, 아니면 연구 방식이 중요한가 등 연구 성격에 따라 달라진다는 것이다. 좀 더 일반적으로 말하자면, 과학 연구의 성과 모델이 모든 과학 및 공학 분야에 동일하게 적용되지 않는다는 얘기다. 수학자, 화학자, 생물학자, 고에너지물리학자, 공학자, 해양학자들은 과학 연구의 성과에 관해 특정 유사점을 공유한다. 누구나 '노력'과 '인지적 투입 요소'를 필요로 한다는 점은 마찬가지다.

하지만 연구 방식은 분야마다 제각각이다. 수학자와 이론물리학자들은 실험실에서 거의 일하지 않는다(비록 공동저자들과 함께 일한다고 하더라도). 하지만 화학자, 생명과학자, 공학자 대부분, 그리고 많은 실험물리학자는 주로 실험실에서 연구한다. 설비의 역할은 또 다른 차원이다. 수학, 화학, 유체물리학 등 일부 분야에서는 연구 과정에서 설비를 거의 사용하지 않는다. 반면 천문학이나 고에너지 실험물리학 같은 분야에서는 연구가 거의 설비로 이뤄지거나 정의된다고 해도 과언이 아니다. 기자재 역시 마찬가지다. 생체 내 실험은 생물을 이용해야 하므로 많은 생의학 연구자가 쥐나 (특히 최근에는) 제브라다니오 등 많은 실험동물을 보유하거나 관리한다.

연구를 일종의 '생산과정'이라고 가정하면 "수확체감의 증거가 있는가?" "투입 요소를 대체할 수 있다면, 어떤 요소가 어떤 요소를 보완할까?"와 같은 몇 가지 의문이 떠오른다. 예컨대 대학원생 연구 보조원에게 지급하는 비용 등 한 가지 요인이 바뀌면 실험 책임자가 박사후연구원을 더 채용하거나, 대학원생 수를 바꾸게 될까? 아니면 유전자 염기배열분석기와 같은 설비 기술이 개선되면, 이들 설비가 사람을 대체할 수 있을까?

이 장에서는 과학자와 과학자의 지식이 지닌 속성 및 공동연구 유형에 초점을 맞춰 연구가 어떻게 수행되는지 알아보려 한다. 이 논의는 시간과 인지적 투입 요소 측면에서 과학자들의 공헌을 살펴보고, 실험실이 여러 과학 분야에서 맡는 중요한 역할도 살펴보려 한다. 5장에서는 설비, 기자재, 연구 공간이라는 투입 요소를 중심으로 성과 문제를 다루겠다.

시간과 인지적 투입 요소cognitive inputs

"과학자들은 순간적인 통찰력(유레카 모멘트eureka moments)을 발휘한다"는 말이 그럴듯해 보이지만, 사실 과학은 시간이 걸리고 끈기가 요구되는 분야다. 성과가 좋은 과학자들, 특히 걸출한 과학자들일수록 의욕이 넘치고 고된 일을 감당할 능력과 '체력'을 갖추고 있으며 장기적인 목표를 세워 꾸준히 추구하는 사람들이다.

끈기

끈기는 특히 중요하다. 자기 분야에서 성공으로 이끈 덕목이 무엇이냐고 묻자, 절반이 조금 넘는 물리학자들이 25개 단어 중에서 '끈기'를 선택했다. 끈기만 한 덕목도 없는 셈이다.[8] 암을 연구하는 주다 포크먼의 끈기는 전설이라 할 만하다. 과학계가 "혈관 성장을 차단하면 종양이 소멸된다"는 그의 주장을 받아들이기까지 오래 걸렸지만, 포크먼은 그동안 놀라운 끈기를 보여줬다.[9] 21세기 세 번째 과학 혁명이라고 일컬어지는 카오스 이론의 창시자 에드워드 로렌츠도 '끈기 있는 사람being persistent'이라고 묘사된다.[10] 그뿐 아니다. 발명가 잘만 샤피로는 89세였던 2009년 6월에 열다섯 번째 특허를 출원했으며, 성공하기까지 끈기를 발휘했음은 물론이다. "끈기는 절대적으로 중요하다. 끈질겨야만 한다. 그렇지 않으면 어떤 답도 내놓을 수 없다……."[11]

"연습이 완벽을 만든다Practice makes perfect"는 말에서 보듯, 끈기와 연습은 긴밀한 관계에 있다. 최근의 한 연구는 글쓰기, 테니스, 음악 등 다양한 분야에서 성공으로 이끄는 요인이 재능보다 '연습'이라고 주장한다.[12] 끈기는 창의성과도 연결된다. 창의성을 발휘하려면, (일부 논쟁의 소지가 있겠지만) 둘 또는 그 이상의 아이디어들을 조합해보고, 또 해보고, 거기서 더 연구해나갈수록 한 가지 창의적인 성과를 거둘 확률이 보다 높아진다.[13]

과학에서 끈기란 곧 오랜 연구 시간을 의미한다. 미국국립과학재단의 조사에 따르면 학계의 과학자 및 공학자들은 가장 중요하거나 두 번째로 중요한 연구 활동에 평소 주당 52.6시간을 할애한다.[14] 물론 그보다 더 일하는 과학자도 많다. 연구 외 시간은 9.1시간, 주간 최대 연구 시간은 96시간이었다.[15] 과학자들이 오래 연구하는 이유는 연구가 그저 일에 그치지 않고 만족을 주기 때문이다. 하지만 긴 연구 시간은 경쟁력을 갖추기까지 성과를 유지해야 하는, 마치 토너먼트와도 같은 연구의 속성을 일깨운다. "아주 작은 차이가 성패를 가른다"는 말처럼 말이다.[16] 과학자들은 그 밖의 세부적인 경영 업무에도 많은 시간을 보낸다. 2006년 미국 과학자들이 실시한 한 연구에 따르면 과학자들은 연구 시간의 42퍼센트를 양식 작성이나 회의 참석 등 보조금 지원 전(22퍼센트) · 후(20퍼센트) 업무에 들인다. 가장 버거워하는 일은 보조금 진행 보고서 작성, 인력 채용, 실험실 재정 운영이라고들 말한다.[17]

지식과 능력

몇 가지 인지적인 자원은 연구와 밀접하다. 그중 하나가 능력이다. 비록 끈기가 재능을 이긴다 손치더라도, 능력은 중요하다. 로렌츠는 끈기가 있으면서도 '노련한 지력'을 갖추었다.[18] 일반적으로 과학을 하려면 높은 지능지수가 필요하다고 믿는 경향이 있다. 일부 연구에서는 과학자들의 IQ가 평균 이상이라고 주장하기도 한다.[19] 또 특정 부류의 사람들이 특히 과학을 잘하고, 소수는 우월하다는 일반적인 공감대가 있다.

특히 2005년 국가경제연구국 회의에서 로런스 서머스가 발표한 이후, 과학계에서 수학적인 재능과 성공 사이의 관계, 특히 성공과 수학 실력 분포도의 맨 오른쪽 꼬리 부분을 차지하는 최상위권 간 관계에 큰 관심이 모아졌다.[20] 여기서 두 가지 의문이 제기되었는데, 첫째, 성공과 수학 실력과의 관련성은 어느 정도인가? 둘째, 성별에 따라 수학 실력의 차이는 얼마나 날까, 특히 "분포도의 오른쪽 꼬리 부분과의 관계는 어떻게 될까?"였다. 서머스와 비평가들은 (전자에 대한 연구가 이뤄지지는 않았음에도) 성공과 수학 실력 간에는 뚜렷한 관련성이 있다고 확신하면서 주로 두 번째 질문에 관심을 가졌다. 이 주제를 심도 있게 연구해온 심리학자 스티븐 세시와 웬디 윌리엄스는 과학이나 공학, 수학을 연구하기 위해서 수학 실력이 상위 1.0퍼센트나 0.1퍼센트 안에 들 필요는 없다고 주장했다.[21]

또 다른 인지적 투입 요소는 과학자가 보유한 지식이다. 지식은 문제 해결에 활용될 뿐 아니라 문제 선정, 문제 해결 순서를 정할 때도 유용하다.

지식이 연구 분야에서 차지하는 중요성은 다음과 같은 몇 가지 사례에서 엿볼 수 있다. 첫째, 지식에 공공성이 있다는 것은 같은 분야의 많은 연구자가 동일한 배경 지식에 접근한다는 의미이므로 공공성이 있는 지식은 연구 속도를 높여준다. 고온 초전도체와 유도만능세포 분야에서 이뤄지는 연구가 바로 여기에 해당된다.[22]

둘째, 지식은 과학자들의 연구 과정에서 구체화되고, 아니면 구체화되지 않더라도 논문 작성이나 다른 사람들과 토론할 때 쓰임새가 있다. 다른 유형의 연구는 서로 보완하는 효과를 기대할 수 있다. 생물학 연구를 위해 물리학계를 떠난 핵물리학자 실라드Leo Szilard는 생물학자 브레너Sydney Brenner에게 "물리학계를 떠난 후 한 번도 편하게 목욕을 하지 못했다"고 털어놓았다. 브레너는 "실라드가 물리학자일 때는 욕조에 누워 몇 시간이고 사색에 잠겼지만, 생물학자가 되고 나서는 새로운 사실을 찾느라고 늘 일어서야 했다는군요"라고 덧붙였다.[23]

셋째, 어떤 지식은 비언어적이어서 독서로는 배울 수 없는 경우도 있다. 비언어적인 지식을 획득하는 방법은 해당 분야의 지식을 갖춘 사람들과 몸소 같이 일하며 체득하는 것뿐이다. 가령 2장에서 살펴보았던 형질전환 쥐를 만드는 과정은 논문을 읽는다고 배울 수 있는 성질의 지식이 아니다. 전문가의 실험실에서 훈련을 거쳐야 한다. 마찬가지로 미세유체공학microfluidics 분야의 신기술은 직접적인 훈련이 필요하다. 비언어적인 지식 때문에 과학자나 공학자(또는 그들의 학생)는 다른 실험실을 방문하기도 한다. 어떤 생의학 교수 실험실에 있던 일본 출신 박사후연구원 한 명이 훈련을 끝내고 일자리가 필요 없다고 했는데, 일본에 있는 그녀의 멘토가 실험실에 채용할 계획이었기 때문이다. 그녀가 온 목적(그리고 그녀를 보낸 이유)은 그 실험실에서 탁월한 특정 기술을 배워가는 것이었던 셈이다. 꿀벌(실험실의 생산성을 높이는 대학원생들을 일컫는 표현)들은 전에 일했던 실험실에서는 어떤 식으로 문제에 접근했는지 설명하곤 한다. 이 모든 과정이 비언어적이라고 할 수는 없겠지만 일부 요소는 비언어적이라고 볼 수 있다.

넷째, 과학자가 전공 분야에서 일어나는 변화를 따라가지 못하면 과학자가 이미 갖춘 지식마저도 쓸모없어진다. 어떤 분야는 변화 속도가 무척 빨라서 두세 달만 현장을 떠나 있어도 손실이 이만저만이 아니게 된다. 유도만능세포 연구가 그렇다(유기합성 분야는 그렇지 않지만). 그러다보니 지식이 뒤처지지 않도록 석사 연구기관은 물론이고 학부 중심 대학에서도 일부 교수들의 연구를 저지하지 않는다.[24] 반면 과학 분야에 존재하는(특히 입자이론물리학 분야에서 비교적 흔한) 유행이 있다고 해서 최근에 교육받은 과학자들이 늘 '최고로' 교육받았다는 의미는 아니다.[25] 최신 정보도 중요하지만, 최근 지식이 반드시 '가장 훌륭한' 지식은 아닌 까닭이다.

다섯째, '지나치게 많이' 알면 연구자에게 방해가 된다는 면에서, 지식이 때로는 연구에 독이 되기도 한다. 젊은 연구자가 탁월한 성과를 내는 경우가 가끔 있는데, 그 이유는 연륜 있는 연구원들보다 '지식'이 적다 보니 의문에 접근하는 방식이나 문제 선정 과정에서 방해를 덜 받기 때문이다. '적은 지식'은 젊은 과학도가 빼어난 성과를 내기 쉬운 여러 이유 중 하나이다.[26]

여섯째, 가장 중요한 점은 어쩌면 "과학 분야의 많은 문제가 과학자 혼자서 다 갖출 수 없는 인지적 자원을 요구한다"는 사실일지 모른다.[27] 과학자들은 팀의 일원으로 연구하며 다른 사람들의 인지적 자산을 배워나가면서 문제 해결에 적용할 지식을 쌓아나간다. 고립 속에서 이뤄지는 연구란 존재하기 어렵다.

실험실의 구성

과학 분야의 협력은 실험실에서 흔히 이뤄진다. 실험실 환경은 아이디어를 교환하기에도 용이할 뿐 아니라, 특정 프로젝트를 연구하는 사람들과 함께 일하고 전문적인 설비나 기자재, 동물로 실험을 하다 보면 전문성을 쌓기에도 좋다. 가령 전자 현미경을 사용하는 연구자들이나 단일 이온통로ion channel(이온이 세포 안팎을 출입하는 통로로 단백질 분자의 일종—옮긴이) 활동 측정 시 미세조작기를 사용하는 전기생리학자들과 일할 기회를 얻는다.

실험실은 어떤 연구진으로 다양하게 구성할까? 유럽의 실험실은 계약직이 늘어나고는 있지만, 대개 정규직 연구원들로 구성된다.[28] 미국에서는 스태프 과학자나 협동 연구원research associate 같은 직위가 있지만, 이 장 도입부에서 언급했듯 박사과정 학생이나 박사후연구원이 대다수다.

미국 대학의 실험실은 교수급 실험 책임자 '소유'이거나, 실제로 소유가 아니더라도 적어도 이름 상으로는 교수의 이름으로 실험실 이름을 짓는 관행을 쉽게 볼 수 있다. 예컨대 MIT 생화학 및 생물리학 분야의 교수진 26명이 전부 자신의 이름을 건 실험실을 운영하며, 마우스 클릭 한 번이면 이를 확인할 수 있다.[29] 노벨상 수상자 필립 샤프의 경우는 실험실 전 · 현직 구성원들이 실험 책임자의 이름을 계속 사용해 '샤피스Sharpies'라는 이름을 쓴다.[30] 비슷한 사례로, 버클리대 알렉산더 파인의 실험실 연구원들은 '파인너츠pinenuts', 졸업생들은 '올드 파인너츠old pinenuts'[31]라고 부른다.

실험실들이 웹사이트를 운영하면서 중점 연구과제와 출판 및 연구비 지원 현황, 실험 책임자의 이력, 연구진을 소개하는 관행은 일반적이다. 웹사이트에 개인 사진이든 단체 사진이든 실험실 사람들의 사진도 올려놓는다. 대부분이 전형적인 유형이지만, 간혹 익살스러운 사진도 있다. 화이트헤드 연구소 수전 린드퀴스트의 실험실은 웹사이트에 푸들 그림을 그려 넣었다. 더 대담한 경우도 더러 있는데, 화학자 크리스틴 화이트의 실험실 웹페이지(www.scs.illinois.edu/white/index.php?p=group ─옮긴이)에는 화염과 대학원생들로 둘러싸여 석좌에 앉아 있는 화이트의 사진이 올라와 있다. 이들 중 한 명은 장난스레 머리에 뿔을 달았으며 유명인 두 명의 얼굴도 슬쩍 끼워 넣었다.[32]

실험실의 연구원 구성

미국의 대학 실험실은 인원은 물론 인적 구성도 분야별로 다양하다. 생의학 분야는 박사후연구원 수가 무척 많다. 린드퀴스트의 실험실만 해도 과학자 39명 가운데 20명이 박사후연구원이다.[33] 하지만 다른 실험실이나 다른 분야에는 대학원생이 박사후연구원보다 많은 편이다. 나노 기술 센터와 연계되었거나 화학, 공학, 물리학 분야와 연계된 415개 실험실을 조사한 결과를 보면 실험실 인원은 실험 책임자를 포함해 평균 12명이다. 이들 중 50퍼센트는 대학원생, 16퍼센트는 박사후연구원, 8퍼센트는 학부생이었다.[34]

미국에서 대학원생이나 박사후연구원들을 실험실에 배치하는 데는 여러 이유가 있다. 실험실은 교수법 측면에서 매우 효율적인 훈련 모델이면서, 저렴한 비용으로 연구원을 두는 방식이기도 하다. 평균적으로 박사후연구원은 스태프 과학자(실험실에서 박사후연구원을 대체할 만한 존재)의 수입에 비해 2분의 1에서 3분의 2 정도를 번다.[35] 더욱이 교수들이 부끄러워할 일은 아니지만, 상대적으로 젊은 박사과정이나 박사후연구원들과 함께 하다보면 '참신한' 아이디어가 떠오르기도 한다. 펜실베이니아대 의과대학 박사후과정 연수원 부원장 트레버 페닝은 이렇게 말한다. "교수나 뛰어난 박사후연구원이나 다를 바 없다."[36]

그뿐 아니라 박사학위 전 · 후 학생들에게는 연구비가 쉽게 지원되는 경우가 많다. 전형적인 미국국립보건원 보조금을 예로 들면, 대학원생 인턴과 박사후연구원을 지원하는 보조금 형태가 다양하다. 미국국립과학재단은 오랫동안 학생들을 지원하는 적극적인 정책을 펼쳐왔다. 1998년부터 2004년까지 미국국립과학재단 사무총장을 맡았던 리타 콜웰은 "미국국립과학재단은 1980년대에 조사관들에게 대학원생 지원금을 연구 예산에 편성하도록 했으며, 가급적 기술자보다 대학원생을 지원하도록 했다"라고 말했다.[37] 계약 기간이 정해진 박사후연구원과 대학원생은 정규직 기술자보다 실험실의 인력 운용에 융통성을 부여하는 이점도 있다.

박사후연구원과 대학원생의 조합은 부분적으로 비용을 고려해서 결정한다. 특정 분야에서는 대학원생이 연간 2만8000달러나 버는 경우도 있지만, 박사후연구원이 3만8000달러가 넘는 연봉에 복리후생 혜택까지 누리는 데 비해 대학원생들은 터무니없이 적은 1만6000달러 정도밖에 벌지 못하는 분야도 있다.[38] 하지만 대학원생들의 등록금

(3만 달러가 넘기도 하고, 부분적으로는 실험 책임자의 보조금이 지급되기도 함)을 감안하면(특히 사립대의 경우), 비용 우위는 금세 사라진다.[39]

비용 우위는 연구 시간에도 달렸다. 2006년에 보고된 생명과학 및 물리학 분야 박사후연구원의 평균 연구 시간은 연간 2650시간이다. 공학 분야는 이보다 약 100시간, 수학이나 컴퓨터과학 분야는 약 150시간 적게 일한다. 학업을 병행하며 실험실에서 주당 서른 시간 정도 연구하는 1~2년차 대학원생들과 차이가 크다. 복리후생을 감안하기 전 박사후연구원의 시간당 급여는 생명과학처럼 상대적으로 급여가 높은 분야의 민간 연구기관에서 일하는 대학원생과 비교해 절반 정도임을 쉽게 알 수 있다. 이는 곧 박사후연구원이 가진 기술이나 지식이 실험실에서는 유리하지도 않을 뿐 아니라, 특히 1학년생 등 대학원생들을 감독하는 동안에는 독립적으로 연구할 수도 없다는 의미다.[40] 하지만 대학원생들이 승급하면서 박사후연구원과 주당 연구 시간이 비슷해지면(대학원생이 더 많이 일하지는 않겠지만) 비용 우위도 줄어든다.

박사후연구원 위주의 실험실 운영이 유리한 또 다른 이유는 몇몇 박사후연구원은 교수의 보조금이 아니라 펠로십의 지원을 받는다는 사실 때문이다. 일부 실험실은 대개 이런 방식으로 운영된다. 가령 린드퀴스트 실험실은 웹페이지에서 노골적으로 "우리 실험실의 박사후연구원은 일반적으로 보조금과 펠로십을 통한 독립적인 연구비 지원을 보장받는다"라고 밝힌다.[41] 그렇다고 교수들이 소속 연구원들의 연구비 지원 과정에 협조하지 않는다는 말은 아니다. 염두에 둔 프로젝트는 있지만 진행중인 펠로십이 없는 박사후연구원이 있으면 실험 책임자는 펠로십 제안서를 쓰도록 도와준다. 그렇다고 실험 책임자가 일방적으로 베풀지만은 않는다.[42] 결과물로 나오는 출판물은 모두 실험 책임자의 실험실 이름으로 나온다(공저자로 실험 책임자의 이름도 함께).

7장에서 살펴보겠지만 펠로십은 대학원 교육에서도 일정한 역할을 한다. 하지만 펠로십을 3년 이상 지원하는 경우는 드물며, 펠로십을 받는 학생들이 실험실에서 일하는 경우도 일반적이다. 일부 생의학 전공 대학원생들은 대학원 연구원이 되기 전 첫 1~2년 동안 미국 국립보건원의 훈련 보조금training grant을 받기도 한다. 많은 실험실에서 실시하는 교대 근무는 훈련 보조금을 받기 위한 요구 조건이다. 핵심은 지원금의 출처를 불문하고 연구실에서 일하는 미국의 실험 분야 및 공학 전공 대학원생 대부분이 연구비를 지원받는다는 점이다.

대학원생 및 박사후연구원 수

연구 분야를 막론하고 대학에 있는 대학원생 및 박사후연구원 수는 상당하다. 2008년 미국의 대학원에는 박사후과정 과학자와 공학자 약 3만6500명이 있었다. 이 수치는 1985년보다 무려 2배나 늘어난 것이다.[43] 이들 중 60퍼센트 정도가 생명과학 분야이고, 다음이 물리학 분야였다.[44] 3만6500명이 적게 산출된 수치일 것이라고 보는 이유가 있다. 기술 전공 박사후연구원들에게 부여되는 독창적인 직함까지 고려하면, 박사학위를 가진 사람을 정확히 파악하기는 무척 어렵다.

연구 분야에서는 교수들과 일하는 박사후연구원보다 대학원생 수가 훨씬 많다. 2008년을 예로 들면, 미국에서 과학 및 공학 분야에서 연구원으로 일하는 대학원생이 대략 9만5000명이었다.[45] 여기에 과학 및 공학 분야 대학원생 2만2500명이 펠로십을 받았다. 또 다른 7615명이 주로 실험실에서 일하면서 훈련 보조금을 받았다.

『사이언스』의 공동저자 유형은 미국의 대학에서 연구하는 대학원생과 박사후연구원의 역할을 알아보기에 유용하다. 한 미국 대학교와 관련 있는 논문들을 살펴보았더니, 논문들 중 26퍼센트는 제1저자가 대학원생이었고, 36퍼센트는 박사후연구원이었다. 저자가 10명 미만인 논문에서 제1저자뿐 아니라 모든 저자를 감안했더니, 저자들 중 22퍼센트는 박사후연구원, 20퍼센트는 대학원생이었다.[46]

박사후연구원과 대학원생에 의존하는 미국의 실험실 구성 방식 덕분에 미국은 외국인 학생들에게 '훈련소'로 명성을 이어왔다. 미국의 실험실은 직접적인 배움의 기회를 줄 뿐 아니라 다른 나라들은 제공하지 않는 것, 바로 대학원 공부와 박사후과정 연구에 필요한 자금까지 지원하니 말이다. 2008년, 미국의 박사후연구원 중 약 60퍼센트, 공학 및 과학 분야에서 박사학위자 중 약 44퍼센트가 임시거주자 신분이었다.[47] 8장에서는 실험실이 크게 의존하는 외국인들의 재능을 주제로 다룰 것이다.

미국 실험실의 피라미드 구조

미국의 실험실은 피라미드 구조로 조직되어 있다. 한 연구원의 말을 빌리면, 정점에 자리한 실험 책임자는 '그 분야의 신'과 같은 존재다.[48] 실험 책임자 아래로는 박사후연구원, 대학원생, 학부생 순으로 자리한다. 여기에 일부 실험실에는 그 실험실이나 다른 실험실에서 박사후과정을 끝낸 사람도 있으며, 이런 사람을 비종신직 스태프나 연구직으로 고용하기도 한다.

피라미드 구조는 여기서 끝나지 않는다. 미국 대학의 연구 사업은 피라미드 모양과 닮았다. 실험실의 인적 구성을 안배하여 교수들이 박사과정 학생들을 연구비 지원이나 흥미를 가질 만한 연구 이력에 확신을 줌으로써 자신의 대학원 학위과정에 선발한다.[49] 교수들은 특히 학문적인 열망이 있는 학생들을 찾는데, 그런 포부를 지닌 학생들이 실험실에서 성실한 '일벌' 역할을 해내기 때문이다. 교수를 지망하는 학생들은 대개 학위를 받자마자 박사후연구원 자리를 먼저 약속받는다. 이 과정을 끝내면 대학에서 종신직 자리를 찾는다. 과학연구학회 시그마 크시가 수행한 박사후과정 연구를 예로 들면, 구직 중인 박사후연구원 가운데 72.7퍼센트가 대학 연구직에 '큰 관심'을 보였고, 23.0퍼센트는 '적당한 관심'을 보였다.[50] 임시직으로 구성하는 실험실의 인적 배치 체계는 새로 배출되는 인력을 충분히 흡수할 수 있을 만큼 일자리가 있을 때만 효과가 있다. 최근 들어 여러 분야에서 박사후연구원으로 일하다가 종신직으로 옮기기가 어려워지고 있다. 놀랄 일도 아니지만, 종신직 자리 수가 새로 배출되는 박사학위자 수를 따라가지 못하는 탓이다.

대학원생들도 대학원 체계가 애초 약속대로 굴러가지 않는다고 느끼는 듯하다. 이 체계의 본질적인 문제는 실험실의 인적 구성이 젊은 임시직에 의존하면서 계속해서 신규 채용만 한다는 데 있다. 그런데도 졸업생들은 연구 분야 일자리를 찾기 어려운 모순적인 현실 역시 문제다. 이 주제는 7장과 10장에서도 살펴볼 예정이다.

공동연구와 공동저자

과학에는 공동연구를 북돋우는 많은 요인이 있다. 그중 한 가지는 다른 사람과 지식을 공유하는 데 따른 이점이다. 데이터와 자료 공유는 협업에 힘을 실어준다. 최근 '단백질 수송protein trafficking'이 어떻게 알츠하이머 발병에 영향을 미치는가에 관한 『네이처 제네틱스』의 논문이 좋은 사례다. 14개 기관에서 연구하는 연구자 41명이 알츠하이머 질환과 다양한 민족적 배경을 지닌 사람들의 유전자 변형 사이의 관계를 살펴봤다.[51] 과학자들이 해양학이나 지질학, 해양 생물학, 선박a vessel 등 특정 분야를 연구하면서 망원경이나 가속기 같은 대형 설비가 필요한 연구를 공동으로 수행하면 여러모로 수월하다.

공동저작 유형을 살펴보면 공동연구가 과학에서 중요한 역할을 차지하며 그 수가 상당히 증가하고 있음을 알 수 있다. 1955년부터 2000년까지 45년간 과학 및 공학 부문에서 발표된 논문 약 1300만 건을 분석했더니 공동 논문이 단독 저자의 논문보다 많아지는 추세로, 172개 하위 분야 전체에서 공동저자수가 늘었을 뿐 아니라, 논문당 저자가 평균 1.9명에서 3.8명으로 2배 가까이 증가했다. 심지어 개인적일 뿐 아니라 자본 설비에 가장 적게 의존하는 수학 분야에서도 공동연구 규모가 커지고 있다. 같은 기간 수학 분야에서 공동으로 작성한 논문은 19퍼센트에서 57퍼센트로 증가했으며, 공동저자는 논문

당 1.22명에서 1.84명으로 증가했다.[52]

미국의 연구중심대학에서 공동으로 작성한 논문으로 범위를 좁히면 공동연구 유형은 훨씬 더 인상적이다. 1982년부터 1999년까지 매우 잘 정리된 자료가 있다.[53] 이 자료를 참고하면 19년간, 논문당 공동저자 수는 평균 2.77명에서 4.24명으로 늘었다. 가장 많은 인원이 참여한 분야는 물리학으로 7.26명이었고, 수학 분야는 가장 적은 1.91명이었다. 물리학 논문에 공저자가 많은 까닭은 실험에 참가한 모든 연구자에게 저자의 자격을 부여하는 고에너지물리학과 같은 분야의 관행 때문이다. 심지어 저자 목록보다 짧은 물리학 논문이 있을 정도다! 최근 발표된 고에너지 감마선 방출과 관련된 한 논문은 공저자가 250명, 참여한 연구기관이 65개에 달한다.[54] 〈표 4.1〉에서 분야별로 저자 유형을 살펴볼 수 있다.

논문당 저자 수가 증가한 요인은 대학 내 공동연구의 증가(더불어 실험실 연구원 수 증가)와 연구 프로젝트에 공동으로 참여하는 실험실 및 연구기관이 증가했기 때문이다. 미국국립과학재단 연구비를 지원받은 미국의 연구기관 662곳이 발표한 출판물에 관한 한 연구에 따르면, 1975년에만 해도 기관들이 협력하는 사례가 드물었지만 매년 교류가 많아졌다. 이 연구의 마지막 해인 2005년에는 논문 세 편 중 하나는 다른 연구기관 소속 과학자나 공학자들이 참여해 작성했다.[55] 같은 기간, 단독 저자 논문과 연구기관 내 동료끼리 공동 작성한 논문은 줄어들었다.

다른 나라에서도 과학자와 공학자 간 협업이 증가하고 있다. 1981년 미국의 상위권 대학에서 단독 저자가 아닌 외부 논문의 비율(전체 기

표 4.1 분야별 미국 연구기관의 공동저자 유형, 1981년과 1999년

	저자 규모		전체 기관 對 외부 기관 비율	
	1981	1999	1981	1999
농업	2.41	3.31	0.028	0.104
천문학	2.65	4.95	0.086	0.245
생물학	2.81	4.27	0.034	0.110
화학	2.82	3.60	0.046	0.108
컴퓨터과학	1.86	2.64	0.043	0.113
지구과학	2.29	3.62	0.052	0.161
경제학	1.57	1.94	0.041	0.094
공학	2.29	2.98	0.040	0.105
수학	1.53	1.91	0.071	0.168
의학	3.26	4.58	0.021	0.077
물리학	3.09	7.26	0.070	0.196
심리학	2.21	3.14	0.016	0.059
전 분야	2.77	4.24	0.036	0.111

출처: Adams et al.(2005)

관 대對 외부 기관 비율로 측정)은 0.036이었지만, 1999년에는 0.111이었다(〈표 4.1〉 참조). 외부 기관의 논문 참여가 가장 활발한 분야는 천문학(네 편 중 하나)이고 다음이 물리학이다(다섯 편 중 하나). 비율이 가장 낮은 분야는 의학 분야로 외부 참여 비율이 0.077에 그쳤다. 상당히 높은 국제적인 공동연구 비율을 보이는 물리학과 천문학은 일부 대형 설비가 미국 밖에 위치하는 것이 크게 작용한다. 가령 칠레의 라 시야 파라날 천문대La Silla Paranal Observatory는 남쪽 하늘을 관측하는 핵심 역할을 하며 설비 11종을 갖추고 있다. 세계에서 가장 큰 입자물리학실험실은 스위스 세른에 있다. 앞서 언급했지만 세른의 최신

가속기인 거대강입자가속기는 2009년 가을에 두 번째 가동을 시작한 바 있다.

미국의 대학에서 연구하는 과학자와 공학자들이 참여한 최근 연구를 보면 미국 외 다른 나라의 학자들과 교류하는 비율은 4분의 1이 조금 넘는다(정확히 26.8퍼센트). 이 비율은 물리학, 컴퓨터 및 정보과학 분야에서 가장 높고(30퍼센트에 육박), 수학과 통계학 분야에서 가장 낮다(23.7퍼센트).[56] 협력은 대부분(98퍼센트) 전화나 이메일로 이뤄지며, 국제적으로 협동 연구를 하는 사람 가운데 절반가량이 연구 목적으로 해외를 방문한다. 해외에서 미국으로 방문하는 외국인이 반대 경우보다 약간 더 많다. 미국 외 다른 나라 학자와 협력하는 사람들 중에서 약 40퍼센트가 '웹을 기반으로 하거나 가상의' 기술을 활용한다.

물론 저자가 반드시 논문과 연관되지 않을 수도 있다. 논문에 공헌한 과학자가 배제되기도 하고(유령 저자처럼), 저자 명단에 포함되지 않는 사람들도 있다. 후자의 경우 '선물gift' '손님guest' '명예 저자honorary author'라고 불리기도 한다. 3장에서 유령 저자의 예를 살펴보았듯 산업계 과학자들이 논문을 쓴 다음, 논문에 신뢰를 더하려는 목적으로 공식적인 저자가 될 교수를 채용하기도 한다. 아니면 프로젝트에 참여한 개인(대학원생이나 신참 교수 등)이 공동저자 명단에서 의도적으로 배제되는 경우도 있다.

이런 관행이 어느 정도라고 일반화하기는 어렵다. 다만 동료 여섯 명이 검토한 의학 학술지의 한 조사를 참고하면, 리뷰 논문 가운데 26퍼센트에 명예 저자가, 10퍼센트 정도는 유령 저자가 참여한다.[57] 보다 최근에는 『코크런 리뷰Cochrane review』에 기고한 논문 중 39퍼센

트가 명예 저자, 9퍼센트는 유령 저자의 저작이라는 연구도 나왔다.[58]

생의학 분야에서 공동저자라는 기준에 대한 우려가 커지면서, 일부 학술지에서는 공저자가 기여한 목록을 구체적으로 작성하도록 요구한다.[59] 또 같은 분야에서는 학술지 대부분이 같은 기준을 채택해 왔다. 하지만 저자가 무엇을 기여했는가를 들여다보면 다양한 변수가 있어 저자 인정 기준에는 모호함이 많다. 미국의 사례를 들면, 실험 책임자가 자신의 실험실에서 나온 논문의 맨 마지막에 공헌의 정도와 무관하게 저자로 이름을 올리는 관행이 있다. '내 실험실 논문은 곧 나의 논문'인 셈이다.

몇몇 분야에서는 연구에 구체적으로 관여했는가와 무관하게 대형 프로젝트 팀원 전체가 공동저자로 등재되기도 한다. 예컨대 아이스큐브 프로젝트 논문에는 프로젝트에 참여한 모든 사람이 알파벳 순서대로 이름을 올린다(가장 최근 논문에는 256명이었다).[60] 생의학 등 다른 분야에서는 저자 배치 순서가 프로젝트에서 공헌한 정도와 일정 부분 관련이 있다. 첫 번째 저자는 가장 어려운 일을 맡은 사람이고, 맨 마지막 저자는 팀 구성과 연구 주제 선정 등으로 실험실에 공헌한 사람이다. 중간에 나오는 저자 순서에는 정해진 규칙이 없다.

저자에 비하면 발명자는 좀 더 엄격하게 지켜진다. 이는 발명자의 기준이 법적으로 정해져 있는 이유도 있겠지만 돈이 걸려 있기 때문이기도 하다.[61] 저자는 '명성'의 문제라면, 발명자는 '명성'과 '돈' 둘 다의 문제인 셈이다. 이탈리아 학계의 과학자들을 표본 삼아 특허 논문을 작성한 680개 팀을 조사했더니 특허와 연관된 공동 발명자 수보다 공동저자 수가 더 많았다. 논문에서 맨 앞과 맨 마지막에 이름을 올린 저자들과 고참 과학자일수록 특허에서 덜 배제되는 경향을 보였다. 저자 순서에 대한 연구 결과는 공헌 여부와 부합하면서도(특히 첫 번째 저자의 경우), 고참 과학자의 경우는 지위가 결과물에 영향을 끼칠 수 있음을 알려준다.[62]

공동연구는 왜 늘어나는가

공동연구가 증가하는 몇 가지 요인이 있다. 첫째, 다른 학문과 맺는 제휴의 중요성, 그리고 협력 과정에서 주요한 돌파구를 마련할 수 있다는 점이다. 생물학, 공학, 물리학이 교차하는 시스템생물학Systems biology이 바로 그런 사례다.[63] 당연하게도 시스템생물학 연구에서 필요한 필수 기술을 모두 갖춘 사람은 없으며, 연구자들은 서로 협력해야 한다.

협동 연구의 중요성을 설파한 사람은 리타 레비몬탈치니다. 레비몬탈치니는 '신경 성장 인자'를 연구하면서 자신의 생의학 관련 기술이 턱없이 부족함을 깨달았다. 그때 생화학자 스탠리 코언을 만난 레비몬탈치니는 "상호 보완적인 우리의 역량 때문에 열등감을 느끼기보다는 오히려 무척 기뻤다"며, "리타, 당신과 나는 각자 훌륭하죠, 하지만 함께한다면 굉장할걸요"[64]라고 말했던 코언을 회상했다. 두 사람은 1986년 노벨생리의학상을 공동 수상했다.

둘째, 연구자들은 시간이 지날수록 습득하는 전문 지식의 폭이 좁아지기 마련이다. 지식이 쌓여갈수록 커지는 교육 수요에 맞춰 나가야 할 필요가 있다.[65] 동시에 구성원들이 전문성을 갖추면 팀에 이득이 되기도 한다.

공동연구가 가져다주는 이점은 팀 단위의 연구 성과가 단독 연구보다 더 좋다는 사실을 봐도 알 수 있다. 팀이 작성한 논문은 단독으로 작성한 논문보다 1000회 이상 인용 횟수가 6.3배일 정도로 과학 및 공학 전 분야에서 실제로 더 많이 인용된다.[66] 미국에서 서로 다른 기관의 과학자들이 공동 저술한 논문은(특히 일류대학 과학자들의 논문인 경우) 훨씬 많이 인용된다. 가령 하버드대 과학자들만 참여한 논문이라면 스탠퍼드대와 하버드대 과학자들이 공동연구한 논문보다는 영향력이 덜하다는 의미다.[67]

셋째, 통신수단 발전에 따른 급속한 연결성connectivity 개선이 기관들의 공동연구 비용을 줄여줬다. 25년 전만 해도 다른 연구기관 사람들과 일할 방법은 전화 통화나 직접 방문, 아니면 팩스나 편지로 연락하는 것뿐이었다. 전화요금은 비쌌고 여행 비용도 만만치 않았다. 유럽으로 가는 제일 싼 비행기 표가 오늘날 달러로 환산하면 대략 1800달러 정도였으니 말이다. 우편은 인내심을 요구했고 이메일도 없었다. 데이터는 테이프에 저장해서 교환하고 부지 밖에서 운영하는 장비에 찾아 가서 연구를 해야만 했다. 그러다가 IT 혁명이 온라인상에서 의사소통하고 데이터베이스를 공유하며 (다음 장에서도 살펴보겠지만) 장비를 운영할 수 있도록 모든 것을 바꾸어놓았다.

IT 혁명은 1969년 국방부가 개발한 아프라넷APRANET에서 출발한다. 하지만 아프라넷은 접근이 매우 제한되어서 연구자 대다수가 사용할 수 없었다. 이런 상황은 자연스레 새로운 네트워크 개발로 이어졌다. 그중 비트넷BITNET이 대표주자로 떠올랐다. 뉴욕시립대 부총장이 구상한 비트넷은 1981년 5월 뉴욕시립대와 예일대가 최초로 채택했다. 1991~1992년 사이 절정에 이른 비트넷은 49개국 1400개 기관을 연결했으며, 이 가운데 700여 곳이 대학 소속 기관이었다.

연구중심대학과 의과대학(Tier 1)에서 비트넷을 채택한 속도는 〈그림 4.1〉에서 확인할 수 있다. 석사 연구기관(Tier 2)과 학부 중심 대학(Tier 3)은 신기술 채택 속도가 훨씬 느렸다. 1992년(데이터가 수집된 마지막 해)까지 비트넷을 채택한 기관은 전체 연구기관 가운데 80퍼센트, 석사 연구기관은 4분의 1 정도, 학부 중심대는 10퍼센트가 조금 넘는 수준에 그쳤다.[68]

1990년대 중반에 이르러 인터넷이 비트넷을 대체했다. 인터넷에서 효율적인 의사소통을 가능케 한 핵심 요소는 'harvard.edu' 같은 도메인네임 시스템DNS이다. 〈그림 4.2〉는 미국의 고등교육기관들 사이에 인터넷이 확산된 속도를 보여주는 도메인네임 채택에 관한 데이터를 나타낸 것이다. 비록 연구기관들보다 학사학위를 수여하는 거의 모든 기관이 인터넷 접속 측면에서 뒤떨어지기는 했지만, 전반적으로 인터넷이 확산된 속도는 주목할 만하다.

IT 활용도와 생의학 과학자들의 생산성을 연관지어보면, IT를 사용하는 일부 기관에서 일하는 연구원의 생산성이 (특히 초기일수록) 영향을 받는다는 사실을 확인할 수 있다. 이런 데이터는 IT가 협력을 증진시킨다는 가설에도 힘을 보탠다. 과학자 개인의 특성이나 학계 지위에 따라 연결성이 달라지고, 연결성이 생산성에 차별화된 영향력을 발휘한다는 증거도 있다. 특히 여성 과학자들이 남성보다 종합적인 성과와 새로운 공동저자 확보라는 측면에서 IT가 가져온 혜택을 더 많이 누리는 편이다. 이는 이동에 제약이 따르는 사람일수록 IT에서 얻는 혜택이 커진다는 사실과 일맥상통한다.

연구 조직 구성에서 계층이 중요하다는 증거는 더 있다.[69] IT 활용도는 명문대학의 과학자보다 비명문대학의 과학자에게 생산성 측면에서 더 큰 영향을 끼친다. 가령 일류대학에 비해 동료나 자원이 부족한 대학 교수라면 IT를 활용해서 상대적으로 더 많은 혜택을 얻을 수 있기 때문이다.

성별과 연구 계층이 IT와 맺는 상관성이 시사하는 바는 IT가 적어도 출판 수나 공동저자의 자격이라는 측면에서 누구에게나 동등한 영향력을 발휘하며, 주변부에 머무는 과학자라도 IT를 충분히 활용할 수 있다는 의미다. 공학자들의 연구 결과도 어느 정도 비슷하다. 중위권 연구대학의 연구자들이 '출판 증가' 측면에서 비트넷 채택에 따른 이점을 가장 많이 누린다고 봤다.[70]

설비가 갈수록 복잡해진다는 사실은 공동연구를 강화하는 한 요인이다. 매우 극단적인 사례이긴 하지만, 가속기 주변에 모여 일하는 연구팀들도 마찬가지라고 할 수 있다. 거대강입자가속기의 탐지기 4곳에는 6000명에 육박하는 연구자가 한데 모여 일하고 있다. CMS^Compact Muon Detector^에 2520명, 아틀라스^Atlas^에 1800명, 앨리스^ALICE^에 1000명, LHCb^Large Hadron Collider beauty^에 663명이 있다.[71] 이에 비하면 250여 명이 참여한 아이스큐브 프로젝트는 인원이 적은 편이다.

이용할 수 있는 데이터의 양이 점차 방대해지는 현실도 연구자들이 '대규모' 문제를 함께 해결하는 경향을 증대시켜 협력을 강화하도

그림 4.1 비트넷을 채택한 기관들 누적 비율

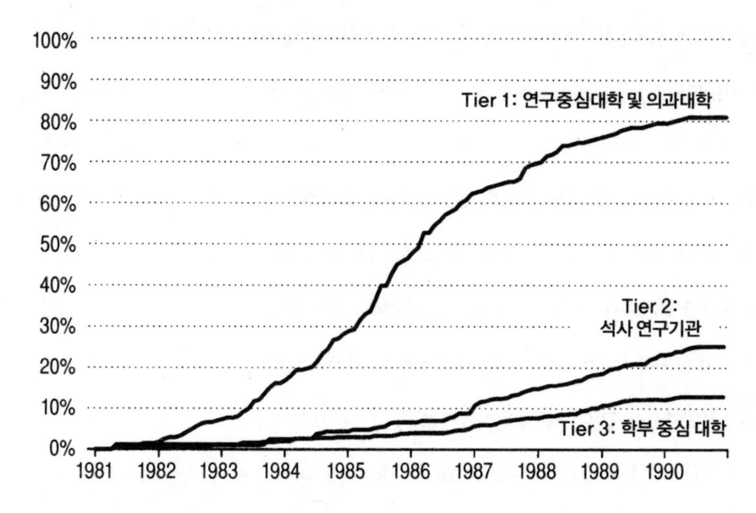

출처: 빈클러, 레빈, 스티븐(Winkler, Levin, and Stephan)(2010).

그림 4.2 도메인네임을 채택한 기관들 누적 비율

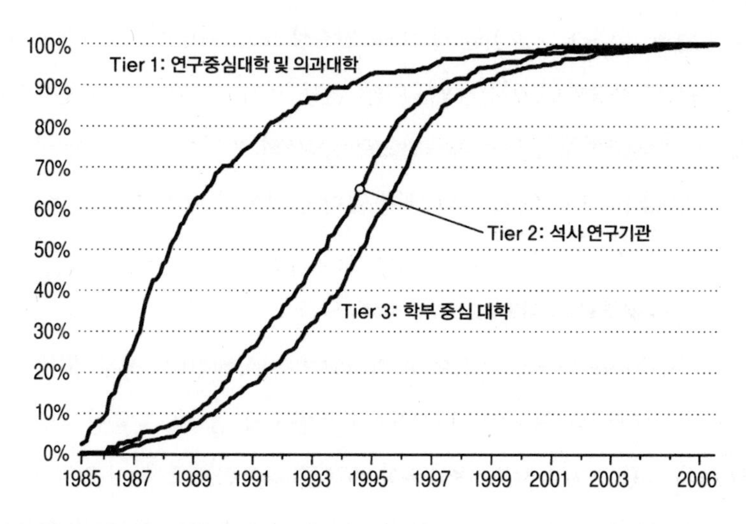

출처: 빈클러, 레빈, 스티븐(Winkler, Levin, and Stephan)(2010).

록 한다. 초기에 논의되었던 알츠하이머 연구도 한 예다. 최근에 가장 널리 알려진 예로는 유전자은행 데이터베이스와 연관된 인간 게놈 프로젝트가 있다. 2009년 4월, 4800만 건의 기록물을 보유한 펍켐PubChem(화학 분자 및 생물학 논문 관련 데이터베이스—옮긴이)과[72] 단백질 구조와 관련된 정보를 저장하는 단백질 정보은행wwwPDB 등 많은 대형 데이터베이스가 최근 가동을 시작했다. 이 역시 전체 데이터 규모에 비하면 극히 일부에 불과하다. 만일 세른의 거대강입자가속기가 생산하는 데이터 전체를 디스크에 담는다면, "한 달에 2킬로미터쯤의 속도로 더미가 쌓일 것이다."[73]

연구자들에게 공저자를 찾게 만드는 한 가지 요인으로는, 협업으로 연구 포트폴리오를 꾀해 위험을 최소화하려는 열망을 꼽을 수 있다. 우리가 포트폴리오를 분산해서 재정 위험을 최소화하는 이치와 마찬가지다.

협업을 장려하는 요인들 중 일부(연결성 개선, 대형 데이터베이스 구축, 설비의 복잡성 증가)는 새롭지만, 논문 저자 수 증가는 새롭지 않다. 앞서 언급했듯 공동저자 수는 1955년부터 2000년까지 과학 및 공학 171개 하위 분야에서 거의 예외 없이 증가했기 때문이다.

정부의 공동연구 지원

정부는 공동연구의 중요성을 진지하게 인식해왔다. 정부가 늘 명시적으로 언급하지는 않았더라도, 공동연구가 좀 더 훌륭한 결과를 낳으며 실험실끼리 서로 데이터와 자료를 공유하도록 동기를 부여한다고 봤다. 결과적으로 각국 정부는 기관 내에서 또는 외부 기관들과 진행하는 공동연구를 권장했고, 유럽연합의 경우 여러 국가의 공동연구를 북돋웠다. 가령 미국국립보건원 산하 미국국립일반의학연구소 NIGMS at the NIH는 생의학적으로 중요한 문제들에 양적으로 협력을 증진해 교내 협력을 강화하고, 여러 학문 분야 사이에도 접근성을 높여나가도록 했다. 실제로 이는 시스템생물학센터에 대한 자금 지원으로 이어졌다. 미국국립보건원이 학제 간 협업과 공동연구를 강조한 또 다른 방식은 같은 대학에서 훈련을 받는 다른 분야 학생들이 합동연구를 하도록 하고 이들에게 훈련 보조금을 지급하는 방식이었다.

기관 간 협동 연구를 강화하고자 미국국립보건원은 대규모 프로젝트를 대상으로 P01s라고 부르는 자금 지원 방안을 마련했다. 이 보조금은 "상호 의존적인 프로젝트를 하나로 묶어 자금을 지원함으로써, 개별적으로 지급하는 통상적인 연구보조금뿐 아니라 협업을 통해 보조금의 가치를 뛰어넘는 중요한 혜택들을 누리도록 설계했다."[74] P01s의 예산은 600만 달러(직접 비용) 내외다.

좀 더 큰 규모로, 미국국립일반의학연구소는 과학자들을 "생의학 분야에서 중요하며 복잡한 문제를 해결하고 미국국립일반의학연구소의 임무를 수행하면서도, 하나의 연구 그룹을 뛰어넘어 연구팀을 지원할 수 있는 자원"이 되도록 만들고자 '글루 그랜트Glue Grants'를 지원한다. 여기에 투입되는 재원 규모는 상당해 직접 비용이 대략 2500만 달러에 달한다. 목표는 "연구원들이 포괄적이고 극히 통합적인 관점에서 연구 문제를 해결할 컨소시엄을 구성하도록" 충분한 자원을 제공하는 것이다.[75]

미국국립보건원은 12개 기관이 연합한 파마코제닉스 리서치 네트워크Pharmacogeneics Research Network 같은 대규모 단체를 지원하기도 한다. 각 그룹은 관련 연구원 10명 이상으로 구성되며 스무 명이 넘을 때도 많다.[76] 2010년에 자금 모금 경쟁을 통해 지아코미니가 이끈 UC 샌프란시스코 팀은 세포막 수송체 유전학에 1190만 달러를 지원받았다. 지아코미니는 약물 반응 변이 관련 연구를 다른 국가들과 확대하고 지속하는 데 사용하는 미국국립보건원 보조금 320만 달러를 감독한다.[77] 미국국립보건원은 이 부문 연구에 대략 1억6100만 달러를 사용한다. 이 금액은 미국국립보건원이 단백질 구조 연구팀에 지급하는 7억 달러에 비하면 적은 금액이다.

한편 대서양 반대편에서는, 유럽연합이 유럽 전체를 대상으로 연구 지원에 나서며 협력 과정에서 막대한 이익을 거둬들인다. 다양한 프레임워크 프로그램을 통해 지원하는 연구비는 기본적으로 유럽연합 회원국 중 3개국 동시 참여와 법인 세 군데 이상으로 구성된 연구 컨소시엄을 요구한다.[78] 하지만 과학자가 합동연구를 하도록 독려하는 유럽연합의 방식이 이와 다른 형태로 연구비를 지원하는 방식보다 효율적이라는 점을 아직 입증하지는 못하고 있다. 향후 추가 연구가 필요한 주제임이 분명하다.

합동연구 강화를 위해 자원을 배분하는 주체가 비단 정부인 것만은 아니다. 하버드대가 매사추세츠 주 올스턴에 캠퍼스를 신설하기로 한 결정 뒤에는 합동연구를 강화하겠다는 일차적인 의도가 숨어 있다. 새 캠퍼스가 기초연구의 관계 설정에 도움이 되리라는 생각에는 케임브리지캠퍼스의 예술 및 과학 전공 교수들이나 다른 병원 및 보스턴 롱우드 지역의 강 건너편 하버드 의과대학에서 응용연구를 수행하는 교수들도 동의했다. 하버드대가 MIT나 스탠퍼드대에 비해 기초 연구 교수진과 응용연구 교수진이 합동으로 수행하는 연구에서 현저히 뒤처진다는 자각은 하버드대의 캠퍼스 신설 결정을 이끈 주요 동력이었다.[79] 하지만 2008년에 금융 위기가 닥치면서 하버드는 올스턴캠퍼스 계획을 보류(대학 측의 표현을 빌리면 "건설 중지")했다.[80]

정책 쟁점

지식재산권은 특허 발명에 주어지는 법적 형태든 발견의 우선권에 부여되는 상징적인 형태든, 개인이 보유한 권리라는 인식이 우세하다. 이와 같은 지식재산권에 대한 인식이 기능을 발휘해서 과학자들이 연구를 수행하고 동료와 협업하도록 동기를 부여한다. 하지만 연구에 참여하는 연구자 수 증가에 맞춰 지식재산권을 부여하기란 매우 어렵다.[81] 합동연구 증가는 연구단체에도 도전 과제를 안겨준다. 예컨대 공저자가 늘어나면서 종신직과 승진을 결정할 때 이력서를 평가하는 과정에서도 어려움이 커지고 있다. 또 박사후연구원 자리를 약속받고 지도교수와 젊은 학자들이 함께 출판하는 전통을 유지하기도 점차 어려워지는 실정이다.[82]

과학자도 합동연구가 증가하면서 고민거리를 떠안기는 마찬가지다. "언제쯤 팀에 합류하는 게 좋을까?" "팀의 책임자 자리에는 언제쯤 오를 수 있을까?" "대규모 또는 여러 기관이 참여하는 합동연구에는 언제 합류하는 게 적절할까?" 이런 의문들에 대해 미국의 과학 체계는 개인들에게 몇몇 답안을 제시한다. 일단 대학원생은 '일벌'로 시작해서 학위논문 작성 시점에는 프로젝트 리더이자 제1저자가 된다. 그 후 실험 책임자가 되면 맨 마지막에 이름을 올리는 교신저자가 된다. 그 과정에서 젊은 박사후연구원이 실험 책임자의 실험실에서 소규모 연구 프로젝트를 이끄는 행운을 누릴 수도 있다. 한발 더 나아가 자신의 실험실을 열고 연구 주제를 직접 선정하며, 연구에서 얻은 지식재산권을 보유하리라는 희망을 품기도 한다. 그러나 7장에서도 살펴보겠지만, 실제로는 이와 같이 이상적인 과정을 밟아 다음 단계로 이행하는 과학자를 찾기가 점점 어려워지고 있다. 이는 곧 과학자가 연구를 계속하겠다고 마음을 먹더라도 평생 연구를 지원하는 역할에 머무는 데 그치거나, 연구 수행에 커다란 자극제가 될 지식재산권을 실제 보유할 가능성이 요원하다는 의미다.[83]

과학계에 상을 수여하는 비영리 단체들도 합동연구 증가에 고심하기는 마찬가지다. 상을 수여할 때는 팀 단위가 아닌 개인 1명(많아야 3명까지)에게만 수여하기 때문이다. 노벨상, 교토상, 레멜슨-MIT상이 대표적이다. 하지만 커다란 족적을 남길 만한 연구는 과학자들의 합동연구를 통해서 달성되곤 한다. 그런데 그 많은 연구자 중에서 한 명을 선정하기란 어렵고, 그에 따른 부작용도 생겨난다. 노벨평화상이 입증했듯 한 번에 한 명에게만 수여할 필요가 없다. 이제 팀 단위로 수여하는 상을 제정하는 문제에 대해서 생각해볼 때이다.[84]

결론

이번 장에서는 과학자, 과학자들의 지식, 공동연구 유형을 중심으로 살펴봤다. 연구 성과를 내는 과정의 다양한 면면을 소개하려는 목적에서였다. 첫째, 연구는 끈기와 고된 노동을 필요로 한다. 두뇌가 도움이 되긴 하지만, 과학은 머리만으로 할 수 없다. 둘째, 공동연구는 과학에서 중요하며 점차 그 역할이 커지고 있다. 우리는 미국의 실험실을 바탕으로 연구 유형을 주로 살펴보는데, 미국의 실험실은 피라미드 구조이며 대학원생과 박사후연구원에게 크게 의존하는 특징이 있다. 물론 국내외 실험실과 기관들 전반에 걸쳐서도 협업 유형을 관찰할 수 있다. 셋째, 연구 성과는 공동연구 유형, 연구 장소, 기자재와 설비의 중요성을 포함하여 다양한 각도에서 고찰할 수 있다. 5장에서는 설비와 기자재에 대해 알아보자.

제5장

설비와 기자재에 관하여

생물물리학자 릴라 기에라시는 자신의 실험실에서 주로 사용하는 원자핵 자기공명NMR장치 구입에 계속해서 어려움을 겪자 텍사스대 사우스웨스턴 메디컬센터에 '원자핵 자기공명장치' 구입을 요청했다.[1] 값싼 기기가 아니다보니 놀라운 일이 아니다. 원자핵 자기공명장치의 가격은 자기장 세기에 따라 200만 달러에서 1600만 달러까지 다양하다. 몬태나 주 그레이트폴스의 매클로플린 연구소는 연구원이 쥐 한 마리당 드는 비용의 50퍼센트 이상을 지원하는 '마우스 패키지'를 도입해 연구원을 성공적으로 모집했다.[2] 설비와 기자재 사용은 연구원들에게 중요하며 생산성에 지대한 영향을 미친다. 과학자나 공학자, 학장들은 이 같은 사실을 잘 안다. 그렇다보니 교수들이 받는 초기 연구비에는 통상적으로 설비와 기자재 비용이 들어 있다.

이 장에서는 연구 성과를 내는 과정에서 설비와 기자재의 중요성을 다룬다. 특히 설비비와 신규 설비 개발이 연구 속도에 어떤 영향을 미치는지에 초점을 맞추려 한다. 대학 연구실의 물리적 공간에 관한 논의도 자세히 다룬다.

본격적인 논의에 앞서 몇 가지 주제를 살펴보자. 첫 번째 주제는 발견이 이뤄지는 속도와 단위당 비용에 따라 기술 혁명이 일어난다는 사실이다. 이와 관련해 한 가지 사실을 더 언급하면 이용할 수 있는 과학 데이터의 양도 급속도로 늘어난다는 점이다. 두 번째는 신기술이 경제학자들이 말하는 자본-노동 비율과 같은 의미로 연구에서 설비-인력(노동) 비율에 잠재적인 영향을 미친다는 사실이다. 또 다른 주제는 떠오르는 신기술 시장이 매우 크며, 기업들이 신기술 마케팅에 기민하게 반응한다는 점이다. 최근 맥스웰 16 시스템 광고에서는 "탁월한 연구 결과 발표는 당신에게 다음 보조금에 좀 더 유리하게 작용할 성과와 출판, 더 좋은 기회로 이어진다"고 말한다.[3] 여기에 한 가지 주제를 더하면, 기자재에 대한 접근성을 기준으로 연구 '장소'에 계층이 형성된다는 점이다. 모든 힘이 똑같은 방향으로 작용하지 않는 탓인데, 예컨대 설비의 전문성이 높아지고 설비 가격이 상승하면 현실적으로 누구나 설비를 갖추기가 어려워진다. 따라서 과학계에서 고도화되고 값비싼 설비를 감당할 수 있는 연구소라야 설비를 갖추게 되므로 연구소에 계층을 형성하게 된다. 반면 기자재 접근성이 향상되면 민주화를 이루는 효과가 있다. 민주화 효과는 4장에서 다뤘던 결과, 즉 정보기술의 확산이 상위 연구기관보다는 상대적으로 하위 연구기관의 출판에 영향을 미친다는 사실을 상기시킨다.

설비-신기술이 낳는 과학의 진보

과학 연구에서 도구의 중요성을 보여주는 사례는 무수히 많다. 갈릴레오에게는 자신의 망원경이, 보일에게는 에어 펌프air pump가 있었다. X-선 회절 결과는 이중나선구조 발견의 열쇠였고, 동기화 시계synchronized clock를 만든 기술이 없었다면 아인슈타인은 1905년에 '동시성simultaneity'을 재정의하지 못했을 것이다. 인간 게놈 지도는 염기서열분석 자동화기기 개발 덕분에 성공적으로 완성되었다.[4] 1만 달러 미만의 비용으로 인간 게놈 염기서열을 분석한다는 목표는 차세대 염기서열분석기sequencer 개발로 달성되었다. 아마도 입자물리학만큼 설비의 역할이 중요한 분야도 찾기 어려울 것이다. 극도로 높은 에너지 상태에서 작동하는 가속기는 불과 얼마 전까지만 해도 과학자들에게 꿈만 같았던 내밀한 세계의 문을 열어주고 있다. 스탠퍼드대 선형 가속기 센터SLAC 초대 소장 파노프스키의 말을 인용하면, "물리학은 일반적으로 물리학 법칙에 따라서가 아니라 '기술'에 따라 발전 속도가 정해졌다. 사람들은 우리가 답할 수 있는 '손에 쥔 기술'보다 늘 더 많은 질문을 하는 듯하다."[5]

과학사학자 데릭 프라이스는 "만일 당신이 과학의 새로운 장을 여는 기술에 대해 알지 못한다면, 아마도 과학의 진보가 일종의 '신선한 아이디어를 주는 모자new thinking cap'를 쓰기만 하면 일어난다고 생각할지도 모른다. (…) 엄청나고 혁명적인 변화를 몰고 오는 패러다임의 변화가 통찰력에서 나올 때도 간혹 있지만, 훨씬 많은 경우는 과학기술 '적용'에서 시작된다"고 강조한다.[6]

과학의 진보와 기술의 진보, 이 둘은 서로 영향을 주고받으며, 그로 인한 결과를 예측하기 어렵다는, 즉 비선형 모델nonlinear model이라는 사실을 이해하려면 설비의 역할이 매우 중요하다. 과학 연구는 기술의 진보를 낳는다. 하지만 신기술이 과학의 진보를 낳기도 한다. 피터 갤리슨이 1세기도 더 지난 아인슈타인의 혁신적인 연구에 대해 내린 설명은 훌륭한 예다. 그는 "어느 시대에나 새로운 이론물리학은 과거의 추상적인 개념에서 파생되어 관념적인 혼란을 겪고 있는 당대의 기술에 자극받는다"라고 말했다.[7] 아니면 신기술 덕분에 천문학자들이 별과 은하계에서 방출하는 다양한 파장을 감지하고, 빅뱅 순간에 생성되어 지금까지 남아 있는 극초단파(우주배경복사)를 정밀하게 연구할 수 있게 된 천문학을 생각해보라.[8]

한 예로 과학자는 연구자이자 신기술 발명가다. 500편이 넘는 논문을 쓰고 '자동 DNA 염기서열분석기를 비롯해 인간 생명의 미스터리를 푼 장치 4대'를 발명한 생물학자 리로이 후드는 연구자와 발명가의 역할을 톡톡히 수행한 훌륭한 예다.[9] 그 밖에도 다양한 사례가 있다. 이전에는 관찰할 수 없었던 것들을 볼 수 있게 하는 형광 표지fluorescent marker나 타임랩스 현미경time-lapse microscope(시간 간격을 두고 촬영하는 현미경—옮긴이) 등 새로 개발한 도구를 보고하는 논문이나, 대량 생산을 담당할 기업에 설비를 소개하는 것도 여기에 해당된다. 이런 작업은 다른 사람들이 연구 결과를 활용하는 것을 용이하게 도와준다.

설비 가격

과학계에서 사용하는 설비와 기자재 중에 저렴한 것들도 있다. 멘델은 완두콩을, 모건은 초파리를 사용했다. 알바라도는 플라나리아면 충분했다. 린드퀴스트는 효모를 사용했으며, 초기 카오스 연구자들은 애플 컴퓨터로 작업했다. 유체 물리학자 다비드 케레의 실험실에서는 이케아 매장에서 방문한 고객들에게 공짜로 나눠주는 종이 자를 사용했다. 조지아주립대의 고故 빌 넬슨의 물리학 실험실은 K 주파수대 전자 상자성 공명EPR 분광기와 전자-핵 이중공명ENDOR 분광기를 설치하기 위해 '부품을 공짜로 얻어' 오기도 했다.

하지만 대부분의 경우 설비를 저렴한 값에 사오기는 힘들다. 심지어 셰이빙 크림, 새총, 장난감 총 등 쉽게 접할 수 있는 물건을 사용하던 케레의 실험실조차 실험 과정을 사진으로 담기 위해 값비싼 카메라가 필요했다. 또 넬슨 연구팀이 설치한 분광기에는 1997년에 12만 5000달러를 주고 구입한 자석이 들어갔다.

미국에서 과학자의 실험실이 25만 달러 정도의 설비와 기자재를 구비하는 경우는 드물지 않다. 100만 달러를 훌쩍 넘는 실험 설비가 부지기수다 보니 이 정도는 저렴한 편에 속한다. 원자핵 자기공명장치나 염기서열분석기 등 수백만 달러에 달하는 더 비싼 설비들은 핵심 설비를 공동으로 보관하고 같은 연구 기관의 다른 실험실 연구원들이 공동으로 사용하는 경우가 흔하다.

이런 지출은 조금씩 늘어나는 추세다. 2008년에 미국의 대학들은 일반 연구비 중 19억 달러를 설비 구입에 사용했다.[10] 이 가운데 41퍼센트는 생명공학 분야였고, 17퍼센트는 물리학, 23퍼센트는 공학 분야의 몫이었다. 존스홉킨스대는 6980만 달러를 설비 구입에 사용해 이 부문에서 선두를 차지했고, 최근 들어 상위권에 지속적으로 오르내리는 대학으로는 위스콘신대 매디슨캠퍼스, MIT, UC샌디에이고 등이 있다.[11]

대단히 비싼 설비라면 컨소시엄 회원들이 공동으로 사용하는 방식이 일반적이다. 2009년에 (최대 에너지의 절반 수준으로) 두 번째 가동을 시작한 세른의 거대강입자가속기에는 80억 달러가 들었다. 제미니 8미터 망원경 프로젝트Gemini 8-Meter Telescopes Project(남반구용 하나와 북반구용 하나)에 1억8400만 달러가 들었으며, 연간 운영 예산이 2000만 달러다.[12] 일본이 건조한 연구용 해양 시추선 지큐Chikyu 호에는 대략 5억5000만 달러가 투입되었다.[13] 미국 해군이 소유하고 우즈홀 해양연구소가 운영하는 심해잠수정 앨빈Alvin 호는 최근 4000만 달러를 들여 수리를 했다.

일부 과학자나 공학자는 연구 설비가 필요하지 않은 경우도 있지만, 대부분은 설비가 필요하다. 이론가들조차도 연필과 종이만으로 계산하기에는 계산식과 수학 시스템 모델링 작업이 복잡해짐에 따라 점차 컴퓨터에 의존하는 경향이 커지고 있다.

모든 설비가 과학자의 실험실이나 대학 인근에 위치하지는 않는다. 대표적으로 망원경을 들 수 있다. 칼텍이 운영하는 망원경은 학교가 위치한 캘리포니아 패서디나 지역에 있지 않다. 대신 최적의 관측 조건을 갖춘 하와이 마우나케아 산에 있다.[14] 단백질 구조 결정에 사용하는 회절 설비도 연구를 수행하는 과학자의 실험실에 두지 않는다. 왕비청Bi Cheng Wang과 다른 과학자들은 단백질 구조 결정 분석에 사용한 결정체를 시카고 외부에 위치한 아르곤 국립연구소에서 만들었다. 특히 2008년에 스탠퍼드 선형 가속기 센터가 PEP-2 가동을 중단한 이후 사실상 가속기를 보유한 과학자가 없다고 봐도 무방하다.[15] 뉴욕 업튼에 위치한 브룩헤이븐 국립연구소에서 상대론적 중이온 가속기RHIC 프로젝트를 수행하는 조지아 주 출신 원자핵물리학자 두 명은 물리학자 400명 이상으로 구성된 팀의 일원이다. 이들은 조지아 주에서 일부 작업만 수행한다. 입자 연구를 수행하는 훨씬 많은 물리학자는 거대강입자가속기에 의존하고 있다. 이들 가운데 일부는 세른에서 가상 사회의 일원으로 연구하고, 일부는 방문 과학자로 활동하고 있다.

설비 접근성

과학자와 공학자가 설비에 접근하는 방식은 다양하겠지만, 채용 단계에서 연구 공간과 초기 연구비를 제공하는 학과장이나 학장을 통해 설비를 사용하기 시작하는 게 보통이다. 연구비에 대학원생들과 박사후연구원 급여가 포함되긴 하지만, 핵심 항목은 설비비다.[16] 2003년 화학과 조교수의 초기 연구비는 평균 48만9000달러였고 생물학은 40만3071달러였다. 이 정도면 적은 금액은 아니다. 당시 연구대학이 신참 교수진에 지급하는 초기 연봉 수준의 4~5배에 해당되니 말이다.[17] 가장 많은 경우는 화학과가 58만 달러, 생물학이 43만 7000달러였다.[18] 고참 교수진의 경우 화학과 평균이 98만3929달러(최고 117만2222달러), 생물학과가 95만7143달러(최고 157만5000달러)였다. 초기 연구비는 대개 3년간 지급되고, 그다음에는 교수들이 설비에 필요한 자금(연구원 급여 등 운영 자금 포함)을 자체적으로 조달한다.

보조금을 요청하는 주요 항목은 실험실의 설비 구입비다. 원자핵자기공명기기나 MRI 기기처럼 비싼 설비들은 여러 실험실이 공동으로 사용하지만 기관들이 해당 설비를 구입해달라는 제안서를 연구재단에 제출하기도 한다.[19] 1000만 달러에서 6500만 달러 정도 소요되는 슈퍼컴퓨터는 미국국립과학재단 등이 추진하는 전국적인 차원의 콘테스트나 지역 콘테스트를 통해 확보할 수 있다.[20] 망원경, 가속기, 해저 잠수정 등 매우 비싼 설비는 검토위원들에게 제안서를 보내 제공받기도 한다. 미국국립과학재단이 구입비를 지원하는 슈퍼컴퓨터도 비슷한 방식으로 할당된다.

2009년에 젊은 물리학자들은 설비 이용이 제한되면 연구에 타격을 입는다는 사실을 뼈저리게 깨달았다. 이 물리학자들은 2008년과 2009년에 거대강입자가속기에서 추출한 데이터로 논문을 쓸 계획이었다. 하지만 2008년 9월 19일에 거대강입자가속기가 '사고'로 문을 닫는 바람에 이 계획은 난데없이 중단되었다. 이들은 그 상황에서 이용할 수 있는 한정된 데이터로 눈을 낮출 수밖에 없었다. 게다가 거대강입자가속기를 재가동할 때까지 기다리면서 소중한 시간을 허비하고 말았다. 마찬가지로 천문학자가 망원경에 접근할 수 있는 기관에서 일자리를 구하지 못하면 망원경을 사용할 수 있을 때까지 통상적인 연구 수행에 어려움을 겪게 된다.

좀 더 일반적인 이야기를 하자면, 설비 접근성은 대학마다 공평하지 않다. 설비 구입을 지원받는 대학이 있는가 하면 그렇지 못한 곳들도 있다. 한 예로 상위 5개 대학의 설비비는 미국의 대학 전체가 투자하는 설비비 가운데 12퍼센트를 차지한다. 일부 과학자들은 최신식 설비를 갖춘 대학원에 다니거나, 막대한 초기 연구비를 지급하는 기관에서 일자리를 얻기도 한다. 이런 과학자들은 설비 구입에 필요한 연구비나 보조금 수령에 어려움을 겪는 일이 거의 없지만, 설비 구입에 심각한 어려움을 겪는 이들도 있다. 그렇다보니 과학자가 어떤 기관에서 연구하느냐에 따라 직업상의 성취에 차이가 생기게 된다. 7장에서 이 부분을 살펴보자.

설비 접근은 2장에서 다뤘던 발견의 우선권이나, 그에 따라오는 '인정'을 받는 과정에서도 중요하다. 일단 어떤 현상을 이해하는 과정에 필요한 설비를 즉시 이용할 수 있게 되면 발견도 빨라지게 마련이다. 최근 게놈 염기서열분석기 FLX 시스템 광고에서 캡션을 들고 경주하는 말을 보여주며 "많이 적용할수록 많은 출판으로 이어진다"라고 하는 말도 자연스레 와닿는다.[21]

이제 설비가 특정 분야에서 핵심 역할을 담당하는 사례를 살펴볼 것이다. 염기서열분석기, 단백질 구조 결정 설비, 망원경에 대해 차례로 알아보자.

염기서열분석기

인간 게놈 프로젝트는 생물학에서 설비가 차지하는 중요성을 세계적으로 입증한 최초의 대규모 프로젝트였다.[22] 이 도전은 15년 동안 인간 게놈 30억 쌍의 염기서열을 분석할 예정이었다. 게놈 해독에 사용한 염기서열분석 방법은 1970년대 중반 케임브리지대 프레더릭 생어와 동료들이 개발한 체인 터미네이션 방법Chain termination method, 즉 생어 방법(또 다른 기원 설명은 2장 참고)이었다. 생어는 이 중요한 연구로 1980년에 두 번째(첫 번째는 생어 시약을 활용한 인슐린의 아미노산 배열 결정으로 1958년에 수상—옮긴이)로 노벨화학상을 수상(월터 길버트, 폴 버그와 공동 수상)했다.[23]

생어 방법은 디디옥시뉴클레오티드 삼인산ddNTPs을 사용해 DNA 고리를 끊는다. 그리고 방사능을 이용해 유전암호의 기본 단위인 네 가지 뉴클레오티드nucleotide(염기, 당, 인산 세 가지 요소로 구성된 화합물로 핵산의 기본 단위—옮긴이), 즉 아민, 티민, 구아닌, 사이토신ATGC의 염기서열을 확인한다. 방사능을 사용하다보니 이 과정을 대규모 생산으로 확대 적용하기는 위험하기도 하거니와 사람의 손길이 많이 닿아야 한다는 점에서 한계가 있다. "전체 과정에서 본질적으로 수작업이 필요한 데다, 데이터 해석이 주관적이기 때문이다."[24] 그런데 이후 염기서열분석 과정에서 방사능 대신 형광 염색을 활용하면서 보다 안전성을 확보했다. 염색이 만들어내는 크로마토그램chromatogram의 각 색깔은 DNA 암호에서 각기 다른 문자를 나타낸다.[25]

리로이 후드와 동료인 헝커필러, 스미스가 1986년 창안한 DNA 염기서열분석기는 연구 과정에서 노동력을 덜 요구하는 장점이 있다. 이 분석기는 "DNA를 레이저로 활성화하여 빨강, 녹색, 파랑, 오렌지색으로 형광 염색해서 DNA의 끈 24개를 네 가지 문자 배열로 빠르게 결정한다."[26] 후드가 설립을 도왔던 회사들 중 하나인 어플라이드 바이오시스템스 사가 이 분석기를 판매했다(3장 참고).

또 이 분석기는 후드가 2003년 레멜슨-MIT상을 받는 데 기여한 네 가지 발명품 가운데 하나다. 2011년 후드는 '바이오 의학계와 법의학계에 혁명을 몰고 온 DNA 염기서열분석 자동화' 공로를 인정받아 상금 50만 달러가 주어지는 프리츠 J. 앤 델로리스 H. 러스상도 수상했다.[27] 하지만 후드의 발명(그리고 발명에 대한 관심)은 자신이 일하던 칼텍 내에서는 그다지 인정받지 못했다. 후드는 자신이 칼텍을 떠나 워싱턴대로 옮긴 이유 중 하나가 동료들이 보인 태도 때문이었다고 밝히기도 했다. DNA 염기서열분석 속도를 3000배 이상 높인 후드의 발명은 속도와 비용이 핵심적이라 할 유전체학 분야에서 혁명을 이끌어냈다.

여기서 인간 게놈 프로젝트의 변천사를 시간 순서대로 간단히 살펴보자. 인간 게놈 프로젝트를 시작한 1990년에는 기자재가 가장 잘 갖춰진 실험실에서 하루에 염기쌍 1000개를 분석했다. 2000년 1월에는 인간 게놈 분석에 참여한 연구소 20개를 합쳐 하루 24시간, 1초에 1000개꼴로 염기서열을 분석할 수 있었다. 염기서열분석 비용은 1990년[28] 10달러에서 2003년에는 0.05달러로,[29] 2007년에는 대략 0.01달러까지 떨어졌다.[30] 이것도 이제는 옛날이야기다. 여러 기기를 동시에 운영하는 연구자 한 명이 염기쌍을 분석하는 1일 생산성은 1990년대 초부터 2007년까지 2만 배 이상 증가했다. 대략 12개월마다 2배꼴로 생산성이 개선된 셈이다.[31] 운영비를 포함해 인간 게놈 프로젝트에는 30억 달러가 투입되었다. 하지만 2006년 이후 진행한 염기서열분석에는 2500~5000만 달러밖에 들지 않았다는 사실은 지속적인 설비 개선이 달성한 비용 절감 효과를 여실히 보여준다.[32]

사람들은 인간 게놈 프로젝트 성공에 장비가 크게 기여했음을 인정한다. 가령 2000년 6월에 발표한 한 논문은 인간 게놈 해독에 성공한 직후 연구 초고를 발표했다. 『뉴욕타임스』는 이 연구에서 염기서열분석기가 핵심 역할을 했다면서 다음과 같이 보도했다. "어플라이드 바이오시스템스 사의 프리즘 3700이나 아머샴 파마시아Amersham Pharmacia 사의 훌륭하지만 널리 사용되지는 않는 메가베이스Megabace 등 최신식 염기서열분석기들은 기능 면에서 정점에 달했다." 그리고 이어서 "만일 인간 게놈 프로젝트가 로봇 영웅을 허락한다면 '프리즘 3700'이 주인공일 것이다"라고 언급했다.[33] 인간 게놈 프로젝트를 이끈 콜린스, 모건, 패트리노 등 주요 인물들은 2003년 발표한 논문의 '테크놀러지 매터스Technology Matters' 섹션에서 대규모 생물학 프로젝트를 통해 배운 교훈들을 언급하면서, 인간 게놈 프로젝트에서 설비가 가장 중요했다고 언급했다. 이 세 사람은 "개선된 효소와 염료의 효과와 더불어, 아머샴 사와 어플라이드 바이오시스템스 사가 개선시킨 캐필러리 염기서열분석기는 연구 효율성을 크게 높여줬다"고 덧붙였다.[34] 염기서열분석기만이 인간 게놈 프로젝트를 현실로 만들어낸 유일한 기술은 아니다. 컴퓨터도 빼놓을 수 없다. 컴퓨터 기술과 소프트웨어의 진보가 없었다면, 미가공 데이터raw data의 질을 평가하거나 이를 한데 조합하지 못했을 것이다.[35]

2005년부터 새 세대 염기서열분석기를 시판하면서 초기 기기들은 점차 가치가 떨어지기 시작했다. 새로운 세대 염기서열분석기는 초기 기기들처럼 동시 처리 능력이 DNA 염기쌍 100개 미만 수준에 그치지 않고, 비록 한 번에 판독하는 염기서열의 '길이'가 상당히 짧기는 했지만, 짧은 길이를 이어 전체를 조합하는 방식으로 한 번에 염기서열 수백만 개를 분석했다. 이와 같은 생산성 개선은 기기 자체의 속도가 빨라졌을 뿐 아니라 새로 적용한 시약과 소프트웨어가 속도를 높여 줬기에 가능했다.

최초의 차세대 염기서열분석기는 조너선 로스버그가 개발했으며, 그가 창업을 도왔던 로슈 사의 자회사인 '454'에서 출시했다.[36] 그들이 초기에 판매한 염기서열분석기는 한 번에 염기쌍 100개에 해당되는 유전자의 길이만큼 읽고 이들을 조합하여, 다섯 시간 안에 염기쌍 2000만 개를 해독할 수 있었다. 2010년, 이 회사는 한 번에 염기쌍 400~500개를 읽고 10시간 동안 가동하여 염기쌍 100만 개 이상을 해독하는 장비를 시장에 내놓았다. 또 2011년에는 더 긴 길이를 읽을 수 있을 것이라고 광고했다. 한 가지 덧붙이면, 이 회사는 "길이는 정말 중요하다"고 주장하며 FLX 시스템이 더 긴 길이를 읽는다고 광고했다.[37]

454와 로스버그는 FLX 시스템에 대해 입소문을 내는 데 창의성을 발휘했다. 가령 2006년에 이들은 이중나선구조 발견으로 유명한 제임스 왓슨에게 게놈 지도 분석에 참여할 것을 제안해, 2007년 초에는 20만 달러를 들여 자체 기술로 왓슨의 게놈 지도를 완성했다고 발표했다.[38] 이어서 염기서열분석의 선두 주자인 브로드 연구소에 454의 설비를 들이는 데 성공했고, 독일의 스반테 파보와 성공적으로 파트너 관계를 맺어 네안데르탈인 게놈을 최초로 해독하기도 했다.[39] 이 연구는 2006년 『네이처』에서 주요 논문으로 발표되었다. 또 454는 저비용 유전자 염기서열분석법을 인정받아 2005년에 『월스트리트저널』 금메달을 수상하는 영예를 안았다.[40]

로스버그는 과학자가 기업가적인 역량을 발휘하는 사례에 흥미를 보였다. 그는 예일대 생물학 박사과정을 마무리하며 큐러젠CuraGen이라는 회사를 처음 설립했고, 그때 이후 과학을 기반으로 하는 기업인 454, 레인댄스RainDance, 아이온 토렌트 시스템스Ion Torrent Systems를 단독 또는 공동으로 창업했다. 로스버그는 자신의 아들이 응급실에 실려간 일을 계기로 염기서열분석기 개발에 박차를 가해 454를 설립하기에 이르렀다. 또 2002년에는 로스버그 아동질환 연구소를 설립해 자신의 큰딸이 겪었던 유전병인 결절성 경화증으로 고생하는 아동을 위한 치료법 연구에 공헌하기도 했다.[41]

시장에 빠르게 진입한 차세대 분석기 3종은 헬리코스, 어플라이드 바이오시스템스, 일루미나 사의 제품이었다. 헬리코스 사의 공동 창업자 스티븐 퀘이크는 2009년에 헬리코스 분석기를 이용하여 자신의 유전자 지도를 성공적으로 완성했다고 『뉴욕타임스』 블로그에 발표해서 신문의 머리기사를 장식했다. 그로부터 넉 달 후, 퀘이크는 『네이처 바이오테크놀로지』에 자신과 왓슨, 크레이그 벤터(벤터의 게놈 지도는 2007년에 완성되었다)의 게놈 중에 일치하는 게놈을 공개하는 논문을 발표했다. 이 논문에 이어 『뉴욕타임스』에서는 유전자 지도 작업에 3명을 투입해 4주 동안 5만 달러를 들여 성공했다는 기사가 소개되었다.[42] 불과 2년 전에 454와 같은 분석기로 왓슨의 게놈 분석에 두 달이 걸린 점을 감안한다면 놀라운 결과였다. 종전에 인간 게놈 프로젝트의 최종 단계까지 요구되었던 7단계가 '3단계'로 줄어든 덕분이었다.[43] 하지만 헬리코스 사의 열띤 광고에도 불구하고, 다음 세대 시장을 점령한 장비는 일루미나 사의 제품이었다.

새로운 세대를 차지한 장비는 연구 장소와 염기서열분석 기술에 접근하는 연구원 수를 변화시켰다. 새로운 장비와 비즈니스 모델이 도입되는 만큼, 염기서열분석법도 계속해서 진화하기 마련이다. 2007년에 도입된 차세대 염기서열분석기만 해도 저렴하지 않았다. 일루미나의 게놈 분석 시스템이 47만 달러(어플라이드 바이오시스템스의 3730 염기서열분석기보다 17만 달러가 비쌌다)였고, 헬리코스의 제품은 '얼마나 홍정하느냐에 달렸겠지만' 약 100만 달러였다.[44] 그러다가 새 세대 기기의 분석 속도가 빨라져 단위당 비용이 절감되면서 많은 실험실과 병원에서 연구와 임상 과정의 의문을 해결해줄 수 있을 것이라는 평가를 받았다. 이는 고도로 전문화된 소수 실험실에서만 운영되었던 첫 세대 기기와 대조적이다. 일루미나는 이를 판매 기회로 활용했고 자사의 웹사이트에서 "당사의 게놈 분석 시스템이면 '아무리 작은 실험실이라도 대형 실험실만큼 염기서열분석을 할 수 있다'"고 홍보했다.[45] 하지만 이와 같은 생산성 개선에도 불구하고 실제로는 장비 접근성이 대규모 실험실로 편중되고 말았다. 한 추정치에 따르면 2010년에 전 세계 염기서열분석기 1400대 가운데 절반가량이 20개 대학 및 연구소에 집중된 것으로 나타났다.[46]

한편 염기서열분석기 비즈니스 모델은 끊임없이 탈바꿈해왔다. 차세대 분석기가 널리 사용되는가 싶으면 개선된 염기서열분석기가 연이어 등장한다. 캘리포니아 주 마운틴 뷰에 자리한 컴플리트지노믹스 Complete Genomics 사가 염기서열분석에 성공했을 때, 시애틀의 시스템 생물학 연구소가 발표한 논문만 해도 그렇다.[47] 그런데 결과물을 발표한 공동저자 중 한 명이 다름 아닌 컴플리트지노믹스 과학자문위원회에서 활동하는, 원조 염기서열분석기의 대부, 리로이 후드였다. 프로젝트는 이랬다. 희귀한 유전병을 앓는 어린이 두 명의 게놈을 해독해서 부모의 게놈과 비교했다. 이 연구는 2010년 3월 『사이언스 익스프레스』를 통해 발표되었다. 컴플리트지노믹스 사는 자신들이 "완벽한 저비용 · 고품질 염기서열분석법 개발에 성공했으며, 이 방식으로 시간은 물론이고 비용도 무려 25만 달러에서 최소 5000달러 수준까지 줄여줄 것이다"라고 밝혔다.[48] 컴플리트지노믹스 사는 연간 100만 명의 인간 게놈 염기서열분석 능력을 갖춘 염기서열분석 센터를 전 세계에 열 곳 정도 여는 것이 목표다. 그들이 목표를 달성한다면, 염기서열분석은 서비스 산업이 될 것이고 장소와 무관하게 연구자들은 염기서열분석 기술에 접근할 수 있게 될 것이다. 그런가 하면 만일 조너선 로스버그가 뜻을 이룰 경우, 염기서열분석 기술을 자체 보유하는 곳이 많아질 것이라는 전망도 가능하다. 2010년 3월, 로스버그는 최근 자신이 경영하고 있는 회사인 아이온 토렌트 시스템스 사가 개발한 화학 정보를 직접 디지털 데이터로 전환시키는 실리콘-칩 염기서열분석기를 시연했다. 이 염기서열분석기는 2011년 1월에 5만 달러라는 저렴한 값에 이용할 수 있게 되었다. 로스버그의 목표는 자체 연구 설비로 염기서열분석을 하지 못하는 소규모 연구소 수백 곳이 이 기술을 이용할 수 있도록 염기서열분석의 장을 마련하는 것이다. 또 로스버그는 의사들의 진료실에 소형 염기서열분석기(데스크톱 프린터만 한 크기)를 들여놓는 꿈을 그려보기도 한다. 그래서 로스버그가 선택한 분석기 이름이 퍼스널 게놈 머신PGM이다. 그의 야망을 읽을 수 있는 대목이다. 하지만 현재는 염기서열분석기를 한 번 가동할 때마다 염기쌍 1000만 개를 분석하는 데 그치고 있어, 염기쌍 하나에 드는 비용이 매우 비싸며, 게놈 전체를 해독하기에는 부적합하다.[49] 그런가 하면 다른 경쟁자들은 활발하게 3세대 기기를 개발하고 있다. 퍼시픽 바이오사이언시스 사는 실시간으로 단일 DNA 분자를 스캔하는 장비를 최초로 출시했다. 이 기기(RS라고도 알려진)는 『사이언티스트』가 선정한 '2010년 최고 발명상'을 받았다.[50] 그런데 심사위원 세 명 가운데 한 명이 다름 아닌 조너선 로스버그였다는 사실!

염기서열분석기에 관한 여러 평가가 가능하겠지만 한 가지만큼은 확실하다. 새로운 염기서열분석기는 이전보다 적은 기술자로도 운영이 가능하다는 점이다. 2008년 12월에 벤터Venter 연구소가 "당사의 인원 감축은 오늘날 미국이 직면한 어려운 경제 상황 때문이 아니라 기술 변화가 이끈 직접적인 결과"라고 발표하며 염기서열분석 센터 직원 29명을 줄인 것만 봐도 확실히 알 수 있다.[51] 그로부터 약 7주 후, 브로드 연구소도 "경기 침체 때문이 아니라 기술 진보 때문"이라고 재차 강조하며 24명을 감원했다.[52] 경제학자들에게 감원은 그리 놀라운 일이 아니다. 경제학자들은 "상대 가격이 변하면 '비싼' 요소가 상대적으로 '저렴한' 투입 요소로 대체된다"고 보기 때문이다.

비용 절감 덕분에 이제는 개인의 게놈 염기서열분석 비용 목표를 1000달러 아래로 낮추어 잡게 되었다. 이 경쟁을 장려하기 위해서 "게놈당 1회 반복 비용이 1만 달러를 넘지 않으며, 게놈 98퍼센트를 정확하게 해독하고, 오류 수준이 염기쌍 10만 개당 하나를 넘지 않는 정확도로, 10일 이내에 100명의 염기서열을 해독하는 장치를 고안한" 첫 번째 팀에 수여하는 '아르콘 엑스 유전체학상'이 2007년 3월에 제

정되었다.[53]

그렇다면 인간 게놈 프로젝트와 염기서열분석 기술이 인간의 질병을 해결할 만큼 대약진하며 진화할 수 있을까? 이 질문에 대한 대답은 누구와 이야기하느냐, 그들에게 주어진 시간이 얼마나 있느냐에 달렸다. 매사추세츠 주 케임브리지 브로드 연구소 소장이자 게놈 의학계를 선도하며, 인간 게놈 초안을 최초로 발표한 에릭 랜더에게 묻는다면 그의 대답은 "그렇다"이다. 랜더는 염기서열분석 속도와 낮은 비용은 이 기술이 "어떤 문제에든 적용될 수 있다"는 의미라고 말한다. 가령 새로운 장비는 개인의 유전체학을 내다볼 수 있게 할 뿐 아니라 문제의 소지가 될 만한 유전자와 연관된 질병을 좀 더 잘 이해할 수 있게 돕는다.

인간 게놈 프로젝트의 리더인 프랜시스 콜린스는 유리잔의 절반이 가득 찬 상태라고 진단한다. 그는 인간 게놈 프로젝트와 염기서열분석 기술이 "의학계의 커다란 퍼즐 맞추기에 도움을 줄 것"이라고 말한다. 하지만 인간 게놈 프로젝트와 염기서열분석 기술은 콜린스가 2000년에 예상했던 속도만큼은 발전하지 않고 있다. 콜린스는 "기술의 제1법칙에 따르면 우리는 진정 변화를 불러올 만한 발견의 장기적인 영향력은 과소평가하면서도, 단기적인 영향력은 과대평가하곤 한다"라고 말한다.[54]

염기서열분석 기술을 다른 관점에서 바라보는 사람들도 있다. 이들은 몇몇 암 치료에 사용하는 신약이 진보하는데도 불구하고 유전자 검사로 일부 약물의 효험을 예측하거나, 유방암 환자가 화학요법을 받아야 하는가를 예상할 수 있을 뿐, "게놈 연구가 품었던 당초의 희망 사항, 다시 말해 암이나 알츠하이머, 심장병 같은 질병을 일으키는 변종과 이형을 분명히 밝히고, 이들 질환을 치료하고자 했던 목표는 '질병 대부분이 어마어마하게 복잡하며 한두 가지 단순한 변종으로 쉽게 추적하기란 불가능하다'는 깨달음으로 바뀔 것이다"라는 입장이다.[55] 한 예로 2010년 보스턴에 있는 브리검 여성병원의 니나 페인터는 통계적으로 심장병과 연관된 유전자 변종이 101가지나 되었던 까닭에 1만9000명 중 누가 심장병에 걸릴지 예측하기 어려웠다고 밝혔다. 이에 반해 가족력은 중요한 예측 인자였다.[56]

단백질 구조 결정

모든 생물에 존재하는 단백질은 자신들의 생물학적 기능을 수행하기 위해서 특별한 모양으로 접힌다. 단백질의 3차원 구조 결정은 분자 단위에서 단백질의 기능을 이해하는 데 중요하며, 구조 생물학 분야에서도 매우 중요한 요소다.[57] 구조 결정은 일반적으로 어렵고 많은 시간이 소요되는 과정이다. 가장 먼저 단백질 결정을 만들어야 한다. 단백질의 결정화가 끝나면, 그 결정체에 X-선을 비춰 회절을 관찰하고, 마지막으로 결과물을 분석해 단백질 구조를 결정한다. 결정체는 구조를 결정하는 과정에서 핵심 역할을 담당하며, 보조금을 받는 사람들 사이에 "결정체 없이는 보조금도 없다"는 말이 흔할 정도로 결정체를 충분히 키우는 일은 녹록지 않다.

하지만 최근 들어 신기술을 도입하고 소프트웨어 성능이 향상되면서 단백질 구조 결정이 대단히 쉬워지고 있다. 미국국립일반의학연구소가 이 분야의 연구비를 대부분 지원하며, 일련의 단백질 구조 계획

Protein Structure Initiatives에도 연구비를 지원한다. 비록 단백질 구조 계획 프로젝트가 실망스럽기는 하지만, 단백질 구조를 생물학적 기능에서 분리시켜 살펴보면 기술 진보는 중요한 성공을 거뒀다고 할 만큼 진화해왔다. 이 계획에 우려와 실망을 나타냈던 사람들조차도 "단백질 생산과 구조 결정에 필요한 자동화 공정 구축이 매우 성공적이었다"고 결론 내렸다.[58]

한 가지 중요한 기술적인 진보는 결정체를 키우고 검사하는 과정에서 로봇을 활용한다는 점이다. 가령 로봇은 동시에 여러 결정화 실험을 진행하고, 결정체가 잘 자라는지, 결정체가 되었을 때 그것의 질과 크기가 적당한지를 자동으로 검사한다. 서모 사이언티픽Thermo Scientific 사가 이 시스템을 고안했다. 이 로봇 시스템의 가격은 부속품까지 포함해 5만7000달러 정도다.[59]

기술 진보는 싱크로트론(전자가속장치)을 사용해 수행하는 실제 회절 연구에서 핵심 요소이기도 하다. B.C.라고 불리기를 더 좋아하는 조지아대 왕비청 교수의 실험실에 방문하면 기술의 진화와 그 역할을 살펴볼 수 있다.

조지아 리서치 얼라이언스는 조지아대의 구조생물학 프로그램 구축의 일환으로 1995년 왕비청을 석좌교수로 채용했다. 비슷한 시기 일리노이 아르곤 국립연구소도 고등광자소스APS라는 이름의 새 연구소를 열 예정이라고 발표했다. 또 국립연구소는 36개 섹터를 함께 지을 단체나 컨소시엄을 물색했다.

아르곤 연구소가 이 계획을 발표할 당시, 동남부 지역의 많은 연구원이 브룩헤이븐 국립연구소(뉴욕), 로런스 버클리 국립연구소(캘리포니아), 스탠퍼드대 선형 가속기 센터 내 스탠퍼드 가속기 광원SSRL 연구소(캘리포니아) 등에 있는 설비를 이용했지만 동남부 지역에 공식적인 단체나 컨소시엄은 없는 상황이었다. 1997년 6월 왕 교수는 컨소시엄 구성에 관심이 있는 지역 연구자들과 모임을 마련했다. 이 모임에는 다양한 기관에서 서른 명 정도가 참석했으며, 이들과 동남지역협동접근팀SER-CAT이라는 컨소시엄을 구성했다. 초기에 동남지역협동접근팀의 분담금은 25만 달러였고 왕 교수 팀이 4대를 구입하는 등 여러 기관이 설비를 한 대 이상 구입했고, 같은 주에 있는 에머리대, 조지아주립대, 조지아공대 등이 합류했다. 내가 왕 교수와 이야기를 나누었던 2008년에 동남지역협동접근팀은 회원권 70개 가운데 54개를 판매한 상태였다.(회원권 판매는 동남부 기관에만 제한하지 않았다. 시카고에 있는 일리노이대도 회원이었다.) 초기 회원 가입비 외에도 연간 운영 유지비가 부과되어 회비는 2008년에 약 3만8000달러였다.

각 싱크로트론 빔라인 건설 비용은 700만 달러가 들며, 각 부문에 설치하는 두 개 이상의 빔라인에는 개별 탐지기와 백업용 소형 탐지기까지 추가로 설치된다. 최초의 동남지역협동접근팀 빔라인은 2002년에 완공되었다. 당시 표준 절차는 연구자가 아르곤 국립연구소에 가서 회절 연구를 수행하는 것이었다.

1999년 초만 해도 왕 교수팀은 동남지역협동접근팀의 효율성을 높이기 위해 로봇을 만들 생각이었지만 동남지역협동접근팀 이사회는 로봇보다는 빔라인 개발에 관심을 두었다. 2002년까지 로봇 공학은 회절 연구가 아닌 다른 분야에서도 사용되고 있었다. 고등광자소스의 또 다른 그룹은 리가쿠 로봇Rigaku robot을 구입했고, UC버클리는 로봇을 직접 설계했다. 이런 상황에서 동남지역협동접근팀 그룹은 자신들도 로봇이 필요하다는 사실을 깨달았다. 그들은 버클리대의 디자인(공개적으로 쓸 수 있었다)을 사용해서 아르곤 연구소가 수정한 로봇 견본을 만들었다.

동남지역협동접근팀이 연구 효율성을 높인 여러 방식 가운데 하나는 팀별로 할당하는 총 작동 시간을 줄이는 방식이었다. 2002년까지는 시설에 방문하면 각 사용자 그룹이 통상 이틀 동안 사용할 수 있었지만, 데이터 수집 시간을 하루로 단축시켰다. 내가 왕 교수를 방문했던 2008년에는 운영 시간을 조금씩 줄여나가 향후 6시간까지 줄이는 것이 목표라고 밝혔다. 그들은 또 현장에서 구조 결정의 성공률을 높이기 위해서 소프트웨어를 개발해 효율성을 높였다. 2004년 동남지역협동접근팀은 24시간 안에 단백질 구조 5개를 결정하는 데 성공했다. 2008년에는 동남지역협동접근팀 빔라인 연구자 한 명이 6시간 안에 단백질 구조 5개를 결정했다. 이 글을 쓰는 시점에도 동남지역협동접근팀은 아직 6시간 운영제를 시행하지 않고 있다. 하지만 2009년 여름 이래 24시간 단위로 운영하는 교대조를 편성했다. 이를 위해서 스태프 2명을 추가로 고용했으며, 하루 8~16시간 정도 현장에서 사용자를 지원하도록 했다.

오늘날 효율성을 극대화한 혁신 덕분에 회원들은 자료를 수집하러 더 이상 아르곤 연구소까지 가지 않고도 연구할 수 있다. 그들은 짧은 시간만 투자하면 배울 수 있는 소프트웨어를 활용해 집이나 실험실 컴퓨터로 로봇을 작동하고 데이터 수집 프로세스를 시작할 수 있다.(많은 싱크로트론 시설에서는 이것을 "원거리 데이터 수집 통제"라고 이름 지었다. 이후 "원거리 참가remote participation"라고 불렀으며 요즘에는 "원거리 접근remote access"이라고 부른다.) 왕 교수는 초기에 나사에 방문하면서 원거리 접근이라는 아이디어를 떠올렸다. 그는 '항공우주국은 컴퓨터로 우주 공간에 있는 장치를 통제하는데, 나라고(다른 사람들도 마찬가지) 원거리에서 결정체를 슬라이드에 올려 회절을 연구하지 못할 이유가 무엇인가?'라고 생각했다.

아르곤 연구소의 규칙은 가동 시간 가운데 25퍼센트를 컨소시엄에 참가하지 않는 회원이 사용하도록 강제한다. 그렇게 함으로써 컨소시엄 회원이 아니어도 원거리 접근을 포함해 데이터 수집에 참여할 수 있게 된다. 또 결정체는 아르곤 연구소에 우편으로 전달된다. 원거리 접근이 가능해지기 훨씬 전에는 연구원들이 자신들의 결정체를 동남지역협동접근팀에 보내는 "결정학 페덱스 배송" 또는 "결정학 우편 배송" 제도를 이용했다. 또 데이터가 급히 필요하거나 장거리 이동을 선호하지 않는 회원에게는 동남지역협동접근팀 직원이 개인적으로 데이터를 수집해서 보내주는 특별 서비스가 제공되기도 했다. 오늘날에도 이 제도를 유지하지만 연구소 회원에게만 제공하는 특전 형태다. 동남지역협동접근팀이 최초로 도입했던 결정학 페덱스 서비스는 단백질 구조를 연구하는 다른 기관들도 채택하고 있다.

단백질 구조 결정에 사용하는 가장 경쟁력 있는 방식은 원자핵 자기공명분광기다. 원자핵 자기공명분광기는 7800개가 넘는 단백질 구조를 판별해냈다.[60] 구조 결정에 최초로 이 방법을 사용한 쿠르트 뷔트리히는 이 연구로 2002년 노벨화학상을 수상했다.[61] X-선 회절 방식보다 뛰어난 원자핵 자기공명 방식의 주요 장점은 단백질을 정렬

된 격자 구조로 결정화시키지 않고 일상적인 생리 조건 하에서 단백질 구조를 결정할 수 있다는 점이다. 하지만 원자핵 자기공명법에는 노동력이 많이 들고 작은 크기의 단백질에는 적용하기 매우 어렵다는 극복하기 어려운 약점들도 있다. 이외에 새로 떠오르는 단백질 구조 분석 방법으로는 질량분석법mass spectrometry이 있다.

한 번 결정된 단백질 구조는 단백질과 핵산의 3차원 구조 데이터 저장소인 단백질 데이터베이스PDB에 저장된다. 1971년 브룩헤이븐 국립연구소에 단백질 데이터베이스를 설립할 때만 해도 단백질 구조가 7개에 불과했지만, 2009년 여름에는 저장된 단백질 구조가 5만 9000개로 늘어났고, 현재는 단백질 데이터베이스 본부를 러트거스대에 두고 있다.[62] 단백질 구조 계획PSI을 이끄는 미국국립보건원 산하 종합의학연구소는 2009년 여름까지 단백질 구조 3500개 이상을 저장했다고 밝혔다.

망원경

2008년에 400주기를 맞은 망원경은 과학 연구에 사용한 가장 오래된 기기들 중 하나다. 망원경이 없었다면 갈릴레오 갈릴레이가 목성 주변의 위성을 관찰하지도 못했을거니와, '우주가 지구 주변을 돈다'는 확립된 이론에 대해 논박하지도 못했으리라. 갈릴레오의 망원경이 작아 가지고 다니기에 편하긴 했지만(또 갈릴레오가 망원경 작동법을 필사적으로 공개하지 않았지만), 매우 짧은 기간에 망원경의 크기는 상당히 커졌다. 한편 국가 차원에서 망원경을 지원하기 시작해 영국은 1675년에 그리니치천문대를 설립했다. 왕가가 지원에 나선 이유는 망원경이 '경도 문제' 해결에 열쇠가 될 것이라고 보았기 때문이다. 영국 같은 해양 국가에서는 항해 도중 경도를 결정짓지 못해 선박이 길을 잃는 경우가 흔했으므로 경도는 중대한 문제였다.[63]

오늘날 사용하는 망원경은 강력한 천체들이 내뿜는 중성미자나 고에너지 감마선을 탐지하는 망원경은 물론이고 광학망원경, 전파망원경, 우주망원경 등 종류가 무척 다양하다. 역사적으로 미국에서는 대학이나 대학 컨소시엄이 광학 망원경을 보유해 천문학자는 '(망원경을) 가진 자와 못 가진 자'로 나뉘었다. 두 집단 사이에는 상당한 적대감이 있었고, 이는 갖지 못한 쪽에 속한 한 천문학자의 말만 들어보아도 짐작할 수 있다. "가진 자들이란 우리 같은 사람들은 안중에도 없지요."[64] 칼텍에서 관리하는 망원경들이 적절한 사례다. 칼텍은 45년 동안(1948~1993) 캘리포니아 팔로마산 천문대에서 세계 최대 광학망원경(직경 200인치, 약 5.1미터)을 운영했다. 이보다 큰 망원경은 이후에 W. M. 켁Keck 재단의 연구비 지원으로 마우나케아산에 설치한 직경 10미터짜리 망원경이다. 이 작업에는 칼텍과 캘리포니아대가 참여했으며 W. M. 켁 센터라고 이름 붙였다.[65]

그렇다고 모든 망원경이 대학(또는 대학 컨소시엄)의 '소유'는 아니다. 망원경 건설비와 운영비 부담이 늘고 망원경 관측 시간에 대한 수요가 증가하면서, 대학 또는 국가들이 컨소시엄을 구성해 국가 차원에서 또는 국제적으로 망원경을 건설하는 추세를 낳았다. 미국국립과학재단이 자금을 지원하고 미국 대학 컨소시엄이 운영하는 키트 피크Kitt Peak 천문대가 여기에 해당된다. 1970년대 말, 키트 피크의 대형 망원경 두 대에 쇄도한 관찰 신청 수요는 관찰 가능한 시간의 3배를 넘었고, 그로 인한 압박은 또 다른 광학현미경 건설로 이어졌다.[66] 결과적으로 미국 천문학계의 일부 과학자들(특히 갖지 못한 사람들)이 정부 지원 아래 새 망원경 건설이라는 모험을 시작하게 되었다. 이런 노력이 제미니 8미터 망원경 프로젝트로 진화해 칠레에는 남반구용 망원경을, 하와이 마우나케아산에는 북반구용 망원경을 완성했다. 이 사업을 추진하면서 브라질, 아르헨티나, 칠레, 호주, 캐나다, 영국 등 많은 국가를 끌어들여 국제적인 컨소시엄을 구성했다. 프로젝트 초기 비용으로 1억8400만 달러가 들었고, 현재는 운영비로 매년 2000만 달러가 든다. 지금도 새 설비들을 계속해서 추가해 나가고 있다.

제미니에서는 관측 시간의 25퍼센트를 현지에서 연구하는 공학자들과 참여 국가 및 현지 직원에게 할당한다. 나머지는 지원금 규모를 반영한 공식대로 나라마다 할당(미국이 전체 시간의 약 35퍼센트를 차지)하고, 동료 심사를 통해서 국립시간배분위원회NTAC에 제안서를 제출한다.

일부 망원경은 특정 프로젝트에 투입될 때도 있다. 뉴멕시코 아파치 포인트에 있는 직경 2.5미터짜리 망원경은 2000년부터 천문 관측에만 사용한다. 슬론 디지털 스카이 서베이SDSS 프로젝트는 120메가픽셀 카메라를 구비하고 있다.[67] 이 천문대는 수백만 장의 은하 사진을 찍으며, 사람들이 온라인으로 볼 수 있도록 '우주 동물원' 프로젝트를 운영한다. 1억5000만 달러가 투입되는 이 프로젝트는 자금을 지원하는 알프레드 슬론Alfred P. Sloan 재단에서 이름을 따왔다. 이 프로젝트에서 나오는 논문들은 팀의 성과다. 프린스턴대 마이클 스트라우스는 "우리가 논문 공저자로 100명을 올리면 사람들은 낄낄대며 웃죠. 하지만 우리는 많은 천문학자가 서로 물어뜯지 않고 잘 지내면서도 과학적으로 매우 훌륭한 성과를 낼 수 있음을 보여줬지요"라고 밝혔다.[68]

최근 들어 칼텍과 캘리포니아대가 직경 30미터짜리 망원경TMT을 건설한다는 계획을 발표하자 광학계의 경쟁이 격화되었다. 설계 및 개발 단계에 들어가는 7700만 달러 대부분을 무어의 법칙(반도체 칩의 처리 능력이 18개월마다 2배로 늘어난다는 법칙—옮긴이)으로 유명한 고든 앤 베티 무어 재단이 지원하며, 캐나다의 파트너들이 추가로 자금을 지원할 예정이다. 망원경 건설에 투입되는 10억 달러 가운데 무어 재단이 2억 달러를, 칼텍과 캘리포니아대가 공동으로 1억 달러를 지원했다.[69] 캐나다의 파트너들은 토지, 망원경 구조물, 최초의 광적응 광학기light-adaptive optics를 제공할 계획이다.[70] 하지만 여기에 드는 비용이 워낙 막대해서 프로젝트가 완성될 2018년 이전에 어려움이 닥칠지도 모를 일이다. 망원경 위치는 2009년 여름에 발표되었으며, 마우나케아산으로 결정되었다.

TMT는 거대한 반사경 하나에 의존하지 않고 로런스 버클리 국립연구소의 응용물리학자 제리 넬슨이 개발한 기술을 적용한다. 이것은 492개의 얇은 육각형 유리 조각을 한데 모아 부드러운 포물선 모양의 표면을 만드는 기술이다.

TMT 외에도 미국에서 계획 중인 거대 광학망원경이 더 있다. 거대 마젤란 망원경GMT 역시 설계 단계에 있으며, TMT 프로젝트 바로 다음에 추진될 예정이다. 카네기 천문대와 애리조나대가 이끄는 이 프로젝트는 이음매 없이 통으로 된(모놀리식monolithic) 직경 8.4미터짜리 반사경 7개를 꽃잎처럼 배열해서 마치 직경 24.5미터짜리 반사경이 작동하는 것처럼 만든다.[71] 선택된 장소는 칠레의 라스캄파나스이며, 예상 건설 비용은 7억 달러다.[72] TMT와 GMT 두 프로젝트가 경쟁하는 만큼 각 망원경의 모놀리식 반사경을 설계한 제리 넬슨(TMT)과 로저 에인절(GMT) 사이에도 팽팽한 경쟁의식이 있다.

이미 언급했듯이 천문학은 경쟁이 매우 치열하다. 만일 유럽의 천문학자들이 유럽형 초대형 망원경E-ELT 건설에 성공한다면 TMT와 GMT는 둘 다 위축될 것이다. E-ELT는 반사경의 직경이 축구장 길이의 절반에 해당되는 42미터이며, 모놀리식이 아니라 여러 조각으로 이뤄진 반사경을 사용할 계획이다.[73] 유럽에서는 당초 OWL이라고 알려진 직경 100미터짜리 망원경을 계획했다가 42미터짜리로 '조정'해야만 했다. 비용이 지나치게 많이 들며 과도하게 복잡했기 때문이다. 직경 42미터 망원경은 칠레나 카나리아 제도(아프리카 서북부 대서양에 위치한 에스파냐령 화산 제도—옮긴이)에 설치될 가능성이 높다. 현재 계획 수립 단계이며, 2016년에 15억 달러를 투입한 초기 설비가 공개될 예정이다. 현재는 TMT 설계 시에 사용한 반사경과 동일한 크기의 육각 패널로 만든 주경primary mirror을 설치하고 있다.[74]

광학망원경은 목적에 따라 다르게 설계되며 모든 기기가 비싸지는 않다. 캘리포니아 주 윌슨산에 자리한 카라CHARA, Center for High Angular Resolution Astronomy가 운영하는 천문학 간섭계가 그렇다. 이 간섭계는 천문학자인 조지아주립대 매컬리스터Harold McAlister의 창작품으로 직경이 1미터인 망원경 6개로 구성되었다. 이 간섭계에는 미국국립과학재단, 조지아주립대, 켁 재단, 데이비드 앤 루실 패커드 재단이 자금을 지원했다. 매컬리스터는 1980년대 초 자금을 지원받아 연구를 시작했으며, 1985년 미국국립과학재단이 최초로 초기 투자금을 지원해줬다. 이후 1996년 윌슨산에서 첫 삽을 떴고, 2004년부터 전면적으로 망원경 작동을 시작했다. 조지아주립대가 분담한 금액을 제외하고 망원경 건설에 800만 달러가 조금 넘게 투입되었다. 이 망원경은 조지아 주에서 3220킬로미터쯤 떨어진 곳에서 원격으로 운영할 수 있다.[75]

전파천문학도 은하계에 대해 날카로운 통찰을 제공한다.[76] 현재 준비 중인 최대 규모의 전파망원경은 건설비 15억 달러, 연간 운영 예산 1억 달러가 책정된 스카SKA, Square Kilometer Array 망원경이다. 스카 프로젝트가 완료되면, 미국국립과학재단이 자금을 지원하고 코넬대가 관리하며 1963년에 푸에르토리코시티에 문을 연 아레시보Arecibo 전파망원경이 위축될 것이다.[77] 아레시보에서 테일러와 헐스가 만든 관측소는 아인슈타인의 일반상대성이론이 예측한 중력파gravity wave의 존재를 최초로 증명했다. 두 사람은 이 연구로 1993년에 노벨상을 수상했다.[78] 그런데 미국국립과학재단은 2006년 보고서에서 "2011년, 아레시보 천문대에 미국국립과학재단의 연구비 지원을 중단할 것"을 권고한 바 있어 눈길을 끈다.[79]

스카 프로젝트의 계획과 연구비 지원에는 19개국 56개 기관이 참여한다. 스카에는 접시안테나 3000개와 두 종류의 전파 수신기가 설치된다.[80] 스카의 주요 목표는 "우주의 가장 먼 곳에서 오는 미세한 전파를 찾아 첫 번째 별이 태어나기 전에 무엇이 존재했는지 과학자들이 조사할 수 있는 실마리를 제공하고, 암흑 물질과 암흑 에너지의 본질을 탐사하는 것"이다.[81] 하지만 스카 프로젝트가 완성되기 전에 극복해야 할 장애물도 많다. 그중 하나가 장소 선택 문제다. 밤하늘의 선명도와 밤이 뚜렷한 연간 일수 등을 따져야 해서 적합한 장소 선정에 제약이 따르는 광학망원경과 달리, 스카 프로젝트는 건설이 가능한 장소가 많다. 그렇다보니 올림픽대회처럼 국가별로 경쟁이 치열해 중국, 호주, 남아프리카공화국, 아르헨티나 등이 스카 프로젝트 유치에 나섰다. 2011년 봄에는 후보 국가가 남아프리카공화국과 호주로 압축되었다.[82]

스카 프로젝트를 통해 새로운 설비 건설에 필요한 광범위하고도 훌륭한 사례들을 접할 수 있다. 그런데 1990년대 초에 준비하기 시작한 이 프로젝트를 2022년 전에 완료하기는 어려워 보인다. 이 망원경은 다음 세대 전파천문학자들에게나 유용한 셈이다. 이 시설을 설계하고 건설하는 우리 세대의 행동은 마치 아이나 손자를 위해 올리브 나무를 심는 것과 같아 보인다.[83]

그렇다고 오로지 아이나 손자 세대만을 위한 것은 아니다. 나름대로 보상이 따른다. 많은 설비를 통해서 개인이나 단체가 명성을 얻고 '자신의' 시설을 짓는다는 성취감을 맛보며, 물론 그 과정에서 논문도 쓸 수 있다. 아이스큐브 프로젝트의 '아버지'라 불리는 물리학자 할젠은 프로젝트를 추진하고 해당 지역에서 공동으로 논문을 작성하면서 빙하 전문가가 된 바 있다.

한편 망원경은 지구에 한정되지 않는다. 1990년 나사가 발사한 허블 우주망원경은 지구 밖에서 작동하는 망원경의 예로 가장 적절하다. 또 허블 망원경은 국가나 학교에 따른 제약 없이 관찰 시간을 신청할 수 있다는 점에서 '사용이 개방된' 설비이기도 하다. 하지만 경쟁이 치열하다보니 관찰 신청을 하더라도 신청서 여섯 개 중 하나꼴로만 받아들여진다. 게다가 지구에 설치한 망원경들과 달리 허블 망원경은 사용할 수 있는 기간이 정해져 있어 2019년이면 신청이 마감될 예정이다.[84]

망원경이 있는 장소를 감안한다면 당연한 얘기지만 허블 망원경은 원격으로 통제된다. 더욱이 망원경이 커지고 비싸지면서 대부분의 광학망원경도 점차 원격으로 작동하는 추세다. 하지만 "작동 시간을 늘려달라는 수많은 천문학자의 요구에 부응해 관찰 시간이나 망원경 운영을 가장 효율적으로 운영하도록 완전 자동화를 추진할 가능성이 높다."[85] 거기에 시간 경쟁은 천문학자들이 점점 큰 규모의 협력을 하도록 이끌 것이다.

실험 생물의 시장

출아효모, 노랑초파리, 예쁜꼬마선충 같은 생물을 유전학 연구용으로 사용한 지는 150년이 넘었다. 이 생물들은 크기가 작고 성장이 빠르며 유전자 증식이 쉽다는 점 등 여러 이유로 유전학 연구에 이상적이다. 게다가 구입비도 적게 든다. 이 생물들의 유도돌연변이induced mutation나 자연적으로 발생하는 변이에 대한 연구는 세포의 성장과 증식, 단백질 합성과 가공, 신호 전달 체계 등 단백질과 관련된 여러 중

요한 정보를 알아내는 데 유용했다.[86]

다른 생물들도 연구에 사용된다. 가령 19세기에 과학자들이 처음으로 재생 능력을 연구한 플라나리아를 들 수 있다. 재생과 관련된 분자의 구성 요소를 탐구하던 알레한드로 알바라도의 연구에 플라나리아는 탁월한 모델이었다.[87] 처음에 수족관에서 서식하던 것을 수집해 사용했던 제브라다니오라는 생물도 이제는 실험에 널리 사용된다. 제브라다니오는 저렴하고 생식 속도가 빠른 데다, 체외수정을 하므로 난자를 조작하거나 연구하기가 편리하다. 뿐만 아니라 '야광'을 띠도록 유전자를 조작할 수 있어 연구자들이 초기 단계부터 발육 과정을 연구하기에 적합하다.[88]

하지만 단연 독보적인 생물은 다름 아닌 쥐다. 쥐는 최소한 그레고르 멘델 이래 실험용으로 사용되었다. 멘델은 당초 완두콩보다 쥐를 실험생물로 선호했지만 당시 교회가 쥐를 사용하지 못하게 하는 바람에 완두콩으로 바꾸었을 뿐이다. 교회가 멘델의 쥐 연구를 금지시킨 이유는 무엇보다도 쥐의 짝짓기 연구가 포함되어 있었기 때문이다.(결국 완두콩으로 유전법칙을 연구한 멘델은 나중에 고소하다는 듯 이렇게 말했다. "흥, 주교는 식물도 짝짓기를 한다는 걸 생각하지 못했을 거야.")[89] 그로부터 50년 후, 하버드대 생물학자 클래런스 리틀은 당시로서는 최근에 재발견된 멘델의 연구를 접하게 되었고 쥐를 이용한 연구에 흥미를 느껴 하버드대에서 쥐를 키우기 시작했다. 특히 쥐가 유전자를 변형시켜도 교배된다는 사실에 실험동물로 매력을 느꼈다. 1929년 리틀은 에드셀 포드 등 후원자들의 도움을 얻어 흔히 JAX라고 부르는 잭슨 연구소를 설립했다.[90] 잭슨 연구소는 오늘날 세계 최대 비영리 쥐 관련 기관이며 현재까지 250만 마리가 넘는 쥐를 공급해왔다.

연구소의 실험동물로 쥐를 본격적으로 사용하기 시작한 시기는 유전공학이 두각을 나타낸 1980년대 후반이다. 더 이상 질병 연구를 위해 '자연적으로 병에 걸린 쥐spontaneous mice'를 사용할 필요가 없어졌다. 이제는 세 가지 기술 중 한 가지를 적용하면 쥐가 특정 질병 또는 특정 소인을 갖도록 조작할 수 있게 되었기 때문이다. 그 세 가지 기술은 쥐의 특정 유전자를 제거하는 녹아웃 방식, 새로운 유전자를 주입하는 형질전환 방식, 원하는 시기 또는 원하는 부위에서 유전자 영역을 '조건적으로' 제거하는 크레-록스Cre-lox 방식이다. 온코마우스처럼 형질전환 방식으로 특허를 얻은 쥐와 크레-록스 방식을 이용해 특허를 얻은 쥐는 있지만, 녹아웃 방식으로 특허를 출원한 쥐는 없다.[91] 녹아웃 쥐를 만드는 데 핵심적인 역할을 했던 연구원 세 명은 2007년 노벨생리의학상을 수상했다.[92]

이 기술들을 적용한 결과, 이제 쥐는 거의 모든 질병을 적용시킬 수 있는 실험동물이 되었다. 알츠하이머, 당뇨, 비만, 심장병, 실명, 귀머거리, 강박장애, 정신분열증, 알코올중독, 약물 중독 등의 증상을 보이는 쥐도 만들어낸다. 쥐로 어떤 병이든지 만들어내는 셈이다. 만일 실험에 필요한 유형의 쥐가 없으면 주문을 한다. 예를 들어 존스홉킨스대에는 본교 연구원들이 사용할 쥐를 정확하게 만들기 위해 건립한 실험실이 있을 정도다.[93]

오늘날 실험실에서 사용하는 동물 가운데 90퍼센트가량이 쥐일 것으로 추정된다.[94] 다만 실험을 위해 사육하는 쥐가 몇 마리인지 파악하기는 어렵다. 많게는 8000만 마리라고 하는 사람들도 있고

2000~3000만 마리라고 보는 견해도 있다.[95] 추정치 차이와는 상관없이 '무척 많은' 쥐를 사용하고 있다는 점에는 누구나 동의한다. 존스홉킨스대만 보아도 10년 전에는 4만2000마리를 키웠지만, 2008년에는 10개 시설에서 약 20만 마리를 사육했을 정도다.[96]

척추동물 연구 모델로 쥐를 선호하는 몇 가지 이유가 있다.[97] 일단 쥐는 인간과 '가까운' 사촌이다. 쥐와 인간의 게놈은 99퍼센트가 유사하면서도, 적은 비용으로 단기간에 생산할 수 있으며, 다른 동물들과 달리 쥐를 옹호하는 사람도 거의 없다. 다양한 이유로 쥐는 동물 권익 보호자들의 목록에서 높은 자리를 차지하지 못하는 탓이다.[98]

한편 교배해서 판매하는 쥐 한 마리의 가격은 17~60달러 정도다. 유전자 변형 쥐는 약 40달러에서 비싼 경우 500달러까지 하는데, 이는 살아 있는 쥐의 가격이다. 하지만 JAX가 보유한 4000가지 변종 가운데 67퍼센트 이상이 저온 보존된 상태다. 저온에서 보존한 종은 가격이 상당히 비싼데, 그것이 정자이든 배아이든 회복 비용이 1900달러 정도 소요된다. 통상 연구원들은 자신들의 육종 개체군colony을 확립하도록 실험동물을 최소 2쌍 이상 제공받는다.[99] 또 주문 제작한 쥐는 훨씬 더 비싸며, 존스홉킨스대의 경우 주문을 받아 유전자를 조작한 쥐는 3500달러 정도에 판매한다.

이렇게 많은 쥐를 사육하게 되면서 쥐 유지비는 연구 수행에서 중요한 요소가 되었다. 구체적으로 살펴보면, 존스홉킨스대는 쥐 20만 마리를 관리하는 담당자가 수의사 7명을 포함해 90명에 이른다. 또 연간 실험동물 관리에 드는 예산 1000만 달러 중 75퍼센트 정도를 쥐에 썼을 정도다.[100] 또 미국의 대학들이 주요 연구원들에게 쥐 한 마리당 비용을 청구하는 것은 흔히 있는 일이다. 보스턴대는 2009년에 케이지(대개 케이지 하나에 쥐 다섯 마리)당 0.91달러를 청구했다.[101] 반면 아이오와대는 케이지당 0.52달러라는 아주 싼값을 적용했다.[102] 이런 비용은 빠르게 늘어날 수도 있다. 스탠퍼드대 웨이스먼은 스탠퍼드대가 케이지당 비율을 바꾸기 전에는 자신이 1년 동안 실험 쥐 2000~3000마리의 유지비로 80만~100만 달러를 지불했다고 밝혔다.[103] 면역 결핍 쥐의 유지비는 훨씬 비싼데(주문한 쥐 한 마리당 하루 0.65달러), 이 쥐들은 유전적으로 질병에 취약하다보니 케이지마다 따로 분리해서 관리해야 하기 때문이다.

또 통상 암컷 쥐보다는 수컷 쥐로 연구를 더 많이 한다. 사실 암컷 쥐의 비율이 높은 때는 생식 연구reproductive study를 할 때뿐이다.[104] 이것도 비용이 원인이다. 쥐의 생식 주기가 4일이다보니 실험 중에 호르몬 작용 여부를 매일 점검해야 한다. 그래서 연구자들이 연구가 제대로 진행되고 있는지 확실히 하려면 암컷 쥐는 수컷 쥐보다 4배 많이 필요하다.[105] 하지만 암컷 쥐는 덜 공격적이라서 같은 케이지에 더 많은 쥐를 보관할 수 있다는 점이 수컷 쥐에 비해 암컷 쥐가 보여주는 한 가지 이점이다.[106]

쥐 관리용 설비 시장의 규모도 큰 편이다. 쥐 3000만 마리를 수용하려면 케이지는 최소 600만 개가 필요하다. 더욱이 로봇으로 작동하는 설비는 자동으로 청소를 하고 먹이를 주는 기능도 갖추고 있다. 로봇은 외과에서도 사용하지만 쥐 연구에도 필요한 설비인 것이다. 또 관찰용 설비도 중요하다. 연구자들은 쥐의 등 피부 아래에 딱 맞게 설계한 티타늄 체임버를 이용해 '모세혈관을 파괴하지 않으면서도 혈관의 기능을 눈으로 볼 수' 있다.[107] 시장에서 판매하는 가장 비싼 설비들 중에는 초음속 연구용으로 설계된 기기도 있으며 고주파 기기는 하드웨어와 소프트웨어 옵션에 따라 15만 달러에서 40만 달러에 이르기도 한다.[108] 이 분야 시장의 움직임은 활발한 편이다.

기자재는 얼마나 중요한가

세포주, 시약, 항원 같은 연구 기자재의 중요성도 빼놓을 수 없다. 이들 기자재 중 일부는 실험실 측에서 구입하기도 하지만 많은 과학자가 서로 '교환'하는 방식을 택한다. 기자재 교환은 과학계의 오랜 전통이고, 연구를 강화하면서도 과학자들이 일정한 방식으로 행동하도록 동기를 부여하는 중요한 역할을 담당한다.[109] 가령 과학자들은 인용과 공동저작 활동을 하는 대신 일상적으로 정보나 기자재, 전문성 등을 공유하려 한다.[110]

존 월시, 찰린 초, 웨스 코언, 이 세 사람이 대학 생의학 연구자들의 기자재 공유 관행을 조사했다. 그랬더니 자신들이 표본으로 선정한 학계 응답자의 75퍼센트가 2년 동안 최소 1회 이상 기자재 공유 요청을 했다고 답했다. 학계 연구소에 요청한 경우는 평균 7회, 산업계 연구소에는 평균 2회라는 결과가 나왔다.[111] 요청을 한다고 해도 과학자들이 원하는 기자재를 항상 얻지는 못한다. 응답자의 19퍼센트는 거절을 당해보았고, 최소 8퍼센트는 필요한 시점에 연구 기자재를 마련하지 못해 프로젝트를 연기해야만 했다. 과학자들이 기자재 요청에 협력하느냐 마느냐는 비용과 편익에 달려 있었다. 제공하려는 기자재의 비용 요인에 버금가는 주된 거절 이유는 연구자들 사이의 '경쟁'이었다. 요청받은 실험 재료가 약물인가, 아니면 요청한 사람이 상업활동을 펼친 전력이 있는가도 고려 대상이다. 상대방이 재정적인 이득을 얻을 가능성까지도 고려해 거절하는 셈이다.[112]

최근 연구자들이 보유한 기자재의 보존과 인증, 배급의 체계화를 공식적인 설립 목적으로 내세우는 생물학 연구센터BRC들이 설립되면서 기자재를 활용하기가 수월해졌다. 이 센터들은 정부나 비영리 단체의 자금을 지원받는다. 때로는 연구자가 연구소를 옮기거나 은퇴 또는 사망했을 때 생물학 연구센터가 연구자의 냉장고에서 변질되어 가는 실험 재료를 기증받기도 한다. 아니면 연구소가 더 이상 재료들을 유지할 여력이 없을 때, 때로는 자금을 지원하는 단체에서 보관해 달라고 요청할 때 기자재를 맡아 관리한다.

재료가 오염되지 않았음을 인증하는 일도 간단치 않다. 오염된 세포주를 사용하면 연구자가 잘못된 결론을 도출해낼 가능성이 있다. 오염과 관련하여 월터 넬슨 리와 동료들의 사례는 유명하다. 이들은 세포를 기증한(실제로는 환자가 세포를 기증하지 않았으며 담당의가 환자의 동의를 구하지 않은 채 채취해서 연구에 활용했다고 알려졌다. 랙스는 1951년 사망했으며 가족들은 1975년에야 이 세포의 존재를 우연히 알게 되었다.—옮긴이) 환자 헨리에타 랙스의 이름을 붙인 '헬라 세포HeLA cell'라는 굉장한 생명력을 지닌 세포주가 (1970년대에 광범위하게 사용하던) 세포주 수십 개를 오염시켰음을 밝혔다.[113] 이들의 연구는 노벨상 수상자들의 연구를 포함해 암 연구 전반에 의문을 품게 했다. 좀 더 최근에는 연구자 세 명이 연구에서 사용한 종양 세포가 중간엽줄기세포를 오염시켜 자신들의 이전 실험 결과물이 암과 유사한 결과를 보였음을 발견한 사례도 있다.[114]

퍼먼과 스턴은 최근 연구에서 생의학 연구센터가 기자재를 관리하고, 덕분에 다른 연구자들도 이 기자재를 활용하면서 연구 관행에 어떤 영향을 미쳤는지 연구했다. 두 사람은 샘플 기자재들이 반드시 연구의 중요성이나 연구자의 명성만을 고려해 관리되지 않는다는 사실을 확인하고자, 연구의 중요성이나 명성이 아닌 연구자의 죽음 같은 외부적인 사건 때문에 이관된 기자재에 대해서만 집중적으로 살펴봤다. 연구 방법은 기자재의 특성과 활용법을 설명한 논문과 인용 실적을 비교하는 방식이었다. 그랬더니 외부 요인으로 기자재를 보관하는 연구계의 범위가 확대되고 있으며, 이전에는 기자재와 관련해 인용하지 않았던 연구기관이나 국가에서도 저자들의 논문을 학술지에 인용하는 경우가 크게 늘었음을 확인했다.[115]

학계에서 특허가 급증하면서(3장 참고) 특허가 기자재 공유에 어느 정도 영향을 미치는지에 대한 의문이 떠올랐다. 그러자 월시, 코언, 초, 이 세 사람은 특허가 기자재 사용에 가져온 영향을 연구했다. 그런데 대개 특허의 강제성이 부족하다보니 특허가 기자재 접근에 큰 영향을 미치지 않는다는 사실을 발견했다.[116] 학계 연구자들 중에서 다른 사람들의 특허 때문에 기자재를 사용하지 못해 프로젝트를 연기했다고 밝힌 비율은 1퍼센트에 그쳤으며, 같은 이유로 프로젝트를 포기했다고 보고한 사례는 없었다. 게다가 자신의 연구가 유관 특허의 영향을 받는가를 정기적으로 확인한 연구자도 5퍼센트에 불과해 특허 침해와 관련해서는 연구자들이 별다른 신경을 쓰지 않는다는 사실을 알 수 있다. 그렇다고 특허 침해가 일어났을 때 모든 연구기관이 이를 묵과한 것은 아니다. 확실하게 특허를 강제한 몇몇 사례도 있고, 최근에는 인간 배아줄기세포와 관련해서도 특허 침해에 제동을 건 사례가 있었다. 위스콘신대는 소속 연구자들이 개발한 인간 배아줄기세포에 대해 특허와 기자재 권리를 활용해 학계 연구자들에게 제한을 가하고 통제해왔다.[117]

쥐와 관련해서도 비슷한 사례가 있다. 온코마우스(2장 참고)는 하버드대가 특허를 취득하고 듀퐁 사가 독점적으로 라이선스를 얻었다.(듀퐁은 온코마우스 기술을 개발한 하버드대 필립 레더 교수의 실험실에 연구비를 무제한으로 지원한 대신 모든 특허에 우선매수청구권을 행사했다.) 크레-록스 마우스는 듀퐁 사가 개발도 하고 특허도 취득했다. 온코마우스를 사용하고 싶어했던 사람들은 듀퐁 사가 취한 매우 까다로운 특허 사용 조건에 좌절했다.[118] 학계에서는 쥐를 공유하는 학계의 오랜 전통을 가로막는 듀퐁 사의 행태에 불만이 확산될 수밖에 없었다. 학계의 압력이 계속되자 미국국립보건원 원장이자 노벨상 수상자인 해럴드 바머스는 1998년에 듀퐁과 잭슨 실험실, 미국국립보건원 사이에 크레-록스 쥐 양해각서를 체결했고, 이를 계기로 학계 연구자들에게 크레-록스 쥐를 사용하도록 문을 열어줬다. 그로부터 1년 후, 온코마우스 관련 양해각서도 체결했다.

2장에서도 언급했듯 양해각서는 쥐를 기본 도구로 삼는 연구 증가에 중대한 영향을 미쳤다. 거기에 생물학 연구센터까지 설립되면서 양해각서는 기자재 활용 측면에서 민주화 효과를 달성했다고 해도 지나치지 않다. 양해각서 체결 이후에는 이전보다 쥐와 관련된 논문을 인용하는 횟수가 줄어들었다.[119] 이는 그전까지 쥐를 이용하는 데 제약이 많았지만 양해각서 체결로 이 문제를 해결했기 때문이다. 쥐를 조작해보았거나 이미 쥐를 사용할 수 있는 동료라도 있으면 그 혜택을 공유했을지도 모르지만, 쥐가 없는 연구소의 연구자들은 접근을 하기가 훨씬 어려웠다. 여기서 얻는 교훈은 다음과 같다. 연구를 방해하는 것은 특허가 아니라 바로 '특허 관리 방식'이다.[120]

공간이 연구 성과에 미치는 영향

연구를 하려면 공간 역시 필요하다. 그런데 아무 공간이나 다 되는 것은 아니고 연구자의 연구 목적에 부합하는 특별한 장소여야 한다. 장소에 꽤 많은 비용이 들 때도 있다. 실험실에서는 최소한 물과 전기를 사용해야 하고, 이보다 훨씬 많은 조건이 갖춰져야 할 때가 많다. 고체 물리나 나노기술을 연구하는 과학자들은 오염되지 않은 '깨끗한' 방이 있어야 한다. 어떤 연구에는 특별한 배기장치가 필요하기도 하고, 연구실을 극도로 시원하게 유지해야 하는 연구도 있다. 그런가 하면 진동의 영향을 받아서는 안 되는 실험일 때는 매우 안정된 시설이어야 한다. 바이러스 연구를 위해 설계된 실험 공간의 특징은 특히 실험실에서 조작된 항원들의 감염 위험을 최소화해야 하므로 무척 까다로울 수 있다.

교수로 채용되면 공간을 할당받는다. 생의학계에서 일류 연구소의 신규 교수는 고성능 컴퓨터 8대가 갖춰진 실험실(실험실 직원들이 쓸 책상과 의자 공간이 더해짐)을 제공받는 게 일반적이다. 대략 140제곱미터(1500제곱피트)에 '공용' 공간 47제곱미터(500제곱피트) 정도를 더하면 된다. 생의학 분야가 '걸음마 단계'인 대학의 실험실이라면 이보다 훨씬 작은 56제곱미터(600제곱피트) 정도, 즉 실험실 직원 4~6명 정도가 일할 수 있는 장소를 제공받는다. 교수의 연구 유형에 따라 차이가 나겠지만 다른 분야는 실험실 할당 공간이 일반적으로 생의학보다는 좁다. 예컨대 천문학자나 실험입자물리학자들은 고체물리나 광학 분야를 연구하는 물리학자들보다 훨씬 작은 공간에서도 충분히 연구할 수 있다.

주요 연구자들이 차지하는 공간은 팀 규모에 영향을 미치므로 연구자의 성과와도 직결된다. 다비드 케레의 경우 파리공과대학에서 두 번째 실험실을 얻은 후에야 팀 규모를 2배로 키울 수 있었다. 공간의 할당과 재할당은 논쟁을 불러오기 쉽다. 어느 대학의 한 교무처장이 말하는 연구 공간 쇄신 방법은 "연구활동이 미흡한 교수가 은퇴하면, 그 교수의 실험실을 폐쇄"하는 방식이라고 말한다.

물론 할당된 공간이 공평한가에 대한 의문도 남는다. 낸시 홉킨스는 1990년대에 성차별이라며 MIT 행정실에 공간과 관련해 문제를 제기했다. 당시 연구 분야를 변경했던 홉킨스는 이미 할당된 140제곱미터(1500제곱피트)에 19제곱미터(200제곱피트)를 늘려달라고 요구했다. 홉킨스가 "남자 신참 교수는 186제곱미터(2000제곱피트)를 제공받는다"는 사실을 알게 되었기 때문이다. 하지만 19제곱미터를 추가해달라는 홉킨스의 요구는 처음부터 거절당했다.[121]

미국 대학이 보유하고 있는 과학·공학 분야 실험실의 면적을 모두 합치면 약 1672만2548제곱미터(1억8000만 제곱피트) 정도다. 생물학, 의학, 보건학 연구 분야가 이 가운데 45퍼센트 이상을 차지한다. 공학과 물리학이 약 17퍼센트, 농학과 그 외 분야가 16퍼센트이다. 나머지 공간은 컴퓨터과학 분야와 기타 과학 분야가 차지한다.

1988년부터 2007년까지 분야별 연구 공간은 〈그림 5.1〉에서 볼 수 있다. 다른 분야는 대부분 완만하게 증가하는 데 그친 반면 생물학, 생의학, 보건학 분야의 연구 공간은 시간이 지날수록 지속적으로 증가하며 특히 1990년대 중반 이후에 두드러진다. 사실 생물학, 생의학, 보건학 성장률에 버금가는 유일한 분야가 공학이다. 연구 공간이 전에 비해 큰 증가세를 보인 이유는 1998년부터 2003년 사이에 미국국립보건원이 예산을 2배로 늘렸기 때문이다. 대학들은 자금 지원이 늘어나리라 예상하고 건물 짓기 경쟁에 돌입했다. 존스홉킨스 의과대학 전 총장이자 미국국립보건원 전 원장인 엘리아스 제르후니는 이를 두고 "대학 총장들이 건설 중인 건물의 크레인 수로 서로 으시대던 시기였다"고 말한다.

대학들만 건물 짓기 경쟁에 나선 것이 아니다. 생의학연구소와 병원들도 미국국립보건원이 유도한 경쟁에 뛰어들었다. 이들 기관의 공간까지 계산에 포함하면 생물학, 생의학, 보건학의 공간 점유 비율은 2005년(데이터가 제공되는 가장 최근 해)에 약 50퍼센트까지 늘어난다. 1988년에 43퍼센트였던 사실과 비교할 만한 수치다.[122]

미국의과대학협회AAMC는 의과대학의 연구시설 급증에 관해 자세하게 조사했다.[123] 미국국립보건원의 예산이 2배로 증가하기 전, 의

그림 5.1 1988~2007년 분야별 대학 연구기관의 순수 연구 할당 공간

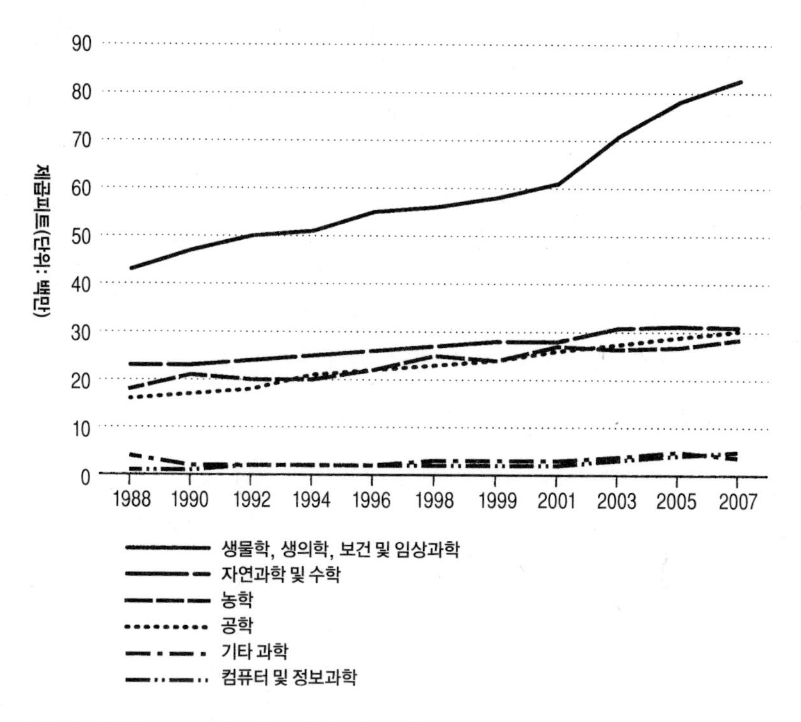

참고: '자연과학'에는 지구 · 대기 · 해양학, 천문학, 화학, 물리학 포함.
출처: 미국국립과학기금(2007d); 미국국립과학위원회(2010).

과대학은 연구동 건축과 리노베이션에 연간 약 3억4800만 달러를 들였다. 그러다가 미국국립보건원이 1년 예산을 7억6000만 달러까지 증가시키자 2003~2007년에는 연간 11억 달러를 건물 공사에 투입시켰다.(모든 수치는 1990년 기준 가격으로 조정하여 산정했다.) 대체로 대학들이 보유한 건설 자금은 없었지만 개선된 시설에서 더 적극성을 발휘하게 될 교수들이 보조금을 더 넉넉하게 받아올 테고, 그 증가분으로 만회하면 된다는 생각으로 대학들은 채권을 발행했다. 70개 의과대학이 응답한 미국의과대학협회 조사에 따르면, 2003년 건물 채무상환 금액이 평균 350만 달러였으며 2008년에는 690만 달러까지 늘어났다.

그런데 2004년에 미국국립보건원 예산에 제동이 걸리더니 2004~2009년 사이에 예산이 약 4.4퍼센트 줄어들었다.[124] 이로 인해 미국국립보건원 보조금 수령 성공률이 줄어들면서 대학들은 보조금 수익이 당초 기대에 미치지 못한다는 현실을 자각하게 된다. 이런 상황은 대학을 상당히 압박했고 건물 관련 부채를 상환하느라 분주해졌다. 보조금을 갱신하지 못한 교수들에게 '브리지 펀드bridge fund'를 지원하기도 했다. 이 내용은 6장의 주제로 삼으려고 한다.

정책 쟁점

연구 성과를 내기까지 설비와 기자재의 중요성이 커지면서 여러 문제가 야기된다. 첫째, 비록 기자재 접근성이 개선되면 기자재 사용 측면에서 민주화 효과를 달성했다고 하나, 설비의 중요성이 커지고 값이 비싸지면서 가진 자와 못 가진 자 사이의 불균형도 커져만 간다. 공공 부문의 연구대학과 연구소 내에서뿐만 아니라 민간 부문과 공공 부문 사이의 차이도 문제다. 산업계는 최첨단 시설을 유지할 재정적인 자원이 있지만, 공공 부문은 점점 어려워지고 있다. 한 과학자는 "저는 세계에서 연구비를 가장 잘 지원받는 대학 연구소에서 일했지요. 그런데도 실험실에서 거대 바이오제약회사들이 쓰는 최고 사양의 차세대 기기들은 이용하지 못했습니다. 이런 상황이 공공 부문과 민간 부문을 구분하는 본질임은 물론이고, 과학 분야에서 '기술의 최전선'에 머무는 학계의 위상마저도 변화시킬 것이라고 확신합니다"라고 말했다. 다른 과학자들도 비슷한 견해를 보인다. 그렇다면 앞으로 어떻게 전개될 것이며, 두 부문 사이의 생산성이 어떤 연관성을 보일지, 또 근본적인 연구를 추구하는 데 흥미가 있는 연구자들을 학계가 끌어들일 능력이 어느 정도일지 등에 관심이 모아진다.

둘째, 설비가 연구에서 차지하는 중요성에도 불구하고 설비 시장의 경쟁이 어느 정도인가는 거의 알려져 있지 않다. 이 분야를 경험해 본 사람들은 시장이 매우 독점적이라고 생각한다. 가령, 일루미나 사는 염기서열분석기 시장의 3분의 2를 장악하고 있다.[125] 집중도가 매우 높은 산업에서는 상품의 가격이 상품 생산에 투입되는 한계비용보다 꽤 비싸지기 때문에 시장의 집중도 분석은 중요하다. 가격이 단위당 한계비용과 동일할 때 자원 배분이 효율적이라고 할 수 있는데, 연구 설비 시장은 분명 효율성이 떨어지는 상황이다. 연구 설비 가격이 '얼마나 흥정하느냐'에 달렸다고 보아도 될 정도이니 말이다. 연구 설비 시장에서 얼마나 많은 효율성 손실이 발생하며, 효율성을 해쳐서 확보한 독점 이익이 기술이 급변하는 설비 시장으로 공급업자들을 끌어들이는 데 어떤 영향을 미치는지도 점검해야 한다.[126]

셋째, 망원경이나 가속기 등 초대형 설비 시장에서도 비슷한 문제들이 제기된다. 설비 공급이 어떻게 이뤄지며, 가격은 어떻게 결정되는가에 대한 의문이 남아 있다.

넷째, 인간 게놈 프로젝트나 단백질 구조 계획 같은 대규모 연구 프로젝트에는 막대한 자원이 필요하다. 비슷한 맥락에서 극단적으로 큰 설비일 때는 수십억 달러에 달하는 경우도 있고 여기에 오랫동안 매몰될 수도 있다. 이런 투자가 훌륭한 결정인지는 6장에서 다시 살펴보겠다.

다섯째, 망원경이나 앨빈 잠수정처럼 구하기 어려운 설비를 특정 시간대에만 확보하느냐, 아니면 아예 신종 설비를 독점하느냐의 여부가 과학자의 성공에 어떤 영향을 끼치는가?

여섯째, 대학들이 재정적인 난국을 자초한 데에는 이유가 있다. 대학들은 인문학이나 사회과학은 물론이고 다른 분야의 과학 프로그램 재정까지 삭감해가면서 생의학 연구시설 건축에만 혈안이 되어 있었다. 미국국립보건원이 예산을 2배로 늘린 기간에 빚어진 여파는 대학 캠퍼스에 상당 기간 지속될지도 모른다.

결론

연구 성과 및 비용 측면에서 설비와 기자재가 압도적으로 중요하다는 의미는 대부분의 분야에서 연구를 수행하려면 이들 자원이 필수적이라는 얘기다. 따라서 과학을 하려면 "연구를 하고 싶다"는 의지만으로는 충분치 않다. 연구 수행에 필요한 요소들을 활용할 능력을 갖추어야 한다. 미국 대학들은 설비, 기자재, 대학원생 및 박사후연구원의 장학금 등에 투입될 자금을 대개 초기 연구비 형식으로 고용 시점의 학장이 제공한다. 그때 이후로는 설비, 기자재, 일부 고정비, 대학원생 및 박사후연구원이 받는 장학금까지도 과학자 본인이 책임져야 한다. 또 학교가 아닌 외부에서 운영하는 '대형' 장비를 사용하는 연구를 진행하려면 빔타임 등을 운영할 보조금을 확보해야 하고, 설비 사용 시간에 상응하는 비용을 지불해야 한다.

지금까지 다양한 분야에서 과학자가 애초에 계획하고 착상한 '독립적인' 연구를 수행하려면 연구비 지원이 필수적인 조건임을 살펴봤다. 미국에서 연구하는 과학자들은 기업가적인 기질을 상당히 발휘하는 편이다. 대학원생과 박사후연구원들도 실험실에서 자신이 수행하는 연구를 통해 '신뢰'를 공고히 하고 싶다면 부단히 연구해야만 한다. 그런 노력이 성공을 거두고, 그에 더해 연구원 자리에 공석이 생긴다면 대학에서 연구원 자리를 제안받게 될 것이다. 그러면 그들은 이 자본을 밑천 삼아 연구비를 유치할 시간을 확보한다. 만일 그들이 성공한다면 지속적으로 실험실 지원금을 찾아나서야 하는 부담이 따르는 자리를 맡게 될 테고, 실패한다면 다른 대학에서 초기 연구비를 지원받을 가능성은 희박해질 것이다. 개별 과학자에게 자원 창출까지 의존하는 일은 프랑스 국립과학연구센터처럼 정부가 지원하고 정부가 운영하는 연구소에서 일하는 연구원이 대부분인 나라에서는 일반적이라고 보기 어렵다. 그럼에도 연구 프로그램이 지원하는 연구비가 들쭉날쭉하면 어떤 과학자들은 노동시장으로 진입해야 하는 경우도 생길 수 있다. 다음 장에서는 다른 나라는 물론이고 미국의 연구 부문에서 진행되는 연구비 지원을 살펴보려 한다. 이후 7장에서는 과학자와 공학자들의 노동시장에 대해서도 점검하겠다.

제6장

연구 지원금을 둘러싼 이슈들

각 대학이 지원받은 연간 연구비의 규모를 들여다보면, 스탠퍼드대는 7억5900만 달러, 버지니아대는 3억600만 달러, 노스웨스턴대는 4억2800만 달러다. 이 금액은 대학 수입 가운데 스탠퍼드대는 23퍼센트, 버지니아대는 25퍼센트, 노스웨스턴대는 27퍼센트에 해당된다.[1] 그렇다면 이 돈은 어디에서 나오는 것일까? 또 어떤 기준으로 지원하는 것일까? 그리고 대학에는 왜 연구비를 지원하는 것일까?

과학 연구는 경제학자들이 '공공재'라고 부르는 자산임을 상기하자. 일단 공개적으로 발표하고 나면 다른 사람들이 사용하지 못하도록 쉽사리 막을 방법이 없다. 사람들과 지식을 공유했다고 해서 지식이 고갈되지도 않는다. 이미 말했듯, 시장은 공공재 성격을 가진 재화를 생산하기에는 그다지 적합하지 않다. 빵집 주인이라면 손님에게 케이크를 팔면 되고 교향악단이라면 콘서트 표를 팔면 되므로, 대가를 지불하지 않는 사람들을 배제할 수 있다. 하지만 연구자는 자신의 결과가 발표되고 나면 판매할 수 없다는 점이 다르다. 곧 연구자는 자신의 이익을 평가할 길이 없다는 말이 된다.[2] 특히 시장에서 상품으로 연결되기까지 여러 해가 걸리는 기초연구의 이익을 평가하기란 더욱 어렵다. 또 기초연구가 미래 기초연구에 기여할 이익을 산정해내기도 사실상 불가능하다.[3]

하지만 케네스 애로의 말처럼 "사회는 시장보다 훨씬 영리해서" 우선권 체계라는 지식의 생산과 공유를 장려하는 보상 체계를 탄생시키며 진화를 거듭해왔다. 2장에서도 보았지만, 과학자는 발견의 우선권을 확보하려는 열망으로 연구 수행의 동기를 부여받는다. 과학자가 발견의 우선권을 확보할 유일한 방법은 자신의 연구 결과를 사람들과 공유하는 것뿐이다.

여기서 생겨나는 과학 연구 성과의 전유성appropriability 문제를 바로 '우선권'이 해결한다. 하지만 자원의 문제까지 해결하지는 못한다. 연구에는 비용이, 그것도 아주 많이 들게 마련이다. 공립대의 전형적인 실험실을 예로 들면, 연구자 8명(실험 책임자 1명, 박사후연구원 3명, 대학원생 4명)에 행정 담당 1명까지 총 9명이 연간 40만 달러 이상(복리후생비 포함, 간접비 미포함)을 사용한다.(박사후연구원 각 5만3000달러, 대학원생 각 3만5000달러, 행정 담당 5만3300달러, 실험 책임자는 교수 연봉의 50퍼센트에 해당되는 5만5850달러다.)[4] 여기에 쥐 500마리와 각 연구원이 사용하는 장비비가 1년에 1만8000달러, 실험실 비용이 1년에 55만 달러이며, 이는 '설비 제품 카탈로그'를 열어보기 전 금액인데, 일단 이 카탈로그를 열면 실험실에 부족한 5만 · 10만 달러짜리 장비를 들여놓는 일은 예사라는 점도 감안해야 한다. 게다가 대규모 프로젝트라도 하게 되면 비용은 어마어마하게 불어나기 일쑤다.[5]

특허, 저작권 등 지식재산권은 발명가에게 독점적인 권리를 부여하는 방식으로 전유성과 자원 문제를 해결한다. 하지만 사회의 관점에서 보자면, 특허 정보를 공개하는데도 불구하고 특허는 특허출원자가 창조한 지식을 바탕으로 그 위에 지식을 쌓지 못하도록 제한하므로 지식의 누적성에 장애물이 된다는 문제가 생긴다.[6]

5장에서 다뤘던 유전자 염기서열 분석의 경우를 살펴보자. 최초의 인간 게놈 프로젝트(이하 HGP)에는 6개 국가가 자금을 지원했다. 그러다가 1988년 크레이그 벤터와 그가 창업을 도운 셀레라 지노믹스 사가 인간 게놈 염기서열 분석 경쟁에 뛰어 들었다. 2000년 6월에 그 동안 축적해온 게놈 지도 초안을 발표할 당시에는 HGP와 셀레라 지노믹스가 합동으로 진행했다. 2001년 2월 게놈 지도를 발표할 때, HGP와 셀레라 지노믹스는 자연스럽게 합동으로 결과를 공표했다. 그런데 정부 자금을 지원받은 HGP의 자료는 거의 제약 없이 이용할 수 있었지만, 셀레라 지노믹스는 자사가 염기서열 분석에 적용한 유전자를 사용하지 못하도록 저작권법을 적용시켰다. 그래서 이후 HGP가 다시 염기서열 분석을 할 때는 셀레라 지노믹스가 염기서열을 분석한 유전자는 사용할 수 없었다. 하이디 윌리엄스는 이 같은 상황이 차이를 만들었음을 보여줬다. 윌리엄스는 특허, 발표 논문 다수, 상업적으로 이용 가능한 진단테스트와 같은 지표들을 이용해 셀레라 지노믹스의 정책이 후속 연구를 위축시켰으며, 이는 약 30퍼센트에 달하는 상품 개발 감소로 이어졌다고 주장했다.[7]

상황이 이렇다보니 공공 부문이 연구개발에 투자하는 근본적인 이유는 두 가지다. 하나는 기초연구에 자원을 공급하는 것, 또 하나는 개방적인 연구에 투자하는 것이다.[8] 물론 이 두 가지는 서로 밀접하다. 기초연구에 종사하는 사람들은 자신이 수행하는 연구에서 받는 중요한 외부 보상이 '우선권'이다보니 정보를 공개해야 할 동기가 있다. 하지만 파스퇴르의 사분면, 즉 기초연구와 응용연구 양쪽에 속하는 지식을 생성하는 연구가 증가하면서 공공 부문이 연구를 지원하는 근본적인 이유가 분명해지고 있다.

공공 부문이 과학 연구에 지원하는 본질적인 이유는 국방, 보건 개선 등과 같이 시장에서는 직접적으로 제공하지 않지만 사회적으로 필요한 특정 분야와 관련된 연구개발의 중요성 때문이다. 작고한 영국의 과학정책 학자 키스 패빗은 "미국이 공산주의와 암에 대해 가진 두려움이 과학정책을 수립하는 데 핵심적인 역할을 했다"고 말하곤 했다.[9]

공공 부문 연구와 경제성장 사이의 관계는 정부가 과학 분야를 지원하는 또 다른 결정적인 이유이며, 최근 들어서는 경제성장을 위해서라도 공공 부문 연구에 더 많은 자원을 투입해야 하는 상황이 되었다. 2006년 여름, 텍사스 주는 텍사스대 과학교육 및 연구에 25억 달러를 투자하기로 결정했다. 이 계획은 샌안토니오 · 엘패소 · 알링턴 캠퍼스 내 연구시설 설립에 역점을 두었다. 이들 도시를 제2의 실리콘밸리까지는 못 되더라도 오스틴이나 텍사스 정도로 변모시키고자 하는 의도가 있었다. 이후 국립연구위원회가 발표한 보고서 『몰려오는 폭풍을 넘어서』는 큰 관심을 불러일으켰다. 이 보고서의 핵심은 다음과 같다. "세계에서 미국의 과학 경쟁력이 손상을 입었으며, 만일 미국 시민을 과학 · 공학 분야에서 더 많이 활용하고 연구 부문 투자를 강화하지 않는다면 미국의 추락은 가속화될 것이다."

이 장에서는 공공 부문, 특히 대학에서 수행하는 연구를 지원하는 기관과 자금 배분 체계를 살펴본다. 먼저 연구비의 출처를 전반적으로 살펴보고 자금 배분이 이뤄지는 체계에 초점을 맞추려 한다. 계속해서 다양한 자금 배분 체계에 따르는 '비용이냐 편익이냐'의 문제, 미국의 생의학 연구 부문의 연구비 지원 사례 등을 다루겠다. 마지막으로 국가 투자에 적정 금액이 있는가, 아니면 국가의 연구 포트폴리오가 균형잡혀 있는가 등 공공 부문의 과학 연구 지원과 관련한 정책 쟁점들을 짚어본다.

살펴보는 과정에서 여러 문제가 모습을 드러낼 것이다. 하나는 연구비 지원이라는 체계에서 피하기 어려운 '정체stop-and-go' 기간에 관한 것이다. 여기에는 효율성의 문제가 있다. 일반적인 직업의 세계도 비슷하지만, 과학 분야에서도 '침체' 시기에 고용시장에 진출해서 운이 따르지 않는 과학자들은 두고두고 어려움을 겪는다. 또 다른 주제는 연구비 지원에 따르는 과학 분야의 효율성 상실이다. 예를 들어 연구자가 제안한 메커니즘은 지적 탐구의 자유를 극대화하고 이는 지적으로 최상의 결론을 도출하도록 이끌 가능성이 있다. 하지만 여기에는 상당한 비용 부담이 따르며, 계획을 제안하고 결과를 얻기까지는 시간이 필요하다. 그래서 위험을 감수하기 어려워지기도 한다.

자금이 나오는 곳

연방정부 연구비 지원

2009년 미국 대학들이 연구에 들인 돈은 약 550억 달러다. 이 가운데 연방정부가 전체의 59.3퍼센트를 지원했으며, 뒤이어 대학의 자체 부담금이 20.4퍼센트를 차지했다.[10] 주 정부나 지방정부가 지원한 금액은 이보다 훨씬 적은 6.6퍼센트, 산업계가 5.8퍼센트, 사립 재단 등 나머지 단체들이 연구비 가운데 7.9퍼센트를 지원했다.

대학의 연구비 구성 현황과 금액은 〈그림 6.1〉에서 알 수 있듯이 지난 55년간 크게 변화해왔다.(회계연도/전년 10월~이듬해 9월 기준)

몇 가지 추세가 눈에 띈다. 첫째, 연방정부가 지원하는 금액이 1950년대부터 상당히 고정적이라는 사실이다. **스푸트니크**Sputnik 발사 이전에 연방정부의 지원금은 연간 10억 달러 미만이었고 대학 전체 연구비 가운데 약 55퍼센트였다. 그러다가 1957년 소련이 스푸트니크를 발사하자 여기에 민감하게 반응하면서 연방정부의 역할도 급변했다. 1955년부터 1967년까지 연방정부가 단과대학과 종합대학에 지원한 금액이 6배 증가했다(2009년 고정 달러 기준). 지원금 비율 역시 급격하게 증가해 54.2퍼센트에서 73.5퍼센트로 늘었고, 연구비가 충분히 지원되면서 과학자를 대거 양성했다. 이때 상황을 유명한 그랜트 위스키 광고에 빗대어본다면 이 정도가 아닐까 싶다. "(연방정부가) 준비되었다면, 내게 그랜트(보조금)를!"(1962년 그랜트 위스키 광고는 "As long as you're up, get me a Grant's"였다—옮긴이)

연구 지원금 증가는 미국 내 대학의 과학 연구에 지대한 영향을 미

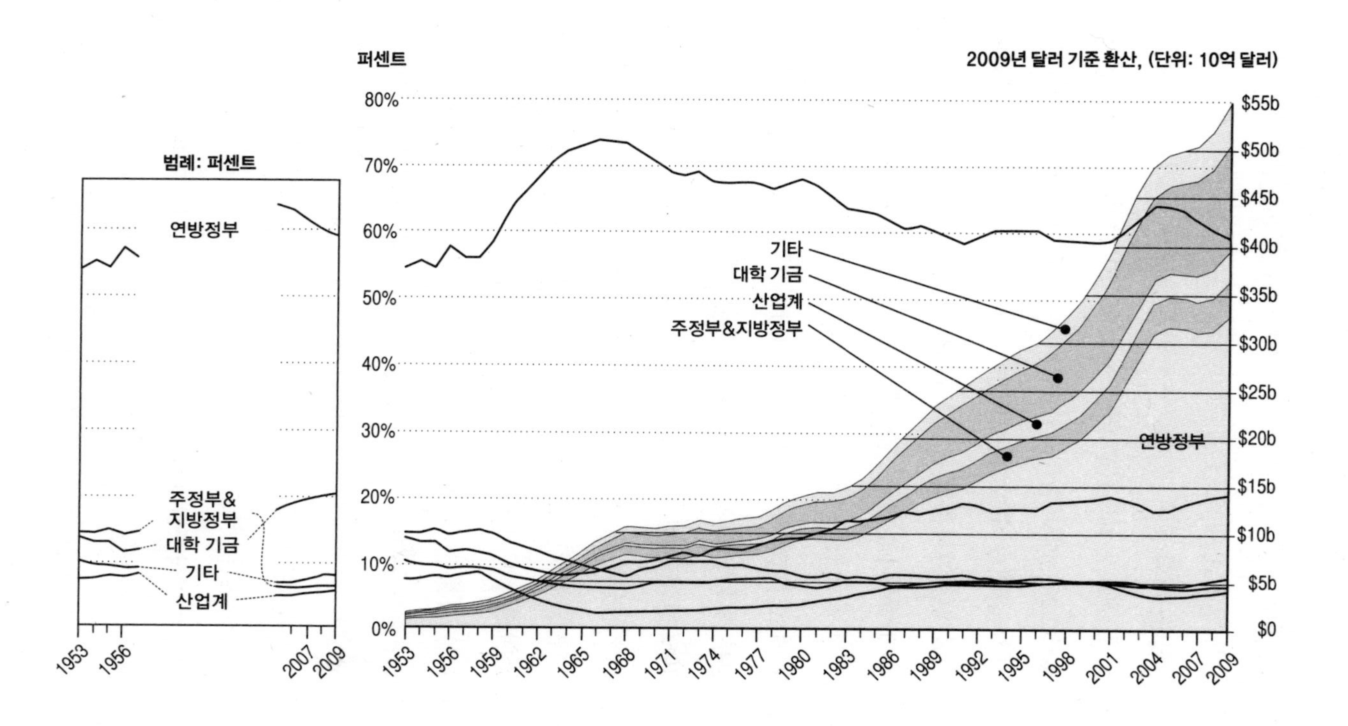

그림 6.1 1953~2009년 칼리지 및 대학의 연구개발비 지출

출처: 미국국립과학기금(2010a, 2010b)

쳤다. 기존 대학은 규모를 확장했고 신규 대학들이 등장했다. 연방정부의 기금만 늘어난 게 아니라, 베이비붐 세대가 등장하면서 대학생 수도 증가했다. 대학생 수 증가와 연구의 필요라는 두 가지 요건이 충족되자, 신규 대학이 설립되고 연구 학위과정이 신설되었으며 교수들도 크게 증가했다. 예를 들어 1950년대 말부터 1970년대 초 사이에, 미국에서 박사학위를 수여하는 대학이 171개에서 307개로 늘어났다. 같은 기간 물리학 박사과정 수는 112개에서 194개로, 지구과학은 2배가 넘어 59개에서 121개로, 생활과학 분야는 122개에서 224개로 증가했다.[11]

하지만 베트남전쟁이 미국의 과학 사랑에 제동을 걸었다. 이때 이후 연방정부 지원금이 감소했으며 1970년대 후반까지 그 상태를 유지했다. 1950년대 후반과 1960년까지 넘쳐났던 대학 일자리도 점차 구하기 어려워졌다. 연방정부가 대학에 지원하던 연구비 비율은 73퍼센트에서 약 66퍼센트 수준으로 떨어졌다. 이런 기복이 1970년대 후반과 1980년대까지 계속되었다. 1980년대 초 경기 후퇴기에 연구비 지원이 잠시 정체를 보이다가 반등했고, 이때부터 연방정부의 연구 지원금이 꾸준히 증가하면서 이후 15년 동안 들쭉날쭉하던 기복이 사라졌다. 이렇듯 연방정부의 지원 규모는 증가했음에도, 대학 연구개발 분담금 비율은 꾸준히 감소했으며 1989년 이후 60퍼센트에 조금 못 미치는 수준에서 맴돌고 있다.

이런 추세는 미국국립보건원이 5년간 예산을 2배로 확대한 1998년부터 달라지기 시작했다. 이후 5년 동안 연방정부의 자금 지원이 급격하게 증가해 191억 달러에서 284억 달러 수준까지(2009년 달러로 환산) 껑충 뛰어올랐으며,[12] 연방정부의 분담 비율도 58.4퍼센트에서 63.9퍼센트로 높아졌다. 그런데 많은 사람이 미국국립보건원의 예산 2배 인상 이후에 '정상적인 증가'가 이어질 것이라고 추측했지만, 실제로는 그렇지 않았다. 2배 인상 기간 이후에는 다른 연방기관들은 물론이고 미국국립보건원의 지원금이 오히려 줄었다. 그러다 2009년에 연방정부가 경기부양책의 일환으로 대학 연구비를 지원하기 시작했고, 이후 그 수준을 유지했다.

2009년 미국 경기부양 및 재투자법ARRA 통과가 신호탄이었다. 이 법안은 대학을 주요 대상으로 과학 · 공학 연구, 인프라 지원에 약 210억 달러를 제공한다는 내용을 담고 있다. 또 이 법안은 최초로 경기에 역행적인 방식으로 특별히 연구비를 지원한다는 면에서 혁명적이라 할 만했다. 그때까지만 해도 연구비 지원은 경기순행적이었기 때문이다. 1973~1981년 경기 침체기에 연방정부의 대학 지원금이 감소한 것만 보아도 알 수 있다.[13]

경기부양 자금은 대부분이 개별 연구 프로젝트에 직접 투입되었다. 하지만 일부는 연구비 지원이 줄어들어 중단되었던 대규모 프로젝트로 흘러 들어가기도 했다. 이를테면 망원경이나 슈퍼컴퓨터 등 대규모 프로젝트를 지원하는 미국국립과학재단의 주요 설비에 경기부양 자금 중 4억 달러가 지원되었다. 미국국립과학재단은 그 자금으로 알래스카 해역 해양조사선, 첨단 태양망원경, 해양관측계획을 지원했다.[14] 과학계에서는 연구비 지원을 환영하기는 했지만, 경기부양 자금이 투입되고 난 뒤 곧장 다시 2009년 이전 수준으로 돌아가버렸음을 깨닫게 되었다.

산업계의 연구비 지원

대학은 산업계에서 연구비를 지원받는 오랜 관행이 있다. 데이터 수집이 처음으로 시작된 시기인 1950년대에 대학은 연구비 가운데 12분의 1을 지원받았다. 그러나 1960년대와 1970년대에는 산업계의 대학 연구개발비 지원 비율이 3~4퍼센트 수준까지 떨어졌다. 산업계의 지원금 비율 감소는 부분적으로 이 기간에 연방정부의 연구비 지원 증가 폭과 비교해 산업계의 증가 폭은 완만한 증가세에 그쳤기 때문이다.

1960년대 후반과 1970년대에 연방정부의 연구비 지원이 들쭉날쭉하며 기복이 커지자 대학들은 연구비를 마련하기 위해 대안을 찾아 나섰다. 산업계가 후보자로 적합해 보였고, 1980년대부터 1990년대까지 산업계의 대학 연구비 지원이 크게 증가했다. 기업이 이 과정에 참여한 몇 가지 요인이 있다. 첫째, 대학의 특허 및 라이선싱 증가(3장 참고)로 교수들이 산업계와 같이 일할 기회가 많아졌다. 둘째, 박사학위를 취득하고 산업계에 진출하는 학생들이 증가하면서 교수들이 산업계 동료들과 같이 일할 기회도 잦아졌다(9장 참고). 셋째, 3장에서 언급했듯 교수들이 연구비 문제로 협력할 일이 잦아졌다.

미국에서 산업계의 대학 연구 지원은 산업계 자금이 대학 전체 연구비 가운데 7.4퍼센트를 차지했던 1990년대 후반에 정점에 달했다. 그때 이후로 산업계의 지원은 금액 면에서는 2006년까지 상당히 고정적인 수준을 유지했지만 비율은 감소세를 보인다. 2001년 경기 후퇴와 더불어 수많은 기업이 합병을 하면서 합병된 회사들의 연구개발 분야도 합병된 탓이다.[15] 하지만 2006년부터 산업계의 연구개발 지원금이 완만하게 상승하기 시작했다. 당시로서는 2008년에 금융위기가 닥쳐 산업계가 큰 폭으로 지원금을 늘린다면 기적이라 할 상황이 벌어지리라고 예상하기는 어려웠다.

특정 프로젝트나 기업이 취득한 라이선스 기술에 대한 개념 증명 등을 이유로 교수들이 산업계에서 연구비를 지원받는 일은 드물지 않았다. 한 예로 암 연구를 위해 유전자를 조작한 온코마우스를 개발한 필립 레더의 연구는 듀퐁 사의 지원을 받았다. 레더뿐만이 아니다. 1900년대 중반까지 생명과학과 교수 가운데 25퍼센트 이상이 보조금을 받거나 계약을 해서 산업계의 지원을 받은 것으로 알려졌다.[16]

산업계가 연구비를 지원하면서 연구에서 나오는 지식재산권과 출판에도 영향을 미쳐 이것마저 통제할지 모른다는 점은 우려된다. 레더가 듀퐁 사와 합의한 사항은 레더가 개발하고 하버드대가 특허를 취득한 온코마우스에서 파생되는 라이선스에 대해 듀퐁 사가 독점권을 갖는다는 내용이다. 2장에서 다룬 머리와 동료들의 사례에서 볼 수 있듯 이후 연구한 결과는 의미심장했다. 하지만 레더만 그런 것은 아니다. 생의학교수인 블루멘털과 동료들의 연구에 따르면 산업계에서 연구비를 지원받은 사람들은 그렇지 않은 사람들보다 연구 과정에서 기업 비밀이 발생하는 경우가 4배 이상 많았고, 후원사와 출판 제한 계약을 체결하는 경우가 5배 이상 많았다.[17]

대학이 기업과 연구 협정을 체결할 때 불거지는 공개 연구open science에 대한 위협은 더욱 우려된다. 몬산토 사는 1982년에 워싱턴대 의과대학과, 1997년에는 머크 사와 공동으로 MIT와 연구 협정을 체결했다. 워싱턴대와의 협정은 '탐사를 벌이며 전문적인' 연구를 수행하는 교수들에게 연구비 600만 달러를 최초로 제공하면서 시작되었다. 이에 대한 대가로 대학 측에서는 논문 발표 전에 몬산토 사 특허 변호사가 연구 결과를 검토할 수 있는 기간(30일)을 주는 데 동의했다.[18] 1997년 머크 사와 합동으로 체결한 MIT와의 협정은 5년간 1500만 달러를 지원하는 방식으로 이뤄졌다. 이 협정으로 머크 사는 합동연구에서 나온 특허와 라이선스 중 일부 권리를 보장받았다.[19]

이와 같은 기업과 대학 사이의 연구 협정에서 가장 논쟁을 불러일으킨 사건이 1998년 노바티스Novartis 사와 UC버클리 식물·미생물학과 사이에서 일어났다. 노바티스는 5년간 연구비 2300만 달러 지원을 약속하고 유전자 염기서열분석 기술과 식물유전학과의 DNA 데이터베이스에 접근할 수 있었다. 또 이 학과에서 출원한 특허 라이선스에 대해 우선 협상권을 제공받았다. 이 합의는 커다란 논쟁을 불러일으킬 만했다. 물론 산업계가 대학과의 합동연구는 물론 개인 연구자나 연구팀에 지원하는 보조금이 과거에도 있었지만, 이 경우처럼 1개 학과 전체에 1개 기업이 전적으로 자금을 지원한 사례는 처음이었다. 이와 같은 방식은 지식이 확산되는 속도를 확실히 더디게 한다. 그뿐 아니라 정해진 방향으로 연구하게 함으로써 대학 연구 문화에서 근본이 되어야 할 신조, 즉 자신의 연구 주제를 직접 선택하는 교수의 역량을 위협한다.

비영리 재단

비영리 재단은 대학에 연구비를 지원하는 또 다른 단체다. 사실 연방정부나 산업계는 오래전부터 대학에 연구비를 지원할 준비가 되어 있었다. 카네기 재단, 록펠러 재단, 구겐하임 재단은 과학 연구를 이미 지원해온 터였다. 세라 멜런 스케이프 재단은 1948년에 조너스 소크가 피츠버그대로 자리를 옮겼을 때 실험실 리노베이션 자금을 지원했다.[20] 제임스 왓슨은 1951년에 국립 소아마비 재단의 펠로십 덕분에 케임브리지대 캐번디시 연구소에 자리 잡을 수 있었다.[21] 비록 연방정부가 비영리 재단의 연구비 지원을 별도 항목으로 분류해서 추적하지는 않지만 비영리 재단에서 나오는 연구비는 〈그림 6.1〉에서 보듯 '다른 자금 출처' 가운데 큰 부분을 차지한다. 특히 최근 들어 비영리 재단에서 대학으로 유입되는 연구비가 증가하고 있음을 알 수 있다.

일부 비영리 재단은 광범위한 연구 프로그램에 지원한다. 현재 가장 큰 비영리 재단은 빌 앤 멜린다 게이츠 재단이다. 이 재단의 순가치는 2006년 기준 290억 달러이며, 그해에 워런 버핏이 버크셔해서웨이 주식 310억 달러 상당을 기부하기로 의향서에 서명하고 나서 가치가 크게 올랐다.[22]

많은 비영리 재단은 지구 온난화나 소아마비 등 관심 있는 분야에 중점을 둔다. 그 밖에 낭포성 섬유증 재단, 미국 암 재단, 미국 심장병협회, 노화에 중점을 두는 엘리슨 메디컬 재단 등이 있다.[23] 이들 단체는 자신들의 대의를 각계각층의 사람들에게 각인시키고 의회에 연구비 유치를 위해 로비하는 동시에 대학의 연구를 지원한다. 일부 비영리 재단은 관심 주제를 매우 한정시키기도 한다. 커시 재단은 미국에서 1년에 1500명이 발병하는 발덴스트룀 매크로글로불린혈증 Waldenström macroglobulinemia 치료에만 관심을 둔다.

심지어 새 시대 또는 새 분야를 확립하고자 헌신하는 재단도 있다. 휘터커Whitaker 재단은 당시만 해도 거의 인식되지 않았던 의공학 분야를 변모시켰다. 이 재단은 거의 30년 동안 대학이 생명과학 관련 학과를 신설하도록 8억 달러 이상을 지원했으며, 졸업생들을 교육하고 교수들의 연구활동을 지원했다.[24]

최근 들어 구체적인 목표를 설정한 재단이 늘어나는 이유를 아주 정확히 설명하기는 어렵지만, 경험에 입각해서 보자면 큰 부를 거머쥔 당사자 또는 그가 사랑하는 사람이 건강상의 문제에 봉착한 경우가 아닐까 한다. 마이클 밀컨이 전립선암에 걸린 후 연구비를 지원한 전립선암 재단, 배우 마이클 J. 폭스가 파킨슨병을 진단받고 설립한 마이클 J. 폭스 재단이 그에 해당된다. 커시 재단을 공동 설립한 스티븐 커시도 발덴스트룀 매크로글로불린혈증을 진단받고 본인의 관심사가 사회 문제에서 이 질환으로 바뀌면서 재단을 설립했다.[25]

한편 미국에서 하워드휴스 의학연구소HHMI만큼 대학 연구에 강력한 영향력을 행사해온 비영리 기관도 없을 것이다. 항공사 사장이자 괴짜 공학자 겸 산업가이며, 영화제작자로도 활동했던 고 하워드 휴스는 1985년에 휴스에어크래프트 컴퍼니를 제너럴모터스에 넘기고 막강한 자금력을 갖추자, 기금 50억 달러를 출연해 연구소를 설립했다.[26] 2010년 회계 연도 결산 기준으로 기금 가치는 148억 달러다.(2007년 187억 달러에서 감소)[27] 하워드휴스 의학연구소는 매년 자산의 3.5퍼센트를 배분해야 하는 법적 의무에 따라 연구대학에 재직하는 연구원 300~350명을 대상으로 다채로운 훈련 프로그램에 자금을 지원했으며, 버지니아 애슈번에 자리한 자넬리아 농장 연구캠퍼스에는 '농장'도 설립했다. 이 농장은 신경 회로와 심상화imaging(뇌의 구조와 혈류, 신진대사 변화 등을 측정하는 신경 생리적 감지 기법—옮긴이)를 연구할 여러 학문 분야의 25개 팀을 유치할 목적으로 2006년에 문을 열었다.[28]

하워드휴스 의학연구소는 연구원들에게 막대한 경비를 지원했다. 2010년에는 70여 개 대학 및 연구소 소속 연구원 350여 명에게 7억 달러 이상을 제공했다.[29] 연구소는 프로젝트가 아닌 '사람'을 지원한다는 사실에 자부심을 갖는 듯하다.[30] 지원자 선정 과정은 비교적 간단하다. 이력서와 250단어로 설명한 주요 성취, 3000단어로 요약한 진행 중인 연구 또는 연구 계획서를 제출한 지원자를 후보에 올린다. 또 지원자들은 출판물 다섯 편을 선택해서 한 단락으로 내용을 설명해야 한다. 전문가들이 최초 신청자들의 서류를 검토해 예심 통과자를 추리면, 예심 통과자들은 추천서 세 통을 제출해야 한다. 그 후 심사단이 모든 자료를 검토한 후 대상자를 최종 선정한다. 5년간 연구비 지원을 약속하는 갱신 심사는 '지원자의 향후 연구 계획은 물론이거니와 같은 분야 내에서 연구의 고유성과 창의성을 중점적으로 평가한' 동료 심사를 바탕으로 이뤄진다.[31]

비영리 재단의 연구 후원은 정부나 산업계의 지원에 비해 사업의 흥망에 따라 유동적이라 어려움이 따른다. 특히 기부에 의존하는 재단들은 경기 침체기에 타격이 크다. 자체 기금으로 지원하는 재단들도 2001년이나 2008년처럼 주식 시장이 폭락할 경우 심각한 어려움에 직면하기도 한다. 2001년 경기침체기를 예로 들면 하워드휴스 의학연구소 기금의 가치가 2년 만에 30억 달러나 폭락했다. 하필이면 연구소가 5억 달러 규모의 자넬리아 농장 건축을 시작하려던 시점에 침체기가 맞물렸다. 건설을 계속하기 위해서 재단은 한 해 동안 연구원 보조금을 10퍼센트 삭감하는 방식으로 부족액의 일부를 충당키로 결정했다.[32]

현명하지 못한 투자 전략으로 대가를 치르는 경우도 있다. 버나드 메이도프에 거의 독점 투자한 재단들은 2008년 대차대조표를 '제로'로 마감해야만 했다. 피코어 재단도 2007년 신고 자산이 20억 달러에 육박했지만 2008년 말에는 "즉각 모든 보조금 지급을 중단한다"고 발표했다. 이 재단의 지원을 받았던 연구원들은 공동 창립자인 바바라 피코어가 보낸 이메일로 연구비 지원이 끝났음을 통보받았다.[33]

자체 재원

대학들은 연방기금이 들쭉날쭉하다는 점을 감안해 연구비가 일정 수준을 유지하도록 자체 재원(〈그림 6.1〉의 '대학 기금')을 활용한다. 1950년대 중반에는 대학이 약 14퍼센트를 자체적으로 조달했지만, 연방정부 지원이 빠른 속도로 증가한 1960년대에는 자체 재원 사용을 크게 줄였다. 1963년에는 자체 재원을 8퍼센트 정도밖에 투입하지 않았다. 물론 이런 상황이 지속되지는 않았다. 연방정부의 연구비 예산이 줄어들자 대학들은 바로 자체 연구기금을 늘렸다. 그 결과 2009년에는 연구비의 20퍼센트를 웃도는 110억 달러가량을 자체적으로 조달했다.

최소 두 가지 요인이 연구기금 증가에 공헌했다.[34] 첫째, 간접비 공제 논란이 있다. 역사적으로 연구비를 지원하는 외부 단체들은 간접비를 부담하는 방식으로 연구 행정비는 물론이고 대학의 인프라에도 자금을 대거 투입했다. 그에 따라 대학은 간접비가 증가하는 비율에 발맞추어 연구 관련 직접비(대학원생이나 박사후연구원 지원금, 설비비, 교수 급여 등)를 몇 배나 인상했다. 하지만 정부는 1990년대 초 스탠퍼드대가 연루되어 크게 공론화된 바 있는 사건 이후 이 비율을 면밀하게 감사하기 시작했으며 대학이 요청할 수 있는 비용의 상한선을 정했다. 결국 사립 연구기관이나 박사학위를 수여하는 대학의 평균 간접비 비율이 1983년에 60퍼센트를 웃돌았으나 1997년에는 55퍼센트로 하락했고 그때 이후 비율이 일정하게 유지되고 있다.[35] 공립기관의 간접비 비율은 평균 10퍼센트 포인트가량 더 낮다.[36] 2000년, 랜드 연구소는 보고서에서 "대학들이 연방 프로젝트와 관련된 행정비와 설비비의 70~90퍼센트 정도를 공제했다"고 주장했다.[37]

둘째, 대학들이 초기 연구비와 관련하여 연구비 부담을 크게 늘렸다. 신규 연구자들에게 초기 연구비를 제공하는 관행은 앞서 살펴봤다. 그러다보니 초기 연구비로 1000만 달러를 지불하는 것은 흔한 광경이 되었다. 대학 측이 고참 연구진을 채용하는 이유는 이들이 중요한 역할을 수행해서만은 아니다. 새로 채용한 교수들이 연구 지원금을 유치하려면 사전에 추진해야 할 예비 연구에 자원과 시간을 들여야 하는 까닭도 있다.

그렇다면 대학의 연구비 재원은 어디에서 나오는가? 이 부분을 정확하게 설명할 사람은 없다. 다만 그중 일부는 종신교수를 비용이 적게 드는 시간강사나 조교수, 비종신직 교수로 대체해서 증가한 교육예산으로 충당한다고 예상할 수 있다. 2008년 경기 침체기까지는 사립 및 공립 기관 대부분, 특히 아이비리그 소속 연구소 대부분이 기금 가운데 일부를 잘 활용하기도 했다.[38] 또 기술 이전 프로그램에서 생긴 라이선스 수입도 있다.

학생들이 대학의 연구비 증가분을 부담하는가? 바로 이 주제로 에렌베르크, 리초, 제이콥슨이 228개 연구소와 박사학위 수여 대학을 대상으로 1970년대 후반부터 1990년대 후반까지를 연구했다.[39] 그들의 목표는 교수 연구비 증가분이 어디에서 나오는지, 즉 학생-교수 간 비율 증가에 따른 것인지 등록금 인상분인지 파악하고자 했다. 연구 결과 학생들, 특히 학생-교수 비율이 늘어난 사립대 학생들이 비용의 일부를 떠맡았고, 내부 연구비 부담이 증가할수록 학생-교수 비율이 증가했으며 등록금도 올랐다는 사실을 밝혔다. 전자는 공립대에서 효과가 더 적었고, 등록금은 공립대에서는 인지하기 어려운 정도로 인상되었다. 또 대학원생이 많은 대학은 등록금 인상을 통해 증가분을 보충했으며, 공립이든 사립이든 마찬가지였다.

영미, 유럽, 아시아 국가의 자금 출처 비교

〈표 6.1〉에서 유럽 9개국과 일본의 대학 연구 지원금 추세를 엿볼 수 있다. 분류 체계는 OECD의 7개 분류 기준을 따랐다. 정부기금은 계약 및 보조금과 포괄 보조금 형태로 유입되는 일반 대학 기금GUF 등 직접 정부 기금DGF으로 세분되고, 기금 증가분을 감안해서 또는 공식에 따라 배분된다. 산업계, 해외(해외 기업과의 연구 계약), 민간 비영

리 단체 등에서 나온 연구비 항목들이 있고 고등교육 자체 기금도 있다. 덴마크, 독일, 이탈리아의 경우 어떤 항목들은 보고되지 않았거나 산정된 분담금 비율에서 배제되기도 했다. 또 다른 국가들과 다른 해의 데이터를 사용하기도 했으며, 이 점은 표에 별도로 표시했다.

여러 면에서 국가들의 유형은 미국의 상황과 닮아 있었다. 다시 말하면 대부분이 정부가 출연한 연구비 비율은 감소했으며 산업계, 비영리 단체, 대학이 지원한 연구비는 증가했다. 프랑스를 제외하고 정부의 지원금 감소는 전체적인 대학 지원금 감소로 이어졌다.[40]

하지만 국가별로 차이가 컸다. 영국은 정부 지원 보조금이나 계약금 규모가 꽤 증가했다. 아일랜드나 네덜란드, 덴마크나 스페인에서도 초기에 같은 패턴이 나타났다. 네덜란드, 일본, 벨기에, 영국도 초기에는 산업계가 연구비 지원 규모를 늘렸으며, 특히 독일에서 두드러졌다. 일본을 제외한 모든 국가는 1983년부터 1995년 사이에 해외 자금 지원이 상당히 증가했는데, 이중 일부는 외국 기업이 지원했다. 아일랜드와 스페인을 제외하고 2007년까지 산업계의 지원 증가 추세는 계속되었다.

비영리 단체의 역할 증대는 특히 영국에서 눈에 띈다. 덴마크나 아일랜드, 네덜란드에서도 초기에 증가세를 보였다. 유럽 최대 비영리 기관인 웰컴트러스트Wellcome Trust는 2008년 자산이 약 151억 파운드에 달했으며 2007~2008년에는 연구비로 약 6억2000만 달러를 영국 등 국제사회에 지원했다. 다른 재단들과 마찬가지로, 웰컴트러스트도 재정 위기를 겪었으며 20억 파운드가량 손실을 입었다. 그로 인해 2009년에는 지원금을 삭감했다.[41] 또 일부 비영리 기관들은 역할이 미미하기는 하나, 다른 국가에서도 연구 지원을 늘려나가고 있다. 가령 프랑스근병증협회AFM는 텔레비전 모금 방송으로 연간 약 1억 유로를 모금하며, 이 금액 가운데 약 60퍼센트를 희귀 신경근 질환 치료에 사용한다.[42] 이탈리아에서는 1990년에 상호저축은행들이 구조조정을 하는 동안 법적으로 설립된 은행 재단들이 정기적으로 이탈리아 대학에 연구비를 지원했다.

〈표 6.1〉에 중국이 빠진 이유는 세계 과학계에서 중국이 차지하는 위상이 낮아서가 아니라 초기 데이터가 부족한 탓이다. 지난 15년 동안 중국은 세계적인 연구개발 강국이 되었다. 사실 2007년(가장 최근 데이터)에 중국은 연간 전 세계 연구개발 투자액 중 10퍼센트에 해당되는 약 1000억 달러를 투입했다. 이는 미국(33퍼센트), 일본(13퍼센트)에 이어 세계 3위 규모에 해당된다.[43] 중국의 연구개발 투자 증가 추세는 국민총생산GDP 대비 연구개발 규모만 살펴봐도 쉽게 알 수 있다. 1998년에는 불과 0.7퍼센트에 그쳤지만 2007년에는 2배가 넘는 1.49퍼센트 수준이었다. 참고로 미국은 GDP 대비 2.68퍼센트, 일본은 3.44퍼센트였다.[44]

중국이 연구개발에 투자한 1000억 달러 중 대학은 약 11퍼센트, 연구소는 26퍼센트를 지원받았다.[45] 대학 연구비 가운데 3분의 1은 산업계에서 나왔으며, 〈표 6.1〉에서 보듯 다른 국가들과 비교해 인상적인 수치다. 여기에서 중국의 대학들이 일상적으로 기업과 합동연구를 수행하는 관행을 엿볼 수 있다.[46] 중국의 대학들이 기초연구를 수행하는 비율(35퍼센트)이 미국(56퍼센트)에 비해 낮은 수준에 그치는 것도 산학 연구 비율이 높은 것과 연관성이 있다.[47]

표 6.1 고등교육 연구비 지원 (국가, 출처, 연도, 퍼센트)

	벨기에	덴마크	프랑스	독일	아일랜드	이탈리아	일본	네덜란드	스페인	영국
국가 전체										
1983	86.2	95.0	97.6	95.0	82.2	99.3	54.8	96.2	98.8[d]	85.3
1995	76.2[a]	89.5	90.6	90.7	62.0	93.3	52.3	85.7	70.4	67.9
2007	66.3	79.7	89.8	82.2[b]	83.3	90.8	51.6	86.7[c]	73.1	69.2
정부지원 자금										
1983	39.4	11.3	46.3	–	13.6	–	14.0	6.4	19.3[d]	20.5
1995	26.7[a]	22.6	46.0	20.2	20.0	–	10.4	6.3	30.1	30.1
2007	40.3	18.8	33.8	23.6[b]	45.5	12.7	13.2	15.9[c]	26.2	35.0
일반 대학 자금										
1983	46.8	83.7	51.2	–	68.6	–	40.8	89.8	79.5[d]	64.8
1995	49.5[a]	66.8	44.6	70.5	42.0	–	42.0	79.3	40.3	37.7
2007	26.0	60.8	56.0	58.6[b]	37.9	64.7	38.4	70.8[c]	46.9	34.3
산업계										
1983	9.3	0.9	1.3	5.0	7.2	0.5	1.2	0.6	1.2[d]	3.1
1995	15.4[a]	1.8	3.3	8.2	6.9	4.7	2.4	4.0	8.3	6.3
2007	11.1	2.2	1.6	14.1[b]	2.3	1.3	3.0	7.1[c]	9.0	4.5
비영리 재단										
1983	0.0	2.7	0.1	–	2.1	–	0.1	2.6	0.0[d]	5.6
1995	0.0[a]	4.5	0.5	–	2.5	–	0.1	6.5	0.5	14.0
2007	2.4	11.1	0.3	–	6.1	1.1	1.0	2.7a	1.2	13.5
고등교육기관										
1983	2.9	–	1.0	–	1.0	0.0	44.0	0.3	0.0[d]	3.8
1995	3.6[a]	–	4.0	–	4.5	–	45.1	0.3	13.7	4.2
2007	12.9	1.0	6.1	–	1.5	4.0	44.3	0.0[c]	12.4	4.3
해외										
1983	1.6	1.4	0.1	0.0	7.6	0.2	0.0	0.3	0.1[d]	2.2
1995	4.8[a]	4.2	1.6	1.1	24.0	2.0	0.0	3.5	7.0	7.6
2007	7.2	6.0	2.2	3.7[b]	6.8	2.7	0.1	3.4[c]	4.3	8.4

출처: 경제협력개발기구(OECD, 2008), stats.oecd.org. 연구개발 국내총지출, 부문별 연구 지원금 출처 및 실적

- 데이터가 없는 경우 다음과 같이 대체.

a. 1991년 데이터 (1995년 아님)

b. 2005년 데이터 (2007년 아님)

c. 2001년 데이터 (2007년 아님)

d. 1984년 데이터 (1983년 아님)

최근 중국 정부는 국제 학계에서 성공 잠재력이 큰 분야에 정부가 직접 지원하기 위해서 985개 연구소를 선정했다. 이처럼 정부가 나서서 특별히 관리한다는 의미는 대학들이 국제적으로 경쟁력을 갖춘 학계 인물을 채용할 수 있다는 뜻이다. 중국은 또 유명 방문교수들을 '강의교수'라는 직위로 초빙해 강좌를 개설하기도 한다. 이 특별한 직위는 해외에서 연구를 계속하면서 중국에 단기(대개 3개월 정도) 체류하는 방식으로 젊은 또는 중년의 선도적인 학자들에게 연구비를 지원하려는 목적으로 만들었다.[48] 이들을 중국으로 끌어들이는 요인이 반드시 급여만은 아니며, 새 연구시설과 연구 주제를 발전시킬 기회를 함께 제공한다는 점도 커다란 매력 가운데 하나다.

2002년부터 상하이의 푸단대로 복귀한 예일대 유전학과 쉬톈Tian Xu 교수가 바로 그런 사례다. 그가 푸단대로 온 진짜 이유는 미국에서는 상상하기 어려운 규모의 유전학 프로그램을 운영할 수 있고 젊은 중국 과학자들과 연구할 수 있다는 점 때문이었다. 좀 더 구체적으로, 쉬 교수는 어마어마한 규모의 쥐를 키울 수 있는 케이지 4만5000개, 그리고 그에 적합한 시설을 갖춘 건물 두 채를 제공받았다. 미국에서라면 교수 한 명이 결코 제공받을 수 없는 규모다. 연간 들어가는 케이지 관리비(약 1100만 달러 이상) 때문이기도 하지만 미국 대학에서 그렇게 넓은 연구 공간을 마련하기 어렵기 때문이다.[49] 5장에서 낸시 홉킨스가 고작 실험실 19제곱미터를 늘리려고 고군분투했다는 사실을 상기해보라.

중국의 전략에 대해 비판하는 사람이 없지는 않다. 중국에서 쌍벽을 이루는 칭화대와 베이징대 생명과학대학 학장이 공동으로 서명한

『사이언스』 사설은 "연구비 지원과 관련하여 만연한 문제점들이 중국의 잠재적인 혁신 속도를 늦춘다. 이 문제점은 중국 사회의 시스템 또는 문화적인 특징에서 기인한다"고 비판했다.[50]

두 학장은 특히 보조금 지급 방식을 비판했다. 그들은 중국의 국가자연과학기금위원회가 수여하는 소규모 연구보조금을 받으려면 과학적인 성과가 가장 중요하다는 점에 대해서는 동의한다. 하지만 대규모 프로젝트의 경우 "보조금을 받기 위한 가이드라인이 매우 구체적이어서 수령자를 분명히 정해놓은 셈"이나 다름없다고 말한다. 그러면서 그들은 다음과 같은 문장으로 마무리했다. "중국에서 대규모 보조금을 받으려면 연구를 훌륭하게 수행하는 것이 막강한 관료(또는 관료가 선호하는 전문가)들과 수다를 떠는 것만큼 중요하지 않다는 사실은 공공연한 비밀이다." 특정한 사람들을 위해서 따로 떼어놓았다고 단정짓기는 어렵겠지만, 거의 그렇다! 두 사람은 다음과 같이 한탄하기도 했다. "중국의 연구자들은 세미나 참석, 과학 문제 논의와 연구, 학생들 교육(대신 학생들을 실험실의 노동력으로 활용한다)에 충분한 시간을 보내지 않고, 인맥을 구축하는 데 지나치게 많은 시간을 허비한다." 이들이 늘어놓은 염려 가운데 일부는 중국에만 해당되는 사항이다. 하지만 4장에서 보았듯, 미국의 과학자들도 보조금 신청과 각종 행정 업무에 많은 시간을 보내기는 마찬가지다.

연구 무게 중심의 이동

과학 전 분야에 재원이 공평하게 분배되지는 않는다. 어떤 시기에는 각광받던 연구가 어떤 때는 시들해지기도 하며, 자금 지원 주체가 누구냐에 따라 연구의 초점이 달라지기도 한다. 가령 주 정부 지원금이 가장 큰 비중을 차지한다면 아무래도 주 정부가 흥미를 보이는 주제를 연구하기 마련이다. 위스콘신 주는 유제품, 아이오와 주는 옥수수, 콜로라도 주를 비롯하여 서부 지역 주라면 광산, 노스캐롤라이나 주와 켄터키 주는 담배, 일리노이 주와 인디애나 주는 철도 기술, 오클라호마 주와 텍사스 주는 석유 탐사 및 정제가 주요 관심사다.[51]

미국 연방정부는 국가 방위 관련 연구에 자금을 지원함으로써 대학 연구 주제의 초점을 제2차 세계대전으로 바꿔놓기도 했다. 이런 분위기는 MIT와 칼텍 등 여러 대학으로 확산되었다. 다른 대학도 자매 연구소에서 관련 내용을 재빨리 배워 올스타 리그가 되어버린 전후 방위 계약을 추진했다. 스탠퍼드대도 발 빠르게 움직였던 학교이며, 좀 더 최근에는 조지아공대와 카네기멜런대도 방위 관련 연구로 수혜를 입었다.[52]

최근 들어 생의학 연구비가 급격하게 늘어나자 UC샌프란시스코, 존스홉킨스대, 에머리대 등이 의학 연구에 중점을 두면서 학교 성장에 공헌했다. 대학이 세우는 전략적인 계획 수립도 중요한 역할을 담당한다. 한 예로 미국대학연합 회원은 대학사회에서도 매우 명망 있는 학교로 인정받는다. 현재 이 단체의 회원은 61개 대학뿐이며, 초청을 받아야만 회원 자격을 얻을 수 있다. 회원 자격을 부여하는 핵심 기준은 연구 성과이며, 성과를 측정하는 하나의 기준이 바로 돈이다. 의학 연구에서 재원이 지배적인 역할을 담당한다는 말은 미국대학연합 회원이 아닌 대학이라도 막강한 생의학 프로그램을 추진하면 회원 자격을 얻을 가능성이 훨씬 높아진다는 의미다. 이와 같은 논리는 조지아대가 2007년 의과대학 발전 계획을 채택하도록 이끈 요인이었다.[53]

〈그림 6.2〉에서는 1973년부터 2009년까지 연방정부의 대학 연구비 지원 비율을 분야별로 확인할 수 있다. 여기서 생명과학 분야가 모든 분야를 압도하며, 심지어 미국국립보건원의 예산이 2배로 인상되기 전에도 꾸준한 증가세를 보이고 있음을 알 수 있다. 대조적으로 물리, 환경, 사회과학 분야로 투입된 지원금은 거의 전 기간에 걸쳐 감소세를 보인다. 하지만 수학 및 컴퓨터과학은 특히 중간 시기를 중심으로 증가하는 추세다. 공학 부문은 다소 불규칙하다. 초기에는 상당히 높았지만 중간 시기에는 정체되다가 급격한 감소세를 보였으며 최근에야 반짝 반등했다.

생명과학 분야 자금 지원에서 볼 수 있는 미국의 생명과학(특히 생의학) 사랑은 이해하기 어렵지 않다. 국민의 삶의 질에 도움이 될 것이라고 기대되는 연구를 지원하는 게 의회 입장에서는 훨씬 수월하기 때문이다. 더욱이 많은 이익단체가 지속적으로 의회에 자신들이 중점을 두는 질병에 대한 연구의 중요성을 설파하고 있다. 의회의 연령 분포도 한몫한다. 2009년 하원의원 평균 연령은 56.0세, 상원의원은 61.7세였다.[54] 상 · 하원의원이 가장 젊었던 1981년(하원 48.4세, 상원 52.5세)[55]과 비교하면 상당히 나이 든 셈이다. 특별히 생의학 연구에

그림 6.2 1973~2009년 분야별 대학 연구개발 연방기금 분담 비율

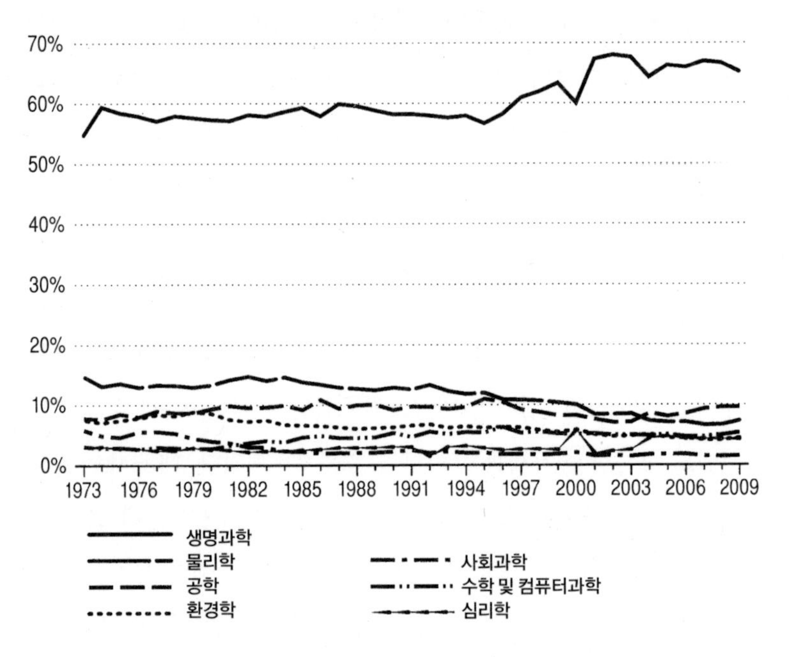

출처: 미국국립과학재단(2004, 2007b, 2010b).

만 관심을 기울이는 상원의원들도 있다. 1930년생인 알렌 스펙터 상원의원은 의원직을 떠날 때까지 미국국립보건원 자금 지원을 오랫동안 옹호해온 사람이다. 스펙터 의원은 미국국립보건원이 2009년 경기부양 자금을 39억 달러에서 104억 달러까지 늘리는 과정을 거의 혼자서 추진하다시피 했다. 그는 두 가지 암에 걸리고도 이를 이겨냈으며 1998년에는 심혈관수술도 받은 전례가 있다.[56]

연구의 무게 중심은 다른 나라에서도 점차 변화했다. 하지만 지속적인 데이터가 부족하다보니 체계적으로 사실 관계를 정리하기가 쉽

지 않다. 다만 일본, 호주, 스웨덴 등 일부 국가에서는 스페인, 독일 등과 달리 생의학 연구비 비율이 증가하고 있다는 정도면 충분할 듯하다.[57]

자금은 어떻게 할당되는가

대학의 연구는 전통적으로 주정부의 지원금을 사용하거나, 사립대라면 등록금과 개인 기부금으로 추진한다. 많은 유럽 국가에서는 연구중심대학이 포괄보조금block grant 형태로 주에서 제공하는 일반기금general fund을 받는 오랜 전통이 있다. 그 비율은 〈표 6.1〉에서 확인할 수 있다. 일부 국가에서는 공공 부문 연구가 주로 프랑스 국립과학연구센터나 프랑스 국립보건의학연구소, 독일의 막스플랑크 연구소 등 대학 체계와는 별도로 정부가 운영하는 연구소에서 수행된다. 연구소 소속 연구자들은 대학에서 교수직을 맡거나 교수직을 약속받기도 한다. 하지만 연구비 지원은 주로 연구소를 통해 이뤄진다. 2008년 프랑스에서 수행된 연구 중 약 80퍼센트가 이른바 복합 단위mixed unit, 즉 대학이나 다른 연구기관에 들어선 여러 실험실에서 수행되었다.[58] 이와 같은 자금 지원 방식은 연구 재원을 늘려야 하는 책임이 교수에게 지워지지 않음을 의미한다. 그렇다고 연구기관의 몫도 아니다. 게다가 일반적으로 재원 마련과 연결지어 연구 결과를 평가하는 전통도 없다. 더 중요한 점은 연구 결과와 무관하게 연구비를 제공받는다는 사실이다.

〈표 6.1〉에서 보듯, 좀 더 최근에는 유럽의 연구자들이 연구 지원금에서 경쟁력을 확보했다. 영국의 공학 및 자연과학 연구위원회EPSRC는 공학 및 자연과학 연구에 자금을 지원했고, 노르웨이의 연구위원회는 벨기에의 플레미시과학재단처럼 대학에서 진행하는 모든 유형의 연구에 자금을 지원했다.

1950년대 이래로 미국 대학에서는 가르치는 의무 못지않게 연구 재원을 마련하는 일도 교수의 책임이라는 인식이 점차 확대되었다.[59] 앞서 언급했듯 대학은 교수에게 초기 연구비를 지급하지만, 그 이후에는 교수가 비영리 단체나 연방 · 주 · 지방정부, 외부 단체에 제안서를 제출해서 자금을 모금해야 할 책임을 진다. 이들 연구비 대부분은 미국국립보건원, 미국국립과학재단, 국방부, 에너지부가 지원한다. 그뿐 아니라 농무부나 나사도 대학 연구비로 연 10억 달러를 지원한다.

한편 미국국립보건원과 국립과학재단은 동료 심사 방식으로 각각의 연구를 평가한다. 그에 비해 국방부, 에너지부는 농무부, 나사와 마찬가지로 내부 평가에 따라 연구비 지원 여부를 결정하는 편이다. 다른 연방기관들과 비교하여 국립보건원과 국립과학재단의 규모를 감안한다면, 미국의 대학에 지원되는 연방기금 10달러 중 6달러는 동료 심사를 통해 이뤄지는 셈이다.[60]

동료 심사

동료 심사는 미국국립보건원이 접수받은 제안서를 '스터디 섹션'에 할당하면서 시작된다. 스터디 섹션 회원들은 회의에 앞서 제안서를 검토하고 5개 항목마다 점수를 매겨 제출한다(1=탁월함, 9=빈약함). 5개 항목은 중요성, 연구자, 혁신, 접근 방식, 환경으로 구성된다. 또 회원들은 다른 점수들과 종합할 수 있도록 사전 총점을 매긴다. 사전 총점을 따져 스터디 섹션에서 논의 대상으로 삼을 제안서를 결정한다. 지원자들은 검토자들의 점수와 평가에 따라 등급이 분류된 제안서를 돌려받는다. 스터디 섹션에서는 회원이 검토한 신청서마다 최종 점수를 매기고, 이 점수로 평균을 낸다. 점수와 검토 내용이 담긴 지원서는 정해진 기관(국립보건원에는 27개 연구소 및 센터가 있다)으로 발송되며 기관에서 운영하는 자문위원회가 지원서를 검토한다. 비록 국립보건원이 일정 금액 범위에 드는 실험 책임자의 제안 건에 연구비를 지원하기는 했지만, 일정 비율로 대상자 수를 정하는 방식Percentile cutoff은 연구비 지원 대상자를 결정하는 과정에서 중요했다. 국립일반의학연구소는 부를 분배하는 데 흥미를 보이며, 간접비를 제외하고 기준 금액이 75만 달러 이상일 때는 특별히 검토가 필요한 제안서로 지정한다. 자신의 제안서가 거부되었더라도 연구원들은 한 번 더 지원할 수 있으며 실제로도 다수가 다시 지원한다.

현행 국립보건원의 심사 과정은 2010년 1월부터 도입되었으며 오랫동안 유지해온 심사 과정을 상당 부분 수정했다. 예전에는 더 긴 제안서를 허용했고(25쪽까지 가능했으나, 현재는 12쪽으로 제한) 제안서에 점수를 매겨 보내주지도 않았다. 연구원들은 두 차례 더 신청 기회가 있었지만 제안서에 점수가 매겨져 있지 않다보니 다시 제출하기가 무척 어려웠다.

역사적으로 국립보건원의 심사 과정은 과거 업적에 상당히 무게를 두는 편이라, 지원금 신청 시 작성하는 표준 양식은 경력 사항을 열거하도록 구성되어 있다.[61] 이전 보조금으로 거둔 성과(보조금 실적이 있을 경우)도 평가에서 중요한 부분을 차지한다. 전문성 입증, 높은 사전 점수는 검토 과정에서 특히 중요하다. "결정체 없이는 보조금도 없다"는 말도 있지 않은가. 대학에서 초기 연구비를 제공하는 주된 이유는 새로 고용한 교수가 미국국립보건원에 제출할 데이터를 수집하는 데 시간을 벌어주기 위해서다. 과학자들이 자주 언급하는 '혈통'은 어디에서 공부하고 누구의 실험실에서 연구했으며, 박사후과정을 어디에서 밟았느냐를 두고 하는 말이다. 연구자들은 자신들이 연구를 수행하는 대학 내 적합한 장소에서 연구를 수행하는지도 입증해야 한다.

새 평가 시스템 아래에서 미국국립일반의학연구소가 검토하는 제안서 사전 분석 결과, 총점과 가장 밀접한 상관관계를 갖는 두 가지 요소는 접근 방식(피어슨 상관계수: 두 변수 간 상호 관계를 측정하는 계수로 -1부터 1까지 분포한다. 계수 값이 0이면 상관관계가 없으며, 1이면 완전한 상관관계에 있다.—옮긴이)(0.74)과 중요성(0.63)이다. 가장 낮은 상관관계를 보이는 항목은 연구원(0.49)과 환경(0.37)이었다.[62]

국립보건원에 지원한 이들 중 10~40퍼센트가 연구비를 지원받는데, 그 성공 여부는 지원자 수, 제안서의 비용, 자금 지원 가능성 등에 달렸다. 검토 기관의 영향력도 있다. 국립보건원 내 기관별로 검토한 내용을 살펴보았더니 2010년에는 국립 난청 및 의사소통장애연구소가 검토한 지원서의 합격률이 30.2퍼센트로 가장 높았고, 국립노화연구소는 14.5퍼센트로 가장 낮았다. 최대 규모를 자랑하는 암연구소는 합격률이 17.1퍼센트였다.[63] 국립보건원이 예산을 2배로 늘렸던 2001년에는 여섯 개 연구기관의 성공률이 35퍼센트를 웃돌았으며,

30퍼센트가 넘는 기관도 여럿이었다.[64]

대학 연구원들에게 일종의 '생계형' 보조금에 해당되는 R01은 전형적으로 3~5년간 지급되며, 연구자들은 갱신 신청을 할 수 있다. 갱신 신청은 일반적으로 적용되는 표준 규칙이며 예외적으로 적용되는 사항이 아니다. 국립보건원이 갱신을 허용하는 이유는 새 제안서보다 갱신을 하는 연구가 더 훌륭하다는 판단이 크게 작용했기 때문이다. 연구자들이 40년 이상 동일한 보조금을 계속 지원받는다는 사실은 잘 알려져 있다. 코넬대 해롤드 셰라가 교수는 단백질 접힘 연구를 하면서 52년 동안 동일한 국립보건원 보조금을 받았다.[65] 흔치 않은 사례지만 대학 측이 곧 은퇴할 연구자를 대신해서 새 연구자를 후보자로 올리고, 새 연구자에게 동일한 보조금이 그대로 적용될 때도 있다.

한편 미국국립과학재단의 동료 심사 과정은 미국국립보건원과 절차가 조금 다르다. 일반적으로 연구자들은 연구 분야에서 이미 조직된 연구 프로그램에 제안서를 제출한다. 프로그램은 다양하게 구성되어 있으며 제안서를 평가하기 위해서 우편 심사만을 실시하는 프로그램도 있고, 우편 검토와 패널 검토를 병행하는 것도 있다.[66] 심사위원들은 제안서에 대해 '훌륭한Excellent'부터 '빈약한Poor'까지 5점 범위 내에서 점수를 매긴다. 심사는 자발적으로 진행하며 2008년에 접수된 제안서가 6만400건이었고, 국립과학재단은 이중에서 약 61퍼센트에 해당되는 3만7000여 건을 심사했다.[67] 국립보건원의 경우와 달리 프로그램 담당자들은 연구비 지원 결정 과정, 특히 '지원 확정'과 '지원 불가'를 결정하는 과정에서 상당한 재량권을 행사한다. 또 연구자들이 후속 연구에 대해 제안서를 제출할 수도 있고, 실제로 제출하기도 하지만 국립과학재단에는 국립보건원처럼 보조금을 계속 지급하는 전통은 없다.

국립과학재단은 국립보건원보다 명성을 덜 중요시하는 편이며 출판물 수도 최대 10편으로 제한한다(국립보건원은 제한이 없었으나, 최근에는 15편까지 제출할 것을 '권장한다'). 국립과학재단은 제출한 연구 제안서 가운데 20~37퍼센트에 연구비를 지원한다.[68] 국립보건원의 경우 통과 비율이 지원자 수와 자금 지원 가능성에 달려 있는데, 이는 또한 국립과학재단의 지원금 규모와 지원 기간 정책에 따라서도 달라진다. "실험 책임자들이 여러 종류의 제안서를 쓰고 관리 업무를 수행하는 시간을 줄이고 생산성을 높이고자" 국립과학재단은 평균 보조금 적용 기간을 확대하고 보조금 규모도 늘리려고 노력한다. 2000~2005년 평균 보조금 규모는 41퍼센트 확대되었으며 평균 기간은 3년 정도로 비슷하게 유지했다.[69] 또 지원자 수와 더불어 지원자마다 제출하는 제안서도 증가했다. 제안서가 늘어난 까닭은 국립과학재단의 패스트-트랙 시스템fast-track system 개선으로 제출 과정이 용이해진 덕도 있겠지만, 대학들이 교수들에게 보조금을 받아오라는 압력을 가한 탓이 클 것이다. 물론 보조금의 달러 가치가 상승한 점도 한 가지 이유로 작용했을 듯하다.[70]

동료 심사는 미국 밖에서도 대학 연구를 위한 자원 재분배의 역할을 톡톡히 하고 있다. 가령 영국에서도 웰컴트러스트뿐 아니라 모든 연구위원회에서 동료 심사를 시행한다. 플레미시과학재단, 노르웨이 연구위원회 등에서도 기본적인 결정 과정에서 동료 심사를 활용한다. 다양한 프레임워크 프로그램을 통해 오랫동안 연구활동을 지원해온 유럽연합에서는 자원 배분 과정에서 늘 동료 심사를 시행해왔다. 그리고 2007년에는 '최첨단' 기초연구를 장려할 목적으로 유럽연구위원회를 설립하기도 했는데,[71] 이곳에서도 의사결정은 동료 심사를 통해 이뤄진다. 마찬가지로 2005년 이탈리아에서 설립한 기초연구투자기금도, 2005년에 처음으로 보조금을 지급하기 시작한 프랑스국립연구지원국도 동료 심사 방식으로 지원 여부를 결정하고 있다.[72]

다른 방식들

연구 지원금을 할당하는 방식에는 특별히 제한된 형식이 없는 포괄 보조금과 동료 심사 외에도 최소한 세 가지 방식이 더 있다.

평가assessment: 정부 기금을 학과별로 평가해서 배분하는 방식이다. 특히 최근 들어 미국 이외의 국가에서 중요성이 커지고 있다. 영국은 2007년에 연구실적평가를 통해 대학 연구 지원금 15억7000파운드를 할당했는데, 학과 평가에 '출판물의 질' 항목을 추가했다.[73] 출판물은 덴마크, 호주, 뉴질랜드의 경우와 마찬가지로 노르웨이에서 대학에 연구비를 배분하는 과정에서도 중요한 역할을 담당한다.

플랜더스 지역에서는 대학 연구자금 30퍼센트가량을 출판물 평가를 바탕으로 배분한다.

지정예산earmark, 돈으로 굴러가는 학교Money School는 증오하기를 좋아한다: 1978년 진 메이어 터프츠대 총장은 교내 영양센터 건설 자금 마련을 위해 로비스트 두 명을 채용하고 농무부에 학교의 입장을 대신해 압력을 행사하도록 했다. 이들의 로비는 성공적이었고 터프츠대는 영양센터 건설 자금으로 연방정부의 선심성 지정예산 3200만 달러를 배정받았다. 이 센터는 오늘날 미국 농무부 산하 노화에 관한 인간 영양 연구센터USDA로 잘 알려져 있다.[74] 하지만 "지니가 요술램프 밖으로 나오면, 결코 돌이킬 수 없다"고 했던가.[75] 대학 연구에 선심성으로 배정하는 연방정부의 지정예산이 그 이후 비약적으로 증가했다. 2008년에는 연방기금 가운데 14퍼센트에 해당되는 45억 달러를 연구 예산으로 따로 배정했다.[76]

정치인들은 동료 심사 방식이 소수 상위권 대학으로 연구비가 집중되는 부작용을 낳는다며 지정예산을 정당화하곤 한다. 또 지정예산이 없다면 중위권대는 연구 분야를 발전시킬 기회를 결코 얻지 못할 것이라고도 주장한다. 동료들의 심사 과정을 통해 위험을 줄이는 동료 심사 제도의 장점이 때로는 지정예산을 정당화하는 이론적인 근거로 쓰이는 셈이다.

때로 요청하지 않았는데도 지정예산을 배정받기도 한다. 메리우드 칼리지의 경우 요청하지 않고도 펜실베이니아 주 출신 존 머사 민주당 하원의원 덕분에 국방부의 지정예산을 배정받았다.[77] 하지만 대학들은 대부분 자신의 입장을 의회에 대변하도록 로비스트를 고용한다. 그렇다고 중위권 학교만 로비를 하는 것은 아니다. 상위권 대학도 각계의 비난을 감수하면서 이 관행에 동참한다. 2003년에는 미국대학연합 소속 대학 가운데 90퍼센트가 최소 한 번 이상 지정예산을 배정받았으며 이 금액을 합치면 3억3600만 달러에 달한다.[78] 하지만 지정예산은 대체로 상위권 연구대학보다는 하위권 대학 쪽으로 재분배되는 편이다.

모든 로비활동이 동일한 성공을 거두지는 못한다. 만일 주에 상원 세출 위원회Senate Appropriations Committee 의원이 있으면 매우 도움이 된다. 이 경우에는 로비 비용 1달러당 56달러꼴로 지원을 받아, 그렇지 않은 경우보다 거의 4배 이상을 지원받는다. 하원 세출 위원회는 그다지 도움이 되지 않는다.[79]

지정예산은 의회가 연구 재원 배분에 영향을 미치는 또 다른 방식이기도 하다. 이런 경우에 주 정부는 상당한 이익을 안겨주리라고 기대되는 분야에 연구비를 투입한다. 가령 2009년 봄에 국립과학재단이 300만 달러를 투입해 "수학적인 재능이 뛰어난 학생들의 능력을 개발할 수 있는 수학 영재학교를 설립하라"는 연방 지출 법안이 채택되었다. 이 명령은 네바다 주가 지역구인 민주당 해리 리드 상원 다수당 대표의 지휘 아래 이뤄졌다. 네바다대 리노캠퍼스가 공립영재학교 데이비슨 아카데미를 후원한다는 사실을 안다면 그다지 놀라운 일은 아니다.[80] 하지만 모든 지정예산이 성공을 거두는 것은 아니다. 국립과학재단이 그 300만 달러를 경쟁력 있는 보조금 프로그램에 투입하여 전국 7개 수학 영재학교에 제공하기로 하고 2010년 8월 결과를 발표했지만, 데이비슨 아카데미는 명단에 들지 못했다.[81]

또 의회의 발언은 국립보건원 예산 할당에도 영향을 미치고 보조금 배분 과정에서도 간접적으로 영향을 미친다. 막강한 하원의원이라면 국립보건원 산하 기관들에 직접적인 예산 재할당, 지정예산의 지출 및 할당 지침 등을 제시할 수도 있고, 아니면 특정 질환 관련 기금을 지원할 수도 있다. 국립보건원 예산을 다루는 하원 세출 위원회 산하 적절한 분과위원회 소속 의원이 추가로 더 있는 주에는 국립보건원 연구비 지원이 8.8퍼센트 증가한 것으로 나타났다.[82]

상prize**:** 최근에는 유도 포상inducement prize을 제공하는 방식으로 연구개발 투자를 촉진하는 경향이 짙다. 그다지 새로운 방식이라고 하기는 어렵다. 예컨대 영국 정부는 이미 1714년에 경도 문제를 해결할 방책으로 상을 제정한 바 있다. 좀 더 최근의 사례를 들자면, 1996년 제정한 '안사리 엑스상'은 우주와 대기권의 경계면까지 최초로 민간 우주비행에 성공하면 상을 수여하기로 했다. 상을 제정하고 8년 후 버트 루탄이 상금 1000만 달러를 받았다. 2006년에는 엑스상 재단이 "게놈당 1회 반복 비용이 1만 달러를 넘지 않으며, 10일 이내에 100명의 인간 게놈 염기서열 결정에 성공하는 최초의 민간 단체에 1000만 달러를 수여한다"고 발표했다. 수상자는 엑스상 재단이 선정한 100명의 게놈 해독 비용으로 100만 달러를 추가로 받게 된다.[83] 개와 고양이를 위한 상도 있다. 생식생물학계의 마이컬슨상은 "고양이와 개에 안전하고 효과적이며 실제적인" 비외과적인 방식으로 사용 가능한 멸균제를 최초로 개발하는 단체에 수여된다.[84]

상은 특히 민간 부문이나 자선가들이 제정하는 편이다. 2010년 매킨지 보고서는 2000년부터 2007년 사이에 상금 10만 달러가 넘는 상이 60개 이상 제정되었으며 전체 상금이 2억5000만 달러에 육박한다고 밝혔다.[85]

공공 부문(적어도 20세기와 21세기)은 혁신 강화를 위해 상을 이용하는 일에서만큼은 풋내기 수준이다. 하지만 2009년 이래, 워싱턴에서 상에 대한 열기가 달아올랐다. 그해 9월 오바마 대통령이 미국혁신전략Strategy for American Innovation의 일환으로 상을 늘리도록 각 기관에 요청한 데 따른 여파다. 2010년 3월, 미국 예산관리국은 각 기관장에게 행정부가 상에 관해 기울이는 노력을 보여줄 만한 제안서를 발송하고 각 기관이 상을 활용하도록 정책 및 법적인 틀을 제시했다. 2010년 9월, 백악관과 미국연방조달청은 웹사이트 Challenge.gov를 개설해 이익단체들이 정부기관에서 지원하는 다양한 상에 관한 정보를 즉각 확인할 수 있도록 조치했다. 처음 석 달 동안만 27개 기관이 47건을 신청했다. 미국에서 이 같은 열풍은 2011년 1월 대통령이 서명한 미국 경쟁력 강화 법안America Competes Act이 채택되면서 다시금 힘을 얻었다.[86]

지원금 배분을 둘러싼 논쟁

지정예산

지정예산 프로젝트는 사실상 동료 심사를 거친 적이 결코 없다보니, 프로젝트 자체가 (당연하게도) 연구계에서 혐오의 대상bête noire임을 인지하기란 어렵지 않다. 하지만 이 프로젝트도 장점이 있기는 하다. 일단 시작하면 지정예산이 책정된 프로젝트는 이후 오랫동안 자금 지원이 계속된다. 안정적인 자금 지원은 장기적인 시각을 갖도록 하며, 이론적으로 보자면 위험을 감수할 수 있게 해준다.

상

상은 권장할 만한 이유가 많다. 상은 성공 결과를 얻었을 때에만 주어지기 때문에 기존의 방식이 아니더라도 여러 대안을 시도하게 하며, 특정 방법론에 매몰되지 않게끔 자극한다. 그 과정에서 자연스레 불필요한 요소들이 제거된다. 게다가 상은, 상이 없었더라면 참여하지 않았을 단체나 개인들마저도 끌어들이는 힘이 있다. 최근 '건강한 아이들을 위한 앱app' 콘테스트에는 많은 학생이 참가했는데, '트레이너'라는 이름으로 출전한 우승자 역시 남가주대 학생이었다.[87] 제1당뇨병 연구를 지원하기 위한 하버드대의 2010 챌린지 콘테스트에는 참가자가 200명에 육박했다. 우승자 12명 가운데 한 명은 당뇨병 환자였으며, 그는 환자들에게 당뇨병을 성공적으로 관리하는 손쉬운 방법을 제안했다. 또 다른 우승자인 하버드대 대학원생은 화학적인 관점에서 새로운 통찰을 제시할 가능성도 있는 당뇨병 연구를 제안했다.[88]

하지만 일부 부작용도 따른다. 우선권 체계와 마찬가지로 상은 중복 연구, 즉 '멀티플'을 촉발하기도 한다. 멀티플 연구는 서로 경쟁 관계에 있기 때문에 아직 결과가 밝혀지지 않은 연구에는 적합하지 않다. 원하는 결과를 밝혀내고, 매우 구체화되었을 때만 알려져야 하기 때문이다. 또 수상기관 측은 해결책을 제안받고 나면 기준을 강화하려는 유혹을 느끼기도 한다. 보상의 규모를 정하는 문제도 있다. 참가자들을 끌어 모으려면 이상적으로는 상금이 많을수록 좋을 거라고 생각하기 쉽지만, 수상자들이 비용을 낭비하지 않도록 상금이 지나치게 많아서도 안 된다.

학계의 연구를 촉진하는 방법으로 상을 활용하는 과정에서 가장 난감한 문제는 상금이 연구를 끝낸 뒤에야 지급된다는 점이다. 이렇다보니 참가자들은 경쟁 과정에서 투입되는 자금을 자체적으로 해결해야 한다. 이는 곧 누군가에게서 지원을 받거나, 산업계와 공동연구 체계를 갖춘 학계 연구진에게나 자격이 주어진다는 의미다.[89] 카네기멜런대와 애리조나대 과학자들은 후자에 속한다. 두 대학은 레이시언Raytheon 사와 합동으로 3000만 달러를 수여하는 구글 루나엑스상에 뛰어들었다. 이 상은 "달 표면에 로봇이 안전하게 착륙해, 달 표면에서 500미터 이상 이동하고, 이미지와 데이터를 지구로 보내는" 임무를 처음으로 완수한 팀에 2000만 달러를 지급한다. 둘째, 셋째 팀은 각 500만 달러씩 '보너스 상금'을 받는다.[90]

포괄 보조금과 평가

포괄 보조금 방식을 통한 정부의 직접 자금 지원과 동료 심사를 거친 연구비 지원은 둘 다 이로운 점이 있다. 하지만 그에 못지않게 양쪽 다 부작용이 있으며 비용도 많이 든다. 하지만 포괄 보조금은 불확실한 결과가 상당 기간 지속되더라도 과학자가 그 주제를 계속 연구할 수 있는 원동력이 된다. 덕분에 과학자들이 재원 유치에 매달리는 시간이나 심사위원들이 제안서 평가에 들이는 시간을 허비하지 않게 해준다. 이런 점들도 무시할 수 없는 혜택이다.

하지만 아무런 조건 없는 포괄 보조금에는 그만한 대가가 따른다. 교수들이 자신의 성과에 따라 이전에 평가받은 연구비나 연봉이 없다면 포괄 보조금도 받을 수 없다. 더욱이 연구 주제는 연구실 책임자나 대학의 정교수들이 선정하는 경우가 다반사다. 그 결과 젊은 교수들은 자신이 유망하다고 생각하는 주제를 추진하지 못하고 자신이 연구를 개시하기 전에 선배 교수들이 은퇴하기를 기다리는 수밖에 없다.[91]

가장 중요한 점은 어떤 부대조건도 달리지 않은 접근 방식이 회계 기준에는 부합하지 않는다는 점이다. 최근 들어 공공 부문에서 조건 없는 방식이 '아킬레스건'이라는 사실이 입증되었다. 특히 이런 체계가 자리 잡은 유럽에서는 연구 투자를 통해서 추구하려는 바가 무엇인지뿐만 아니라 연구의 질, 경제적인 공헌도에 대한 설명을 요구한다. 좋든 싫든 호주, 뉴질랜드뿐만 아니라 많은 유럽 국가가(위에서도 언급했지만) 과거의 업적을 평가하거나 동료 심사를 실시함으로써 대학 재원 할당 체계에서 무제한 지원하는 방식을 멀리해왔다. 프랑스는 개혁의 이유가 조금 달랐고 조금 늦게 추진하기도 했지만, 근본적인 이유는 연구의 질적 저하 때문이었다.[92]

과거 성과를 근거로 재원을 할당하는 방식은 대학들로 하여금 이 체계에 적응하도록 이끌었다. 영국에서 연구원을 채용한 수많은 사례를 보면, 대학은 성과 점수를 극대화하기 위해 다음 평가 기간 마감일 직전에 채용하는 경우를 쉽게 볼 수 있다.[93] 심지어 다른 대학의 직위를 유지한 채로 교수를 채용하기도 한다. 성과가 재원 분배에 영향을 끼치는 중국에서는 흔한 관행이기도 한데, 앞에서도 언급했지만 많은 명망 있는 미국 교수들에게 강좌를 열고, 강의교수라는 직위를 부여한 다음 중국에서 기껏해야 1년에 3개월 정도 체류할 것을 요청한다.[94] 그렇게 하면 이 교수들을 나중에 다시 초청할 수 있는 연구 환경을 조성할 수 있을 뿐 아니라 재원 마련에도 도움이 된다.

평가에 적용하는 기준은 연구의 질 측면에서도 영향을 미친다. 예를 들어 호주에서 사용하는 공식은 당초 ISI 저널(현재는 '톰슨 로이터 지식웹')이 인증한 출판물 수에 중점을 두었다. 그런데 (놀라운 사실은 아니지만) 가장 큰 폭으로 증가한 논문은 하위 4분위에 해당되는 것들이었으며, 이는 의학과 생명과학 분야도 예외가 아니어서 하위 50퍼센트에 해당되는 논문이 가장 큰 증가세를 보였다.[95]

동료 심사

동료 심사 체계 또한 장점이 있다. 동료 심사는 지적 탐구의 자유를 허락하며 직업적인 생산성을 유지하도록 과학자들을 자극한다. 보조금 체계 내에서 성공이란 완벽하게 과거의 성공만으로 결정되지 않으며, 지난해에는 패자였을지언정 올해에는 승자가 될 가능성이 존재한다. 다소 논쟁적이기는 하지만, 동료 심사는 연구의 질을 향상시키고 정보 공유를 독려하는 장점도 있다. 뿐만 아니라 3장에서도 언급했듯 과학자들 사이에서 기업가 정신을 자극하기도 한다. 벤처 캐피탈리스트에게서 자금을 지원받기나 펀딩 기관에서 지원받기나 양쪽 다 대단한 노력을 요하기는 매한가지이기 때문이다.

경쟁적인 보조금 체계에서 무제한으로 제공되는 보조금에도 대가가 따르듯, 동료 심사 역시 여러 장점에도 그에 따른 비용이 만만치 않다. 첫째, 시간이 문제다. 보조금 신청과 행정 업무는 과학자들이 연구를 수행할 시간을 앗아간다. 2006년 한 조사에 따르면 미국에서 교수 겸 과학자들은 연방정부가 주는 보조금을 받으면서 연구 시간의 42퍼센트를 양식 작성이나 회의 참석 등 보조금 지원 전(22퍼센트)·

후(20퍼센트) 업무에 소모한다.[96]

다른 지원자들의 제안서를 검토하는 데도 많은 시간이 든다. 국립보건원 과학심사센터 앤토니오 스카파 소장에 따르면, 담당 검토자 세 명이 각 7시간에 걸친 검토를 포함해서 평가 과정에 무려 30여 시간을 들여 25쪽짜리 R01 보조금 자료를 심사하는 일은 이제 없다.[97] 만일 고참 교수들이 포함된다면 제안서당 1700달러를 지급해야 한다.[98] 최근 들어 국립보건원과 국립과학센터에서는 경험이 풍부한 심사위원을 선발하기 어려워지고 심사의 질이 저하되면서 우려가 높아지고 있다.[99] 그래서 국립보건원이 2010년부터 제안서 길이를 50퍼센트가량 줄이는 고육책을 폈는지도 모른다.[100]

경쟁적인 자금지원 체계는 위험을 무릅쓰려는 의욕을 꺾기도 한다. 보조금은 '실행력'에 점수를 매기고 '거의 확실한 연구'를 선정하기 때문이다.[101] 노벨상 수상자인 로저 콘버그의 표현을 빌리자면, "만일 당신이 제안한 연구의 실질적인 성공 가능성이 보장되지 않으면, 연구비를 지원받지 못할 것"이다.[102] 하지만 일부 연륜 있는 과학자들은 동료 심사에 관해서 "적어도 국립보건원의 심사자들은 '과거 실적보다 아이디어'에 집중하는 편"이라며 비교적 다른 관점에서 평가하기도 한다.[103] 그런데 이 문제는 연구비를 지원받지 못하는 상황이 되었을 때 복잡해진다. 최근 미국예술과학아카데미가 발표한 『과학·공학 고등연구ARISE』 보고서는 "심사자나 프로그램 관리자가 위험도가 낮으며 가장 짧은 기간에 측정 가능한 결과를 낼 것으로 기대되는 프로젝트에 가장 높은 점수를 부여하는 경향은 자연스럽다"라고 결론 내렸다.[104]

인센티브 체계의 바탕에는 위험도에 대한 반감이 깔려 있다. 실패는 보상받지 못한다. 미래 연구비 지원은 분명 보조금을 받는 기간 동안 거둔 성공적인 결과물에 달려 있다. 이 체계는 특히 의과대학 교수들이나 여름 학기 급여처럼 연봉과 직결된 상황이라면 위험을 감수하려는 의지를 꺾게 만든다. 스탠퍼드대 생의학과 스티븐 퀘이크 교수의 표현을 빌리면, 오늘날 교수들이 지원금 신청서를 작성하는 기준은 "출판할 것이냐 사라질 것이냐"에서 "연구비를 지원받을 것이냐 굶주릴 것이냐"로 바뀌었다.[105] "만일 보조금을 갱신하지 못하면 독립적인 연구원으로서 경력이 끝날 것"이며 "실험실 문을 닫아야 할 것"이라는 과학자들의 호소는 참으로 고통스러운 이야기다.

적어도 국립보건원의 연구비 지원 방식은 구조화되어 있으며, 과학자들은 경력 중에 새로운 주제로 연구를 시작할 엄두를 내기 어렵다. 연구 지원금을 갱신해야 보다 인정받을 수 있다보니, 연구자들은 이미 알려진 코스를 밟으면서 자신이 연구해온 분야만 전문적으로 연구한다. 언젠가 한 저명한 과학자가 내게 "오랫동안 같은 보조금만 받는 동료들은 창의력이 부족하다는 증거"라며 경멸감을 표한 적도 있었다.(덧붙이자면 이런 입장을 표하는 사람은 분명 소수이긴 하다. 이 과학자는 자신의 연구 주제 선정에 매우 유연한 태도를 취하며, 현재 하워드 휴스 의학연구소 소속 연구원이다.)

그렇다고 경쟁적인 보조금 체계가 젊은 과학도들에게 우호적이라고 하기도 어렵다. 최근 젊은 연구원 수는 증가하는 데 비해 국립보건원으로부터 연구비를 지원받는 신규 연구원 수는 거의 일정했다(이어지는 논의 참고).[106] 그리고 새로 대상자로 선정되는 과학자들의 연령이 높아지는 추세다. 처음 연구비를 지원받는 과학자 평균 연령이 1985년 37.2세에서 2008년 41.8세로 높아졌다.[107] 최소 세 가지 요인이 작용해 이런 현상이 발생했다. 첫째, 연구비 지원 결정 과정에서 이미 자리를 잡은 연구자와 막 입문한 연구자에 대한 선입견이 작용했기 때문이다. 둘째, 신규 연구원 70퍼센트 이상이 연구비를 지원받기까지 제안서를 두 번 이상 제출하는 추세다. 30년 전에는 신규 연구원 중 85퍼센트 이상이 첫 신청에서 채택되었던 것과 대조된다. 다시 신청을 하다보면 그 과정에서 1년 정도는 금세 지나간다. 셋째, 교수가 되는 사람들의 연령대 자체가 높아진 까닭도 있다.[108]

연구비를 지원받을 가능성이 낮을 때 보조금 체계는 특히 야박해진다. 연구비를 지원받을 가능성이 희박한 제안서를 제출하고 평가하는 데 들이는 시간과 자원은 비효율적이라고 여기다보니, 이런 인식이 과학자의 사기 저하로 이어진다.[109]

연구 지원금을 많이 받을수록 그에 비례하여 성과도 좋아진다는 점을 고려하지 않고, 이미 많은 지원금을 받은 연구에 다시 인센티브를 제공하는 보조금 체계 역시 문제다. 그렇게 되면 돈을 수단이 아닌 목적으로 여기게 되고, 지원금의 규모를 곧 성과의 척도라고 여기는 오류를 범할 수 있다.[110]

보조금을 주는 단체들도 이런 문제점들을 인식하고 있다. 가령 국립보건원은 젊은 연구원들에게 연구비 지원을 늘리고자 꾸준히 노력하고 있다. 최근에는 박사후연구원 시절부터 새내기 교수가 될 때까지 연구원의 승진을 돕는 "캥거루 보조금"을 도입하기도 했다. R01 제안서 심사위원들은 신규 연구원의 제안서라는 사실을 인지하며, 이들에 대해서는 일반적으로 지원 여부를 결정하는 기준 금액을 낮춰 잡는다. 게다가 신규 연구원들은 별도로 신청하지 않더라도 1년 더 지원받는다. 2008년 가을 엘리아스 제르후니 박사는 국립보건원 원장 자리에서 물러나기 전 "공식적인 국립보건원 정책은 '신규 연구원들의 성공률이 기존 연구원들의 신규 신청 성공률에 버금가도록 지원하는 것'이다"라고 선언하며 마지막까지 갓 입문한 연구원을 위한 배려를 아끼지 않았다.[111]

국립보건원은 그 의미를 알아채고는 2009년에 신규 연구원 1798명에게 연구비를 지원했다. 2006년에 1361명이었던 점을 감안하면 대상자를 크게 늘린 결정이다.[112] 이 조치를 통해 기준 금액 아래로 지원하는 보조금 대상 또한 크게 늘었다.[113]

과학자들이 위험을 감수하도록 격려하려는 노력의 일환으로, 국립보건원은 개척자 상과 유레카 상을 신설했다. 개척자 상은 '생의학 및 행동학 분야 주요 과제를 선정해 선구적이고 실현가능한 제안을 함으로써 뛰어난 창조성을 발휘한 과학자'에게 주는 상이다.[114] 유레카 상은 '연구원들이 새로운 가설을 실험하고, 방법론적 또는 기술적인 도전과제 해결에 나서도록 돕기 위해' 제정했다.[115] 이런 노력은 칭찬할 만하지만 아쉽게도 수상자는 극소수에 머물고 있다. 개척자 상은 2009년 18명이 수상한 것이 최대 규모였는데, 5년간 수백만 달러를 지원받는 과학자가 2300명이 넘는다는 사실을 감안하면 이 상을 수상하는 사람이 1퍼센트에도 미치지 못하는 셈이다.[116]

국립과학재단 역시 2007년에 '혁신적인 연구'를 격려할 목적으로 새로운 정책을 실행하기 시작했다. 무엇보다도 재단은 "제안서가 제안하고 탐구한 혁신적인 개념에 대한 검토를 포함하여 성과를 바탕으로 하는 평가 기준을 강화한다"고 밝혔다.[117]

국립보건원 예산 확대는 생산성을 늘렸을까

돈이 동료 심사나 대학 연구 사업에서 일반적으로 나타나는 다양한 문제를 해결해주리라는 가정은 매혹적이다. 유입되는 자금이 많아지면 지원금을 받을 성공률도 높아질 테고, 더 많은 위험을 감수할 원동력이 되리라고 예상할 것이다. 또 돈이 많으면 일자리도, 젊은 연구자를 위한 보조금도 늘어날 것이라고 자연스레 기대한다.

하지만 정말 그렇게 생각한다면 매우 주의해야 한다. 실제로는 국립보건원이 예산을 2배로 늘린 1998년부터 2002년 사이에 많은 문제점이 노출되었기 때문이다. 이 시기가 끝날 때쯤, 지원금 수령 성공률은 예산이 2배가 되기 전보다 높지 않았다. 2009년에는 실제로 예산이 2배로 확대되기 전보다도 꽤 낮았다.

자세히 살펴보면 교수들은 보조금 제안서 제출 및 검토에 더 많은 시간을 할애해야 했다. 2000년대 초만 해도 R01 제안서 가운데 60퍼센트 정도가 최초 제출 시 채택되었지만, 2010년 말에는 겨우 30퍼센트만 처음에 채택되었고[118] 3분의 1 이상은 최종 검토에서야 승인되었다. 이는 단순히 시간이 더 걸린다거나 커리어가 늦춰진다는 의미일 뿐 아니라, "때로는 끈기가 명민함을 이긴다"는 엘리아스 제르후니 원장의 말처럼 이런 기관들이 '마지막' 제안서를 선호한다는 의미이기도 하다.[119] 그뿐 아니라 이 책 7장으로 잠시 건너뛰어보면, 정부가 연구 지원금을 확대했던 1950년대와 1960년대에는 신규 박사학위 소지자의 정규직 채용이 늘었지만, 예산 2배 확대 시기에는 그마저도 거의 증가하지 않았다.

또 국립보건원 예산 2배 확대가 적어도 출판물 측면에서 전보다 생산성을 높였다고 단정하기도 어렵다. 이 기간 프레더릭 삭스의 생의학 부문 미국 출판물 연구에 따르면 연구비 지원을 2배로 늘리지 않은 미국 외 국가의 실험실들과 비교했을 때 미국에서 출판물은 '증가'하지 않았다.[120]

이런 모순적인 상황이 벌어진 주요인은 대학들이 보인 반응 때문이었다. 예산 확대 조치에 대해 대학들은 새 '리그'로 진출하고 연구 프로그램의 '탁월함'을 갖출 기회라고 여기거나, 자신들이 입지를 강화할 기회라고 여겼다. 아니면 생의학 연구에서 살아남기 위해 연구 프로그램을 확대해야 한다고 생각하는 대학들도 있었다. 그런데 이와 같은 인식과 달리, 실제로는 연구중심대학 대다수가 전례 없는 건설 경쟁에 뛰어들고 말았다. 현재도 많은 보조금을 받지만, 앞으로 더 많은 보조금을 타낼 능력이 있는 고참 교수진을 채용하려면 넓은 공간이 필요하다는 이유에서였다. 데버러 포웰 미네소타대 의과대학 학장은 이렇게 말했다. "고참 교수들을 채용하려다보면 이 교수들이 넓은 공간을 원하는 게 문제입니다. (…) 신경과학자 4~5명을 채용한다는 얘기는 수천 제곱미터의 공간과 엄청난 돈을 구해야 한다는 뜻이지요."[121]

대학들은 외연을 확장하면서 금융 부채는 물론 자선단체나 지역,

주에서 제공하는 재원을 끌어들였다. 소프트머니, 즉 정부나 단체의 보조금을 지원받는 교수와 연구과학자들을 대거 고용했고, 그때까지 국립보건원의 보조금을 받지 못한 교수들에게는 "보조금을 받아오라"며 떠밀었다. 또 더 많은 보조금을 받아오는 교수들을 독려했음은 물론이고 한두 개 정도로는 성에 차지 않았으며 세 개 정도는 받아오길 기대했다. 대형 실험실을 갖춘 새 건물일수록 과학자들을 지원할 더 많은 재원이 필요한 상황이었다.

당연하게도 새 연구 프로젝트를 두고 경쟁하는 지원자 수가 증가했다. 1998년 국립보건원의 R01 보조금 지원자는 2만4240명을 웃돌았다. 그러다가 예산을 2배로 늘린 기간이 끝난 2003년에는 2만9573명으로 늘었다. 그로부터 여러 해 지난 2009년에는 2만7365명이었다.[122] 한편 국립보건원이 예산을 2배로 늘리고 처음에는 보조금 성공률이 30퍼센트를 웃돌았지만 2006년에는 20퍼센트 수준으로 떨어졌고 2009년에는 22.2퍼센트로 조금 '반등'했을 뿐이다.[123]

성공률이 감소한 한 가지 이유는 예산 증가와 더불어 연구 제안서도 급증했기 때문이다. 1998년 평균 보조금 예산은 24만7000달러 수준이었지만 2009년에는 38만8000달러까지 늘어났다.[124] 이 같은 증가를 보인 데는 여러 요인이 있는데 첫째, 지원금을 유치하는 교수가 늘어나면서 보조금 중 교수 연봉으로 지급하는 비율(2009년 의과대학 교수진 평균 비율은 36퍼센트)을 높였기 때문이다.[125] 둘째, 쥐와 MRI 설비 가격만 해도 비싼 편이었음에도 불구하고 그 기간 설비비와 설비 공급이 상당히 늘어났다. 2000년부터 2007년까지 소비자 가격지수는 20퍼센트 오른 데 비해 생의학연구개발 가격지수는 29퍼센트나 상승했을 정도다.[126] 셋째, 대학원생 등록금이 올랐다. 등록금 증가는 대학들이 연방 자금 지원을 더 많이 얻어내는 데 도움이 되는 방도를 마련해줬다.[127]

성공률이 하락한 또 다른 요인은 국립보건원이 보유한 R01 지원금이 감소한 탓도 있다. '예산 2배 확대' 기간 이후에 실제 예산이 줄어들었을 뿐 아니라, 예산 확대 기간에 체결한 보조금 약정 기간이 4~5년이었기 때문에 예산 확대 기간이 끝나고도 재원이 부족할 수밖에 없었다. 2003년에는 R01 보조금 재원이 26억 달러 수준이었지만, 2006년에는 22억 달러까지 줄어들었다.[128]

그뿐 아니라 국립보건원이 예산 내 R01 할당 비율을 줄이는 대신 2002년 제르후니 원장이 연구의 유연성을 제고하고 생의학 연구들 사이에 존재하는 틈새를 좁혀보고자 주창한 로드맵 등 대규모 프로젝트에 예산 투입을 확대한 것도 영향을 끼쳤다. 2001년에는 신규 지원금 가운데 53퍼센트를 R01에 할당했지만, 2006년에는 45.1퍼센트에 그쳤던 것만 봐도 알 수 있다. 이 비율은 소폭 증가해 2010년 47.4퍼센트를 기록했다.[129]

예산 2배 확대 기간에 그때까지 미국국립보건원 지원금을 받아본 적이 없는 과학자들에게 신규 보조금 일부를 할당하긴 했지만, 대부분이 기존 연구자들 몫으로 돌아갔다. 또 R01 보조금 한 건 외에 추가로 더 받는 연구원 비율이 이 기간에 22퍼센트에서 29퍼센트로 늘어나 3분의 1 수준에 육박했다.[130] 처음 지원받는 연구자 수는 10퍼센트 미만이었다.[131]

젊은 연구자들은 좀 더 훌륭한 과거 성과와 보조금을 받아내는 수

그림 6.3 미국국립보건원 R01 등 연령별 보조금 수령자 비율 (1995~2010)

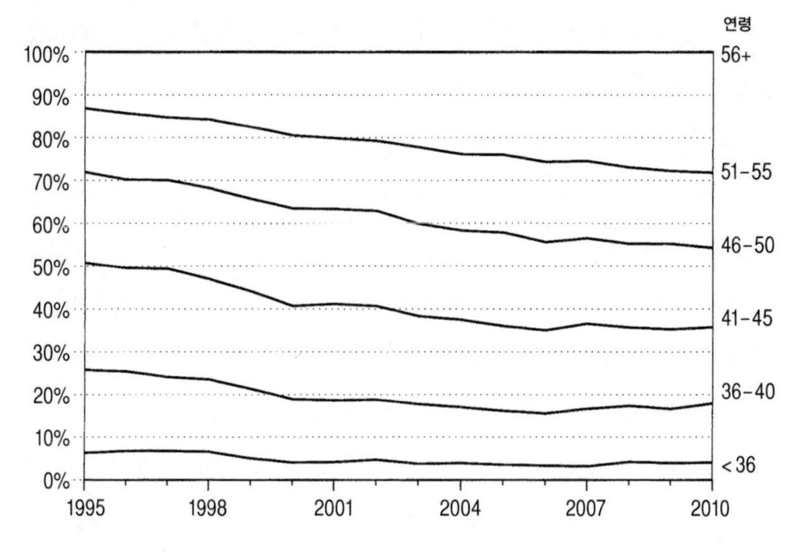

출처: 미국국립보건원 대외연구실 제공.

완까지 겸비한 연륜 있는 연구자들과 경쟁하기에는 불리했다. 제출 단계마다 신규 연구원의 보조금 채택률은 새 연구 주제로 제안서를 제출하는 기존 연구자들보다 낮았다.[132] 〈그림 6.3〉에서 알 수 있듯, 경력 연구자들의 보조금 증가와 최초로 보조금을 받는 연구자들의 증가율이 실험 책임자의 연령 분포에 따라 급격하게 변화했다. 1998년에 50세 이상 지원금 수혜자는 3분의 1 미만이었고, 40세 아래는 약 25퍼센트 정도였다. 그러다 2010년에는 50세 이상이 46퍼센트, 40세 이하는 18퍼센트로 달라졌다. 55세 이상도 28퍼센트가 넘었다.

생의학계는 (결국 성공을 거두지는 못했지만) 연구비를 더 많이 지원해달라며 로비활동을 펼쳤다. 게다가 이전에 물리학에 도움이 되었던

"몰려오는 폭풍Gathering Strom" 보고서처럼 생의학을 중심으로 작성한 유사 보고서가 의회의 관심을 끌어 모으길 기대하며 또 다른 '폭풍'을 일으켜보려고 노력했다.(이 보고서는 예산이 2배로 늘자마자 작성되었다.)[133]

경기부양법의 연착륙 실패

하룻밤 사이에 경기부양법이라는 도움의 손길이 뻗쳐 오리라고는 아무도 예상하지 못했다. 하지만 2009년 2월 4일 오전, 생의학계는 자고 일어나 보니 자신들이 **향후 2년간** 100억 달러가 넘는 경기부양 자금의 수혜자가 되었다는 사실을 알게 되었다. 하지만 국립보건원의 예산 2배 확대 기간이 끝나고 연착륙하기 어려웠던 점을 감안하면, 100억 달러 투입이 끝나는 2년 후에는 어떤 상황이 벌어질까?

국립보건원은 지원금의 3분의 1을 최초 신청에서 탈락한 제안서들에 지원(단 2년 동안으로 제한)하는 방식으로 지원 범위를 확대하기로 결정했다. 또 다른 3분의 1은 연구 속도(인력 확충과 시설 확대)를 높이도록 행정 지원에 썼다. 하지만 가장 큰 관심을 끌어 모았던 챌린지 보조금Challenge grant은 실적이 10퍼센트 미만에 그쳤다. 2009년 3월 초 이런 내용이 발표되자마자, 간접비 부족과 교수들의 연구비 갱신 실패로 굶주리던 대학들이 전면적인 압박 공세를 펼치기 시작했다.[134] 10주가 채 되기도 전에 2만 건이 넘는 보조금 신청서가 쇄도했고, 이는 비용으로 환산하면 100만 달러에 달하는 규모였다. 미네소타대만 해도 약 1퍼센트에 해당되는 224건을 신청했으며 캘리포니아대 어바인캠퍼스도 이와 비슷했다.[135] 일부 대학 총장들은 교수들에게 제출한 지원서 수로 교수 평가를 하겠다며 으름장을 놓기도 했다.[136]

결국 국립보건원은 챌린지 보조금 840건을 지원했다. 지원서 채택 비율은 4퍼센트에 약간 못 미쳤다.[137] 하지만 이것으로 끝이 아니다. 탈락되었더라도 R01에 다시 지원할 수 있었다. 게다가 12쪽짜리 챌린지 보조금 신청 양식이 새로 간소화된 R01 양식과 딱 들어맞아 다시 지원하기가 수월했다.[138] 경기부양 자금은 어려운 시기에 많은 연구자와 대학에 도움이 되었지만, 그렇다고 이 상태가 '정착'되지는 않았다.[139] 만약 2009년에 성공률이 낮았던 이들이라면, 아마 그 이후에는 더 낮았을 가능성이 높다.

정책 쟁점

미국은 GDP의 약 0.3~0.4퍼센트를 대학 및 의과대학 연구개발에 투자한다. 금액으로 환산하면 2009년 약 550억 달러에 달했으며 이는 국민 1인당 약 170달러에 해당된다. 이 가운데 300억 달러 이상이 연방정부 지원금이며, 전체 연구개발 투자금의 3분의 2가량이 생명과학, 특히 생의학 분야로 흘러 들어간다. 더욱이 생명과학 분야 비율은 21세기 들어 계속 증가했다.

한 경제학자에게 이와 같은 현상이 과연 효율적인가 하는 의문이 들었다. 0.3~0.4퍼센트는 적정한가? 과하지 않은가? 이 가운데 3분의

2를 생명과학에 할당하는 방식이 '옳은가?' 이런 질문에 대한 답변을 듣기 전에, 경제학자들이 사용하는 '효율성'이라는 용어가 의미하는 바를 알면 유용하다. 당연한 얘기지만 '효율성'이라는 말에는 특정한 의미가 있다. 더 정확히 말해서, 누군가가 자원을 재배분해서 파이의 크기를 더 키울 수 없을 때 자원이 효율적으로 배분되었다고 말한다.

그렇다면 어떻게 자원이 효율적으로 배분되었다고 말할 수 있을까? 가장 손쉬운 방법은 위험을 무시하고 투자 기회가 가져온 수익률을 비교하는 것이다. 만일 X에 대한 투자수익률이 20퍼센트이고 Y에 대한 투자수익률이 10퍼센트이면, 분명 X에 투자를 더 늘리고 X에 투자한 자원을 회수해야 할 것이다. 이렇게 재배분하면 X에 대한 한계수익률이 결국 줄어들고 Y의 한계 수익률은 늘어난다.

이는 꽤 단순해 보인다. 공립대 연구에 투자해서 얻은 수익률을 산정해서 대체 수익률과 비교해보라. 아니면 추가 금액을 생의학과 물리학 연구에 각각 투입한다고 가정해서 수익률을 산정하고 이를 비교해보라. 이런 작업이 쉬워 보일지도 모르겠지만, 자세히 들여다보면 사소한 사실들이 문제를 일으키기도 한다. 또 세부 사항을 측정할 만한 데이터가 부족하다는 점도 문제다.[140]

예를 들어 이익을 얼마나 좁게 또는 넓게 정의할 수 있을까? 원자시계를 살펴보자. 시간 측정을 위해 원자의 진동을 이용한다는 개념은 1879년 켈빈 경이 제안했으니 130년도 더 되었다. 그러나 실제적인 방식으로 적용된 시기는 이지도어 라비가 개발한 1930년대 들어서였다.[141] 원자시계는 GPS를 포함해 수많은 신제품과 혁신을 낳도록 공헌했고, 물리학 분야에서 기초연구 쪽으로도 핵자기공명 등 다양한 신제품과 신공정 개발에 기여했다. 이 차이를 어떻게 측정할 수 있을까?

9장에서 자세하게 살펴보겠지만 연구에서 얻는 혜택은 오래 지속된다. 이는 곧 사회가 경제적인 효과를 인식할 때까지 오래 기다려야 한다는 의미다. 공공 부문 연구에서 비롯되는 많은 혜택이 시장에서 거래되지 않다보니 가치를 측정하기 어렵다는 문제도 있다. 허블 망원경이 전송하는 이미지의 가치를 어떻게 산정할 수 있을까? 암흑 물질의 궁금증을 풀었을 때 느끼는 만족을 측정할 방법은?

이런 의문에 대한 도전으로, 범위를 좁혀 공공 부문의 연구개발 투자 수익률을 살펴본 연구가 있다. 특정 유형의 연구가 가져온 투자수익률 또는 특정 상품 개발을 이끈 연구의 투자수익률을 연구했다. 예를 들어 좀 더 광범위하게 정의된 농업 연구개발은 물론이고 옥수수 연구 수익률에 관한 연구가 여러 건 있다. 최근 한 연구는 미국 농무부가 지원한 연구의 수익률이 18.7퍼센트라고 밝혔다.[142] 특정 주에서 지원한 농업 연구의 수익률도 보고되었다. 다른 주로 전파되는 지식 확산까지 포함하면 수익률이 최소 9.9퍼센트, 최대 69.2퍼센트이며 평균 32.1퍼센트라고 추정했다. 의학 연구 분야에서도 투자수익률 관련 연구가 많다. 한 연구에서는 국립보건원의 심혈관계질환 관련 요인들에 대한 투자로 심혈관계질환 위험이 있는 사람들이 병원을 찾는 비율이 2배 증가했으며 이에 따른 투자 수익률이 약 3퍼센트에 달한다고 추정한다.[143]

꽤 오래된 한 연구는 국립과학재단이 주도해 과학사에 중요한 족적을 남긴 다섯 가지 주요 혁신(자기 페라이트magnetic ferrite, 비디오 테이프 레코더VTR, 경구피임약, 전자현미경, 매트릭스 유리matrix isolation)을 추적했다. 이 추적 과정에서 다섯 가지 연구 모두 애초에 임무를 부여받지 않았던 연구, 다시 말해 "실용성을 염두에 두지 않고 순수하게 지식 탐구와 과학적인 발견에 방점을 두었던" 연구 덕을 보았으며, 임무를 부여받지 않은 많은 연구는 혁신이 일어나기 20~30년 전에 최고조에 달한다는 중요한 사실을 발견했다. 또 실용성의 임무를 부여받지 않은 연구 대부분(정확히 76퍼센트)이 대학교와 칼리지에서 이뤄진다는 사실도 밝혔다.[144]

특히 측정하기 어려운 공공 부문의 연구개발 투자 이후, 경제적인 성과가 나타나기까지 오랜 시간이 걸린다는 점을 감안한다면 이와 같은 사례 연구는 매우 가치 있다. 하지만 이런 연구가 공공 부문의 연구개발 투자가 성과를 내지 못한 분야는 물론이고 성공 사례와 실패 사례를 포함해 다양한 연구 중에서 샘플을 채택한 것이 아니라 공공 부문의 연구개발 투자가 성과를 낸 사례만 분석했기에 '승자의 편견winner's bias'이 작용한다는 사실도 고려해야 한다.[145]

공공 부문 투자 수익률을 연구하는 한 가지 대안은 공공 부문 연구가 신제품과 공정 개발에서 담당한 역할을 중심으로 기업을 조사하는 방식이다. 그와 같은 접근법을 사용해서, 맨스필드Edwin Mansfield는 76개 기업과 인터뷰해 이 기업들이 도입한 신제품 가운데 11퍼센트, 신공정 중에서는 9퍼센트가 최근 학계의 연구 없이 진행되었음(크게 지연되지 않고)을 알아냈다. 그는 자신의 데이터를 근거로 28퍼센트가 사회 전반에 수익을 가져온다고 추정했다.[146]

종합해보건대, 이런 연구들이 주장하는 공공 부문의 과거 투자 수익률은 상당히 높다. 수익률이 앞으로도 높게 유지될 것인지는 물론 확실치 않다. 맨스필드는 이렇게 말한다. "이런 연구는 과거의 결과를 두고 분석하다보니, 현재 일어나는 자원 배분 결정에는 거의 도움이 되지 않는다. 현재 내리는 결정은 이미 완료된 프로젝트가 아니라 향후 진행할 프로젝트의 비용과 편익에 달렸기 때문이다."[147]

그렇다보니 미국 공공 부문에 지원되는 연구비의 적절한 규모와 관련하여 효율성의 문제에 답변하기란 쉬운 일이 아니다. 하지만 만일 질문을 "투자 규모를 늘려야 하는가"로 바꾼다면 한 가지는 안전하게 답할 수 있겠다. 우리가 정확한 규모를 결코 알 수는 없지만 연구 부문에서 거둔 건실한 수익률을 감안한다면 적정 투자 규모는 GDP의 0.3~0.4퍼센트인 현재 수준보다는 높아야 할 것이다.

그렇다면 미국의 연구개발 포트폴리오 균형은 어떤가? 효율성의 관점에서 생의학 연구 비중을 점점 늘려온 현재 방식은 적절한가? 생의학 연구의 한계비용 수익률이 고체물리학의 한계비용 수익률보다 큰가를 계산해낼 사람은 아무도 없다. 하지만 (10장에서 살펴보겠지만) 한 가지 신뢰가 가는 답변은 현 상황이 효율적이지 않다는 인식이다. 오히려 보건 분야에 대한 공공 부문의 관심과 의학 연구를 지원하는 로비 단체들의 힘을 반영할 뿐이다. 또 일부 연구비가 연방 단체들의 임무와 연관되어 있다거나, 아니면 최근에 특정 기관이 예산을 삭감하거나 다른 단체들에 비해 조금씩 늘려왔다는 사실을 보여주는 데 그칠 뿐이다. 가령 냉전이 끝나갈 무렵에는 국방부 예산이 삭감되면서 결과적으로 대학의 방위 관련 연구 지원금 삭감으로 이어졌다.

효율성에 관한 다른 쟁점들도 있다. "거액의 보조금이 소액보다 효율적인가" "하워드휴스 의학연구소 등에서 운영하는 보조금 프로그램의 구조와 선택 과정이 국립보건원이 운영하는 프로그램보다 더 효과적인가"와 같은 질문을 예로 들 수 있다. 보조금의 규모 측면에서도 출판물 수로 측정한 성과가 보조금 규모와 상관관계가 낮다는 몇몇 증거가 있다. 국립일반의학연구소가 진행한 한 연구는 일반의학연구소 소속 연구원들의 출판물 수와 보조금 중 전체 직접비용 사이의 상관계수가 0.14에 불과하다는 사실을 밝혔다.[148] 물론 이는 하나의 연구일 뿐, 실험 책임자 여러 명이 관여한 프로젝트와 개별 프로젝트에 자금을 투자하는 방식 중 어느 쪽이 더 효율적인가 하는 질문을 해결해주지는 못한다. 국립보건원으로 치면, P01보다 R01이 효율적이라고 말하기 어려운 이치와 같다. 아니면 수십억 달러짜리 대형 설비를 들이는 것과 상당 기간 재원을 동결하는 것 중 어느 쪽이 현명한 투자인지 효율성의 측면에서 결정을 내리기도 쉽지 않다.

후자의 경우, 최근의 한 연구는 하워드휴스 의학연구소 체계가 국립보건원 방식보다 더 큰 위험을 감수하도록 해 은근히 생산성을 독려한다고 주장한다. 선택의 문제들을 통제하기 위해서, 저자들은 하워드휴스 의학연구소가 연구비를 지원한 연구자들의 생산성과 국립보건원의 자금을 지원받으면서도 이전에 다른 재단이 수여하는 상을 받아본 적이 없는 연구자들의 성과를 비교했다. 그들은 하워드휴스 의학연구소 연구원들이 통제군 과학자들에 비해 훨씬 높은 비율로 영향력이 큰 논문을 작성한다는 사실을 알아냈다. 그들은 또 하워드휴스 의학연구소 연구원들의 연구 방향이 통제군에 속하는 연구원들과 다르다는 증거도 찾았다. 하워드휴스의 체계가 국립보건원보다 나은 이유를 최소한 세 가지는 들 수 있다. 하워드휴스 의학연구소는 프로젝트가 아니라 '사람'을 평가한다. 또 상대적으로 더 오랫동안 연구비를 지원한다. 그뿐 아니라 연구자들이 처음에 겪는 합리적인 '실패' 정도는 용인하는 분위기다.[149] 웰컴트러스트 재단은 이런 장점들에 공감했던지, 프로젝트보다는 개인을 평가할 것이며 더 오랜 시간 자금을 지원할 것이라고 2009년에 발표했다.[150]

결론

연구는 돈이 많이 드는 사업이다. 기초연구의 특성 때문이기도 하고 기초연구를 수행하는 개인의 동기 또는 역사적인 사건도 그 이유 중 빼놓을 수 없으며, 많은 나라가 과학 연구를 대학에서 추진한다는 점도 비용이 많이 드는 이유 가운데 하나다. 또 나라에 관계없이 정부 합동연구진이 많은 비용을 담당하며, 그 외에 산업계, 민간 재단, 대학 등도 연구비를 지원하고 있다. 최근에는 대학들이 자체 자금 비율을 늘리는 반면 정부 지원금은 줄어드는 추세다. 하지만 이런 추세도 나라마다 제각각이다.

대학 연구 지원 기준은 점차 성과를 중요시하고 있다. 성과 없이는 연구비 지원도 기대하기 어렵다고 봐야 한다. 비록 항상 그랬던 것도 아니고(특히 유럽의 경우) 지나치게 단순한 주장처럼 들릴 수도 있지만 말이다. 하지만 교수들이 연구 재원을 조달하는 책임을 지게 되면서 간접적으로는 명성을 쌓고, 직접적으로는 연구비를 유치하는 노력에 점점 더 무게를 두게 되었다. 미국은 좀 더 극단적인데, 대학 측이 대학 교수에게 지원하는 초기 연구비가 채용 후 2~3년이 지나고 나면 사실상 사라진다. 게다가 교수들은 자신들의 연봉을 지급할 재원을 더 많이 마련해오라는 압력을 받게 된다. 의과대학은 특히 심해 비종신직 연구교수뿐 아니라 종신직을 보장받은 교수들도 예외가 아니다.

동시에 보조금을 수령해오는 성공률을 기준으로 지급하는 연구 지원금은 더 드물어졌다. 이는 특히 최근 들어 연구 지원금은 사실상 늘어나지 않았음에도 대학의 연구 사업 규모와 기대감은 더 커진 탓이다.

자금은 한정되어 있는데 사업 규모만 커지는 이런 현상이 교수진을 압박했고, 정부 기관들은 교수들이 위험을 무릅쓰지 못하게끔 유도한 셈이다. "확신"은 결과가 불확실한 연구 주제일수록 더 요구된다. 동료 심사만이 위험을 무릅쓰지 못하게 하는 게 아니다. 미국 방위고등연구계획국DARPA은 한때 "단지 어려운 주제보다는 불가능한 문제들을 다뤘다"며 뽐냈지만, 점차 기간이 짧고 위험도가 낮은 연구에 연구비 지원을 늘렸다.[151] 안전하게 투자해서 연구를 진행시킬 수는 있겠지만, 도널드 잉버는 "과학은 우리가 알지 못하는 무언가를 정의하는 과정이기에 안전한 방식으로는 진정한 의미의 과학을 달성할 수 없다"고 말한다.[152]

적어도 젊은 연구원들에 대한 미국의 현재 보조금 체계는 실패했다. 놀라운 일도 아니다. 젊은 연구원들은 내놓을 수 있는 성과도 적은 데다, 당연히 선배 교수들보다 보조금을 받아 쌓은 실적도 적다. 하지만 젊은 교수를 적절하게 지원하는 방식이 실패했다는 말은 현재는 물론이고 앞으로도 연구계에 많은 문제가 불거질 것이라는 의미다. 뜻밖의 공헌은 젊은 교수들이 성취할 가능성이 더 높은 탓이다.[153] 미래 과학자 세대에 대한 교육뿐 아니라 미래에 이뤄질 발견은 신규 연구원들에게 기반을 닦아주는 데에 달렸다고 해도 과언이 아니다. 그뿐인가. 과학자에게 탄탄하게 뒷받침되는 경력 초반의 지원은 과학계로 진로를 선택하려는 젊은이들을 끌어들이는 역할도 톡톡히 담당한다.[154]

연구비 지원과 관련하여 부딪히는 많은 문제가 규모와 관련된다. 규모가 작은 연구 조직에서는 잘 작동하던 체계라도 규모가 큰 곳에서는 제대로 작동하지 않는 경우가 있다. 지난 50년간 미국의 산업계가 그랬던 것처럼 말이다. 연구 조직이 커지면서 규칙이나 배분 방식을 조정해야 할 필요가 생겼는데, 그 과정에서 위험을 감수할 의지를 꺾게 되고 큰 규모일수록 보다 탄탄한 동료 심사를 기대하기도 어려워진다. 하워드휴스 의학연구소가 연구원을 임명하는 과정도 훨씬 큰 연구소라면 적용하기 어려울지 모른다.

현재 대학 연구 지원과 관련하여 '연구비 정체기'에 맞닥뜨리는 상황은 또 다른 고민거리다. 연구비 지원이 중단되면 과학자는 경력에 타격을 입고, 연구기관들은 장기적인 연구 계획 수립에 차질이 생긴다. 미국국립보건원은 '예산 2배 확대' 기간이 끝나면 다시 '정상' 속도로 예산을 늘릴 예정이었다. 대학들도 만나manna(성경에서 여호와가 광야를 떠도는 이스라엘인에게 내려준 특별한 양식—옮긴이)가 계속 떨어질 것이라고 기대했다. 하지만 실제로는 예산이 줄었고, 이를 미리 예상했더라면 국립보건원은 다른 조치를 취했겠지만, 대학들도 다르게 행동했을지는 확신하기 어렵다. 확장 경쟁에 나서지 않으면 뒤처

질지도 모르다보니 꽤나 큰 위험을 안고 있는 탓이다. 그래서 대학들은 마치 축구 관중과 비슷한 상황에 처하게 되었다. 관중석에서 맨 처음 일어선 사람은 더 잘 볼 수 있을 테고, 두 번째 세 번째 사람들도 마찬가지일 것이다. 하지만 관중이 전부 일어서면 아무도 더 잘 볼 수 없게 된다. 무엇보다도 모두가 일어서면 더 추워진다.

제7장

과학자와
공학자를 위한
구직시장

2000년대 중반, 휘발유 가격이 오르기 시작하면서 하이브리드 자동차의 수요가 증가했다. 소비자들은 대기자 명단에 이름을 올리고 두세 달가량 기다렸다가 소매가격보다 비싼 값을 지불하고 나서야 구입할 수 있었다. 2008년에도 휘발유 가격이 갤런당 4달러를 넘어서자 하이브리드 자동차 부족 사태가 다시 벌어졌다. 두 가지 사례 모두 비교적 오래가지는 못했다. 몇 달 만에 하이브리드 자동차 생산을 늘려 부족 사태가 해소되었으며, 곧 사람들이 기꺼이 지불하는 추가 금액도 줄어들었다.[1] 시장 환경의 변화에 시장이 즉각 반응해 상대적으로 짧은 기간 안에 하이브리드 자동차 생산 증가를 이끌어낸 것이다.

하지만 하이브리드 자동차를 공학자로 바꾸어 생각하면 결과는 달라진다. 역사적으로, 국방 예산 증가 등으로 공학자 수요가 증가해도 시장은 천천히 움직였다. 박사급 공학자를 추가로 배출하려면 최소

4~5년은 걸리고, 반대로 수요가 줄더라도 실제 박사급 공학자 수가 줄어들기까지 4~5년은 걸리게 마련이다.

1990년대에 수학계에서 무슨 일이 있었는지 살펴보자. 1989~1996년 사이에 수학박사 공급이 증가(일부는 소비에트 연방 붕괴 후 구소련 수학자들이 유입된 영향)한 이후 9개월분 실질 급여가 8퍼센트 감소했다. 그러자 수학 전공자들 사이에서 임시직을 구하는 신규 박사 인력이 늘었고 실업률도 높아졌다.[2] 정규직이면서 비종신직인 수학과 교수가 37퍼센트 증가하고 종신직 교수는 27퍼센트 줄어들었다.[3] 이처럼 신규 박사들의 직업 전망이 불투명해지자 1994~1996년 사이 대학원 과정에서 수학 전공 신청자 수도 자연스레 30퍼센트 급감했다.[4]

앞서 과학자와 공학자 시장에 영향을 미치는 요인들을 살짝 언급한 바 있지만, 이번 장에서는 본격적으로 파헤쳐보고자 한다. 일단 신규 박사 공급에 영향을 미치는 요인들을 살펴보고, 미국의 박사후 훈련과정이 중요한 만큼 그 부문에 중점을 두려 한다. 이어서 학계 시장을 짚어보고, 마지막으로 국립보건원이 예산을 2배로 늘린 기간에 생의학박사 인력시장에 어떤 일이 있었는지 사례 연구 내용을 자세히 살펴보겠다. 또 미국 학계의 과학·공학 분야에서 외국인의 역할이 각별히 중요하다보니, 외국 출신 과학자에 대해서는 8장에서 따로 다루고자 한다.

박사 교육 시장

미국의 노동시장에는 과학 · 공학박사 약 55만 명이 포진하고 있다. 이들 가운데 39퍼센트는 학계에서, 41퍼센트는 산업계에서 일한다. 나머지 20퍼센트는 정부나 그 외 단체에서 일하거나 실업 상태다.[5] 매년 미국에서는 과학 · 공학박사가 2만4000명 이상 배출된다. 또 박사학위는 다른 나라에서 받고 박사후과정을 밟으러 미국으로 오는 이들도 많다. 사실 2008년에 미국 대학에서 과학 · 공학 전공 박사후연구원으로 재직한 3만6500명 가운데 절반가량이 외국에서 박사학위를 취득하고 들어온 인력이었다.

그림 7.1 시민권과 성별에 따라 구분한 과학 · 공학 박사학위 취득자(1966~2008)

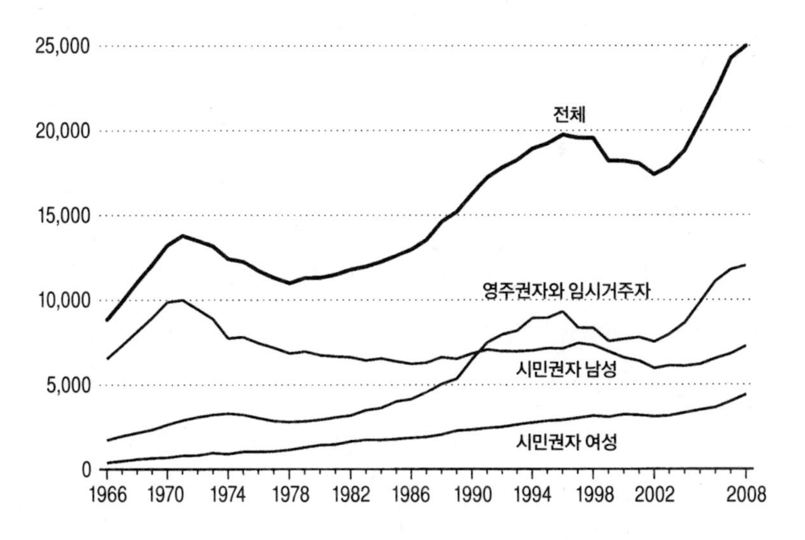

출처: 미국국립과학재단 (2010c, 2011c). '의학/보건' 및 '기타 생명공학' 부문은 전체 합계에서 제외했다.

1966년부터 2008년까지 미국 시민권자와 비시민권자에게 수여된 박사학위 수는 〈그림 7.1〉에서 확인할 수 있다(시민권자는 성별에 따라 구분).[6] 그래프를 통해 세 가지 큰 흐름을 확인할 수 있다. 첫째, 박사학위를 받은 미국 시민 가운데 남성이 감소하고 있으며, 특히 1970~1980년대 후반과 1998~2002년에 감소세가 뚜렷하다. 둘째, 미국 시민 가운데 여성은 꾸준히 증가하고 셋째, 일시적인 감소 시기가 있긴 했지만 미국에서 박사학위를 받은 비시민권자(영주권자와 임시거주 비자 소지자 모두)가 크게 증가했다. 인종별로 구분한 데이터(그래프에는 없음)를 보면 백인 남성이 상당수 줄었다.[7] 아시아인은 꾸준한 증가세를 보였고 아프리카 · 히스패닉계 미국인도 비슷한 흐름을 나타냈다.

상대적인 소득

과학 · 공학 분야에서 공부한 사람들이 시장의 신호에 반응한다는 증거는 많다. 그렇다고 이 분야 사람들이 모두 시장의 신호에 따라 결정을 내린다는 뜻은 아니다. 상대적인 소득 수준을 떠나 과학 분야에 대한 개인 성향에 따라 진로를 정하는 이들도 있다. 하지만 많은 과학자가 한계점에 다다르면 다른 진로를 택해야 하는 건 아닌지 고민한다. 이들에게 돈은 중요한 문제다.

가령 공학을 전공한 칼리지 졸업생들은 4년 전(즉, 자신이 1학년일 때)의 직업 전망을 기준으로 다른 직업군과 공학 분야의 소득 가치를 비교한다. 다시 말해 학생들이 입학할 당시의 공학 분야 상대 임금을 따진다는 의미다(학생 입장에서는 현재 가치보다 산출하기가 쉽다).[8]

아니면 하버드대 학생들의 전공 선택을 참고한다. 2008년 금융위기가 닥치기 전 4년 동안, 경제학 및 수학 전공(양쪽 모두 월 가 취업 준비에 완벽한 전공)을 신청한 학생 수를 평균냈더니 생물학, 생화학, 화학, 수학, 신경생물학, 물리학 지원자 수를 다 합쳐 평균한 인원보다 많았다(812명 대 780명).[9] 당시 사람들은 과학 · 공학 직종이 장기적으로 덜 매력적이라고 여겼고, 중기적으로 보아도 임금이 낮아 별다른 매력을 느끼지 못했다. 교수 연구실에서 여름학기 연구보조금으로 3000달러를 받지만 금융권에서 여름 인턴으로 1만5000달러를 받는 경우와 비교하면 턱없이 적은 금액에 불과하니 말이다.[10]

물론 이것도 월 가의 일자리가 곧 사라지고 로펌들도 어소시에이트 변호사(로펌 지분을 보유하지 않은 신참 변호사)뿐 아니라 파트너 변호사들마저 정리해고를 단행했던 2008년 금융위기와 경기침체가 닥치기 전 얘기다. 그러다가 2008년 경기 침체기에 접어들자 자연스레 대학원 지원율이 올라갔다. 박사학위 과정을 포함한 대학들은 미국 시민권자와 영주권자의 지원자 수가 평균 10퍼센트 늘었다고 밝혔다. 2008년에 비해 2009년 가을에는 국내 학생들의 대학원 진학률도 평균 8퍼센트가량 올라갔다.[11]

과학 · 공학박사의 소득은 오랜 기간 상대적으로 낮은 편이었다. 이를 확인할 방법은 과학 · 공학박사와 '평균적으로' 교육받은 사람의 소득을 비교하는 것이다. 〈그림 7.2〉에서 과학 · 공학박사의 소득과 학사 출신의 소득을 비교했다. 위쪽 그림은 박사학위 취득 후 10년 이내의 평균 소득과 25~34세 사이의 학사 출신 평균 소득을 비교한 그래프이고(1973~2006), 아래 그림은 박사학위 취득 후 10~29년 사이에 거

둔 평균 소득과 35~54세인 학사 출신 평균 소득을 비교한 그래프다.[12]

경력 초기에는 공학박사의 소득이 학사 소지자보다 1.6배 높다. 물리학은 1.4배이고 생명과학은 1.3배에 못 미친다.(1991년에 상대 소득이 치솟은 까닭은 1991년 경기침체로 학사 소지자들이 심각한 타격을 입은 탓이다. 동시에 새내기 과학자와 공학자의 연봉이 오른 이유도 있다.) 그런데 1990년대 내내 새내기 과학자의 프리미엄이 줄어들었으며 특히 생명공학박사는 1999년에 학사보다 소득이 불과 5퍼센트 많은 데 그쳤다. 그러다가 닷컴 열풍과 미국국립보건원 예산(2배) 확대에 힘입어 2000년대 초반 박사급 인력의 소득 상승이 탄력을 받았다. 그런가 하면 2001년 침체기에는 학사 출신들이 소득에 타격을 입어 상대적으로 박사 그룹의 소득이 늘었고, 2006년에는 전 분야에서 상대 소득이 감소했다.

결론적으로 박사는 교육 과정이 7년 이상 소요되는데도 연봉은 2배에 미치지 못한다. 생명과학 분야의 경우, 학력 프리미엄이 결코 50퍼센트를 넘지 않으며 일반적으로 30퍼센트 내외다. 하지만 이것도 초기에만 해당된다. 경력이 쌓일수록 어떻게 될까? 학력 프리미엄은 경력이 쌓이면서 더 커질까? 〈그림 7.2〉에서 보듯 일반적으로 학력 프리미엄은 증가하지 않는다. 3장에서도 말했지만 적어도 학계의 과학자나 공학자는 다른 분야에 비해 소득 곡선이 덜 가파른 편이다.

상대적인 소득만이 사람들을 과학 분야로 유인하는 요소는 아니다. 훈련에 소요되는 시간과 그 시간의 가치도 고려 대상이다. 박사학위 취득과 MBA 취득 사이에서 고심하는 한 사람이 있다고 가정해보자. 연봉 차이가 없다고 하더라도 훈련 과정에 투입해야 할 시간 차이

그림 7.2 경력별·분야별 평균 박사 소득 대비 학사 소득 (1973~2006)

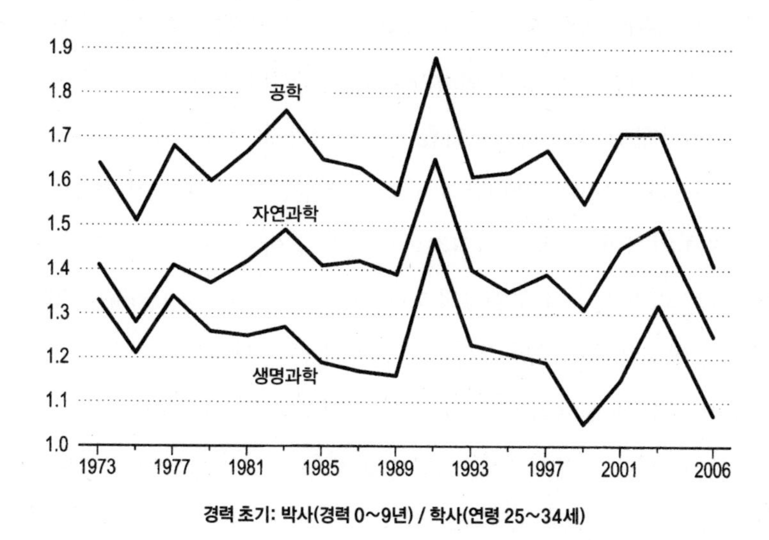

경력 초기: 박사(경력 0~9년) / 학사(연령 25~34세)

경력 후기: 박사(경력 10~29년) / 학사(연령 35~64세)

참고: 모든 데이터는 2009년 달러 환율로 환산했으며 정규직, 파트타임을 포함한다. 남성의 자료만 분석했으며, 박사의 연봉은 12개월분으로 조정했다.
출처: 미국국립과학재단 (2011b), 현재 인구 조사(Current Population Survey) (2010). 미국국립과학재단의 데이터를 사용했으나, 이 책에 포함된 연구 방법이나 결론을 미국국립과학재단이 보증하지 않는다.

가 엄청나다는 점부터 눈에 띈다. MBA는 2년이면 취득할 수 있지만, 전형적인 과학·공학 학위 취득 과정에는 7년 이상이 걸린다. 더욱이 MBA 취득 기간은 별다른 변화가 없는 반면, 박사학위는 그렇지 않다. 1980년대 초에는 박사학위를 취득하기까지 분야별로 6.2~6.7년가량 걸렸다. 그런데 1990년대 중반에 생명공학 분야는 만 1년가량 늘어 8년 가까이 걸렸고, 자연과학과 공학 분야는 반년 정도 늘었다. 최근에는 다소 짧아져 생명공학 7.1년, 물리학 6.8년, 공학 6.9년 정도 걸린다. 이처럼 박사학위 취득 기간은 일정하지 않다.[13]

훈련 기간이 길어지면 비용 문제가 발생한다. 이제부터 '그'라고 부를 한 사람을 가정해보자. 그는 2004년에 생물학 분야의 박사학위와 MBA 취득 가운데 고민하고 있으며, 양쪽을 다 선택하지 않을 경우 칼리지 졸업 후 4만2300달러를 벌 수 있다.[14] 그러므로 졸업 첫해 연봉 4만2300달러와 이듬해에 인상될 연봉까지 감안해야 한다. 그런데 2년 후인 2006년에 상황이 급변한다. 박사과정 학생은 학업을 계속하는 와중에 MBA 졸업생들은 초봉 9만5400달러를 받는다.[15] 이 차이는 쭉 이어지므로 박사학위 지원자는 계속 소득을 '포기'하는 셈이 된다. 이제 MBA 졸업생은 승진을 하기 시작한다. 5년 후를 상상하기는 어렵지 않다. 2011년이면 박사과정 학생은 졸업을 하고, MBA 졸업생은 12만 달러를 벌어들인다.[16] 박사학위 취득자는 연구대학에서 첫 직장을 잡아 겨우 7만500달러를 받는데 말이다.[17] 박사과정 학생이 이후 몇 년 동안 박사후연구과정(연봉 약 4만 달러)을 거치면 그 차이는 더 벌어진다.

〈표 7.1〉에서 정리한 현재 가치 산정 방식은 간단하다. MBA의 현

표 7.1 평생 소득 예상. MBA 대 연구대학 생물학 박사 (현재 가치, 미국 달러)

MBA학위	박사학위 취득 7년 소요	박사학위 취득 8년 소요	박사학위 취득 7년 및 박사후 과정 3년	박사학위 7년, 대학원 지원
3,230,642	2,011,385	1,902,261	1,957,962	2,171,811

참고: 설명과 출처는 본문 참고

재 가치는 약 320만 달러이고, 박사는 200만 달러를 겨우 넘는다.[18] MBA를 취득하려는 경향은 점차 커지는(남녀 모두) 반면, 박사학위를 취득하려는 경향은, 특히 남성의 경우 점차 줄어드는 현실이 놀랍지 않다![19] 게다가 상위권 MBA 졸업생이 금융계로 진출하면 여기서 가정한 사례보다 4~5배는 수입이 많아질 가능성이 높다. 반면 상위권 대학에서 박사학위를 받고 교수로 채용된다고 해도 평균보다 많아야 3배 정도 더 받는 수준에 그친다.[20]

3년에 걸친 박사후과정은 또 다른 5만3000달러라는 차이를 만든다. 대학원을 1년 더 다니면 10만9000달러만큼 차이가 생긴다. 그리고 이는 보수적으로 추정한 수치라는 점도 감안해야 한다. 수학이나 통계학 전공자라면 이 분야에서 박사급이 받는 급여가 낮으므로 차이는 더 커지고, 명성이 낮은 학교로 가게 된다면 차이는 더 벌어질 것이다. 만약 MBA 출신들이 많이 받는 스톡옵션이나 보너스까지 감안한다면 그 차이는 압도적으로 커질 수 있다. 사실 2001년에 실시한 한 연구에서는 MBA 출신이 받는 스톡옵션과 보너스까지 고려할 경우, 생물과학자의 평생 소득이 MBA 졸업생보다 약 200만 달러 적을

것이라고 추정하기도 했다.[21]

물론 전형적인 대학원생이라면 등록금 지원이나 장학금 수령 형태로 지원을 받는 게 보통이다. 이와 달리 MBA는 별도로 받는 지원이 없으며, 법학대학원이나 의학대학원도 마찬가지다. 일반적으로 가장 흔한 형태의 지원은 전공이나 분야에 따라 1만6000~3만 달러 범위에서 지급되는 연구보조금research assistantship이다. 펠로십을 받는 학생은 비슷한 지원금을 받지만 함께 연구할 교수를 선택할 결정권이 주어진다는 점이 다르다. 하지만 일단 장학금을 받으면 훈련비용은 줄어들지 몰라도 박사는 산업계의 일자리보다 여전히 비용이 많이 들어가므로 신중해야 한다.[22]

〈표 7.1〉은 과학 · 공학 분야로 진로를 정할 때 돈이 아닌 다른 요인이 중요하다는 점을 분명히 보여준다. 오로지 돈만 고려한다면, 이 직업을 택할 사람은 사실상 없을 것이다. 하지만 금전적인 요인보다 더 중요한 다양한 변수가 있으며, 학위 취득과정에 걸리는 시간이 길어지고, 박사후과정을 밟으려는 경향이 증가하는 점 등은 최근에 생겨난 분명한 특징이다. 특히 미국인 남성에게서 이와 같은 변화가 두드러진다.

반면 대학원 관련 장학금 증가는 이 분야를 매력적으로 만들어준다. 당연히 장학금은 경력 초기에 주어지므로, 할인율이라는 '위력'을 감안하면 초반에 장학금의 가치는 훨씬 커진다.[23]

학생들은 이런 특성을 이해하고 있다. 최근의 연구는 미국인이 국립과학재단의 대학원 연구 펠로십에 강력하게 반응한다는 점을 보여준다. 또 각종 장학금이 풍성해지고 장학금 수령 가능성이 높아지자 대학원 지원자의 '질'은 조금 떨어졌을 뿐이지만, 지원자 '수'는 크게 늘었음을 확인시켜준다.[24] 게다가 그 연관성을 증명하기는 어렵지만, 국립과학재단의 프로그램이 비록 적은 규모(연간 1000달러에 그칠 정도)라도 장학금을 늘리면 대학원에 진학하는 국내 학생 수가 증가한다. 아마도 장학금을 지급하는 대학은 물론 다른 기관들도 국립과학재단의 장학금 비율을 감안하여 장학금을 늘리는 경향이 있기 때문이 아닐까 한다.

학생들도 기회비용이 줄어들수록 대학원이 더 매력적이라고 느낀다. 가령 실업률이 높아지면 갓 졸업한 사람들은 취직이 어려워지므로 대학원에 진학하는 사람(특히 남성)이 늘어나는 식이다. 1950년부터 2006년까지 조사한 한 연구는 남자 과학 · 공학박사의 수가 학위를 받기 6년 전 실업률과 명백한 관련이 있다는 사실을 보여줬다.[25] 닷컴 거품의 붕괴가 그 직후부터 공학 및 자연과학 분야의 남성 박사 지원자 수 증가에 영향을 끼쳤음은 물론이다.

마땅한 대안이 없을 때 대학원에 가는 사람들도 있다. 베트남전쟁 시절, 학생은 군 징집을 유예할 수 있었기에 많은 남성이 징집 대신 대학원 진학을 택했다. 이 효과는 놀라웠다. 짧은 기간에 남성들의 박사학위 취득률이 60퍼센트 이상 늘어난 것이다. 그러다가 1967~1968년 베트남전쟁 징집 유예 혜택이 끝나자 박사학위 취득률이 급격하게 떨어졌다.[26] 이와 같은 증가와 감소는 〈그림 7.1〉을 통해 확인할 수 있으며, 이는 학위를 취득하기 5~6년 전 상황을 반영한다.

취업: 학계냐, 산업계냐?

〈표 7.1〉에서 산정한 금액을 보면 7년 넘게 투자를 했으니 당연히 전공 분야에서 정규직을 구할 것이라고 단정하기 쉽다. 하지만 늘 그렇지는 않다. 물리학 전공자들의 취업시장은 1970년대와 2000년대 초에 상황이 매우 나빴다. 수학 시장은 1990년대에 그랬고, 화학 시장은 최근 산업계의 인수합병이 활발해지면서 어려움을 겪고 있다. 생의학 분야는 사례 연구에서 살펴보겠지만, 꽤 오랫동안 심각한 침체기를 겪어왔다.[27] 박사 후 연구 과정을 여러 곳에서 밟거나, 교육 정도에 비해 낮은 수준의 업무를 수행하는 불완전취업 상태, 스태프 과학자에 머무는 위치, 높은 수준의 교육을 받고도 다른 분야에서 일하거나, 뛰어난 실력을 지녔음에도 실업 상태인 사람들도 있다. 사실 1994년과 1995년에 배출된 수학박사의 실업률은 10퍼센트를 넘어섰다. 당시 경제 전반의 실업률이 6.5퍼센트 미만이던 때였으니 꽤 높은 수치다.[28] 2001년 경기 침체기에는 생명과학, 컴퓨터과학, 정보과학 분야의 실업률이 2배로 치솟았으며(비교적 낮은 편이기는 하지만), 자연과학, 공학, 수학, 통계학 분야에서는 50퍼센트 이상 실업률이 증가했다.[29]

안정된 자리에 있는 사람들로서는 〈표 7.1〉을 이해하기 힘들 수도 있다. 하지만 학위 취득을 위해 상당한 비용을 치렀는데도 졸업 시점에 암울한 구직시장을 마주했던 대학원생이라면 이 같은 사실을 이해한다. 경제학자 리처드 프리먼은 물리학자 고용이 정점으로 치달았던 1970년대에 시카고대 물리학과에서 했던 자신의 강의에 얽힌 일화를

그림 7.3 분야별 일자리, 2~4년 단위 (1973~2006)

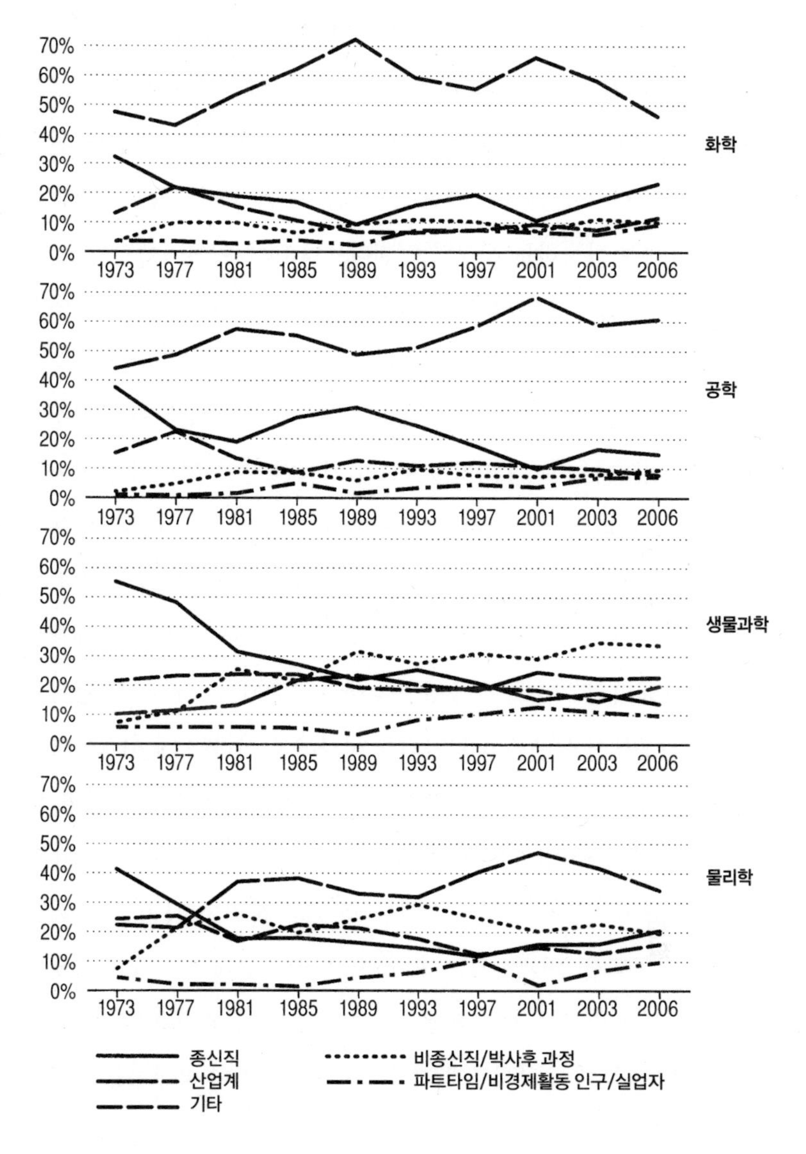

출처: 미국국립과학재단 (2011b).
미국국립과학재단의 데이터를 사용했으나, 이 책에 포함된 연구 방법이나 결론을 미국국립과학재단이 보증하지 않는다.

이야기해줬다. "제가 발표를 끝내자 의장이 고개를 가로젓고 얼굴을 심하게 찌푸리면서 제게 말하더군요. '당신은 우리를 완전히 잘못 알고 있습니다. 물리학자들이 왜 연구하는지 이해하지 못하셨군요. 우리는 연봉이나 일자리 때문이 아니라 지식에 대한 애정 때문에 연구하는 겁니다'라고 불편한 심기를 드러냈습니다. 그날 저는 위기에 처한 사람들에게 작동하는 시장의 인센티브에 대해 이야기했거든요. 그런데 수십 년 만에 최악의 고용 전망 상황에 맞닥뜨린 물리학 졸업생들은 내게 한목소리로 야유를 보내더군요. 그렇게 끝이 났지요."[30]

역사적으로 박사과정은 배운 그대로 연구를 수행하는 인력 양성에 초점을 맞춰왔다. 박사후과정을 2년만 거치면 새로 양성된 연구자는 학계에서 일자리를 얻으리라고 기대했다. 물론 일부는 '어두운 쪽dark side'이라고 일컫는 산업계로 진출하기도 한다. 실제로는 공학이나 화학 등 특정 분야는 산업계라도 그다지 어둡지 않다. MIT, 스탠퍼드 같은 유명 대학의 교수들은 졸업생을 산업계로 내보내는 오랜 전통이 있지만, 대부분이 학계에서 일자리를 구하고 싶어하는 게 사실이다.

그렇다보니 학계의 고용이 활발했던 1960년대 후반에 생물학 박사학위를 취득한 사람들 가운데 55퍼센트 이상이 1973년(박사학위 취득 후 5~6년 내) 안에 종신 교수직을 구했다. 물리학 41퍼센트, 화학 32퍼센트, 공학은 38퍼센트였다. 하지만 1980년대 초, 시장 상황이 급변하자 신규 박사들 가운데 생물학 32퍼센트, 물리학 18퍼센트, 화학 19퍼센트, 공학 19퍼센트에 해당되는 사람들만이 종신직을 보장받는 데 그쳤다.

나머지 사람들은 어디로 갔을까? 일단 일부는 산업계로 유입되었다. 〈그림 7.3〉에서 보듯 산업계 신규 박사 비율이 이 기간에 전 분야에서 크게 증가했다. 하지만 물리학, 생물과학에서는 10년 전만 해도 박사를 위한 자리가 사실상 존재하지 않았기에 학계에서 비종신직으로 있거나 박사후연구원 자리에 더 머물렀다. 게다가 특정 분야에서는 파트타임으로 일하기도 했고 비경제활동 인구와 실업자가 생겨나기 시작했다.

비록 시장의 균형에 따라 기복이 있기는 하지만, 이와 같은 전반적인 추세는 지난 20년 동안 계속되었다. 데이터 확인이 가능한 마지막 해인 2006년에는 화학, 물리학 분야에서 일하는 새내기 과학자들 가운데 종신직을 구한 사람이 25퍼센트에 미치지 못했다. 생물과학, 공학 분야는 15퍼센트도 되지 않았다. 대조적으로 최근에 생물과학을 전공한 박사 가운데 3분의 1이 비종신직 또는 박사후과정 자리를 구했으며, 물리학은 거의 20퍼센트 정도가 비종신직 또는 박사후과정 자리를 구했다. 공학 분야는 예외적으로 5~6년가량 파트타임, 실업, 비경제활동 인구였던 이들 비율이 10퍼센트에 근접했다.

『네이처 이뮤놀로지Nature Immunology』는 2006년 사설에서 "종신직으로 가는 '관례적인' 자리였던 박사후연구원이 이제 '대안' 직업이 된 것인가?"라고 물었다. 이 질문에 대한 대답은, 데이터를 근거로 하면 분명 '그렇다'이다. 물론 생의학 분야만의 일은 아니다.[31]

정보 흐름과 인구 통계

'정보' 또는 '정보의 부족'은 대학원 진학에 영향을 미친다. 미국에서는 대학원 학위과정에서 최근 졸업생의 취업 정보를 즉각 접하기 힘들다. 이유는 분명하다. 1990년대 후반 경제학자 폴 로머가 연구보조원에게 『U.S. 뉴스 앤 월드 리포트』가 평가한 미국의 대학원 가운데 수학, 물리학, 화학, 생물학, 컴퓨터과학, 전자공학 분야 상위 10곳에 지원하도록 했다. 또 상위 MBA 10곳과 로스쿨 상위 10곳에도 지원하도록 했다. 그런데 과학 · 공학 분야 60곳 가운데 지원서 서류에서든 이후 질문에 대한 답변 차원에서든 졸업생의 연봉 분포를 알려준 곳은 단 한 곳도 없었다. 하지만 MBA 10곳 가운데 7곳은 지원서 서류에 연봉 정보가 들어 있었고, 나머지 3곳 가운데 1곳은 웹페이지에서 직접 알려줬다. 로스쿨 10곳 가운데 4곳에서는 지원서 서류에 연봉 정보를 공유했고, 3곳에서는 문의하자 직접 답변해줬다.[32]

정보기술은 확산되었지만 정보기술의 확산이 졸업생의 취업 실적을 알리는 데 기여하지는 않았다. 2008년에 전자공학, 화학, 생의학 분야에서 각 15개 상위 학과의 웹페이지를 분석한 한 연구는 45곳 가운데 실제 취업 정보를 올려놓은 곳이 단 2곳뿐이라고 밝혔다. 다른 4곳에서는 여러 정보를 제공하기는 했지만 취업 정보는 예외였다. 대조적으로 경제학과는 15곳 가운데 7곳에서 매년 학생 현황과 취업 현황을 정리해서 목록을 제공했다.[33]

그렇다면 이들 학과에서는 왜 졸업생 취업 정보를 공개하려 하지 않을까? 어떤 사람은 연구 사업이 연구보조금과 펠로십을 받는 대학원생 12만 명으로 실험실 인력을 꾸리기 때문이라고 냉소적으로 말하기도 한다.(4장 참고) 그들은 비용이 적게 드는 임시직이다. 그렇다보니 실제 취업 실적을 공개하면 지원자의 사기를 꺾어버릴 테고, 교수들의 연구가 황금 알을 품은 거위들을 죽이는 것이나 다름없는 위험한 상황에 놓일 수 있기 때문이라는 말이다.

대학에는 산업계보다 학계 진로를 중요하게 여기는 풍토가 있다. 특히 생의학이나 자연과학 분야 등에서 학계에 야망을 품은 대학원생이라면 대부분 박사학위를 취득하고 박사후과정을 밟는다. 임시직임에도 불구하고 이들이 대학원 졸업 후 박사후과정을 밟는 이유가 있는 셈이다. 또 준비된 박사후연구원이므로 학과 입장에서도 부담을 쉽게 덜게 된다. 그리고 결국 대학은 이 학생들을 실험실에 배치한다. MIT 생물학과는 아예 웹페이지에 "박사학위 취득자 대부분이 (…) 대학에서 진행하는 박사후과정을 밟는다"고 명시하고 있다.[34]

교수들이 학계 바깥에서 벌어지는 일에 대해 아는 바가 거의 없다는 사실도 정보 제공이 부실한 이유다. 예일대 분자생물물리와 생화학과학위과정에서 학계 바깥의 직업에 대해 알고 싶어하는 대학원생들은 (교수가 아니라) 자신들이 직접 학계 이외 분야에서 일하는 동문의 이야기를 듣는 세미나를 연다.[35]

하지만 오늘날 박사급 인력 가운데 40퍼센트 이상이 산업계에서 일하며, 이는 30년 전에 비해 25퍼센트 적은 규모다.[36] 일부 산업 분야에서는 특히 박사 비율이 높은데, 화학 및 공학 분야에서는 전체 박사 인력의 절반 이상이 오랫동안 산업계에서 몸담아왔다. 산업계에 종사하는 물리학 및 천문학 박사 비율은 최근 몇 년 동안 50퍼센트가량 증가했다. 수학 및 컴퓨터과학의 경우 3배 늘어, 오늘날 전체 박사학위자의 3분의 1이 두 분야 출신이다. 생명공학박사도 산업계 진출 비율이 급격하게 늘어나고 있으나, 빠른 증가세에도 불구하고 산업계에서 일하는 생명공학박사는 30퍼센트에 못 미친다.[37]

아무래도 학생들은 교수보다 동료 학생들을 통해 얻는 정보가 훨씬 많다. 한 가지 이유는 학부중심 대학에서 대학원으로 학생들을 보내는 경우가 많기 때문이다.[38] 가령 미국의 스와스모어 칼리지와 칼턴 칼리지에서는 실험실에서 대학원생과 박사후연구원이 함께 연구할 기회가 없다. 그들은 과학 · 공학 전공 대학원생들의 삶을 그린 만화로 잘 알려진 『PhD 코믹스Piled Higher and Deeper』에서 묘사하는 "과중한 업무에 시달리고 낮은 급여를 받으며 차일피일 일을 미루는 대학원생과 무시무시한 지도교수"를 실제 상황에서 충분히 접하고 이들의 고생스러운 현실을 배우지 못한다는 얘기다.[39] 학부중심 대학에서는 교수들도 연구보조금 신청에 오랜 시간을 할애하지 않는 편이다. 학생들은 자연스레 과학을 '창조하기'보다 '배우기'를 중요하게 여기는 환경에 놓이게 된다.[40]

박사 졸업생 수는 인구 통계와 칼리지 졸업 유형에 따라서도 달라진다. 예를 들어 여성 박사 수가 늘어난 데에는 여성들의 성향이 바뀌어서라기보다는 칼리지를 졸업한 여성 수가 늘어난 요인이 크게 작용한다.[41] 소수 인종의 경우도 마찬가지다. 사실 상대적으로 적은 소수 인종 출신 박사를 가장 효과적으로 늘리려면 학사 졸업생 수를 늘리면 된다. 실제로 정책 입안자는 많은 대학이 그렇듯 투자를 늘려 사람들이 대학원에 진학하고 싶어하도록 바꾸려 하지만, 그보다는 대학원 진학 자격을 갖춘 학생 수를 늘리면 이 문제를 풀어나갈 수 있다.

요약하면 박사학위 취득자 수는 상대적인 소득, 재정적인 지원 가능성, 인구통계에 따라 달라진다. 이밖에 개인의 선호도 역시 중요하다. 또 보상은 본질이 아닌 듯하면서도 본질적인 요소로 작용한다. 하지만 연구직에 자리 잡아야 이와 같은 본질적인 보상도 누릴 수 있게 된다. 그리고 대학원 학위과정에서 학생들이 최근 졸업생의 진로 현황에 대해 구체적인 정보를 접하기 어렵다는 점도 피하기 어려운 현실이다.

과학계 인력 부족?

과학자와 공학자 수가 부족해질 것이란 주장은 (주장과 반대되는 증거가 있음에도) 빈번하게 제기되는 편이다. 이와 같은 주장이 등장한 시점은 최소 1950년대 후반으로 거슬러 올라갈 정도로 오래되었다. 사실 1950년대의 견해는 스푸트니크 발사 후 정부가 투자한 막대한 연구개발비를 고려해 일부 의도한 바였는데도 불구하고, 인력이 부족할 것이란 예측은 현실 속에서 상당히 오랫동안 지속되었다.[42]

몇 가지 예측에 대해서는 특별히 언급할 가치가 있다. 첫째, 1989년에 국립과학재단은 "향후 20년 안에 과학자와 공학자가 부족해질 것"이라고 예상했다.[43] 같은 해 보언과 소사가 『문 · 이과 교수 전망: 수요와 공급에 영향을 미치는 요인 연구, 1987~2012』라는 책을 출간했다. 두 저자는 고등교육이 확대된 1950년대 후반부터 1960년대 초에 고용된 교수들의 연령대가 높아진다는 가정 아래 곧 교수 부족 사태가 벌어질 것이며, 이는 베이비붐 세대의 자녀들이 대학에 진학하는 시기와 맞물릴 것이라고 예측했다.

하지만 1992년까지 교수 부족 사태는 실제로 벌어지지 않았다. 그러자 하원 과학 · 우주 · 기술 분과위원회는 교수 부족 사태를 예상한

국립과학재단에 대해 공식적으로 국정조사를 실시했고 재단 측을 당황하게 만들었다. 재단 차기 총재는 의회에서 "과학자 부족 사태를 예상할 만한 근거는 없다"고 인정하며 사과했다.[44] 또 1992년에 경기 침체로 대학 예산 문제가 불거지면서 경제, 법, 정치, 기후 분야에서 큰 변화를 겪었다. 정년제 폐지로 교수들의 은퇴가 예상보다 훨씬 느린 속도로 진행되었고, 연방정부 예산을 줄이라는 정치적인 압력도 있었다. 인수합병이 산업계의 요구를 한풀 꺾기도 했으며 냉전이 종식되면서 연방 자금, 특히 방위 부문 지원금이 삭감 또는 동결되었다.

하지만 앞다투어 인력 부족을 예상하던 전문가들이 체면을 구기는 일은 여기서 그치지 않았다. 2003년 6월, 국립과학재단 이사회는 과학·공학 분야에서 '전개되는 위기'라고 공개적으로 언급하며 "직장 내 과학·공학 기술에서 나타나는 현재의 수요와 공급은 장기 전망, 국가 안보, 삶의 질을 심각하게 위협할지도 모른다"는 태스크포스팀의 초안을 발표하는 일도 있었다.[45]

과학계 인력 부족에 대한 예측은 비단 미국에만 국한되지 않는다. 2003년 유럽위원회는 『연구 투자: 유럽의 행동 계획』 보고서에서 "연구 투자 증가는 연구자 수요를 증대시킬 것이다. 목표 달성을 위해 연구자 70만 명을 포함해 약 120만 명의 인력이 필요하며, 이것으로 연구 분야의 고령 인력도 대체할 수 있을 것이다"라고 밝혔다.[46]

많은 사람이 과학계의 인력 부족을 예측하면서 몇 가지 쟁점이 수면 위로 떠올랐다. 첫째, 현실적으로 학생들은 인력 부족 예측에 대해 반응을 하지 않을 것이라는 주장이다. 학생들은 과학계로 진출하는 사람이 늘면 임금 하락 압박이 커질 것이라고 이성적으로 판단할 가능성이 높기 때문이다.[47] 둘째, 이 가정을 뒷받침하는 모델들에는 상당한 오류가 있을 수 있다는 주장이다. 정치적인 사건들이 과학계의 노동시장에 중대한 영향을 미치는 데다, 이런 정치적인 사건들은 베를린 장벽 붕괴, 국립보건원의 예산 2배 확충, 9·11 사태처럼 예측하기 어려운 경우가 대부분이기 때문이다.[48]

셋째, 인력이 부족할 것이라고 예상하는 그룹은 대개 대학원과 과학·공학계로 학생들을 더 끌어오려는 기득권 계층인 경향이 있다. 테이텔바움Michael Teitelbaum은 "인력 부족 문제에 대해 어느 편에 서느냐는 어느 자리에 앉아 있느냐에 달렸다"고 지적하기도 했다.[49] 인력이 부족할 것이라는 주장을 주로 펼치는 사람들을 4개 그룹으로 분류할 수 있다. 바로 대학과 전문가 집단, 정부기관, 과학자와 공학자를 고용하는 기업, 이민 변호사들이다. 이들 네 집단의 공통점은 인력 공급이 늘어날 경우 상당한 이익을 챙기는 집단이라는 점이다. 가령 학생(곧 실험실 노동자)이 늘면 기업은 공급 증가에 따라 더 낮은 임금을 기대할 수 있게 된다.[50]

블루리본위원회Blue ribbon commission는 여전히 존재하는 과학 노동자 시장 문제를 해결해야 한다고 목소리를 높였다.[51] 그러다가 21세기에 들어서자 처음 10년 사이에 전략을 바꿨다. "더 많은 인력이 필요하다"는 주장을 여전히 펴면서도, **부족**이라는 표현은 쓰지 않는다. 대신 블루리본위원회의 보고서는 핵심적으로 "미국이 과학·공학 분야에서 지배력을 잃고 있으며, 이는 과학·공학 사업이 유럽과 아시아로 확장해나가는 탓이 크다"는 주장을 펼친다. 국립과학아카데미가 2006년 발표한 보고서 『몰려오는 폭풍을 넘어서』는 중요한 사례인

데,[52] 이 보고서는 "과학기술을 이끄는 위태로운 리더십 때문에 많은 국가가 막강해지는 사이에 우리는 퇴보하고 있다"며 깊은 우려를 표한 바 있다.[53] 특히 과학 · 공학 · 수학 전공자 수, 대학원 진학 희망자 수와 같은 문제들을 염려했다. 주장의 핵심은 이렇다. "더 많은 과학자와 공학자가 양성되지 않는다면, 미국은 과학 · 공학계에서 지배력을 잃고 말 것이다."

『몰려오는 폭풍을 넘어서』의 힘은 인력의 공급 측면만을 강조하지 않고, 혁신을 위해 과학 · 공학자의 수요를 확대하는 방향을 제안한 데에 있다.[54] 이 주장의 중요성을 과소평가해서는 안 된다. 현실적으로 (학계와 정부, 산업계의) 수요가 충분히 증가하지 않는데도, 과학자와 공학자의 수요가 증가할 것이라는 모순적인 주장은 신규 인력에게 희망만 품게 하고 실제로는 구직 전망이 암울한, 다시 말해 과학 · 공학계로 진입하려는 다음 세대를 실망시키기에 완벽한 레시피일 뿐이다.

박사후과정 훈련 시장

테이텔바움이 어느 자리에 있느냐에 따라 입장이 달라진다고는 했지만, 박사후연구원이 부족하다는 데에는 만장일치에 가까운 의견일치를 보인다. 미국 대학에서 일하는 박사후연구원 수를 정확하게 집계하기는 어렵지만, 3만6000명이 넘으며 점차 크게 늘어나는 추세라는 점만큼은 분명하다.[55] 박사후연구원은 교수 개인을 위해 일하다보니 집계에 어려움이 따른다. 게다가 연구과학자와 같은 다른 직함으로 부르는 경우도 종종 있어서 박사후연구원을 정확히 짚어내기도 만만치 않다. 따라서 이 부분의 데이터를 액면 그대로 받아들여서는 안 된다.

그 점을 염두에 두고 〈그림 7.4〉를 보면, 그림은 1980년부터 2008년까지 대학원 각 분야별로 미국에서 일하는 박사후연구원 수를 보여준다.[56] 이 그림에서 1980년대 이후 분야별 박사후연구원의 인력 구성은 물론이고, 연구원 수가 큰 폭으로 증가하는 모습도 관찰할 수 있다. 규모 면에서도 1만3000명을 조금 웃돌다가 3만6000명 이상으로 3배 가까이 성장했다.

이런 성장세는 박사후연구원을 채용함으로써 연구비 활용도를 높이려는 경향 때문이기도 하다. 4장에서 다루었듯, 실험실 구성원을 조직할 때 대학원생보다 박사후연구원이 비용 우위를 보인다. 특히 사립대는 실험 책임자가 일부 지원하는 대학원생의 등록금이 대체로 3만 달러가 넘으므로 비교 우위가 더욱 도드라진다.[57]

학계에서 일하는 박사후연구원 가운데 60퍼센트가량은 생명과학계에서 일한다. 생명과학 분야에서는 특히 국립보건원이 예산을 2배로 늘린 기간에 박사후연구원 수가 증가했다. 하지만 공학 분야의 박사후연구원 수는 지구과학 분야와 같이 시간이 흐를수록 큰 폭의 증가세를 보였다.

또 박사후과정을 밟는 임시거주자 신분의 연구원이 증가하고 있다. 1980년에는 10명 가운데 4명 정도가 임시거주자 신분이었지만, 2008년에는 10명 가운데 6명꼴로 늘었다. 다시 말하지만 국립보건원

그림 7.4 과학 · 공학 분야별 박사후연구원 수(1980~2008)

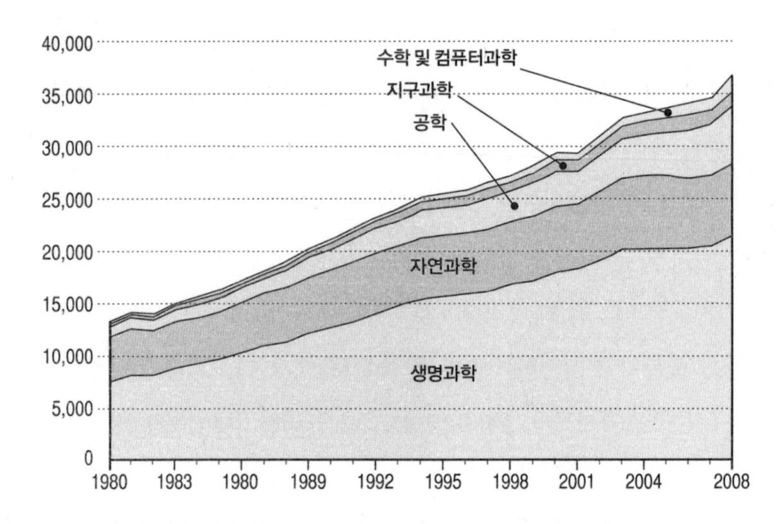

출처: 미국국립과학재단(2011d). 2007년에 하위 분야로 학제간 연구가 도입되었다. 2007년에 49명, 2008년에 70명이 이런 변화에 발맞춘 5개 분야에서 학위를 수여받았다. 2007년에 도입된 신경과학은 2007년, 2008년에 생명과학 분야로 집계했다.

이 예산을 확대한 시기에 폭발적인 증가세를 보였으며, 이들 가운데 상당수가 미국 이외의 국가에서 박사학위를 받았다. 대략 정리하면, 미국 대학에서 일하는 박사후연구원 10명 가운데 5명이 미국 이외의 국가에서 박사학위를 받았고, 임시거주자 신분인 박사후연구원은 5명 가운데 4명꼴로 미국 이외의 국가에서 박사학위를 받았다고 추정할 수 있다.[58]

국립보건원의 예산 확대 시기에 나타난 고용 증가에 대한 비시민권자의 반응은 과학 노동시장이 과거보다 수요 변화에 즉각적인 반응을 나타내게 된 한 가지 이유다. 25년 전, 미국이 박사 배출을 독점했을 당시만 해도 수요의 증가는 미국에서 공급이 증가할 때에만 충족

됐다.(또는 주로 그런 편이었다.)[59] 그렇게 수요와 공급이 충족되려면 시간이 걸리게 마련이다. 하지만 다른 국가에서도 박사학위 과정이 확대되면서 비자를 받을 수만 있다면 기꺼이 미국으로 일하러 가겠다는 준비된 박사 공급 시장이 창출되었고, 박사후연구원 시장은 특히 수요 변화에 민감하게 반응했다. 즉, 약 3만7500달러 수준의 초봉과 함께 미국행 기회를 제공할 뿐 아니라 일단 미국에 오면 계속 머물 수 있게 해주는 박사 수요가 생겨난 것이다.

일반적으로 박사후연구원은 일하게 될 연구소에서 뽑는다. 다시 말해 박사후연구원이 대거 포진하고 있는 대학에서는 실험 책임자가 뽑는다는 의미다. 물론 기존 연구원들이 아직 명성을 쌓지 않은 과학자 초년생들과 접촉해서 선발하기도 하지만, 대체로 박사후연구원으로 채용하려면 과학 학술지에 게재된 광고나 인터넷에 의존해야 한다.[60]

박사후연구원은 책임연구원의 보조금(또는 초기 연구비)이나 연구원 본인이 받는 펠로십을 통해 연구비를 지원받는다. 펠로십 지원을 받는 연구원은 돈과 프로젝트를 함께 가지고 오는 셈이어서(또는 계획 중인 프로젝트가 있다면 채용되자마자 펠로십을 받을 수도 있다) 교수가 지급하는 지원금을 받는 경우보다 독립성이 보장되고, 이론상으로는 본인 의사에 따라 다른 실험실에 가도 된다. 물론 이런 연구원은 소수이며 뛰어난 능력을 갖춘 유명 연구원일 가능성이 높다.[61] 화이트헤드 연구소 수전 린드퀴스트의 실험실 소속 박사후연구원은 대부분 펠로십을 받아온다.[62] 하버드대 의과대학 로베르토 콜터 실험실도 박사후연구원 90퍼센트 정도가 따로 펠로십을 받는다.

박사후연구원이 받는 장학금은 3만 달러 초반부터 5만 달러 후반까지 학과, 분야, 연차 등에 따라 가지각색이다. 4장에서 언급했듯, 미국국립보건원은 보조금 지급 지침을 마련하고 있다. 2010년에는 최소 3만7740달러를 지원하도록 권고했다.[63] 일부 기관에서는 훨씬 많이 주기도 하는데, 2009년 『더 사이언티스트』 독자들이 뽑은 '박사후과정을 밟고 싶은 가장 좋은 연구소'로 뽑힌 화이트헤드 연구소는 초봉이 4만7000달러였으며,[64] 많은 연구소가 제공하지 않는 보건, 치과, 연금 혜택도 제공한다.[65]

박사후연구원으로 채용될 가능성은 박사들의 최근 구직시장과도 관련이 있다. 미국물리학회에 따르면, "박사후연구원으로 채용되는 신규 박사 비율을 알기에는 물리학 박사 실업률보다 구직시장 현황이 더 좋은 지표다. 실업률은 전통적으로 낮은 수준에서 별다른 변동이 없기 때문이다."[66] 첨단 산업이 절정기를 누렸던 2001년에는 새로 배출된 공학자 중 12퍼센트만이 박사후연구원으로 가려는 뚜렷한 계획이 있었다. 54퍼센트는 일자리 제안을 받았고, 나머지 34퍼센트는 졸업 시점에 뚜렷한 계획이 없었다. 5년 후, 공학자 구직시장이 얼어붙었을 때는 사정이 달라져, 18퍼센트는 학위를 받자마자 박사후연구원으로 가게 되었고, 42퍼센트만 일자리 계획이 있었으며, 40퍼센트는 계획을 세우지 못한 상태였다.

좀 더 일반적으로 졸업생 규모가 커질수록 박사후연구원으로 진로를 계획하는 박사 비율도 증가하며, 이는 인력 공급 증가에 따른 구직시장의 전망 악화와 흐름을 같이한다. 또 박사후연구원 비율은 학계의 구직 가능성과 반비례 관계에 있어, 사립 및 공립대의 '기금 수익 fund revenue' 변화율을 대신한다고도 볼 수 있다.[67]

박사후연구원 자리는 젊은 과학도들이 시장 상황이 좋아지길 기다리며 버티는 일종의 '오수汚水 탱크'와 같다는 인식도 있다. 전국적인 규모로 진행된 한 조사에서 가장 최근에 박사후과정을 밟은 이유가 "다른 일자리를 구하지 못했기 때문"이라고 답한 사람이 8명 가운데 1명꼴이었던 것만 보아도 상황을 짐작할 수 있다. 그리고 박사후과정을 밟은 이유가 '구직 실패' 때문이라고 답한 사람들은 그렇지 않은 사람들보다 월등히 오랜 기간 박사후연구원 자리에 머물렀다.[68]

비록 입증하기는 어렵지만, 박사후연구원 자리에 계속 머무르려는 사람들은 원하는 교수 자리를 구하지 못한 경우일 가능성이 높다. 그러다보니 5년, 6년, 심지어 7년을 박사후연구원으로 보내는 이들도 드물지 않다. 물론 그보다 더 오래 하는 사람도 있다. 줄리아 핀소놀트만 해도 오하이오주립대에서 연구과학자 자리를 얻을 때까지 11년간 박사후연구원으로 일했다.[69] 박사후과정의 장점이라면 연구를 수행함으로써 이력을 쌓고, 선택의 위험을 분산시킬 수도 있다는 점이다.[70] 또 비록 다른 직종에 입문했더라면 받았을 금액보다 현저히 적긴 하지만, 대개 5만 달러 정도는 보장받으므로 생계를 꾸려나갈 수 있다.[71]

최근 박사후연구원의 업무 환경과 독립적인 연구원으로서의 직업 전망이 매우 불투명해지면서 2003년에는 연구원들이 전미박사후연구원협회NPA를 결성하기에 이르렀다.[72] NPA는 많은 연구대학과 박사후연구원 지위를 5년간 보장하는 신사협정을 체결했다.

스탠퍼드대, 예일대, 존스홉킨스대, 일리노이대, 시카고대를 포함한 일부 대학에서는 박사후연구원이 노동조합을 결성했거나 지역 노조에 가입했다. 이들 노조는 복리후생과 대학에서만 누릴 수 있는 특전(도서관 사용 같은!), 일자리 전망 등을 논의한다. 가장 큰 성공을 거두었던 조직적인 캠페인은 2008년에 캘리포니아 공립 고용관계 이사회가 공식적으로 PRO/UAW Postdoctoral Researchers Organize/International Union, United Automobile, Aerospace and Agricultural Implement Workers of America를 캘리포니아대 10개 캠퍼스의 박사후연구원을 대표하는 단체로 인정한 일이다.[73] 2010년 8월에 처음으로 5년 계약을 체결했고, 국립보건원이 제시한 가이드라인에 맞추어 연봉 인상도 약속했다. 대신 박사후연구원들은 파업을 하지 않겠다는 조항에 동의했다.[74] 한 가지 더 언급하자면, 오늘날 미국에서 정규직 노동자 7명 가운데 1명만이 노조에 속해 있다. 그런데 불모지였던 이 분야에서 조직적인 노력을 펼친 지 불과 10년 만에 노조에 속한 박사후연구원이 10명 가운데 1명 이상이 되었다는 사실은 놀라운 성과라고 할 만하다.[75]

학계 인력시장

오랫동안 많은 박사와 박사후연구원이 교수직을 선망해온 점을 감안하면 학계 인력시장은 구매자 중심 시장이라 할 만하다. 2005년과 2006년에 학위를 취득한 물리학 박사 가운데 59퍼센트가 대학교나 칼리지에서 일하겠다는 장기적인 목표를 세우고 있었다.[76] 최근 박사후연구원들을 대상으로 삼은 한 조사에서는 72.7퍼센트가 연구중심 대학에서 일하기를 '매우 희망한다'고 답변했다.[77] 텍사스대 의학센터에서 박사후연구원을 대상으로 실시한 연구에서도 79퍼센트가 박사후과정이 끝나면 대학에서 일하고 싶다고 답했다.[78] 미국에서 화학, 전기공학, 컴퓨터과학, 미생물학, 물리학 분야의 박사후연구원을 대상으로 한 초기 연구에서도 응답자의 55퍼센트가 대학에서 연구원 또는 교수로 일하기를 희망했다.[79] 그런데 학계에서 일하고 싶어하는 비율이 55퍼센트든 79퍼센트든, 한 가지 분명한 현실은 학계에서 정규직을 얻는 비율이 (전공마다 다르기는 하지만) 기껏해야 25퍼센트 안팎이라는 사실이다.

종신직을 비롯하여 미국 학계시장의 불확실성을 설명하는 몇 가지 요인이 있다. 첫째, 〈그림 7.1〉에서 보듯, 해당 직위에 적합한 교육을 받은 사람이 급격하게 늘고 있다. 게다가 미국에서 박사학위를 취득한 사람들뿐 아니라 해외에서 박사학위를 취득하고 박사후연구원 자리를 위해 미국에 오는 사람 수 역시 크게 증가했다.

둘째, 종신직 교수의 연봉이 비종신직 교수보다 월등히 높다. 그렇다보니 대학들이 종신직 교수 자리를 상대적으로 저렴한 인력으로 대체하게 되었다. 학부 강의를 점차 시간강사나 비종신직 교수들로 채우다보니, 이들은 그만큼 수업 부담이 늘고 연구 수행 기회는 줄어들었다. 2001년에는 연구 대학의 정규직 교수 가운데 공립대는 35퍼센트 이상, 사립대는 40퍼센트 이상이 비종신직이었다.[80]

셋째, 주 정부가 교도소와 보건에 투입하는 비용을 늘리면서 공립대에는 주 정부의 지원금 유입이 감소했다.[81] 1970년부터 2005년까지 물가상승률과 학생 등록을 감안해 조정한 주 정부 지원금이 11퍼센트 감소했다.[82] 워싱턴대(예산 29억 달러의 4퍼센트), 펜실베이니아

주립대(예산 34억 달러의 9.4퍼센트)[83], 미시간대(예산 51억 달러의 6.3퍼센트)[84] 등 많은 주립대의 주 정부 예산이 10퍼센트 내에서 삭감되었다. 이와 같은 예산 삭감은 주 정부의 세수가 크게 감소한 2008년 경제위기를 계기로 가속화되었다.

넷째, 높은 초기 연구비는 대학이 전략적인 채용을 하는 원인이 되었다. 다시 말해 대학은 두 과학자의 성과를 합쳐 성과가 조금 더 높은 경우보다 단독 성과가 뛰어난 과학자 한 명을 고용하는 편이 더 유리하다. 두 사람 몫의 초기 연구비를 합하면 비용 부담이 훨씬 커지기 때문이다.

의과대학은 상황이 조금 달랐다. 의과대학의 종신직은 연봉 보장과 거리가 멀었다.(아니면 한 의학행정가가 말하듯, 종신직과 연봉을 연계하는 일은 유행이 지났다.) 좀 더 구체적으로, 기초과학 분야의 종신직을 제공하는 의과대학 119곳 가운데 62퍼센트만이 종신직에 구체적인 재정 보상을 약속하고, 8개 학교만이 '종합적인 학교 지원'과 동일한 수준을 보장했다. 다른 54개 의과대학에서는 일정한 제한을 두었으며, 119곳 가운데 42곳에서는 종신직에 '금전적인 보상을 전혀 제공하지 않는다.'[85]

미국과 다른 나라의 유사점과 차이점

미국뿐 아니라 다른 나라도 과학자와 공학자를 위한 학계 인력시장의 전망이 최근 들어 불투명해졌다. 이탈리아의 젊은 박사들에게도 오랫동안 학계 전망이 암울하기는 매한가지다. 교수 연령을 보면 이 상황을 짐작할 수 있다. 2003년 연구교수Ricercatore Universitario(미국의 조교급) 평균 연령은 45세, 부교수Professore Associato는 51세, 정교수는 58세였다.[86] 또 이탈리아 학계시장에는 '정체' 시기가 있었다. 가령 2002년부터 2004년까지, 2008년부터 2009년 중반까지 '정규직 신규 채용'을 하지 않았다.[87]

독일도 학계 인력시장의 전망이 어둡다. 독일은 대학교수 수가 1993년에 약 2만3000명으로 정점을 찍은 뒤 꾸준히 감소세를 보인다.[88] 2004년에는 2만1000명을 겨우 넘는 정도였다. 그러나 이와 같은 교수 감소는 학생 감소 때문이 아니다. 같은 기간 고등학교 졸업생이 급증해 고등학교 졸업생 100명당 대학교수 수는 11.26명에서 9.43명으로 감소했다.[89] 그뿐 아니라 대다수 독일 대학이 교수자격논문을 제출하고 교수자격Habilitation을 취득할 것을 요구하는데, 이 조건을 충족시키는 대상자가 크게 증가한 시점과 맞물렸다.[90] 그 결과 교수직 지원자가 급증했고, 한 추정치에 따르면 최근 14년 동안 신규 교수직 경쟁률이 대략 1.5 대 1에서 2.5 대 1 수준으로 상승했다.[91]

교수 관련 지출을 줄이라는 압박을 받는 한국의 대학교, 특히 사립대의 상황도 비슷해서 점차 시간강사 의존도가 높아지고 있다. 2006년 4년제 대학의 시간강사는 5만 명이 넘은 반면 정교수는 약 4만3000명이었다.[92]

한편 앞서 살펴본 국가들과 미국은 종신재직권tenure, 모교 출신 인력 구성, 연봉 결정, 교수 채용 과정 등 네 가지 측면에서 다르다.

먼저 미국 대학의 큰 특징을 꼽으라면 종신직 체계를 들 수 있다. 종신직은 정규직에 채용된 후 7년 이내에 결정되며, 이 기간에 종신직을 얻지 못하면 다른 곳의 일자리를 찾아야 한다.[93] 종신재직권을 보장받지 못하면 미국 학계에서는 이등 시민처럼 취급받는다. 예를 들어 하버드대의 수학자들은 진급할 때까지 후배들 이름이나 외우며 기다리라는 말을 들어야 했다. 이와 대조적으로 다른 국가에서는 고용 시점부터 직업 안정성이 따라오는 편이다.[94] 프랑스는 교수로서 첫발을 내딛는 전임강사Maître de Conférence부터 직업 안정성이 보장된다. 이탈리아도 그렇고 벨기에도 비교적 최근까지 그랬다. 노르웨이는 채용 즉시는 아니지만 채용 후 몇 달 이내에 직업 안정성을 확보해 준다.

학계 체계는 모교 출신을 채용하는 관행에서도 차이가 드러난다. 미국에서는 모교 출신 박사를 채용하는 일이 드물지만 유럽에서는 흔하다. 한 예로 스페인에서는 대학교수 59퍼센트 이상이 모교에서 박사학위를 받은 사람들이다.[95] 만일 스페인에 신규 대학 설립 시 박사학위 과정을 두지 못하도록 한 조치가 없었더라면 이 비율은 더 올라갔을 것이다. 이탈리아, 프랑스, 벨기에에서도 모교 출신 채용이 활발하다. 영국은 이들 국가보다는 덜한 편이고, 독일은 승진하려면 대학을 옮겨야 하는 법적 조항을 두고 있다.

교수 연봉 책정 방식도 국가별로 매우 다양하다. 미국은 같은 직급이라도 학교 내 또는 학교별로 천차만별이다.(3장 참고) 이직하거나 이직할 조짐을 보일 경우가 연봉 책정에서 중요한 요인으로 작용한다. 사실 미국에서 교수들이 자신의 연봉을 높이는 방법 가운데 하나는 다른 대학의 이직 제안을 받은 후, 현재 몸담은 대학 측에서 연봉 인상을 역제안counter offer받는 방식이다.

역제안을 받으면 대부분 잔류하는 쪽을 택하지만 그래도 이직하는 교수들도 있다. 최근에는 공립대보다 재원이 풍부한 사립대에서 제안한 경우 성과가 뛰어난 많은 교수가 이직하는 추세다. 이를테면 지난 10년 동안 위스콘신대 교수들이 사립대로 자리를 옮긴 사례가 많았다. 경제위기가 고용에 어떤 영향을 미칠 것인지 예단하기에는 이르지만, 공립대학들이 매우 어려운 상황에 처할 것이라고 내다보는 사람들도 있다. 실제로 캘리포니아대는 2009년 7월에 무급휴가 정책을 펴 연봉 10퍼센트를 삭감했다.[96] 이에 대해 최근 버클리캠퍼스의 한 교수는 "연봉 삭감 소식이 알려지자 사립대에서 전화가 걸려오기 시작하더라"고 밝혔다. 플로리다, 애리조나, 조지아 등 다른 주에서도 교수들에게 무급휴가를 줬다.

다른 국가들에서는 교수가 공무원 신분인 경우가 많다. 이들은 업무와 직급에 따라 급여를 받는다. 벨기에, 프랑스, 이탈리아가 그렇다.[97] 이런 체제에서는 이직하겠다는 움직임이 사실상 연봉에 별 영향을 끼치지 않는다. 훨씬 많은 수입을 거두고 싶다면 미국이나 영국 등으로 아예 국가를 옮기거나, 별도의 직책을 더 맡는다든지 컨설팅에 참여하는 방식 정도가 가능하다.

마지막으로 교수 채용 방식은 나라마다 다채롭다. 미국은 교수 채용 과정에서 각 학과가 상당한 자율성을 보장받는다. 학과에서 학장과 교수직을 협상하고, 조사위원회를 조직하며, 지원자들과 인터뷰를 진행한다. 지원자들은 대개 같은 직급이나 상위 직급으로 지원한다. 학장직에 누구를 추천할지의 여부도 학과에서 결정한다. 제안이 공식적으로 이뤄진 뒤에 연봉 협상을 본격적으로 시작한다.

국가위원회가 교수 채용 과정에 관여하는 나라도 있다. 이탈리아는 대학이나 학과가 아니라 각 분야에서 선발한 국가위원회가 채용 과정을 진행한다. 좀 더 구체적으로, 정부가 신규 고용을 금지하지 않는다고 밝히면 대학은 채용(콩쿠르) 절차를 시작한다. 채용할 직위에 맞는 분야의 사람들을 뽑아 채용 후보 그룹을 만들고 이들 가운데 한 명을 채용한다. 예전 길드의 관행을 보더라도 모든 구성원을 국가 차원에서 분야별로 선발하고 나면, 위원회가 출판 성과를 중심으로 최적의 지원자를 선발했다. 만일 최종 선발된 사람이 마음에 들지 않으면 대학 측은 채용을 거절할 수 있고, 선발 과정을 다시 진행한다. 실제로 적합한 지원자를 선발하는 과정에서 뒷이야기가 무성하다. 또 채용뿐 아니라 승진도 같은 절차를 밟는다. 따라서 이탈리아의 '조교수'라면 학과에서 '부교수' 승진을 위한 콩쿠르가 열려야 대학에서 승진할 수 있는 셈이다. 한편으로는 이탈리아 교수들이 새 직위를 만들기 위한 로비를 벌이는 데 많은 에너지를 쓴다는 의미이기도 하다.[98]

프랑스의 채용 과정도 정부가 주도하며 분야별로 돌아간다. 일단 중앙정부가 전임강사 및 교수직에 적합한 분야와 대학 공석 목록을 만든다.[99] 여기에 자격을 갖춘 사람들만 지원할 수 있다. 지원자들은 가장 먼저 국가대학위원회(이 위원회의 위원들은 선출되거나 교육부가 임명한다)의 인증서를 취득해야 한다. 일단 인증서를 취득하면 그 자격은 4년간 유효하다. 그다음, 분과위원회가 대학 단위로 신청서를 검토한다. 분과위원회는 다른 대학이나 각 분야에서 초청한 위원들과 교수들로 구성해 4년마다 위원을 선출한다.[100] 최종 채용 여부는 대학에서 결정한다.[101]

프랑스와 이탈리아 모두 국가위원회가 선발하다보니 이론상으로는 '모교 출신 채용'을 권장하지 않는 분위기다. 하지만 실제로는 하위권 대학들은 학교 발전에 협조할 것으로 기대되는 모교 출신 교수들에게 막강한 인센티브를 약속하면서 이들을 대거 채용한다. 또 만일 대학에서 '뛰어난' 지원자를 채용했더라도 연봉이나 강의 부담 면에서 당근과 채찍으로 잘 관리하지 못하면 이 연구자는 대학에서 거의 시간을 보내지 않으려 할 것이다.[102]

코호트 효과cohort effect

과학자와 공학자 인력시장에서 나타나는 놀라운 특징은 코호트cohort(특정의 경험, 특히 연령을 공유하는 사람들의 집단—옮긴이) 효과가 존재한다는 점이다. 과학자와 공학자의 경력은 동시대 졸업생이 겪는 사건들과 관련이 깊다.[103] 간단히 말하자면 박사학위를 받기에 좋은 타이밍이 있고 그렇지 않은 타이밍이 있다는 뜻이 된다. 일자리가 많을 때 졸업하는 몇몇 과학자는 무난하게 일자리를 구하고 연구비 유치에도 어려움이 없다. 이런 이들의 경력은 탄탄대로다. 현재 은퇴를 앞두고 있거나 최근 은퇴한 과학자 대부분은 졸업 당시 학계에서 일자리를 구하기도 쉬웠고 보조금 성공률도 40퍼센트가 넘었다. 그들은 다소 위험부담이 있는 연구를 해볼 기회도 있었다. 선택의 여지가 있었으며 경력도 화려했던 편이다. 마찬가지로 1990년대는 컴퓨터 과학자들의 '전성시대'였다. 또 1990년대 후반부터 2000년대 초는 생물정보학 분야 과학자들의 전성시대였다.[104]

이들을 제외한 다른 세대의 졸업생들은 일자리가 덜 풍요로운 편이다. 이들은 최종적으로 종신직에 안착하고 책임연구원이 되리라는 희망을 품고 박사후연구원 기간이 만료되면 기간을 연장하거나, 비종신직 자리에서 다시 비종신직 자리로 이직한다. 또 그들은 재능이 탁월한(게다가 운도 따른) 코호트 또는 일자리가 풍족할 때 졸업한 코호트 과학자의 실험실 인력으로 일하는 자리라도 별 수 없이 받아들이는 경우가 흔하다. 6장에서 보았듯 연방정부가 연구 지원금을 크게 삭감한 이후인 1969년에 졸업한 과학자들이 이 세대에 해당된다. 1990년대 초 수학자들도 마찬가지인데, 특히 당시 채용한 구소련 이민자 출신 수학자들과 전공이 비슷한 사람들도 여기에 해당된다.[105] 최근에는 생의학 박사들도 비슷한 상황을 겪었다. 또 최근 경제위기 시점에 졸업한 박사들도 향후 비슷한 상황에 처할 가능성이 높다. 한 조사에 따르면 칼리지와 대학 가운데 43퍼센트가 교수 채용을 일부 동결할 계획이며 5퍼센트는 채용을 완전히 중단할 계획이다.[106] 2008년 가을에 박사학위를 취득한 한 생태학 전공 박사후연구원이 유수의 학술지에 논문 15편을 게재했고 40만 달러의 보조금을 받았지만, 구직 지원서에 대해 회신 한 번 받지 못한 사례만 봐도 상황을 짐작할 수 있다. 바로 "코호트는 중요하다는 사실!"[107]

코호트가 중요한 이유는 과학자들의 성과가 어디에서, 어떤 환경에서 연구하느냐와 직결되기 때문이다. 독립적인 연구원으로서 명망 있는 학과나 연구소에서 일한다면 성과가 좋아진다.[108] 연구 장소와 연구 성과의 관계는 일부 전략적인 채용 때문이기도 하겠지만, 조직 전반적으로 영향을 미친다는 측면에서도 시사하는 바가 크다. 장소는 중요하다. 실은 매우 중요하다. 가령 경제학자에 대한 어떤 연구는 타고난 실력이 비슷할 때 상위권 대학에 자리 잡으면 이후에 더 나은 성과를 낼 수 있다고 주장한다. 또 첫 직장은 졸업 당시 구직시장의 상태에 어느 정도 영향을 받는다. 이 연구는 "첫 직장은 경제학자들의 향후 경력을 그려나가는 데 매우 중요하다"고 결론을 내렸다.[109] 만일 첫 직장이 경제학자에게 중요하다면 과학자에게도 마찬가지이며, 특히 과학자의 연구는 설비와 기자재 접근성에 크게 의존하는 경향이 크기 때문이다.[110]

2장에서도 살펴보았지만 일하는 장소가 중요한 몇 가지 이유가 있다. 첫째, 유수의 연구소들은 연구하기에 유리한 자원을 제공한다. 초기 연구비도 넉넉하고 실험실 공간도 더 여유롭다. 둘째, 일류 연구소에서 일하는 과학자들은 열성적인 동료들이나 뛰어난 대학원생들과 실험실에서 교류할 수 있으며 강의 부담도 한결 적다. 셋째, 비록 측정하기는 어렵지만 평판도 중요하다. 다른 조건이 동일할 때 캘리포니아공대에서 낸 제안서는 일리노이공대의 제안서보다 후한 점수를 받는 경향이 있다. 로버트 머튼이 말하는 '매슈효과', 즉 '누적된 이득'의 영향으로 출발점이 앞서는 것이나 다름없다. "상당한 명성이 있는 과학자들의 공헌은 더 큰 인정을 받고, 점점 커지면서 누적되는 반면, 아직 명성을 얻지 못한 과학자들의 공헌은 쉽사리 인정받지 못한다."[111]

사례 연구

1996년 미국국립연구회의는 경력 초기 생명과학자들의 경력 추세를 연구할 위원회를 결성했다. 당시 프린스턴대 유전학 교수였으며 이후 총장이 된 셜리 틸먼과 펜실베이니아대 의과대학 행동과학과 명예교수였던 헨리 리켄이 위원회의 초대 공동 의장을 맡았다. 이 연구를 진행한 배경은 생명과학 분야의 박사 수는 크게 증가하는 반면 젊은 생명과학자를 채용할 일자리는 그만큼 늘지 않았기 때문이었다. 젊은 생명과학도들은 자신이 정규직을 기다리는 '대기 상태'라는 사실을 점차 깨달아갔다.[112]

생명과학도들에게 불안감을 안겨주는 다양한 움직임이 눈에 띈다. 생명과학 학위 취득자가 증가하고 이후 박사후연구원 자리를 거치는 비율이 높아지며, 그 기간이 길어지는 추세다. 더욱이 연구대학을 비롯해 연구기관에서 젊은 생명과학자가 종신직을 구할 가능성이 낮아지고 있다. 그뿐 아니라 젊은 교수들의 국립보건원 보조금 수령이 어려워지고 있으며, 최초로 연구비를 지원받는 연령대도 점차 높아지고 있다.

더 자세하게 살펴보면, 1985년부터 1995년까지 10년 동안 미국에서 생의학 박사학위 취득자는 60퍼센트 늘어나 1995년에 6000명을 기록했다.[113] 학위 취득에 걸리는 평균 기간도 1995년에 막 7년을 넘어 8년에 가까워졌다. 신규 박사학위 취득자의 60퍼센트가 박사후과정을 밟아 10년 전 약 55퍼센트 수준보다 늘어났고, 대학원을 졸업하고 3~4년 동안 박사후과정을 밟는 비율도 10년 전 25퍼센트였으

나 현재는 30퍼센트를 웃돌며, 5~6년인 경우도 약 50퍼센트 증가했다.[114]

그런가 하면 종신직 자리를 구하기는 점점 어려워지고 있다. 1985년에는 5~6년 전(1979~1980)에 박사학위를 취득한 사람이 박사학위를 취득한 대학에서 종신직을 구할 가능성이 셋 가운데 한 명꼴이었다. 하지만 1995년에는 다섯 가운데 한 명꼴로 가능성이 낮아졌다. 또한 단순히 비율만 낮아진 게 아니라 박사학위 수여 대학의 젊은 종신교수 인원 자체가 줄었다. 대신 파트타임은 물론 박사후연구원, 스태프 과학자, 비종신직 과학자 등 '다른' 직위가 크게 늘었다.

이와 같은 추세를 점검하고 연구한 위원회는 다섯 개 조항을 권고했다. (1)생명과학 분야의 졸업생 증가 억제, (2)젊은 생명과학자들에게 정확한 직업 전망 정보 공유, (3)졸업생 교육 강화, (4)독립적인 박사후연구원으로서 연구 기회 제공, (5)생명과학 전공자들을 위한 대안 직업 모색 등이었다. 이와 같은 위원회의 다섯 가지 권고안의 의도에는 "박사학위가 연구를 중점적으로 추진하는 학위이며, 현재 훈련의 목표는 미래의 독립적인 과학자를 양성하는 것"이라는 확신이 담겨있다.[115] 그렇다보니 위원회는 생명과학 분야에서 훈련받는 박사들이 대안 직업을 모색한다는 개념은 인정하지 않았다.

위원회는 보고서의 세 번째 권고사항을 확대해 연방 단체들이 훈련보조금이나 박사후과정 지원에 중점을 두도록 독려하는 한편, 연구 프로젝트에 대해 지급하는 대학원의 연구보조금과 같은 간접적인 지원 방식은 권고하지 않았다. 이와 같이 주장한 이유는 연구 프로젝트 심사를 거치지 않고 지급하는 연구보조금보다 보조금 갱신 과정에서 동료 심사를 거치는 훈련보조금 형태가 훈련의 질을 보장하면서도 교육학적으로도 적합하다고 보았기 때문이다. 더욱이 연구보조금은 훈련시키는 사람과 훈련받는 사람이 이해관계로 충돌할 가능성을 크게 줄여준다. 학생과 교수는 '계약' 상태가 아니기 때문이다. 하지만 훈련보조금의 명백한 장점에도 불구하고 연구보조금에 지원하는 학생 수는 급증하는 데 반해 훈련보조금 수혜 학생 수는 오랫동안 변동이 없었다.[116] 훈련보조금 권고안은 공동의장직을 사임한 헨리 리켄이 직접 "훈련보조금 권고는 지지받지 못한 사안이고 연구 임무에서 벗어난 일이며, 위원회의 종합적인 연구 결과와도 모순된다"고 썼을 만큼 논쟁을 불러일으켰다.[117]

한편 생명과학계가 이 권고안을 받아들이지 않았다는 사실은 놀랍지 않다. 오히려 대학원 학위과정은 점점 늘어났고, 직업 전망을 공유하려는 노력도 찾아보기 어려웠으며, 훈련보조금과 연구보조금 사이의 지원금 재할당도 사실상 없었다. 더욱이 1990년대 후반에는 알프레드 슬론 재단의 주도 아래 다양한 생명과학 석사과정이 개설되었다. 이 학위과정들은 학생이 산업계의 비연구직 일자리를 준비하는 데도 도움이 될 것으로 기대를 모았다.[118]

그러던 중 1998년, 국립보건원 예산이 5년 동안 2배로 증가하게 되었다. 많은 사람은 예산 확대 정책이 젊은이들을 구제할 것이라고 예상했다. 처음에는 미약하게나마 상황이 개선되는 듯했지만 결과적으로 큰 도움이 되지 못했다. 생의학 분야에서 박사학위를 취득하고 5~6년 후에 종신직에서 일하는 비율이 1995년 19퍼센트에서 2001년 9.9퍼센트로 낮아졌다가 2003년 들어 15퍼센트로 반등했다가, 데이터가 존재하는 가장 최근 시기인 2006년에는 12퍼센트로 떨어졌다.[119] 박사후연구원 자리에 6년 이상 재직할 확률은 1995년부터 2001년 사이에 낮아졌다가 이 시기에 다시 올라갔다. 또 초기 과학자들이 비종신직에 종사하는 비율은 2006년까지 줄어왔지만, 이후 의과대학을 중심으로 비종신직이 대폭 늘어났다. 한편 산업계에서 일하는 신규 박사학위 취득자 비율은 사실상 변동이 없었다. 이는 바이오테크 부문에서 새롭게 등장하는 다양한 아이디어가 새내기 과학자 상당수에게 일자리를 제공하는 덕분이다.

요약하자면, 젊은 과학자를 위한 학계의 일자리는 비교적 완만하게 증가하는가 싶더니 금세 시들해졌다. 여기에는 몇 가지 우려할 만한 흐름이 있다. 최근 배출되는 박사 10명 가운데 1명은 파트타임으로 일하거나 실업 상태 또는 비경제활동인구에 속한다.[120] 또 의과대학에 신규 채용된 박사급 교수의 연령이 1992년부터 2004년 사이에 2세 높아져 39세에 달하고 있다.[121] 젊은 과학자들은 연구비 확보 경쟁에서 고군분투하고 있지만, 애초 증가세를 보이던 새내기 연구자를 위한 보조금 제도는 줄어들고 있고[122] 기존 연구자들과 신규 연구자들 사이의 보조금 신청 성공률은 '간극'이 점차 벌어져, 1996년에 2.6퍼센트 포인트였던 것이 2003년에는 6퍼센트 포인트 이상 차이가 난다.[123] 젊은 생명과학도 앞에 놓인 길은 『네이처』가 "계약 노동자Indentured Labour"라는 제목의 사설을 실을 정도로 암울해지고 말았다. 이 사설은 "지나치게 많은 대학원이 과도하게 많은 학생을 양성하는 바람에 학계에서 실질적으로 젊은 과학도의 일자리를 찾기는 불가능한 실정이다"라고 비판했다.[124]

다시 말하지만 젊은이들이 직면한 연구비 · 일자리 문제에 대응하여 미국국립연구회의 위원회가 설립되었고, 노벨상 수상자이자 이후 하워드휴스 의학연구소 소장이 된 토머스 체크가 의장을 맡았다. 2005년 이 위원회는 『독립을 위한 가교』라는 보고서를 발표했다. 이 보고서의 핵심 권고사항은 국립보건원에 박사후연구원이 교수직을 얻을 때까지 연구비를 지원하는 이른바 "캥거루" 보조금을 제정하도록 한 것이다. 구체적인 방안은 대학이 젊은 연구원 고용에 힘쓰도록 인센티브를 지급하는 방식이었다.[125]

1991년 예일대 분자생물물리와 생화학과에 입학한 학생들의 졸업 후 사례가 당시 상황을 잘 대변한다.[126] 1991년에 입학한 30명 가운데 2008년 가을에 종신직으로 채용된 사람은 단 한 명뿐이었다. 이 사람은 수전 린드퀴스트의 실험실에서 박사후과정을 밟은 경력이 있으며 2008년 가을 브라운대에서 부교수로 재직 중이었다. 다른 한 명은 종신직을 얻기 위해 경력을 쌓고 있었지만 종신직에 채용되지는 못했다. 네 명은 대학 연구직에, 한 명은 대학 겸임교수직에 있었다. 예일대 학위과정의 운영 목적은 "학생들이 분자생물학 및 구조생물학 분야에서 독립적인 연구자가 되도록 준비하는 것"인데도 불구하고, 앞서 말한 대로 종신교수직을 얻은 사람은 단 한 명에 그치고 만 것이다.

이 연구에서 학계에 자리 잡은 사람이 적다는 사실이 학계시장이나 국립보건원 관련 문제들 때문에 졸업생들이 다른 분야로 진출했음을 입증하지는 않는다.(예일대 졸업생 가운데 11명은 산업계로 진출했고, 4명은 특허 변호사, 정보기술 산업, 노년층을 위한 홈케어 사업 등에 뛰어들었다.) 다른 요인들도 이들의 결정에 영향을 미쳤을 것이다. 졸업 시점에 몇몇 사람은 학계에 남는 것이 자신에게 적합할지 회의적이었고, 아예 학자가 되는 길을 고려해본 적조차 없는 이들도 있었다. 가령 2008년, 바이오젠 규제전문팀에서 일하는 데버러 킨치 부장은 "나는 교수가 되겠다는 생각을 한 번도 해본 적이 없다. (…) 대학원생이 된다는 것은 계약 노예 신분이 되는 것이나 마찬가지이며, 교수 역시 종신직을 보장받을 때까지는 별반 다를 바 없다. 낮은 급여를 받으며 각종 보조금을 유치하러 다녀야 하는 일은 내게 더 이상 선택의 여지가 없을 때에나 택하고 싶은 진로였다"라고 밝혔다.[127]

또 다른 예일대 졸업생들 중에서는 결혼생활과 병행할 수 있는 직종을 찾는 사람도 있었다. 아니면 산업계 일자리를 찾으려고 고군분투한 끝에 무척 매력적인 일자리를 찾아낸 이들도 있다. 교수가 되는 길을 택하지 않은 사람은 이들뿐만이 아니다. 몇몇 지표는 오늘날의 대학원생이 과거의 대학원생보다 연구직이나 교수 직종에 관심이 덜한 편이라는 사실을 보여준다.[128] 대학원생이나 박사후연구원 시절 고단했던 경험, 종신직 일자리 부족 등이 이와 같은 견해를 갖기까지 힘을 보탰으리란 점은 분명해 보인다.

일부에서는 예일대 연구의 가치를 깎아내리기도 한다. 많은 조사대상자가 과학계를 떠났거나 학계 연구직을 이어가지 않는다는 점만 보아도 이들은 전형적인 대학원생의 경로에서 벗어난 사람들이라는 이유를 주로 든다. 그렇다면 다음 조사는 어떤가. 1992~1994년에 국립보건원이 지급하는 보조금인 키르쉬슈타인을 받았던 400명을 대상으로 한 연구는 훨씬 충격적이다. 이들은 연구를 보장받는 매우 뛰어난 인재들인 데다 국립보건원이 예산을 2배로 늘린 시점에 취업시장

에 진입한 행운까지 누린 사람들이란 점이 눈길을 끈다.[129]

이 인재들의 향후 진로는 어땠을까? 2010년까지 키르쉬슈타인 장학생 가운데 대학에서 종신직을 구한 사람은 4분의 1이 약간 넘었고, 산업계 인력은 30퍼센트 정도였다. 나머지 사람들 중에서 약 6퍼센트는 칼리지에서 일했고, 4퍼센트 정도는 연구소에서 연구팀장을 맡았다. 또 20퍼센트는 다른 사람의 실험실에서 연구원으로 재직했으며, 놀랍게도 14퍼센트에 달하는 사람들이 1999년 이후 구글 학술검색에서 조회되지 않거나 논문을 한 편도 발표하지 않은 것으로 드러났다. 이와 같은 결과는 국립보건원이 예산을 2배로 확대했던 기간에 "최고 인재"였던 집단에게 기대했던 바는 분명 아니다. 만일 시대가 졸업자들에게 역경을 안겨줬다면, 이들보다 이후에 졸업한 사람들 또는 향후 졸업할 사람들이 직면할 시대가 훨씬 어려울 것이라고 봐야 한다.

정책 쟁점

최근 학계뿐 아니라 산업계에서도 화학, 물리학, 수학 등 과학 분야의 시장 전망이 암울해졌다. 생의학 부문의 구직 전망은 특히 불투명하다. 하지만 박사과정에 등록하는 학생 수는 계속해서 늘어나고 있을 뿐 아니라, 이 가운데 대다수가 외국인이긴 하지만 일부 미국인도 동참하고 있다. 왜일까? 구직시장 전망이 이토록 불투명한데도 왜 사람들이 대학원에 계속 진학하는 걸까?

이는 분명 여러 상황이 복합적으로 만들어낸 결과일 것이다. 수수께끼를 푸는 보상을 찾는 학생들, 학부 시절에 일종의 '스타'였던 사람들에게 지급되는 장학금은 어두운 구직 전망과 등록금 걱정마저 잊게 한다. 이들이 연구 분야에서 "모든 사람이 성공을 거두는 것은 아니다"라는 (겉으로 잘 드러나지 않는) 신호를 무시하고 대학원에 진학한다고 해서 놀라운 일은 아니다. 사람들의 지나친 확신도 한몫한다. 자신은 평균보다 훨씬 우수하기 때문에 남들은 해내지 못했을지언정 본인은 할 수 있다고 여기는 것도 대학원에 진학하는 이유 가운데 하나다.

몇몇 교수가 펼치는 적극적인 구인활동도 중요한 역할을 한다. 교수는 자신의 연구실에서 일할 학생(박사후연구원 포함)이 필요한데, 교수가 나서면 아무래도 설득력이 있다. 교수들은 장학금과 새로운 길을 개척해나갈 연구 등 긍정적인 요인들만 강조하고, 독립 연구자가 되기에는 희박한 가능성 같은 부정적인 측면에 대한 설명은 하지 않거나 특별히 강조하지 않는다.

교수와 대학의 관점에서는 이와 같은 조직 체계가 효과적이다. 가령 생의학 분야에서 대학원생과 박사후연구원이 차지하는 노동력이 무려 50퍼센트에 달하는데,[130] 이들은 교수에게 신선한 관점을 제시하면서도 임시직 신분이니 말이다. 2011년 국립연구회의가 국립보건원 훈련 프로그램을 평가한 보고서는 "국립보건원 훈련보조금 지원을 받는 대학원생과 박사후연구원은 연구활동에 활력을 불어넣고 창조적인 아이디어를 제공하며 생의학 연구에 기여한다"고 평가했다.[131] 하지만 이들이 구직시장에서는 난관에 부딪히는데도 보고서는 "현 체계는 과학적인 발견을 확장시켜나가는 데에 매우 성공적인" 방식이라고만 설명할 뿐이다.[132]

교수들은 '공평한' 방식이라고 주장함으로써 실험실 노동력을 제공받는 이 체계를 합리화한다. 그렇다보니 학생들은 결과를 예상하면서도 계속해서 유입된다. 교수들은 또 연구과학자가 모든 이에게 허락되지 않는 대신 대안으로 삼을 만한 직업이 있다고도 설명한다. UC 샌프란시스코 같은 일부 대학은 학생들이 다른 직업을 탐색할 수 있도록 지원하기도 한다. 하지만 그에 따르는 비용은 어떨까? 국립연구회의는 동일한 보고서에서 "생의학 및 행동과학 분야의 학생들이 중 · 고등학교에서 과학을 가르치는 일도 매우 적절한 진로"라고 권고한다. 그들을 교사로 전환시킨다? 현 과학 체제가 만들어낸 과잉 인력 문제도 해결하고 사회적으로 받아들여질 만한 방식인지도 모른다.[133]

하지만 경제학자 입장에서 이런 방법은 심각한 효율성 우려를 불러온다. 미국에서 수학, 과학 교사가 부족하다는 사실은 분명하다. 그러나 대학원에서 7년을 투자해 공부하고 추가로 3~4년을 박사후연구원으로 보낸 이들을 교사로 전환시키는 것보다 훨씬 효율적인 활용 방법이 있을 것이다.

또 연구와 훈련을 연결짓는 미국식 모델이 과연 효율적인가라는 일반적인 의문도 제기된다. 자원을 효율적으로 활용하고 있는가? 아니면 연구와 훈련 사이의 관계를 좀 더 느슨하게 하고 일부 연구는 훈련과정을 없애고 독자적으로 수행하도록 한다면 미국이 자원을 통해 더 많이 얻을 수 있지 않을까? 이 문제는 이 책의 마지막 장에서 논의하고자 한다.

결론

과학자와 공학자를 위한 시장은 여느 시장과는 여러 측면에서 다르다. 인력이 배출되기까지 걸리는 시간이 극단적으로 길고 학위 취득에 드는 비용도 막대하며, 구직시장 전망도 졸업 시점마다 달라 예측하기 어렵다. 더욱이 지원자 대부분이 최근 졸업생의 구직 정보를 잘 얻지 못한다. 정보기술과 소셜 네트워킹 시대임에도 특히 과학 · 공학 분야 등의 진로를 결정할 때는 불확실한 정보만으로 결정을 내려야 한다. 이와 같은 현실이 나타나는 데에는 결정적으로 전공에 대한 과학자들의 '애정'이 한몫을 한다. 결국 사랑이 눈멀게 하는 셈이다. 하지만 교수들이 쉽사리 정보를 제공하지 않는 까닭도 있다. 교수들은 정보를 알고 모르고를 떠나, 일단 말하기를 원치 않는다.

여기에다 과학자와 공학자를 위한 시장이 국제적으로 상호 연관된 시장이라는 점은 여타 시장들과 또 다른 특징이다. 8장에서 계속 이 주제를 다뤄보자.

제8장

외국 출신 과학자들

조지아공대 전기공학과 교수 가운데 3분의 1이 미국 이외의 국가에서 학사학위를 받았고, 스탠퍼드대 물리학과 교수 가운데 3분의 1은 해외에서 박사학위를 받았다. 미국 대학이 수여하는 과학 · 공학 부문 박사학위 가운데 44퍼센트는 임시거주 비자를 소지한 외국인 학생들 몫이며, 영주권자까지 포함하면 약 48퍼센트 수준까지 올라간다. 박사후연구원에서는 외국인 비율이 껑충 뛰어올라 임시거주자가 60퍼센트에 육박한다.[1] 특히 2003년 미국에서 연구하는 과학 · 공학 부문 박사학위 소지자 기준으로 7.5퍼센트가 중국인이다.[2] 학계 이외의 분야에서 일하는 중국인들도 일부 있지만, 대학에서 교수나 스태프 과학자, 박사후연구원으로 일하는 인원이 상당하다.

이제 살펴보겠지만 외국인들이 미국 과학 · 공학 부문에서 담당하는 역할은 이미 클 뿐 아니라 점점 커지는 추세다. 특히 대학에서 이들의 존재감은 주목할 만하다. 교수가 강의하고 연구를 수행하듯, 대학원생은 수업을 듣고 교수의 연구 프로젝트에 참여하며, 박사후연구원은 실험실에서 연구한다. 과학계를 다루는 책에서 외국인 학생의 존재와 역할을 자세하게 살펴보는 일은 절대적으로 중요하다. 이 장은 바로 여기서 출발하려 한다. 미국 내 대학에서 외국인 학생의 존재를 설명하고, 외국 출신이 대학원 및 교수 자리에서 미국 시민을 몰아내고 있는지, 다시 말해 외국인이 미국 시민의 자리를 빼앗아가는지 살펴볼 것이다. 이 장의 마지막 부분에서는 외국인의 공헌과 외국인과의 조화를 이루지 못하는 미국 과학계의 사례를 점검한다.

외국인의 존재

앞으로 다룰 내용을 언급하기 전에 비자를 짚어볼 필요가 있다. '임시거주자'는 제한된 기간에 미국 입국을 허용받은 사람들에게 발급되는 임시비자를 소지한 사람이다. 미국에서 공부하는 외국인 대학원생 대부분이 여기에 해당된다. 학생비자 발급 기준은 미국에서 공부하는 동안 재정적인 자립 능력을 꽤 중요시해서[3] 미국에서 연구하는 외국인 박사후연구원 대부분이 임시거주자 신분이다.[4] 반면 '영주거주자', 즉 영주권자는 명칭에 이미 뜻이 함축되어 있듯 미국에 영구적으로 거주하는 사람이다. 미국 영주권자인 학생이나 박사후연구원은 가족(배우자나 부모)이 영주권을 획득한 경우가 대부분이지만 예외도 있다. 가령 톈안먼 사태 이후인 1992년에 미국 의회는 중국인학생보호법을 제정해 당시 미국에 있던 중국인 학생들에게 영주권을 부여했다.[5] 결국 엄청난 수의 외국인을 귀화시켰던 것이다. 2003년에는 미국에서 과학 · 공학 부문 박사후연구원이던 종신직 인력 가운데 15퍼센트가량이 귀화 절차를 밟아 미국 시민이 되었다.[6]

미국에 거주하는 외국인 과학자 및 공학자를 비자로 파악하는 방식은 간단하긴 하지만 신뢰할 만한 데이터가 충분히 있어야 한다는 한계가 있다. 미국에서 영주권이 없는 과학자와 공학자 수를 알고 싶다면 임시거주자 수를 파악하고, 외국 출신인 사람 수를 알고 싶다면 임시거주자 수에 귀화 시민과 영주권자를 합하면 된다.[7]

교수진

거의 모든 학과의 웹페이지를 살짝만 봐도 과학 · 공학 부문에서 외국 출신 교수들이 큰 활약을 펼치고 있다는 뚜렷한 증거를 발견할 수 있다. 한 예로 연구중심 대학 소속 화학과 교수 가운데 25퍼센트가량이 미국 이외의 국가에서 대학 교육을 받았다. 이들 나라는 중국, 영국, 캐나다, 인도 순이다.[8] 또 국가별 비율은 조지아공대의 외국인 전기공학자 비율과 유사하다. 미국 이외의 국가에서 대학을 다닌 전기공학자 비율이 42퍼센트이고, 이들 가운데 절반은 인도(9명), 중국(7명), 대만(5명) 세 나라 출신이다.[9]

2007년에 실시한 한 조사에 따르면 95개 미국 대학에 소속된 중국인 교수는 6199명이었다. 미시간대의 중국인 교수가 139명(전체 교수의 2.6퍼센트)으로 가장 많았고, 피츠버그대는 133명(3.1퍼센트)으로 2위, 미주리대 캔자스시티캠퍼스는 131명(7.0퍼센트)으로 그 뒤를 이었다. 중국인 수가 아닌 비율로 순위를 매기면 스티븐스공과대가 27퍼센트로 독보적인 1위였고, 조지아공대가 7.6퍼센트로 2위, 코넬대가 6.2퍼센트로 5위를 차지했다.[10] 비록 이들 모두가 과학 · 공학 부문 소속은 아니지만 대다수를 차지한다.

미국의 대학에는 중국인 교수뿐 아니라 외국인 교수가 광범위하게 존재하다보니 일부 국가는 상당한 영향력을 발휘하기도 한다. 이스라엘이 가장 두드러진다. 이스라엘 물리학자의 경우 이스라엘인 교수 100명당 10명, 화학자는 100명당 12명, 컴퓨터과학자는 100명당 33명꼴로 미국의 상위 40위권 학과에서 교수로 일한다.[11] 최근에는 정확한 인원 파악이 어렵기는 해도, 러시아 물리학자와 수학자들이 미국 대학으로 대거 옮겨오기도 했다. 살펴보겠지만 여러 국가에서 유입된 인력이 미국에서 훈련을 받고 고국으로 귀국하는 것을 붙잡지 못하는 데서 오는 손실은 그다지 크지 않다.

근래 들어 미국의 비자 정책 변경이 외국인 교수 채용을 용이하게 했음은 분명하다. 대학들은 H-1B 비자를 가진 제한된 인원을 두고 기업들과 경쟁을 벌이곤 했지만, 2001년 10월 이후 '21세기 미국 경쟁력법'을 제정한 결과, H-1B 비자 상한선이 더는 대학이나 정부의 실험실, 특정 비영리 단체에 적용되지 않았다.[12] 현재는 많은 교수와 박사후연구원이 H-1B 비자를 소지하고 있다.

미국에서 교수로 활동하는 외국인에 대해 정확한 학과별 자료를 구하기는 어렵다. 가장 도움이 될 만한 데이터는 미국에서 박사학위를 취득한 교수 관련 자료다. 이 그룹에 대한 분석에 한계가 있긴 하지만 1979년에 외국인(박사학위 취득 시점의 비자 상태로 정의) 비율

표 8.1 분야별 연도별 미국의 대학 및 칼리지의 외국 출신 교수 비율

	1979	1997	2006
공학	17.5	28.4	34.9
생명공학	10.0	12.1	15.5
생물공학	8.9	10.5	15.2
지구/환경	10.3	12.4	14.7
자연과학	10.7	17.8	18.1
화학	9.5	11.6	14.6
수학/컴퓨터과학	10.4	24.5	31.4
물리학 및 천문학	12.4	17.7	23.3
전체	11.7	16.3	21.8

출처: 미국국립과학재단(2011b) 박사학위자 조사. 미국국립과학재단의 데이터를 사용했으나, 이 책에 포함된 연구 방법이나 결론을 미국국립과학재단이 보증하지 않는다.
참고: 본 데이터는 미국에서 박사학위를 받고 정교수로 재직하는 교수로 제한했으며, 박사후연구원은 제외했다. '외국 출신'은 영주권자와 임시거주자, 박사학위를 받는 시점에 시민권을 신청한 사람으로 했다.

이 12퍼센트 미만이던 것이 2006년에는 22퍼센트에 근접하면서 거의 2배에 육박하게 되었다.(〈표 8.1〉 참고, 2006년 자료가 가장 최근 자료임.)[13] 외국인 교수 비율이 가장 높은 분야는 공학 분야로 3분의 1이 넘으며, 수학/컴퓨터과학이 그 뒤를 바짝 쫓는다. 화학과 지구 · 환경과학은 외국인 비율이 가장 낮다.

하지만 이 데이터에는 박사학위를 취득한 후 미국으로 입국한 교수에 대한 정보가 빠져 있다. 이 인원도 적지 않은데 말이다. 가령 2005년에 물리학 부문에서 채용한 전체 교수의 3분의 1이 미국 이외의 국가에서 박사학위를 취득했으며, 미국 내 의과대학의 기초과학 담당 교수 가운데 21퍼센트가 석사 또는 박사학위를 미국 이외의 국가에서 취득했다.[14] 또 연구대학의 화학과 교수 가운데 10퍼센트는 해외에서 박사학위를 취득했다.[15]

해외에서 박사학위를 취득한 교수 관련 자료가 하나 있다. 물론 외국인 비율은 분석에 포함된 수치보다 더 높다. 이 데이터를 기초로, 2003년에 4년제 대학과 의과대학의 전체 교수 가운데 35퍼센트가 외국인이었다.[16] 그러나 이 비율이 높은 이유는 해외에서 박사학위를 취득한 사람들을 포함했을 뿐 아니라 학위 취득 시점의 시민권 상태가 아닌 태어난 시점을 기준으로 분류해서 좀 더 포괄적으로 측정했기 때문이다.(〈표 8.1〉 참고) 결론은 이렇다. 비록 박사학위를 취득하는 시점에 미국 시민이었던 교수 비율을 정확하게 산정하기는 어렵지만, 미국 내 대학과 의과대학에서 일하는 외국인 교수들이 대단히 많다는 사실만큼은 논란의 여지가 없다. 최소한으로 잡더라도, 박사학위 취득 시점에 (학위 취득 국가가 미국이든 외국이든 상관없이) 미국 시민권자가 아닌 과학 · 공학 교수 비율은 26.5퍼센트다.[17]

대학원생들

7장에서 봤듯 지난 40년 동안 미국에서 과학 · 공학 박사학위 취득자 수는 기복이 있는 편이었지만, 1970년 이래 외국 출신 박사학위 취득자는 꾸준히 증가했다. 단, 1990년대 후반에는 시민권 미신고자 수가 증가해 예외적으로 감소했고, 9 · 11 이후 비자 제한 조치 여파로 2008년에는 박사학위를 취득한 임시거주자 수가 감소했다.[18] 〈그림 8.1〉에서 1966년부터 2008년까지 비자 상태에 따른 외국인 박사학위 취득자 추이를 쉽게 확인할 수 있다. 1990년대 초 임시거주자 수가 급감한 이유는 1992년 중국인학생보호법이 통과되어 중국인 학생들에게 영주권을 부여했고 이에 따라 영주권자가 늘어났기 때문이다.[19]

그림 8.1 시민권 상태별 과학 · 공학 학위(1966~2008)

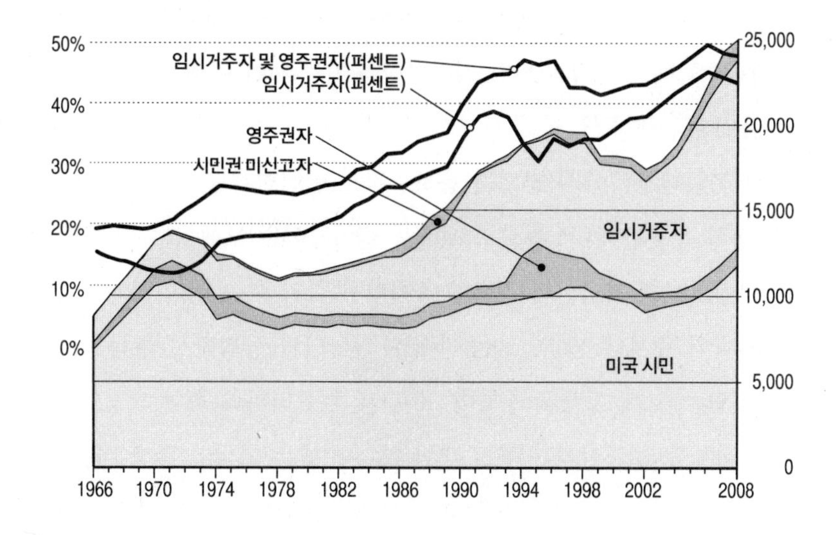

출처: 미국국립과학재단(2011c). 시간의 흐름에 따른 추세를 살펴볼 목적으로 '의학/보건' 및 '기타 생명공학' 부문은 전체 합계에서 제외했다.

〈그림 8.1〉은 놀라운 이야기를 들려준다. 1960년대 후반부터 1970년대 초까지 박사학위 취득자 가운데 외국인은 5명당 1명에 불과했다. 그런데 2008년에는 외국인이 2명 가운데 1명꼴로 크게 늘었다. 또 1980년대 후반부터 1990년대 초까지의 외국인 비율이 가장 급격하게 증가했다.

9 · 11 이후 미국이 비자 요건을 강화하자 미국에 오는 대학원생이 크게 줄어들 것이라는 우려가 생겼다. 초기에는 비자 요건 강화 때문에 2008년 임시거주자의 박사학위 취득 비율이 약간 감소했다. 하지만 최근 임시거주 비자를 소지한 정규 대학원생 수가 2001년 이전 수

준으로 회복되어 우려를 잠재운 상태다. 생의학 분야에서는 감소세를 좀처럼 찾아볼 수 없는데, 6장과 7장에서 보았듯 생의학 분야에서는 대학원생들에게 워낙 탄탄한 지원이 이뤄지는 데다 이 분야가 인기를 끈 것도 한몫했다.[20]

외국인 학생들이 어떻게 반응하는지는 분야별로 큰 차이를 보인다. 공학 부문은 외국 출신 학생들을 끌어들이는 오랜 전통이 있다. 1970년대 이래 외국인이 취득한 공학박사 학위 수는 미국 시민이 취득한 학위 수보다 많다. 2008년에는 외국인의 공학박사 취득 비율이 61.5퍼센트에 달했을 정도다. 수학 및 컴퓨터과학 학위 과정도 외국인 학생들에게 인기가 무척 많아 2008년에는 외국인 학생 비율이 57퍼센트를 약간 넘어섰다. 2008년 자연과학 부문에서 외국인 학생의 박사학위 취득 비율은 44.4퍼센트였다. 생명과학 분야는 외국인 학생들의 인기가 가장 낮았는데도 2008년 외국인 박사학위 취득 비율이 3분의 1에 달했다.[21]

미국의 박사과정은 미국 안팎의 문제로 점차 국제적인 성격을 띠어왔다. 7장에서 보았듯 박사 연봉이 다른 직업에 비해 낮고, 학위 취득에 걸리는 시간은 길며, 교수 연봉은 정체되어 있다보니 미국인, 특히 남성은 박사학위에 그리 큰 매력을 느끼지 못했다. 동시에 외국인이 미국 대학원에 다니기 쉽도록 미국과 외국인 학생들의 고국에서 정부 정책을 변경했음은 물론이고 중국, 한국, 인도 같은 국가들에서 학사가 크게 늘어난 현실도 미국의 박사과정이 국제성을 띠게 된 한 가지 이유다. 또 다른 핵심 요인은 연구비를 지원받는 교수들에게는 실험실을 운영할 학생 인력이 필요하다보니 외국인 학생들에게 즉각적으로 자원을 제공한 점이다. 대학원생 연구보조금 관련 장학금이 큰 액수는 아니지만 상대적으로 미국 시민권자보다는 외국인에게 금액이 많다. 대신 외국인 학생들은 시민권자에 비해 선택할 수 있는 대학원 과정의 폭이 좁다.

데이터가 이를 잘 보여준다. 외국인 학생은 시민권자인 학생보다 연구 보조로 일하는 경우가 훨씬 많다(49퍼센트 대 21퍼센트). 이 차이는 고용주의 대학원 진학 지원 등을 포함해 시민권자가 선택할 수 있는 대안과 자원의 범위가 더 넓다는 사실을 방증한다. 미국 시민은 외국인보다 펠로십(22퍼센트 대 13퍼센트)과 보조금 또는 장학금(15퍼센트 대 6퍼센트)도 더 많이 받는다.[22] 한편 외국인이면서 미국에서 학위를 받는 학생 가운데 거의 절반이 중국, 인도, 한국 출신이다.[23] 미국의 대학원생 중에는 베이징에 위치한 칭화대 출신이 가장 많으며 베이징대가 2위, 서울대가 4위를 차지한다. 3위는 UC버클리, 5위는 코넬대다.[24]

중국이 늘 1위를 차지해온 것은 아니다.[25] 1970년대에는 외국인 박사 중에 인도(13.3퍼센트)와 대만(13.2퍼센트) 학생 비율이 높았다.[26] 다음이 영국(4.5퍼센트), 한국(4.1퍼센트) 순이었다. 미국에서 공부하는 이란 학생들도 많았는데, 1970년대 박사학위를 취득한 비율은 3.0퍼센트였다. 하지만 1979년 모하마드 레자 샤 국왕이 몰락한 후 이란 유학생은 급격하게 감소했다.[27]

외국인 대학원생 등록이 정치적인 사건이나 보조금, 펠로십 가능성에만 의존하지는 않는다. 한국의 경우 미국에서 학위를 취득한 과학자나 공학자 몫으로 준비된 교수직도 영향을 미친다. 비록 역사적으로 한국은 미래 교수진의 대학원 교육을 미국에 의존한 편이지만, 1980년대에는 한국에서 신규 박사학위 취득자들의 학계 구직 전망이 상당히 악화되었다. 그러자 대학원생들은 자신이 교수직을 얻을 수 있도록 도와줄 교수들과 관계를 유지하기 위해 미국 대신 한국에서 박사과정을 밟는 길을 택했다.[28] 한편, 통화가치 변동도 미국 유학에 영향을 미치는 요인이다. 동아시아 경제위기 시절 밧화 가치가 하락하자 미국에 유학 온 태국 학생 수도 덩달아 감소했다.

지난 30년 동안 중국에서, 좀 더 최근에는 러시아에서 일어난 일련의 사건들이 뚜렷하게 보여주듯 정치적인 사건들도 미국 유학 결정에 결정적인 역할을 한다. 1979년 중국과 미국이 외교관계를 수립한 후 1981년에는 부분적으로, 1984년에는 전면적으로 제한 조치를 철폐하면서 중국 학생들에게 미국 유학길이 열렸다. 국가에서 기회를 열어줬을 뿐 아니라, 더 중요한 사실은 1976년 문화대혁명 이후 대학에 진학한 중국인이 크게 늘면서 미국에서 공부하려는 수요가 생겼다는 점이다. 그러자 1980년대 중반, 매우 짧은 기간 동안에 미국에서 공부하는 중국인이 급격하게 증가했다.[29] 그 후 지난 25년 동안 중국인 유학생이 꾸준히 늘어 2007년(이용 가능한 가장 최근 데이터)에는 미국에서 과학 · 공학 박사학위를 취득한 중국인 학생 수가 4629명에 달했다.[30]

사실 미국 진출 초창기에는 중국인 학생 대부분이 하위권 대학원으로 몰렸다. 1981년부터 1984년 사이 화학, 물리학, 생명과학 박사학위를 취득한 중국인 가운데 50퍼센트 이상이 상위 50위권 이외의 대학원에서 학위를 취득했을 정도다.[31] 그러나 중국인 학생들이 다른 국가에서 공부할 선택의 기회가 늘고 학생들의 수준 또한 향상되면서 이와 같은 추세도 크게 달라졌다. 중국인 학생들의 활약상을 살펴보면, 1995년부터 1999년 사이에 물리학 박사학위를 취득하고 미국의 박사과정에 입학한 중국인 학생 가운데 22퍼센트가 상위 15위권 프로그램을 졸업했고, 공학 학위 취득자 가운데 30퍼센트, 화학 학위 취득자 가운데 29퍼센트는 상위 15위권 대학원에 진학했다. 하지만 생화학 분야는 중국인 학생들에게 여전히 난공불락이다. 1995년부터 1999년 사이 생의학과 대학원에 입학한 중국인 학생 가운데 상위 15위권 프로그램에서 졸업에 성공한 비율이 12퍼센트에 그치는 것만 봐도 알 수 있다.[32] 인도, 한국, 대만 등에서 온 학생들도 비슷한 패턴을 보인다.[33]

외국인 학생들은 같은 국가 출신이 다니는 박사과정에 등록하는 경향이 있다.[34] 조지아공대는 터키 학생들이 주로 진학하는 학교여서 우스갯소리로 '조지아 터크Georgia Turk'라고도 부른다. 중국, 인도, 한국, 터키 출신 학생들은 학위과정의 질과 상관없이 자국민이 다니는 학교를 선호한다. 하지만 티핑포인트가 있기 마련이어서 임계질량을 넘어서면 그런 경향도 줄어든다.[35] 또 학생들은 자국민 교수가 있는 학교에도 이끌린다. 한국과 중국 학생들은 한국인, 중국인 교수가 몰려 있는 학교에 더 많이 다니는 편이다. 이는 미국의 대학에서 박사학위를 취득한 중국인 학생들이 중국인 지도교수를 둔 경우가 압도적으로 많다는 최근 연구와도 일맥상통한다.[36]

또 빼놓을 수 없는 사실은 외국인 학생들이 미국인 교수를 위해 일하기보다는 자국 출신 교수를 위해 일하기를 선호한다는 점이다. 한 연구는 공학, 화학, 물리학, 생물학과 실험실 82곳 가운데 연구책임자가 '외국인' 교수인 실험실과 '미국인' 교수인 실험실을 짝지었다.[37] 짝지은 실험실 간 인적 구성 비율 차이가 이를 말해준다. 중국인 연구책임자가 지휘하는 실험실과 미국인 교수가 지휘하는 두 실험실에서 중국 학생 수의 차이는 37.8퍼센트였고, 한국 학생은 29.0퍼센트, 인도 학생은 27.1퍼센트, 터키 학생(소규모 표본)은 36.3퍼센트였다. 이 결과는 연구책임자가 마련한 보조금을 연구보조금으로 가장 많이 지급한다는 사실을 감안하면, 실험실 인력 구성 결정자가 연구책임자라는 사실과도 일맥상통한다. 놀라운 일도 아니지만, 이런 실험실들 가운데 일부에서는 연구책임자가 사용하는 언어로 일상 업무를 수행한다. 질적인 차이도 물론 있다. 같은 국가 출신을 선호하는 경향은 상위권보다는 하위권 학과에서 더 일반적이다.

미국으로 유학을 오는 외국인 대다수는 박사학위를 취득하고 미국에 체류하는 것을 목표로 삼는다. 2007년에 박사학위 취득 후 체류자 현황을 조사했더니, 2년 전에 박사학위를 취득한 사람이 정확히 3분의 2, 5년 전에 취득한 사람은 62퍼센트, 10년 전에 취득한 사람은 60퍼센트였다.[38] 체류 비율은 점차 늘어왔다. 1989년에는 2년 체류 비율이 40퍼센트, 5년은 43퍼센트였으며, 1997년에 최초로 산출한 10년 체류 비율은 44퍼센트였다.[39] 몇몇 외국인은 미국을 떠났다가 다시 돌아오기도 했는데, 2007년을 예로 들면 약 9퍼센트가량이 1년 남짓 떠났다가 돌아왔다.[40]

신규 박사학위 취득자의 체류는 부분적으로 미국 정책의 영향을 받고, 종합적으로는 경제 환경의 영향을 받는다. 경제위기로 비자 조건이 유독 까다로웠던 2001~2003년에 졸업한 학생들은 이전 또는 이후 집단보다 체류 비율이 낮았다.

출신 국가는 신규 박사학위 취득자의 체류 가능성을 가늠할 수 있는 탁월한 항목이다. 임시거주자 신분의 중국인 박사학위 취득자는 5년 후에도 미국에 체류할 가능성이 90퍼센트를 웃돌고 인도도 81퍼센트에 달하지만, 한국과 대만은 두 나라를 합쳐도 42퍼센트에 그친다. 이는 선택의 문제이기도 하고 경제학의 문제이기도 하다. 중국과 인도 학생들은 당초 체류 목적으로 미국에 오는 경우가 대부분이다. 미국에서는 고국보다 높은 연봉을 받을 수 있다는 점이 특히 매력적인 까닭에서다. 만일 고국으로 돌아가면 중국인 교수는 미국에서 받는 연봉에 비해 기껏해야 절반 정도를 받는 데다, 미국에서는 연구에 좀 더 유용한 자원을 활용하기에도 적합하다. 반면 한국과 대만 출신 학생들은 고국에 돌아가서 취직하려는 뚜렷한 목표를 세우고 미국행을 택하는 경우가 많고[41] 평균적으로 중국이나 인도보다 한국과 대만의 연봉이 더 높은 점도 빼놓을 수 없다. 체류 기간이 비교적 짧은 국가로는 멕시코(32퍼센트)와 칠레(22퍼센트)가 있다. 사우디아라비아와 태국 출신 학생들도 체류 비율이 7퍼센트에 불과하다. 이들 국가는 유학 온 학생들이 국가 펠로십 지원을 받은 이유도 일부 작용한다.

체류 비율은 전공 분야와도 관련이 있다. 컴퓨터과학자나 전기공학자들은 체류 기간이 긴 편으로, 두 분야 연구자들은 넷 가운데 세 명꼴로 졸업 후 미국에서 일한다. 생명공학 박사학위 취득자라면 3분의 2 이상이 5년 후에도 미국에 머문다. 반면 농학 분야는 5년 후 미국 체류 비율이 46퍼센트에 그친다. 이와 같은 추세는 자금을 지원한 기관이 고국으로 돌아오기를 원하기 때문이기도 하고 미국 시장의 수요와도 밀접한 관련이 있다. 체류 기간은 출신 국가와도 관련이 있어 인도인이 미국에 체류할 가능성이 높은 이유는 컴퓨터과학, 전기공학 학위를 받는 경우가 많기 때문이다.

또 상위권 대학원 출신일수록 하위권 대학원 출신보다 미국에 체류할 가능성이 낮다. 전자가 미국 밖에서 더 다양한 기회를 얻을 수 있기 때문임이 분명하다. 하지만 역사적으로 중국과 인도 학생들이 하위권 대학원에서 학위를 많이 받은 데다,[42] 두 국가 출신들이 유난히 높은 체류 비율을 나타내는 점도 영향을 미친다.

박사후연구원

20년 이상, 미국의 대학에서 연구하는 임시거주자 신분인 박사후연구원 수가 시민권자와 영주권자 신분인 박사후연구원 수를 능가했다.(〈그림 8.2〉 참고)[43] 1990년대 후반과 21세기 초에 그 차이가 급격하게 벌어지더니 9·11 이후 폭이 좁아졌고, 이후 안정세를 보이다가 마지막 2년 동안 다시 살짝 폭이 좁아졌다. 데이터 확인이 가능한 마지막 해인 2008년에 미국 내 대학의 박사후연구원 가운데 58.5퍼센트가 임시거주자 신분이었다.

외국인이 미국에서 박사학위를 취득하고 박사후연구원에 지원하는 경우도 많지만, 외국에서 박사학위를 취득하고 박사후과정을 밟기 위해 미국으로 들어오는 사람들도 상당수다. 이 데이터에 친숙한 한 국립과학재단 연구자는 미국에서 일하는 박사후연구원 10명 가운데 5명이 미국 이외의 국가에서 박사학위를 취득했으며, 외국에서 박사

그림 8.2 시민권 종류별 과학·공학 부문에서 일하는 학계 박사후연구원 수 (1920~2008)

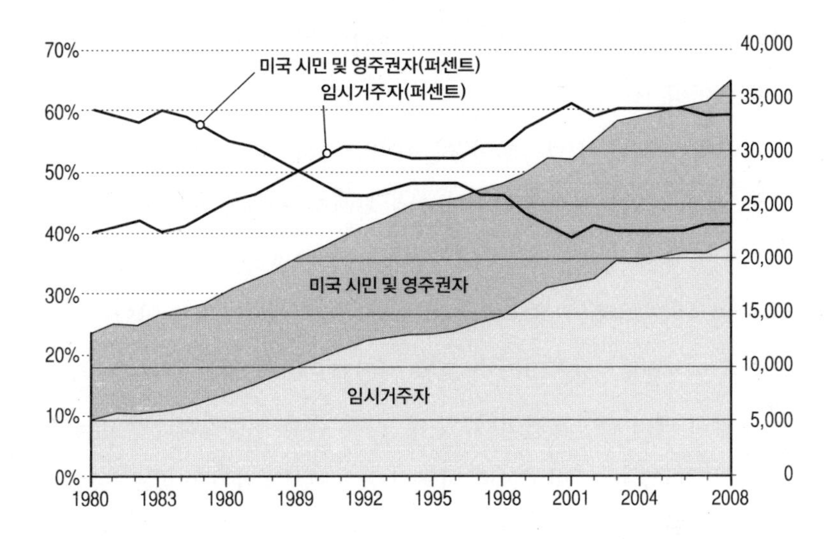

출처: 미국국립과학재단(2011d).

학위를 취득한 이들 5명 가운데 4명이 임시거주자 신분일 것이라고 추정한다.[44]

박사후연구원 대다수가 생명과학 전공자이고, 최근 임시거주자 수가 가장 크게 증가한 분야도 생명과학이다.[45] 2008년 생명과학 부문에서 일하는 박사후연구원의 약 56퍼센트가 임시거주자 신분이었다. 그런데 외국인 연구원 비율은 다른 분야보다 월등히 높았다. 가령 공학 부문은 박사후연구원 3명 가운데 2명꼴로 외국인이었고 기초과학 부문도 엇비슷했다.

국립과학재단이 박사후연구원 관련 데이터를 전공별로만 수집하고 개인별 정보는 수집하지 않은 까닭에 박사후연구원의 국적 정보는 알기 어렵다. 그러나 2004년에 실시한 한 박사후연구원 관련 조사(무작위 아님)에서 외국인 가운데 중국 출신이 가장 많았고 인도 출신이 뒤를 이었다.[46]

미국에 외국 출신 박사후연구원이 많은 데는 세 가지 요인이 있다. 첫째, 특히 국립보건원이 예산을 2배 확대한 기간에 박사후연구원은 즉각적인 자금 지원을 받았다. 훈련생들이 받는 일반적인 자금 지원과 달리 이 경우에는 대부분이 비자 조건에 제한을 두지 않았다. 미국에서 3만5000~4만 달러 정도를 지원받으면서 일할 수 있는 기회는 상당히 매력적인 조건이다. 둘째, 다른 상황이 동일하다면 미국에서 박사학위를 받은 외국인은 미국인보다 박사후과정을 밟으려는 경향이 더 높다. 이는 비자 문제와 밀접한데, 비자를 연장할 때 박사후연구원이면 구직 상태인 경우보다 체류 연장이 훨씬 수월하기 때문이다. 셋째, 미국에서 박사학위를 취득한 외국인은 미국인보다 박사후연구원 자리에 오래 머문다.[47] 이는 상대적인 기회의 문제이기도 하고 비자 제한 때문이기도 하다.[48]

미국인 밀어내기?

미국에 외국 출신 과학자와 공학자가 점차 많아지면서 미국인은 외국인 때문에 대학원에서 자신들의 입지가 좁아지고 연봉도 떨어지며 학계 자리도 줄어드는 것은 아닌가 하는 의문을 자연스레 품는다.

이 질문에 대한 답이 간단치 않은 이유는 반대 상황을 가정해서 생각하기 어렵기 때문이다. 경제가 어려울 때일수록 이 논쟁은 날카로워진다. 예컨대 1995년 미국수학협회는 "이민자들이 지난해 수학 관련 일자리 720개 가운데 40퍼센트를 차지했다. (…) 이들은 신규 수학 박사들의 실업률이 두 자릿수로 올라서는 데 일조했다"고 언급했다.[49]

어떤 집단에서 밀어내기가 일어날 수도 있지만 다른 곳에서는 아닐 수도 있다. 가령 외국인이 박사과정에서는 미국인 몫을 빼앗지만 교수직은 그렇지 않다든가, 아니면 그 반대 상황도 가능하다. 따라서 학계 내에서도 다양한 관점에서 데이터를 살펴보는 일이 중요하다.

대학원에서 외국인의 '밀어내기crowd-out' 현상을 알아볼 가장 간단한 방법은 미국인에게 수여된 박사학위 수 감소와 외국 출신 박사학위 취득자 증가가 동시에 일어났는지 살펴보는 것이다. 밀어내기를 이와 같은 방식으로 정의한다면, 미국인이 과학 · 공학 박사과정에서 외국인 때문에 밀려났다는 증거는 없다.[50] 그 결과는 남녀 사이의 관계와도 비슷하다.(하지만 비과학 부문에서는 밀어내기 현상이 일어났다는 증거가 있다.)

과학 부문 대학원에서 외국인의 밀어내기 현상을 찾기 어려운 이유는 무엇일까? 첫째, 대학원은 외국인 지원자보다 내국인 지원자를 우대한다.[51] 더욱이 많은 박사과정(특히 하위권)은 수요가 증가하면 정원을 늘려 탄력적으로 운영한다. 그리고 그런 학위과정에는 외국인이 압도적으로 많다.[52] 게다가 미국에서 공부하는 외국인의 급격한 증가 추세는 박사과정 수가 늘어난 시점과 맞물려 시작되었다. 이 기간에 연방정부가 연구 지원금도 늘렸다. 또 1980년대 초 중국인 학생들이 대거 유입될 때는 냉전 시기여서 연방정부가 기초과학 연구에 상당히 투자하던 시점이었다. 연구대학의 한 물리학자는 "중국인 학생들이 연구 보조자의 필요에 맞아떨어졌고 그에 맞춰 대학원 학위과정도 확장되었다"고 말했다.[53]

물론 그의 설명이 과학 · 공학 분야의 외국인 증가가 미국인의 직업 결정에 영향을 미쳤는가에 대한 답은 아니다. 다르게 설명하는 입장도 있다. 일단 미국의 과학 · 공학 분야에서 외국인이 증가하면 이 직업군의 임금이 떨어진다. 그래서 과학 · 공학 분야의 임금이 다른 분야에 비해 상대적으로 낮아졌다.(3장과 7장 참고) 그런데 돈은 중요하다. 그렇다보니 미국인 학생 집단이 이에 반응해서 과학 · 공학 분야에 덜 진입하려는 경향이 있다고 보는 것이다.

또 다른 추정에 따르면 외국인 박사후과정 과학 · 공학자의 공급이 10퍼센트 늘면 이들의 연봉은 3~4퍼센트 줄어든다.[54] 여기서 가장 큰 타격을 입는 사람들은 박사후연구원이며, "임금이 줄어든 요인의 절반가량은 이민자들이 노동시장 환경을 취약하게 바꿔놓은 분야에서 박사후연구원 자리가 증가했기 때문이다"라고 결론 내렸다.[55]

여기 공개한 시나리오는 역동적인 측면이 있다. 외국인 박사 수 증가는 임금을 낮춘다.(특히 박사후연구원) 사실은 많은 분야에서 박사후연구원이 학사학위 취득자들과 비슷한 초봉을 받는다. 이 정도 연봉이 미국인에게는 매력적이지 않지만, 많은 외국인에게는 박사후연구원 자리가 연봉뿐 아니라 미국 체류에도 도움이 된다는 점까지 고려하면 무척 만족스런 조건이다. 생의학 부문의 연구자금 지원 확대는 역동성에 힘을 보탠다. 외국인의 인력 공급이 준비되어 있으니, 교수들은 비용이 적게 드는 박사후연구원으로 실험실을 꾸리게 된다.

학계의 일자리는 어떤가? 외국인이 자리를 대체한다는 증거는 무엇인가? 이 의문을 풀 한 가지 방법은 사고실험thought experiment을 해보는 것이다. 경제의 특정 부문, 특정 그룹(시민권자 또는 비시민권자)의 실제 고용 성장률과 **만일 시민권 상태와 무관하게 전체 박사들이 전체 성장률로 성장했다고 가정한다면** 다른 부문에서 미국 시민권자 또는 비시민권자인 과학 · 공학 박사의 고용에 어떤 변화가 생길 것인지 예측한 성장률을 비교해보라. 무척 어렵지만 이보다 더 좋은 방법은 없다![56]

이런 유형의 분석을 기반으로 학계에서 일부 대체가 일어나고 있다는 결론을 내릴 수 있다. 하지만 이는 아주 미미한 수준이며 주로 박사후연구원 자리에 집중된다. 학계 전 분야에 걸쳐, 미국 시민들이 대체되는 현상은 주로 박사후연구원 자리에서 나타날 뿐 교수직에서 나타나지 않는다. 사실 교수직이 대체된다는 증거도 약간 있지만(-1.7퍼센트), 박사후연구원 자리에서 약 3배 정도 높게 나타난다. 이 분석은 또 생명과학 분야의 교수 채용에 관한 한 외국인보다 미국 시민이 실질적으로 유리하다는 점을 보여준다.(+5.3퍼센트) 하지만 공학이나 자연과학 분야에서는 다르다. 이 분야에서는 박사후연구원보다 교수직에서 미국인 대체 현상이 더 크게 나타난다. 그러나 그 여파는 비교적 덜해 공학이 -6.1퍼센트, 자연과학이 -7.5퍼센트이다.

정규직 교수와 비정규직 교수를 비교해도 비슷하다. 각 하위 부문을 포함해 전 분야에서 학계의 대체 현상은 주로 비정규직에서 나타났고, 정규직에서 대체 현상을 보며주는 증거를 찾아내기는 어려웠다.(-0.6퍼센트) 생명공학 부문에서 미국 시민은 비시민보다 상대적으로 정규직 교수로 일하기에 유리했다.(+1.6퍼센트) 하지만 공학과 자연과학 분야에서는 정규직 교수 자리도 대체된다는 증거가 있었다. 그렇다해도 그 대체율은 각각 5퍼센트에 미치지 못했다.[57]

이런 분석으로는 미국인이 대체된 이유가 외국인이 대거 유입된 까닭에 밀려난 것인지, 아니면 더 좋은 기회가 있어 자발적으로 빠져나간 것인지 알 수 없었다. 다만 대체 현상이 주로 박사후연구원과 비정규직에서 집중적으로 일어난 사실을 볼 때 자발적인 이탈 가능성에 무게를 둘 수 있을 뿐이다. 미국인은 더 좋은 기회에 매혹되어 덜 매력적인 자리에서 떠나 이익을 추구할 수 있는 자리로 갔는지도 모른다. 더욱이 유일하게 정규직 대체가 일어난 공학, 자연과학 부문은 분석 기간에 학계 이외의 분야에서 커다란 성장세를 보였기 때문에 '빠져 나갔을' 가능성에 무게가 실린다.

논문 발표에서 외국인 출신의 기여

4장에서 다룬 『사이언스』 발표 논문 사례는 출판을 기준으로 외국인이 학계 연구에 기여하는 정도를 가늠할 수 있게 한다. 하지만 비자 상태가 명시되어 있지 않아 저자의 이름만으로 시민권 상태를 추론한다는 점이 불완전하다.[58] 그렇다보니 중국이나 인도처럼 이미 미국에 1·2세대가 상당히 자리 잡은 국가 출신 저자 수가 실제보다 과대 계상된다. 동시에 이 방법은 미국에서 공부하고 연구하는 영국을 비롯한 유럽 출신 과학자들이 많은데도 불구하고, 이들의 이름을 미국 시민으로 계산하다보니 특정 국가 출신 저자 수가 과소평가되는 문제점도 안고 있다. 물론 이런 선입견을 반영하여 과대 또는 과소 계상되는 인원을 줄이고, 민족적인 특성을 띤 이름을 영국 성, 유럽 성으로 잘 분류하면 꽤 합리적으로 저자의 시민권 상태를 파악할 수 있다.[59]

이런 방법으로 파악한 결과, 『사이언스』에 실린 논문은 저자의 63.6퍼센트가 미국인, 34.4퍼센트가 외국인이었다.[60] 미국 대학 소속 저자로 따지면 여섯 명 가운데 한 명이 중국인이었다. 앞서 다룬 내용에 비춰보면, 연구원 신분에 따라 시민권 비율이 다르다는 사실도 쉽게 예상할 수 있다. 논문 저자들을 연구원 신분에 따라 살펴보면, 박사후연구원 가운데 59퍼센트, 스태프 과학자 중에서 40퍼센트, 대학원생 중에서는 39퍼센트가 비시민권자다. 반면 교수인 저자들 가운데 비시민권자는 21.8퍼센트에 그쳤다. 그런데 보통 가장 무거운 책임을 지는 제1저자로 범위를 좁히면 외국인 비율이 놀라울 정도로 상승해 44.3퍼센트에 달한다.

이 데이터는 외국인이 학계 연구에서 중대한 역할을 담당한다는 사실을 알려준다. 이는 엄청난 외국인 수를 감안한다면 놀라운 일도 아니다. 하지만 외국인이 특히 미국의 과학 · 공학 부문으로 몰리는 이유가 있을까? 있다면 그 증거는 무엇일까?

첫 번째 질문에 대해서 외국인 과학자가 내국인보다 훌륭한 성과를 거두는 몇 가지 이유가 있다. 대학원생과 박사후연구원에게 특별히 적용되는 이유도 있고, 그렇지 않은 것도 있다. 첫째, 이민에는 희생이 따르다보니 아무래도 이민 온 과학자들은 더 높은 동기부여를 받는다. 둘째, 입국 시점에 적용되는 이민법 조건을 충족하는 재능 있는 과학자라는 사실을 입증해야 허가를 얻을 수 있다는 사실도 영향을 준다. 셋째, 박사학위를 취득하려고 미국에 온 외국인 과학자나 공학자는 일반적으로 미국에 오기 전에 이미 갖가지 검증을 통과했으며 자기 코호트 내에서 가장 뛰어난 사람들이라고 봐도 무방하다. 가령 모국에서 일류 대학(인도 공과대, 중국의 칭화대, 영국의 케임브리지대 등)을 나왔고, 제한된 자리를 두고 벌인 치열한 다툼 끝에 살아남았으며, 미국인을 포함한 각국 출신 지원자들과도 경쟁했다. 특히 자국에서 선택할 수 있는 훌륭한 학위 과정을 마다하고 미국 유학을 결정한 선진국 출신 학생들은 예외적으로 뛰어난 학생인 경우가 많다.

'실력'이라는 쟁점은 상대적이기도 하다. 외국인은 미국인 대학원생들의 수준이 낮아졌을 때 아무래도 유리해진다. 또 슬론 재단이 후원한 한 연구는 1987~1988년과 1997~1998년에 과학 · 공학 전공 대학원생 가운데 GRE 성적에서 상위권을 기록한 미국인 학생 수가 감소했다는 사실을 밝혔다.[61]

그 밖에 어떤 증거가 있을까? 안타깝게도 증거가 많지는 않다. 최근 한 연구는 1999~2008년에 미국에서 박사학위를 취득한 화학자들을 조사했다. 같은 코호트와 비교했더니 중국인 이름을 가진 화학자가 제1저자인 경우가 중국인 이름이 아닌 경우보다 월등히 많았다. 한 가지는 예외였는데, 국립과학재단이 보조금을 지원하는 미국인은 대개 성과가 더 좋았다. 또 중국인 학생들이 중국인 교수한테서 훈련을 받으면 더 성과가 좋다는 사실도 밝혀졌다. 이런 현상에 대해서는 두 가지 설명이 가능하다. 중국인 교수가 특히 뛰어난 학생을 중국에서 데려오거나 미국에서 선발한 것일 수 있고 아니면 학생과 교수 간 의사소통에 드는 비용이 양쪽 다 중국인일 때 더 낮다는 의미일 수도 있다.[62]

이 결과는 외국인이 연구에 집중적으로 기여한다는 사실과도 일맥상통한다. 하지만 국립과학재단 연구원들만큼은 예외여서 중국인과 미국인 저자를 구분하기 어려웠다. 오히려 이 연구는 중국인 학생들이 동료가 어느 나라 출신이든 (또는 중국인이 어디에서 태어났든) 관계없이 동료들보다 더 좋은 성과를 낸다는 사실을 강조한다. 모든 저자를 출신 국가별로 분류한 이 연구가 외국인이 독보적이면서도 집중적으로 연구에 공헌한다는 가설을 강력하게 뒷받침해주고 있다.[63] 다만 1980년대부터 1990년대 초반 데이터이므로 현재 시점에서 오래전 상황이기는 하다. 그럼에도 이와 유사한 최근 연구를 찾아보기 힘든 까닭에 소개한다.

이 연구는 외국인이 미국에서 수행하는 과학 · 공학 연구에 집중적으로 공헌한다는 가설을 검증하기 위해 세 가지 서지학 지표를 활용했다. 그 세 가지는 바로 저자들의 '인용 실적citation classics' '주요 논문들' '1981~1990년에 가장 많이 인용된 250명'이었다.[64] 이 연구는 예외적인 공헌을 하는 외국인 과학자를 외국인 저자 비율과 미국에서 연구하는 외국인 저자 비율로 비교해 준거집단과 크게 다른지 살펴봤다. 세 가지 서지학적 방법으로 비교할 경우 자연과학 분야에서 외국인의 공헌이 가장 컸고, 생명과학 분야에서는 세 가지 항목 가운데 두 가지에서 외국인이 두각을 나타냈다.[65]

정책 쟁점

최근 중국이 보유하고 있는 미국의 부채에 대해서도 우려가 깊다. 만일 중국이 갑작스럽게 부채 변제를 요구한다면 미국에 불안정한 상황이 닥칠지도 모른다는 주장도 대두된다. 비슷한 우려로 재미 중국인들이 미국을 떠나 중국으로 돌아가면 미국이 오늘날 갖춘 몇 가지 상대적인 이점 가운데 하나인 지식 생산에 핵심적인 투입 요소가 부족해지는 사태가 벌어질 수 있다는 것이다.

실제로 이 우려는 우리 눈앞에서 현실이 될 가능성이 있다. 6장에서 보았듯 중국은 연구소와 대학에 대규모 투자를 추진하고 있지 않은가. 중국은 2008년 세계 경제위기에서도 가까스로 벗어났고 중국경제는 규모로 따지면 미국 다음으로 독보적인 2위이며, 성장 측면에서는 최고 또는 그에 버금가는 수준을 유지하고 있다.

중국이 자국으로 데려올 재능 있는 사람들을 공격적으로 찾아 나섰다는 사실은 의심의 여지가 없다. 하지만 중국으로 돌아가는 사람은 상대적으로 적은 편이다. 가령 1993~2007년에 박사학위를 취득하고 미국에서 교수직을 구한 중국인 화학자 297명 가운데 2009년까지 중국으로 돌아간 사람은 단 세 명뿐이다.(인도는 219명 가운데 한 명이다.)[66] 2007년 기준, '세계 일류 대학 건설 프로그램'이라고 하는 이른바 '985공정'의 일환으로 선정된 대학을 포함해 중국의 45개 대학에는 미국에서 공부한 생물학 교수 67명이 재직 중이다.[67] 이는 미국에서 공부한 연구소 소속 과학자와 방문교수를 포함하지 않은 수치다.[68] 그럼에도 미국에서 학업을 끝내고 중국으로 복귀한 인력이 적다는 것만은 분명하다.

또 다른 쟁점은 외국인 과학자와 공학자들이 미국으로 계속 유입될 것인가이다. 외국인이 미국 체제로 진입하는 3가지 주요 직업 형태가 있다. 바로 대학원생, 박사후연구원, 저명한 과학자다. 이 셋 중에서 대학원생이 지금까지 가장 많이 유입되었다. 외국인이 계속 미국에 공부하러 올 것인가? 과거에는 외국인이 대학원 공부에 필요한 재정 지원이나 대학원 공부를 끝낸 후 비교적 괜찮은 연봉을 받을 기회가 별로 없었다. 특히 선진국 출신이 아닌 학생들이 그랬다.

하지만 외국인에게 주어지는 대안에도 변화의 바람이 불고 있다. 미국이 아니더라도 세계 각국에서 운영하는 대학원 과정의 위상이 점차 높아졌을 뿐 아니라 유럽에서 수여하는 과학 · 공학 박사학위 수가 1980년대 후반 이래 미국을 능가했다. 1990년대 후반에는 아시아권에서 수여하는 박사학위 수도 미국을 넘어섰다. 중국은 미국에서 공부하는 학생들이 엄청나게 많다는 점을 고려하면 특별한 관심 대상이다. 1985년에 중국에서 수여한 박사학위 수는 사실상 '제로'였지만 2003년(이용할 수 있는 최근 데이터)에는 1만2000개가 넘었다.[69]

오늘날 중국 본토 학생들이 해야 하는 경쟁도 미국에서 공부하는 중국인 학생들 못지않으며, 중국 본토의 학사학위 취득자 수가 막대한 데다 크게 늘고 있어 중국인 학생 공급은 지속되리라고 본다. 2002년(이용 가능한 최근 데이터) 중국이 과학 · 공학 분야에서 배출한 학사가 88만4000명이었지만 미국은 47만5000명이었다. 더욱이 예비 학사 인력은 엄청나다. 2015년에 18~23세가 될 중국인 수가 1억 1856만2000명에 이를 것으로 예상되며, 이는 미국의 4배에 달한다.[70]

더군다나 장차 대학 연구비 지원이 획기적으로 늘어나지 않는다면 장기적으로 외국인 학생들이 미국의 대학원에 매력을 덜 느끼게 될 수 있다는 결론도 무리는 아니다.

대학원생에 이어 박사후연구원 자리도 외국인이 미국의 과학·공학계에 진출하는 또 다른 관문이다. 그런데 10명 가운데 5명은 박사학위를 취득하고 나서 미국에 온다. 연방정부의 대학 지원금은 비교적 일정한 데 비해 최근 들어 박사후연구원 지원은 느슨해진 편이다. 그 결과 지난 2년 동안 단기거주자 신분으로 미국에서 연구하는 박사후연구원 수가 소폭 줄었다. 또 미국 경기부양 및 재투자법이 박사후연구원에게 상당한 자금을 지원하긴 했지만 선행 연구에 따르면 이 법의 시행 때문에 미국에 온 박사후연구원은 거의 없다. 아마도 자금 지원 요건은 즉각적인 대응을 요구하지만 비자 관련 업무는 지연되는 까닭도 있을 것이다.

미국 대학들은 저명한 외국인 과학자를 교수로 발탁해 덕을 보기도 한다. 외부적인 충격을 계기로 저명한 과학자를 끌어들이는 경우를 흔히 볼 수 있다. 예컨대 1930년대에 미국은 독일 내 대학에서 추방된 유대인을 받아들여 많은 혜택을 봤다. 이후 소비에트 연방이 붕괴되자 입국 정책을 완화해서 구소련 인사들을 흡수하기도 했다. 외생 변수 예측은 이 책의 범주를 벗어나므로 이들 개인이 미국에 충격을 가져오는 것만은 아니라는 정도로 해두자. 미국에서 제공하는 자원은 미국을 선택하게 하는 중요한 요인이며, 그들이 경쟁력 있는 수준의 과학 연구 지원금이 꾸준히 지급된다는 사실에 일부 의존한다는 사실을 부인할 수 없다.

미국이 과학자 및 공학자 공급 문제를 헤쳐나갈 몇 가지 정책 대안은 있다. 첫째, 외국 과학자들이 미국에 와서 살고 싶어하도록 더 매력적인 조건을 갖추면 된다. 미국인이나 영주권자에게만 주어지던 특정 펠로십이나 훈련보조금의 제한을 푸는 조치도 하나의 방법이다. 아니면 학위 취득 후 미국에서 거주하기 좋은 환경을 조성하는 방법도 있다. 오바마 행정부가 이와 같은 정책을 펴왔으며, 오바마 대통령은 2011년 국정 연설에서 유학생들을 언급하면서 "고급 학위를 받자마자 이들을 우리와 경쟁하는 고국으로 돌려보낸다는 사실은 이치에 맞지 않다"라고 말했다. 계속해서 "우리 나라 실험실 스태프도 될 수 있고 창업을 할 수도 있고 이 나라를 더 부강하게 할 재능과 실력이 있는 젊은이들을 돌려보내지 말자"고도 했다.[71]

미국은 정책을 입안할 때 (오바마 대통령도 언급했듯) 외국인 공급 관련 문제가 제로섬 게임이 아니라는 사실을 기억해야 한다. 마찬가지로 그들이 떠난다고 해서 전부를 잃는 것도 아니다. 미국을 떠나더라도 많은 사람이 계속해서 미국인 동료들과 연구한다. 세계적으로 연구를 주도하는 상위 12개 국가를 대상으로 한 최근 연구에 따르면, 미국에서 박사학위를 취득한 사람들끼리 관계가 굳건하고 돈독하며 이들 국가에서 외국인 저자들이 논문에 기여하는 상대적인 공헌은 미국 상위권 대학의 교수 한 사람과 맞먹는 정도라고 한다.[72] 일부는 미국을 드나들기도 한다. 더욱이 일단 출판이 되면 국제적으로 알려지고, 특허로 지식을 구체화하며 전 세계적으로 생산성에 기여할 신상품과 공정에 기여하므로, 좀 더 넓은 관점에서 보자면, 떠난 사람들도 지식 측면에서 미국의 혁신에 꾸준히 공헌하는 셈이다.

미국은 또 훈련에 소요되는 시간을 줄이거나 대학원 공부에 자금 지원을 늘리는 방식으로 미국인을 과학 · 공학 분야로 더 끌어들이고, 이 분야 일자리를 창출하는 정책을 펴야 한다. 그와 같은 조치에 인력 공급이 반응할 것이라고 주장하는 내용을 7장에서도 살펴봤다. 하지만 변화를 이끌어내려면 물론 막대한 자원과 노력이 필요하다. 미국은 소련과 국방 경쟁을 벌이던 1950년대에 국가방위교육법NDEA을 통과시키며 방위산업 지원 의지를 분명하게 표했고 학생들이 여기에 반응한 바 있다.[73]

최근 한 보고서는 미국 정부가 등록금은 물론이고 5년 치 생활비까지 감안해 연간 3만~5만 달러 규모의 장학금을 제공해서 학생들이 '국가의 필요'에 맞는 대학원 학위를 취득하도록 유도해야 한다고 권고한다. 이런 방식으로 2만5000명을 지원하려면 첫 해에 약 20억 달러가 소요되고, 이후 꾸준히 늘려 2016년에는 12만5000명에게 100억 달러가 투입되어야 한다. 이 권고안이 의회의 지지를 얻어낼지는 두고 볼 일이다.[74] 그에 더해 만일 외국인이 계속 미국에 유입되고 머물 경우 시장에서 공급 증가를 흡수할 여력이 있을지도 불확실하다. 사실 이 보고서는 대학원위원회와 미국교육평가위원회의 후원을 받았다. 양쪽 모두 대학원생 증가와 이해관계가 얽힌 곳이란 점을 감안해야 한다. 과학자 및 공학자의 필요에 관한 입장 차이를 잘 대변한 7장의 언급을 다시 인용한다면, "어떤 풍경을 보는지는 어디에 서 있느냐에 달렸다."[75]

결론

미국은 학계의 재주꾼들을 대거 흡수하고 있다. 학위를 취득하러 왔다가 미국에 남는 외국인도 있고, 이미 취득하고 미국으로 오는 사람도 있다. 학위를 취득하러 오는 사람들은 대학원생이나 박사후연구원일 때 실험실을 구성하는 중요 역할을 담당한다. 1990년대 후반 동아시아 경제위기와 21세기 초 9·11 이후 비자 제한 조치 탓에 일시적으로 급감한 적이 있기는 하지만, 외국인 과학자 유입 비율은 꾸준히 늘어났다.

외국인 과학자들은 성과가 매우 뛰어나다. 외국인이 연구에 집중적으로 기여한다는 증거도 있으며, 미국인 과학자보다 평균 연령도 젊다. 상황이 이렇다보니 장차 외국인이 미국의 과학 연구에서 지도자적인 역할을 확대해나갈 가능성은 얼마든지 열려 있다.

제9장

과학은 경제성장에 어떻게 기여했나

국민총생산GDP으로 측정한 1인당 소득은 15세기에 8퍼센트, 16세기에 2퍼센트, 17세기에 15퍼센트, 18세기에 20퍼센트가량 성장했다.[1] 18세기가 저물어갈 무렵 산업혁명이 시작되면서 중대한 경제 성장기가 도래했다. 짧은 기간에 증기기관이 가동되고 직물 방적기가 도입되었으며 철도 여행이 가능해지는 변화가 찾아왔다. 하지만 다양한 성과를 일구어냈음에도, 산업혁명은 패션의 변화나 여행이 가능하다는 정도 말고는 대다수 사람의 일상을 크게 바꾸지는 못했다. 한편 이 시기의 성장세가 안정적으로 자리 잡았을 것 같지만,[2] 실제로는 변동 폭이 컸다.

이후 19세기 중반부터 세계 경제는, 특히 유럽을 중심으로 20세기 내내 활황세를 보인다. 세계 각국은 19세기에 1인당 GDP 기준으로 250퍼센트나 성장했지만, 이 수치도 20세기의 성장률 850퍼센트에 비하면 낮은 수치다. 이런 성과는 대부분(적어도 서양에서는) 20세기의 첫 70년 동안 달성되었다.[3] 하지만 1970년부터 1995년까지 서구권 성장률이 하락 국면에 접어들더니 연 2퍼센트 언저리에서 맴돌았다. 최악은 아니지만 2퍼센트 성장세라면 36년은 지나야 생활수준이 2배가 된다.[4] 그러다가 1990년대 중반에 미국, 캐나다와 몇몇 유럽 국가가 급격하게 성장하기 시작했다. 1995년부터 2000년까지 1인당 소득은 연간 약 3퍼센트 수준으로 개선되었다.[5] 당시 신성장 동력은 정보기술의 진보와 더불어 경제 각 부문에서 광범위하게 정보기술을 채택한 덕분이었다.[6]

18세기 후반에 시작된 어마어마한 경제성장을 이끈 요인은 분명 다양하다. 가령 프로테스탄트 윤리가 등장하고 가톨릭 교회는 서구에서 독점적인 위상을 잃었다. 변화하는 정치 토양은 재산권을 공고하게 했고, 사업의 자유를 보장했으며, 자유롭게 가격을 정하고 판매할 수 있도록 규제를 완화했다.[7] 그 외에도 다양한 요인이 분명 큰 역할을 했다. 하지만 많은 경제학자가 꼽는 가장 중요한 성장 동력은 사람들이 기술을 진보시키는 데 기여할 '과학 이용법'을 배웠다는 사실이다. 1971년 노벨경제학상 수상자이자 국민소득 이론의 대가인 사이먼 쿠즈네츠는 경제성장에 대해 "서구는 '과학의 신기원'을 열었다"고 해석했다.[8] "사람들은 기술을 진보시킬 과학 이용법을 익혔을 뿐 아니라 반대로 과학을 진보시킬 기술 활용법까지 배웠다"고 말했다. 경제사학자 조엘 모키어는 "명제적 지식propositional knowledge(과학)이 처방적 지식prescriptive knowledge(기술)에 활기를 불어넣고, 다시 처방적 지식은 명제적 지식에 생기를 불어넣는다"고 말한다. 그 결과 사람들은 체계적으로 발명하는 법을 터득한다.

물론 산업혁명 이전에도 다양한 처방적 지식을 활용했다. 고기 저장법부터 대포 만드는 법, 유리 제조법, 심장성 부종에 디기탈리스의 씨와 잎으로 만든 강심제를 쓰는 법까지 사례는 얼마든지 있다. 하지만 이런 지식은 시행착오를 겪게 마련이며 인식론적 토대 위에서 만들어지지 않는다. 과학 지식의 역할도 당연히 있었다. 갈릴레오는 지구가 태양 주위를 공전한다는 코페르니쿠스 체계의 존재를 확인했다. 뉴턴은 중력의 법칙을 설명했으며, 라이프니츠와 뉴턴은 각각 미적분학을 발전시키기도 했다. 또 엄청난 과학 진보가 17세기와 18세기에 이뤄졌다. 하지만 19세기 이전에는 처방적 지식이 때로 명제적 지식의 진보를 이끌기는 했어도, 처방적 지식이 과학 지식의 토대 위에 생성되는 경우는 거의 없었다. 갈릴레오도 결국 망원경을 가지고 있지 않았던가. 과학과 기술이 서로를 강화하기 시작하면서 산업혁명의 돌파구가 마련되었다. "실용적인 지식과 이론적인 지식이 달성한 상호적인 진화는 유례없는 기술 진보의 물결을 만들어냈다."[9]

이후 전례를 찾기 어려운 눈부신 경제성장기가 시작되었다. 이 시기에는 "기술과 개념의 진보가 인류사에서 그 어떤 시대보다 급진적이고 깜짝 놀랄 만한 정도로 펼쳐졌다."[10] 상대적으로 짧은 기간에 야금학, 화학, 전기학, 운송 등이 세계를 바꿔놓았다. 이들 대부분이 바로 과학자와 공학자가 서로의 연구를 바탕으로 창조해낸 결과다. 합성염료 등 독일 화학계가 거둔 성공은 독일의 여러 대학에서 수행한 연구가 있었기에 가능했다. 철강생산 기술의 개선도 과학적인 토대 위에서 가능했다. 전기는 과학자와 공학자들이 한데 쏟아 부은 노력이 없었더라면 이용할 수 없었을지 모른다.

성장의 중요성

경제성장은 사회에도 중요하다. 경제학자 폴 로머는 "성장에 대한 변론은 다른 모든 것을 이긴다"며 다음과 같이 말한다. "국가 차원에서 세대마다 소득이 2배가 되게 할지 한 세대 걸러 달성되도록 할지 결정하는 선택은 다른 모든 정책을 왜소하게 만든다."[11] 성장은 빚, 인구 폭발과 같은 문제에 해결책을 제시하며, 고령 인구를 지원하는 수단이 된다. 미국 연방 예산 적자는 1990년대 후반에 사라졌는데 이는 세금 증가 때문만이 아니라 획기적인 경제성장 덕분이었다.

차별화된 성장률은 국가들을 다른 궤도 위에 올려놓는다. 1960년, 1인당 소득 기준으로 일본인의 생활수준은 미국의 약 3분의 1, 인도는 미국의 약 15분의 1 수준이었다. 1960~1985년까지 일본의 1인당 소득은 연 5.8퍼센트, 인도는 1.5퍼센트 성장했다(미국은 2.1퍼센트).[12] 그 결과 일본은 거의 12년마다 생활수준이 2배로 개선되었고, 24년 만에 4배 좋아졌다. 대조적으로 인도는 생활수준이 2배가 되기까지 거의 48년이 걸렸으며, 그 과정에서 인도와 선진국 사이의 소득 차이는 더 커졌다. 그러나 최근에는 상황이 달라져, 일본 경제는 연평균 0.7퍼센트 성장하는 반면 인도는 평균 5.5퍼센트 정도를 유지하고 있다. 1960년대에는 경쟁 상대가 아니었던 중국이 2010년에는 연 9퍼센트가 넘는 성장세에 힘입어 세계 2대 경제대국이 되었으며 이제는

일본을 능가하게 되었다.[13]

공공 부문의 역할

경제성장에 기여하는 연구 대부분이 공공 부문에서 수행된다. 기초연구는 신제품과 공정으로 빛을 발하기까지 오랜 시간이 소요되다 보니 이는 우연이라기보다 차라리 의도된 바라고 해야 맞다. 그뿐 아니라 기초연구는 곳곳에서 다양하게 응용될 수 있는 잠재력이 있다. 물리학 이론 연구가 바로 그렇다. 물리학 이론은 통합회로, 레이저, 원자력, MRI 등 풍성한 발명을 이끌어냈다. 기초연구 대부분이 발견에서 적용까지 오랜 시간이 걸리는 데다 활용도가 다양하기 때문에 한 기업이나 산업계가 혁신을 이끌 기초연구를 충분히 뒷받침하기란 쉽지 않다. 경제적인 인센티브가 없는 탓이다. 연구 결과는 퍼져나갈 테고, 경쟁사를 포함한 다른 기업들이 대가를 지불하지 않고 지식을 사용하며 혜택을 누릴 것이다. 게다가 지식은 본래 특성상 고갈되지 않는다. 성장을 위해 지식의 확산은 유익하지만, 시장 논리에 근거해서 운영되는 연구소가 막대한 비용을 투자해야 할 상위 연구에 뛰어들게 만드는 경제적인 동기를 찾기 어렵다. 그렇다보니 기초연구는 으레 공공 부문의 몫이 된다.[14]

장기적인 시간이 소요되고 확산되는 힘이 강하다는 특성 외에도 기초연구를 공공 부문에서 수행하는 다른 이유가 있다. 첫째, 기초연구는 위험을 안고 있다. 가까운 시일 내에 연구 성과를 얻으리라는 보장이 없다. 물리학자들은 오랫동안 양자중력 이론이라는 이해하기 어려운 성배Holy Grail를 연구해오지 않았는가.[15] 들쭉날쭉한 연구 성과는 공공 부문 지원이 필요한 또 다른 이유다. 가속기 가운데 10분의 1은 결과의 10분의 1조차 얻지 못한다. 성공하느냐 실패하느냐, 둘 중 하나다. 하지만 최대 규모에 달하는 가속기의 경우 약 80억 달러가 소요될 정도로 투입 비용이 참으로 막대해서 일개 기업 혹은 심지어 일개 국가가 감당하기 어려운 경우도 있다. 이미 살펴보았듯 대학이나 연구소에서 진행하는 일부 연구는 자연의 법칙에 대한 이해에 초점을 맞추는 기초연구라는 속성과 실제적인 응용으로 연결시키는 응용연구라는 두 가지 목적을 위해 수행한다. AIDS 연구와 암 연구가 이를 잘 설명해준다. 우리는 두 가지 목표를 추구하는 연구를 파스퇴르 사분면에 해당되는 연구라고 말한다. 파스퇴르의 세균학 연구가 이 분야의 표준을 정립했기 때문이다.[16] 파스퇴르가 수행한 연구는 와인업계나 맥주업계가 골머리를 앓던 문제를 해결해줬을 뿐 아니라 질병과 관련하여 박테리아의 역할에 대한 기본적인 이해를 도왔으며, 19세기 후반에 인류 역사상 기대수명 연장에 결정적으로 기여한 공공 용수 및 하수처리 투자에 강력한 동기를 제공했다.[17]

많은 국가나 주state, 공립대는 실제적인 문제를 해결하는 노하우를 제공한다. 주로 유서 깊은 미국과 유럽의 공과대학에서 그런 역할을 한다. 이런 연구는 기초연구의 속성을 띠는 경우도 있지만 대부분이 지역 시민의 관심을 끄는 문제를 해결하거나 적용 방안을 찾는 형태일 때가 많다. 조지아공대는 애초 막강한 직물 프로그램에 중점을, 콜로라도광업대는 이름에서 느껴지듯 프랑스 광산학교와 마찬가지로 광업에 중점을 두었다. 퍼듀대는 보일러메이커Boilermaker라고 불리는 대학 운동 팀에 기여하는 공학 프로그램을 직접 운영한다.[18] 제2차 세계대전 이후 미국에서는 연구의 초점과 지역의 필요라는 두 가지 요인 사이의 관계가 점차 느슨해지고 있다.[19]

연구중심대학은 장차 산업계에서 일할 인력을 훈련시키는 형태로도 경제성장에 기여한다. 이 일 자체가 크게 중요한 기여는 아니다. 지식은 공공 부문에서 생성되지만 즉각 경제적인 가치를 지니지는 않기 때문에 신상품이나 공정 개발에 상당한 규모의 연구개발비를 투입해야 한다. 대학은 이와 같은 연구를 수행할 수 있는 과학자를 산업계에 공급한다.

공공 부문 연구가 만들어낸 신상품들

공립대에서 수행한 연구들이 다양한 신제품과 공정 개발을 이끌었다. 생산량을 획기적으로 높인 잡종옥수수는 현재 미시간주립대에 재직하는 한 교수가 처음 개발했다.[20] 또 인류가 지식을 공유하고 활용하는 방식을 크게 변화시킨 월드 와이드 웹은 세른 소속 과학자가 창안했으며, 국방은 물론이고 커뮤니케이션, 엔터테인먼트, 수술 분야에까지 광범위한 영향을 미치는 레이저는 1950년대 컬럼비아대 대학원생이던 고든 굴드가 수행한 연구에 지적인 빚을 졌다.(이후 벨 연구소에 자문하던 컬럼비아대 교수와 벨 연구소 물리학자들이 합동으로 연구해서 개념을 상당히 진척시켰다.)[21] 바코드는 지역의 음식 체인 사장이

러트거스대 학장에게 "계산할 때 자동으로 제품 정보를 읽는 시스템을 연구해달라"고 요청하는 이야기를 우연히 들은 한 호기심 많은 대학원생에게서부터 시작되었다.[22] 1911년에는 레이던대에서 처음으로 초전도 현상을 발견한 덕에 저항이 제로인 상태에서 전력 손실 없이도 송전을 할 수 있게 되었다.[23]

제약 업계만큼 공공 부문 연구가 뚜렷하게 기여한 분야도 없다. 1965~1992년에 도입된 가장 중요한 치료 약물 가운데 4분의 3 정도가 공공 부문 연구에서 탄생했다.[24] 더 최근 연구를 보면 1997~2007년 사이에 FDA가 승인한 신약 118종 가운데 31퍼센트가 대학에서 개발한 약물이었다. 하지만 이 연구는 기초연구 수행 측면이 아니라 특허를 기준으로 평가했기 때문에 신약 개발에 대한 대학 연구의 기여도가 낮게 평가되었을 가능성이 높다.[25] 더군다나 기업들은 대학 연구원들이 작성한 논문 참고 등 다양한 방식으로 지식을 습득한다는 점도 대학에서 수행하는 연구의 기여도를 따질 때 고려해야 한다.

거의 모든 신약은 대학에 기반을 둔 바이오 기업이 개발하는데,[26] 합성 인슐린 등 몇몇 신약은 공중보건에 엄청난 파급 효과를 불러왔다.[27] 지난 25년 동안 도입된 모든 중요한 백신이 사실상 공공 부문 연구에서 나왔다고 봐도 무방하다.[28]

약은 차이를 만들어낸다. 심혈관계 질환 관련 사망률이 최소 3분의 1 감소한 사실은 고혈압, 콜레스테롤 관련 질환을 치료하는 심장병 치료법이 개발된 덕분이다.[29] 기대수명 1.7년은 짧은 기간이 아니며 21세기 초, 페니실린과 술파제가 수명 연장에 지대한 공을 세웠다.

좀 더 일반적으로, 신약이 개발된 해에는 기대수명이 약 6일 늘어난다. 이는 짧은 기간인 듯 보이지만 한 해에 태어나는 400만 명에게 적용한다면 이 집단에 약 6만3700년이라는 시간이 주어지는 셈이다. 이런 영향이 다른 코호트에도 미친다면 약 120만 년이라는 기간이 늘어나는 셈이 된다. 그렇다면 비용은 얼마나 들까? 생존연수life year당 416~832달러 정도다.[30]

기대수명 증가는 신약과 장비 덕분이기도 하지만 개인의 행동 변화를 유도하는 연구 덕분이기도 하다. 이런 연구도 공공 부문에서 수행할 때가 많다. 공공 장소에서 흡연 금지라든가 금연 캠페인도 건강 개선에 상당히 기여한다. 한 추정에 따르면, 심장 질환 사망률 감소가 가져온 기대수명 증가 요인 가운데 3분의 1은 행동 요인이라고 한다.[31]

대학과 경제성장

최근 들어 경제성장에 기여하는 대학의 역할을 강조하려는 노력이 호응을 얻고 있다. 대학 총장이 지역 사회의 후원금 모금 모임에 가서 대학이 수행하는 연구가 경제성장에 기여한다는 확신을 심어주며 '연구' 대학을 위한 로비 활동을 펼친다. 또 대학 경영진은 대학이 전 국민에게 기여한 점들을 모아 출판한다.[32] 대학들은 자신의 공헌을 내세우는 보고서를 의뢰하기도 한다. 가령 매사추세츠공과대는 1997년에 뱅크보스턴이 작성한 보고서 『MIT: 혁신이 미치는 영향』 작성을 지원했다.

물론 이런 관점이 틀리지는 않지만 극단적으로 단순한 인식이기도 하다. 앞서 언급했듯 대학과 공공 부문 연구소가 수행한 연구 대부분이 즉각 신상품과 공정에 적용되지는 않는다. 시간이 필요한 것이다. 1950년대 후반에 발견한 레이저는 광범위하게 응용할 수 있는 기술이라는 기대감에 "문제를 찾고 있는 해결책"이라고 묘사되곤 했다.[33] 하지만 신제품과 공정에 실제 적용되기까지 20년이 넘게 걸렸다. 잡종옥수수는 19세기 후반에 처음 생산되었지만 1930년대 들어서야 상업화되었다.[34] 생명공학 기술도 대부분 1950년대 이후 수행한 연구 결과를 바탕으로 발전했다. 물론 예외도 있다. 월드 와이드 웹은 거의 처음부터 큰 반향을 몰고 왔으며 스탠퍼드대에서 시작한 구글은 설립 후 불과 5년 이내에 검색 방식을 송두리째 바꿔놓았다.

또 기초연구를 신제품과 공정으로 탈바꿈시키려면 엄청난 투자와 노하우가 필요하다.[35] 대학과 공공 부문 연구소들은 시장에 신제품과 공정을 도입해서 이를 구성하고 운영하는 능력이 탁월하지 않다. 그런 분야는 아무래도 기업이 전문가다. "혁신이라는 측면에서 공공 연구단체는 결코 2류 연구소에도 미치지 못할 것"이라고 말할 정도니 말이다.[36]

대학이 개발한 제품과 공정을 대하는 배타적인 시선exclusive focus 역시 대학의 연구가 경제 발전에서 담당하는 역할을 과소평가하게 한다. 기초연구가 즉각 경제적인 혜택이나 실체가 뚜렷한 제품 생산으로 이어지기 어렵지만, 그 대신 "결국 상업적인 혁신으로 이어지는 추가적인 연구에 긴요한" 중간 투입 요소를 제공한다.[37] 대학에서 비롯한 상품과 공정을 배타적으로 바라보면 후속 연구가 성공한 연구뿐만 아니라 실패한 연구가 만들어놓은 토대 위에서 완성된다는 인식을 하지 못하게 된다. 대학의 연구는 지식의 성공과 실패 양쪽 흐름 모두에 기여하는데도 말이다.

연구가 공공연구소에서 수행되었다는 이유로, 만일 공공 부문에서 수행하지 않았더라면 신상품과 공정 결과로 이어지지 못했을 것이라고 봐서는 안 된다는 점도 중요하다. 2장에서 다뤘듯 과학에서는 동시에 연구가 진행될 때가 많다. 다발적인 연구가 없다고 해서 곧 그 발견이 공표될 당시 진행 중인 연구가 없었다는 의미는 아니다. 누군가가 우선권을 부여받으면 과학자들은 하던 연구를 중도에 그만두기도 하기 때문이다.

제품과 공정에만 집중하다보면 산업계에서 대학으로 전해지는 중요한 피드백을 무시하게 될 수 있다. 대학교수들은 산업계 종사자들과 상호 작용하며 연구 아이디어를 얻는다. 바코드가 그런 사례로, 대학 연구원들이 산업계에서 새로운 도구와 기술을 습득했다. 또 학계의 신설 학과는 특정 연구나 훈련이 필요하다는 산업계의 요구에 맞춰 생겨난다. 전기공학, 화학공학도 그렇게 탄생했다.[38] 산업계는 학계에 새로운 학위 과정과 학과를 신설하도록 압력을 가하는데, 분자생물학과도 그런 과정 끝에 신설되었다.[39]

이번 장의 나머지 부분에서는 공공 연구가 어떻게 경제성장에 기여하는지 알아보고 지식이 공공 부문에서 민간 부문으로 어떻게 이전되는지, 또 반대로 지식이 민간 부문에서 공공 부문으로 이전되는 경우도 살펴보면서 다음과 같은 몇 가지 주제를 추가로 살펴보려 한다. 첫째, 연구와 경제성장 사이에는 강력한 연결 고리가 있는 반면, 성과가 실현되기까지 지나치게 오랜 시간이 소요되며, 20~30년이 걸릴 때도 있다. 매우 짧은 시일 안에 수익을 거둬들일 것이라고 기대한다면 순진한 발상이다. 둘째, 공공 부문 연구는 하늘에서 떨어지는 신묘한 양식이 아니라는 사실이다. 기업들은 당연히 신상품과 공정을 시장에 도입하기까지 막대한 자원을 투입해야 한다. 셋째, 대학은 새로운 아이디어, 연구비, 학생들을 위한 일자리, 새로운 설비 등 상당한 혜택을 입는다.[40] 넷째, 산학협동은 19세기와 20세기 초에도 다양한 사례를 찾아볼 수 있으며 새로운 일이 아니라는 점도 짚어보려 한다. 하지만 최근 들어 산학 관계가 강화된 것만큼은 사실이다.

공공 부문 연구와 경제성장

공공 부문 연구가 경제성장에 기여한다는 주장은 논쟁의 여지가 있다. 공공 부문에서 민간 부문으로 확산된 과학 지식의 범위를 측정한다거나 지식이 확산되기까지 얼마나 지체되었나를 측정하는 것 역시 다른 차원의 문제다. 비록 이론에 대한 경험적인 증거 비율이 비교적 낮지만 공공 연구와 경제성장의 관계를 입증할 연구는 많다. 첫째, 출판된 지식과 경제성장의 관계에 관한 일련의 의문이 존재한다. 둘째, 혁신에서 공공 지식이 차지하는 역할을 굳건하게 하는 연구도 있다. 셋째, 대학의 연구활동과 관련된 기업의 혁신활동, 대학 내 연구와 관련된 혁신 실적(특허 등)을 점검하려 한다. 넷째, 공공 부문 연구소와 협력하는 기업들이 더 좋은 성과를 거두는지도 살펴보자.[41]

출판된 지식과 경제성장의 관계

경제학자 제임스 애덤스는 1953년부터 1980년까지 발표된 지식과 제조업 분야에서 성장을 이끈 과학 · 공학 부문 연구의 관계를 살펴보는 탁월한 연구를 수행했다.[42] 야심찬 애덤스의 연구는 1930년 이전부터 시작해서 상당 기간 해당 분야에서 출판된 출판물 수를 세서 특정한 날짜에 화학 등 9개 분야에 축적된 지식의 양을 측정했다. 오래된 지식이면 출판물을 셀 때 가치를 낮게 잡았다. 30년 전에 발표한 논문은 10년 전에 발표한 논문보다 덜 유용하다고 평가한 것이다. '지식 축적도'는 산업 분야별로 연구에 고용된 과학자 수와 지식의 가중치를 감안해 정했다.

이 조사를 실시한 목적은 18개 제조업체를 대상으로 지난 28년 동안 지식의 양과 생산성 증대 사이의 관계를 살펴보고자 함이었다. 그 결과 산업 관련 지식의 축적은 전체 생산성 개선에 50퍼센트가량 기여했음이 밝혀졌다. 하지만 하나의 연구 성과가 생산성에 영향을 미치기까지는 오랜 시간, 즉 20년은 족히 걸린다고 할 수 있다. 또 이 연구를 화학, 물리학 같은 분야가 아닌 공학, 컴퓨터과학 등 응용 분야에 적용하기에는 무리가 있다.[43]

훨씬 이전부터 공공 부문 연구는 경제성장에 중대한 영향을 끼쳤고, 산업계에서 일하는 과학자와 공학자들은 연구가 경제성장에 미치는 영향을 자각하게 되었다. 그 증거는 이러하다. 산업 분야의 연구자들은 대학교수들이 2~4년 전에 발표한 논문을 인용한다.[44] 이 차이는 컴퓨터과학이 4.12년으로 가장 길었고 물리학은 2.06년으로 가장 짧았다.

기업이 특허로 보호받을 수 있을 정도로 대학의 연구를 구체화하기까지 걸리는 시간은 상당히 길어 8.3년에 달한다. 이는 캘리포니아대 교수진이 출판한 특허 인용에 관한 과학 논문에 근거한 수치다.[45]

그와 같은 인용은 드물지 않으며 대학 연구와 혁신의 관계에 관한 증거의 일부를 제공한다. 국립과학재단이 특허 인용에 관해 데이터를 수집한 마지막 해인 2002년에 미국의 특허는 과학 · 공학 논문에 평균 1.44회 인용되었으며, 논문이 아닌 보고서나 주석, 학회 회보 등을 포함하면 과학 문헌에 평균 2.10회 인용되었다. 이보다 더 중요한 사실은 이런 추세가 점차 늘어난다는 것이며, 곧 산업계와 학계의 관계가 긴밀해진다는 점이다. 10년 전만 해도 평균적인 특허 인용이 논문에 0.44회, 과학 문헌에 0.72회였으니 어느 정도였는지 짐작이 간다.[46]

연구에서 얻은 증거

산업계가 대학 연구에 얼마나 의존하고 있는지 알아볼 수 있는 또 다른 방법은 연구개발 연구실 책임자들에게 학계의 연구 성과에 대한 의존도를 묻는 것이다. 최근에 수행된 몇몇 연구에서 이를 정확하게 진단했다. 이 연구들은 당초 미국에만 초점을 맞추었지만 1990년대 중반에 유럽의 연구자들이 조사 방법을 발전시켰으며, 특히 지역혁신조사CIS는 무엇보다도 기업과 공공 부문 연구와의 관계를 집중적으로 연구했다.

1994년 실시한 카네기멜런대의 연구는 미국 연구개발 책임자들을 대상으로 기업에서 연구개발 활동에 활용한 공공 부문 연구의 범주를 결정하겠다는 목표로 실시되었다.[47] 연구의 목적은 공공 부문 연구를 대학에서 수행할 연구와 정부연구소에서 수행할 연구로 구분하는 것이었다. 응답자들은 특정 출처에서 나온 정보가 신규 연구개발 프로젝트에 기여할 정보인지 최근 3년 내 기존 프로젝트의 완성도를 높이는 데에 기여할 정보인지 구분해달라는 요청을 받았다. 응답자들에는 컨설턴트, 경쟁사, 독립적인 공급자, 소비자, 자영업자 등 많은 경제주체가 포함되었다.

이 조사로 공공 부문 연구가 몇몇 산업계 연구개발에 절대적으로 중요하다는 사실이 밝혀졌다. 제약업계가 그 가운데 가장 많은 영향을 받았다. 다른 제조업계에서도 공공 부문 연구가 중요한 역할을 담당하기는 하지만 제약업계에 비하면 덜한 편이다.[48] 공공 부문 연구가 신제품 아이디어를 제공할 것이라는 통념이 틀렸다고 입증된 것은 아니지만 이 조사는 공공 부문 연구가 **신규** 프로젝트 제안보다는 기존 프로젝트의 **완성도**를 높이는 데 훨씬 많은 기여를 한다는 점을 밝혔다. 공공 부문 연구는 작은 기업체보다 대형 기업체에 파급력이 큰 것으로 나타났지만, 창업의 경우 작은 기업이 공공 부문 연구에서 지속적으로 혜택을 입었다.

중요성 측면에서 공공 부문 연구에 기여하는 분야는 다양하다. 재료과학이 으뜸이고 컴퓨터과학, 화학, 기계공학 부문이 뒤를 잇는다. 생물학은 제약업계에서 중요한 위상을 차지하기는 하지만 제조업체에서는 전반적으로 최하위에 머물렀다.

7개 제조 산업의 소규모 기업들을 대상으로 공공 부문 연구가 미치는 영향력을 장기적인 관점에서 평가해달라고 요청했다. 그랬더니 혁신을 처음 추진할 때 학계에서 그 이전 15년 동안 수행한 연구가 없었다면 신상품 및 공정을 도입하지 못했거나 크게 지연되었을 것이라는 답변이 돌아왔다. 구체적으로 신제품의 11퍼센트, 신공정의 9퍼센트는 대학 연구의 도움이 없었더라면 도입하지 못했을 것이라고 답했다.[49]

기업과 교수는 상호 호혜적인 관계다. 기업과의 상호 작용은 교수의 생산성을 높인다. 동일한 경제학자가 기업들에 1980년대에 도입한 신제품과 공정 중에 가장 중요한 공헌을 한 학계 연구자 5명을 지명해달라고 요청했다. 기업의 연구활동에 핵심적인 역할을 수행한 대학 교수진을 조사한 앞선 연구의 후속 연구였다.[50] 이 연구에서 기업과 연계된 학계 연구자들은 연구 주제를 선정할 때 주로 또는 자주 자신들이 컨설팅한 기업의 문제 중에서 선택하며, 기업 컨설팅은 정부에 제안하는 연구에도 영향을 끼친다고 답했다. 한 MIT 교수는 "산업계 사람들과 실제적인 문제를 이야기하다보면 흥미로운 연구 주제를 발견할 때가 많기에 이들과의 대화는 유용합니다"라고 말한다.[51]

유럽에서 진행되고 있는 네 가지 지역혁신조사에 따르면 공공 부문 연구가 유럽에서 차지하는 역할은 미국보다 적다. 하지만 여기에는 이유가 있다. 미국에서 수행한 조사는 주로 제조업체의 내부 연구개발 설비에 관한 것이지만 유럽에서 조사에 참가하는 기업들은 혁신에 대한 기록이 없거나 내부 연구개발 설비가 없을 때가 많다. 이런 경우에 사실상 공공 부문 연구가 기여하는 바는 없다고 봐야 한다![52]

혁신활동과 학계 연구의 관계

공공 부문 연구와 혁신활동 사이의 관계를 연구하는 또 다른 방법은 특정 혁신활동과 대학의 연구비 지출과의 관련성을 살펴보는 것이다. 6장에서도 보았지만 대학의 연구비 지출은 막대하다. 이런 접근 방식은 대학의 연구가 신제품 및 공정으로 이어지기까지 걸리는 시간 차이를 무시하고, 공공 부문 연구와 민간 부문 연구 사이의 정보 확산, 두 부문의 연구가 얼마나 지리적으로 밀접한가에만 초점을 둔다. 다시 설명하자면, "펜실베이니아대에서 수행한 연구가 여기보다 더 넓은 필라델피아 지역에서 추진된 혁신활동에 어느 정도 영향을 미쳤는가?"에만 관심을 둔다는 말이다.

그런 관계에 집중하는 근본적인 이유는 기업들이 비공식적인 네트워크나 공식적인 컨설팅 또는 지역 대학의 교수 및 학생들과 연계된 고용 관계를 통해 새로운 지식을 얻는다는 생각이 바탕에 깔려 있다. 기술이 큰 역할을 차지하는 생명공학 같은 분야의 일부 지식은 '암묵적인' 속성이 있어 사람을 통한 전수가 매우 중요하기 때문이다. 이런 속성을 가진 새로운 지식은 '공중에' 떠 있어 누구라도 취할 수 있는 것이 아니라, 해당 지식이 탄생한 곳과 가까울수록 습득할 기회가 많다.

1989년 애덤 재프가 주 단위 특허 수와 대학 연구비의 관계를 연구하면서 처음으로 이런 의문을 제기했다.[53] 그는 제약, 의학 기술, 전기, 광학, 핵기술 분야에서 지식의 습득과 거리가 연관성이 높다고 결론내렸다.

재프의 논문은 경제학에 새로운 의문들을 촉발시켰으며, 후속 연구가 즉각 이어졌다. 하지만 각 연구는 혁신 방법이나 지리적인 근접성에 대한 정의가 달랐다.(표준적인 대도시 통계 지역 기준 대 주state)[54] 하지만 거의 예외 없이 연구는 근접한 장소에서 수행된 대학 연구와

혁신의 연관성을 발견했다.[55]

지리적으로 가깝다는 사실은, 특정 대학들(MIT와 스탠퍼드대가 대표적)을 대상으로 한 신빙성 있는 사례 연구에 비춰볼 때, 이들 사회에 중대한 경제적인 충격을 가져왔다. 그 충격 가운데 대부분은 신생 기업이 (설립자가 학생이든 교수든) 대학에서 떨어져 나와 새로 기업을 시작할 때 발생한다. 과거 수십 년 동안 스탠퍼드 출신 4232명이 설립한 기업만 해도 야후, 구글, 휴렛팩커드, 선마이크로시스템스, 시스코시스템스, 배리언메디컬시스템스 등 4668개가 넘는다.[56] 전부는 아니지만 이들 기업 대부분이 스탠퍼드대 부근에 자리 잡고 있다. 그렇다보니 2008년 실리콘밸리에서 150개 대형 기업이 창출한 전체 수익 가운데 스탠퍼드에서 탄생한 기업들이 창출한 수익이 54퍼센트를 차지할 만큼 실리콘밸리에 절대적인 영향을 미쳤다. '실리콘밸리 150개 기업'이 2008년 전체적으로 71억 달러 손실을 입은 데 비해, 스탠퍼드대 기업들은 190억 달러 순익을 달성했다고 보고했다.[57]

1997년 완료된 뱅크보스턴 연구는 MIT 졸업생 및 교수진이 기업 약 4000개를 설립했고 1994년에 110만 명을 고용했다고 결론내렸다. 그런데 MIT 기업들의 일자리 창출로 가장 큰 혜택을 입은 주는 매사추세츠 주가 아니라 캘리포니아 주라는 사실이 흥미롭다. 매사추세츠 주는 2위로 MIT 관련 기업들이 일자리 약 12만5000개를 창출했다. 이 기업들 대부분은 지난 50년 이내에 설립된 비교적 젊은 기업들이었다. 하지만 아서디리틀(1886), 스톤앤웹스터(1889), 캠벨수프(1900), 질레트(1901) 등 예외적인 기업들도 있다.[58] 물론 대학의 연구가 기업의 성공에서 중요한 역할을 담당한다는 이야기를 곧이곧대로만 받아들일 수는 없겠다. 하지만 기업과 지리적으로 가까운 대학이 신생 기업에 크게 기여한 내용을 자세하게 살펴볼 수 있는 합리적인 사례들이 있다.

기업의 성과와 공공 부문 연구

공공 연구소 연구자들과 연관을 맺은 기업이 그렇지 않은 기업보다 더 좋은 성과를 거둔다는 사실을 보여주는 연구가 있다. 가령 바이오 기술 부문의 '스타' 연구자와 공동으로 연구한 바이오 기업은 그렇지 않은 기업보다 성과가 좋다. 성과를 개발 상품으로 평가하든, 시장에 내놓은 상품으로 하든, 고용으로 평가하든 관계없이 마찬가지 결과다.[59] 대학 연구진과 공동으로 연구한 제약회사는 '중요한 특허'를 얻는다는 측면에서 뛰어난 연구 성과를 거두는 것이 사실이다.[60] 사실 대학 교수진과 연구를 진행하면 연구 성과는 무려 30퍼센트나 개선된다. 심지어 '결합 관계connectedness'에 있는 관련 기업의 가치마저도 끌어올린다. 또 특허를 받은 연구 결과를 출판한 기업의 장부 가치는 그렇지 않은 기업보다 더 높다.[61]

공공에서 민간으로 이전되는 지식, 기업이 사용하는 지식, 그 메커니즘

기술 이전 통로

공공 부문 연구는 기업의 연구개발뿐 아니라 경제성장에도 기여한다. 이는 이론의 여지가 없다. 그렇다면 공공 부문에서 수행한 연구를 어떻게 배우는 걸까?

과학의 세계에서 교수들이 연구 성과를 '자신의 것'으로 만들려면 먼저 그것을 공유해야 한다는 사실을 2장에서 살펴봤다. 이 우선권 시스템이 강력한 지식 이전 방식이다. 한 조사는 공공 부문에서 민간 부문으로 지식이 이전되는 중요한 메커니즘이 인쇄물임을 보여준다. 기업은 교수들이 쓴 논문과 보고서를 읽고 새로운 지식을 배운다. 지식 이전 과정에서 두 번째로 중요한 메커니즘은 비공식적으로 정보를 교환한 후에 공청회나 회의, 컨설팅을 하는 것이다. 기업은 공공 부문에서 떠오르는 새로운 지식을 배우기 위해 신규 대학원생 채용, 벤처 기업과의 결합이나 협력, 특허 등의 방법은 중요하게 여기지 않는다.

좀 더 구체적으로, 앞서 등장했던 카네기멜런대의 조사에서 기업 담당자들에게 최근 완료한 '주요' 연구개발 프로젝트에서 공공 부문이 수행한 연구 정보를 얻는 10가지 경로의 중요도를 평가해달라고 요청했다. 응답자의 41퍼센트가 압도적으로 출판물과 보고서를 통해 정보를 접한다고 답했으며, 출판물과 보고서의 중요도는 '적당히 중요한 편'이라고 답했다. 공식적으로 공청회나 회의, 컨설팅을 통해 정보를 얻는다는 답변이 30~31퍼센트에 달했으며, 최근 채용한 대학원생들, 결합 또는 협력하는 벤처기업들, 특허를 활용한다는 답변은 17~21퍼센트였다. 라이선스와 개인적인 정보 교환을 통한 방식은 10퍼센트에도 못 미쳐 기업이 공공 부문의 지식을 접하는 데 있어 가장 덜 중요하게 여기는 통로였다.[62]

최근 대학이 취득하는 특허가 증가하고 있으며 그 중요성도 커지고 있다. 수치가 인상적인데, 1989년부터 1999년까지 대학이 취득한 특허가 연간 1245건에서 3698건으로 3배 가까이 증가했다.[63] 그 이후 대학의 특허 열풍이 식고 특허 등록 건수가 줄어들었다가 최근에는 연간 약 3300건 정도가 되었다. 카네기멜런 조사에서 기업이 라이선스와 특허의 중요성을 낮게 평가한 사실은 그 조사가 대학들이 오늘날보다 특허를 상당히 덜 취득하던 시점에 이뤄진 까닭도 있다. 그뿐 아니라 대부분의 특허에서 얻은 기업의 경제적 가치가 제한적이다 보니, 대학이 기업에서 거둬들인 라이선싱 수입도 적었다는 사실이 반영되었다고 볼 수 있다. 막대한 로열티를 벌어다 준 특허는 극히 일부에 지나지 않았다.

대학의 연구 결과를 바탕으로 교수나 학생이 창업하는 것은 대학 연구가 민간 부문으로 이전되는 가장 직접적인 방식이다. 카네기멜런 조사는 이 항목에 대해서 묻지 않았는데, 아마도 창업 기업이 상대적으로 적었기 때문일 것이다. 하지만 대학에서 창업한 기업 수가 대체로 증가하는 추세인 점을 감안하면, 이 방식도 최근에는 무시하기 힘든 중요한 지식 이전 경로가 될 수 있다. 한 예로 학교마다 대학과 의과대학 교수나 학생이 창업한 기업이 2004년에는 평균 2.2개였으나, 2007년에는 평균 2.9개로 늘어났다.[64]

지리적으로는 어떨까? 기업들이 지리적으로 가까운 대학에서 지식을 얻을까? 아니면 지리적인 위치는 중요한 요인이 아닌 걸까? 특허 수와 다른 혁신활동을 평가한 결과를 보면 기업과 지리적으로 가까운 대학은 연구비 지출에서 연관성이 높았다. 기업은 자신이 속한 지역의 지식을 중요하게 여긴다는 얘기다. 또 가까우면 대면 접촉이용이하다보니 특히 '암묵적인 지식'의 이전 과정에서 '근접성'은 중요하다. 지리적으로 가까운 곳에서 생산된 지식은 비공식적이면서도 좀 더 빠르게 이전될 수 있다는 장점 때문이다. 앞서 얘기했듯 비공식적인 정보 교환은 기업이 대학의 연구 결과를 배우는 여러 방식 중 하나다.

하지만 컨설턴트를 고용하거나 직접 전문가를 찾는 경우에는 기업이 찾는 전문가의 유형에 따라서 지리적인 중요성도 달라진다. 만일 기업이 기초연구 전문가를 찾는다면 거리는 덜 중요해진다. 위치와 상관없이 기업은 가장 탁월한 전문가를 찾는다. 하지만 회사가 응용연구나 문제 해결에 적합한 전문가를 찾는다면 해당 지역에서 인재를 찾을 가능성이 많다.[65]

한 연구에 따르면 산업계 실험실은 평균적으로 1450킬로미터 이내에 있는 상위권 사립 연구대학 한 곳 이상과 관계를 유지한다. 또 640킬로미터 이내에 위치한 하위권 대학들과는 독점적인 관계를 맺는 것으로 드러났다.[66] 상위권 대학은 더 먼 곳까지 영향력을 발휘하기는 하지만, 그렇다고 지역 내에서 차지하는 영향력이 줄어들지는 않는다. 다시 말해, "MIT 같은 상위권 대학은 거리와 상관없이 하위권 대학과 비교했을 때 더 큰 영향력을 발휘한다."[67] 하지만 지역 대학들 역시 중요한 역할을 담당한다. 기업은 멀리 있는 대학 연구소보다 반경 320킬로미터 이내 대학 실험실에서 지식을 배워오는 데 자금의 50퍼센트 이상을 쓴다.[68]

기업의 역할

어떤 지식이 공공 부문에서 민간 부문으로 물 흐르듯 흘러가 공공 부문의 지식을 확산시키고, 산업계가 이 지식을 활용해서 추가 비용을 들이지 않고도 신상품과 공정으로 연결시킨다면 매우 바람직할 것이다. 하지만 실제로는 그렇게 간단치 않다. 여기에는 막대한 노력이 뒤따른다. 지식이 신상품이나 공정으로 탈바꿈하기 전에 일단 그것을 '흡수'하는 어려운 과정을 거쳐야만 한다. 따라서 과학 진보의 흐름을 읽으면서도 다른 이들의 연구 결과를 이해할 수 있는 적극적인 연구자들이 필요하다.[69]

산업계가 새로운 지식을 흡수할 수 있는 연구자들을 고용한다는 것은 산업계에 종사하는 과학자와 공학자들이 과학 학술지에 논문을 발표하는 데서 드러난다. 지식을 흡수하는 능력은 적극적으로 연구하고 출판에도 참여한 과학자만이 갖출 수 있다. 2004년에는 산업계 연구개발 분야의 박사급 연구과학자 가운데 62퍼센트가 지난 5년 동안 논문을 한 편 이상 발표했다고 보고했다.[70] 이는 학계에서 연구에 관여한 과학자들 가운데 92퍼센트가 논문을 한 편 이상 발표한 것과 대조된다. 또 그 5년 동안 작성한 논문 수 역시 산업계 박사는 3.5편인데 반해 학계 박사는 12.0편이었으니, 2004년을 기준으로 최근 5년 동안 산업계 연구개발 과학자들이 학계 과학자들보다 과학 논문에 대한 공헌이 훨씬 적었다는 사실을 알 수 있다. 거시적인 차원에서, 산업계 과학자와 공학자들이 출판한 논문 수는 비교적 적다. 2008년 미국에서 출판한 논문 가운데 산업계가 기여한 논문은 6.8퍼센트에 그쳤다.[71]

제약업계 같은 특정 산업 분야에서는 지식을 흡수하는 역량이 충분하지 않다. 공공 부문 연구에서 한껏 혜택을 입는 기업을 위해, 기업 소속 연구자는 학계 연구자의 연구에 적극적으로 참여한다. '결합 관계'는 중요하다. 성공적인 기업은 논문을 읽는 데서 그치지 않으며, 소속 과학자들이 학계 동료들의 연구 프로젝트에 적극적으로 참여하고 함께 논문을 발표한다. 산업계와 학계의 저자 한 명 이상을 포함하는 논문이 50퍼센트를 웃돈다.[72] 이처럼 산학 연구에 참여하는 기업, 특히 제약회사는 실적도 더 좋게 마련인데 여러 증거가 이를 뒷받침한다.[73]

훈련

대학 연구가 혁신으로 이어지기까지 생기는 시간 차는 지식의 확산이라는 측면에서 간접적이고 장기적이다. 하지만 산업계 인력의 훈련이라는 관점에서는 그 관계가 직접적이고 경제적인 혜택도 거의 즉각적이다. 그리고 그 영향은 강력하다. 현재 미국의 산업계에서 훈련받는 박사급 과학자 및 공학자 약 22만5000명이 기업의 연구실에서 일하고 있다.[74]

박사는 어떻게 산업계에서 일하게 될까? 분야별로 산업계에서 일하는 박사는 얼마나 다양할까? 산업계에서 박사는 무슨 일을 할까? 이들은 자신들이 훈련받은 학교와 가까운 곳에서 계속 일할까? 다시 말해, 퍼듀대 공학자는 인디애나 주에, 스탠퍼드대 컴퓨터과학자는 캘리포니아 주에, MIT 생화학자는 매사추세츠 주에 계속 살까?

미국의 전체 과학 · 공학박사 가운데 40퍼센트에 육박하는 인원이 산업계에 종사한다.[75] 자연스러운 일이지만, 산업계 인력은 분야별로 매우 다양하게 분포하며 전공 분야가 산업계에서 어떻게 적용되는지에 따라 비율이 조금씩 달라진다. 가령 2006년에 공학박사 가운데 약 55퍼센트가 산업계에 종사했다. 산업계 화학박사 비율도 비슷했다. 컴퓨터 및 정보과학 박사들은 비율이 다소 낮아 46퍼센트였고, 물리학과 천문학은 37퍼센트로 더 낮았다. 생명과학 및 수학과 박사들은 산업계 비율이 가장 낮아 2006년에 네 명에 한 명꼴이었다.[76]

수학, 컴퓨터 및 정보과학, 생물학, 이 세 분야에서는 최근 들어 산업계 박사 인력이 급격하게 증가하고 있다. 여기에는 불가피한 요인도 일부 작용했다. 많은 신규 박사가 학계에서 일하기를 선호하지만(7장 참고), 현실적으로는 생물학계를 비롯한 학계 구직시장이 최근 들어 포화 상태에 이른 까닭에 산업계에서 일자리를 찾을 수밖에 없게 된 것이다. 한편으로는 개인에 따라 산업계에서 일하는 것이 나쁘지 않다고 생각하는 사람들도 있다. 비록 학계에 비해서 독립성은 덜하지만, 산업계 과학자들은 자신들이 누리는 범위 내에서 적당히 만족하는 편이라고들 말한다. 5장에서도 보았지만 산업계 연구자들은 학계보다 최신 설비를 사용할 가능성이 대체로 더 높고, 학계보다 산업계의 연봉이 훨씬 많다는 사실도 무시할 수 없는 이유다.[77]

〈그림 9.1〉을 보면 산업계에서 변화하는 박사 인력 유형을 알 수 있다. 이 표는 5~6년 전 학위를 취득하고 지정한 기간에 산업계에서 종사하는 박사 비율을 보여준다.(가령 2006년 수치는 2000년 또는 2001년

에 박사학위를 취득하고 2006년에 산업계에 종사하는 비율을 의미한다.) 5~6년 전 시점을 잡은 이유는 학위 취득 후 정규직에 준하는 자리에 안착하기까지 충분한 기간이기 때문이다.

이 수치는 최근 들어 학위 취득자를 산업계에서 채용하는 유형이 시간이 흐를수록 다양해진다는 사실을 보여준다. 더욱이 전체적으로 항상 상향 추세를 보이는 것도 아니다. 특히 화학 분야에서는 가장 최근에 해당되는 2006년 수치가 1973년보다 낮고, 그 기간에 등락이 반복된다. 공학 부문도 엎치락뒤치락하기는 마찬가지다. 1980년대에는 특히 내림세를 보였다가 1990년대 들어 강세를 띠고 있다. 하지만 전체적으로 산업계에서 일하는 신규 공학박사 비율은 33년 동안 3분의 1가량 증가했다.

산업계에서 일하는 새내기 생물학박사는 최근 몇 년을 제외하고 상당한 증가세를 이어왔다. 해당 기간 내내 바이오기술 업계에 취업 기회가 많았던 데다 제약업계의 연구개발 지출이 증가한 것도 한 요인으로 작용했다. 물리학계는 전반적으로 상승 추세를 보이지만 닷컴 거품이 붕괴하고 산업계 구직 상황이 매우 악화된 시기는 젊은 물리학자들에게 암울했던 때였다. 2008년 자료를 이용할 수 있게 된다면, 산업계의 물리학자 및 화학자들의 취업 전망은 계속해서 어둡고, 생물과학 · 공학 분야도 악화 일로인 상황을 엿볼 수 있을 것이다.

산업계에 종사하는 박사들은 다양한 방식으로 경제성장에 기여한다. 이들이 경제성장에 기여하는 가장 뚜렷한 방식은 개발 분야에서 수행하는 연구를 통해서다. 그러나 많은 혁신활동은 전형적으로 혁신 및 성장 동력이라고 여겨지지 않는 활동 속에 내포되어 있다. 그리고

그림 9.1 산업계에 종사하는 분야별 박사 비율, 2~4년 단위 (1973~2006)

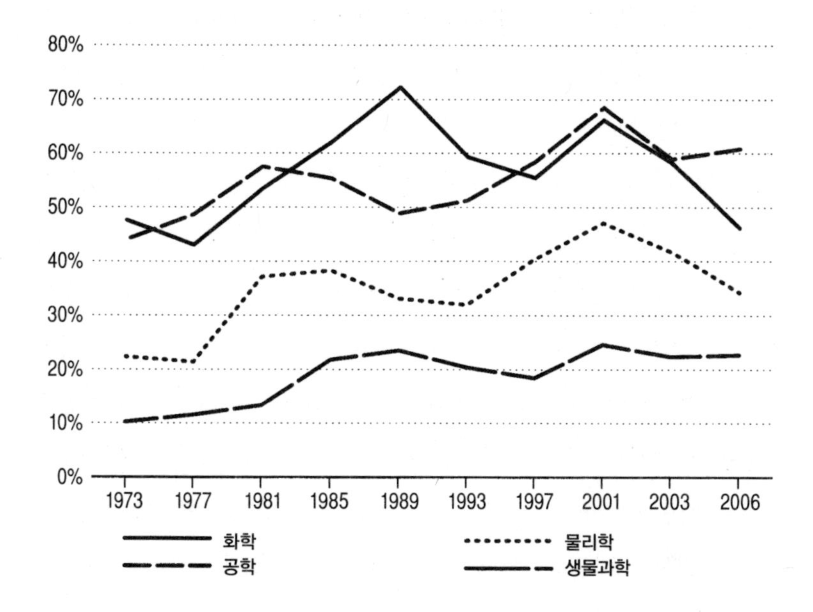

출처: 미국국립과학재단(2011b). 미국국립과학재단의 데이터를 사용했으나, 이 책에 포함된 연구 방법이나 결론을 미국국립과학재단이 보증하지는 않음.

몇몇 활동은 근래 들어서야 발전하기도 했다. 한 가지 예가 인수 합병을 통해 연구개발 기회를 평가하고 모색하는 과학계 인력 배치다. 이런 관행은 최근 제약업계에서 특히 일반화되었다. 또 다른 예는 마케팅이나 유통 분야에 기술적인 훈련을 받은 인력이 종사하는 것인데, 이 또한 혁신활동의 일부다. 컴퓨터과학자와 수학자가 인터넷 마케팅을 겨냥해 정교한 플랫폼을 개발하는 사례가 여기에 해당된다. 세 번째는 '서비스 과학'이라고 일컫는 분야의 진화다. 서비스 과학은 과학자와 공학자가 서비스와 과학을 접목해서 서비스의 질을 개선하려는 학문이다. 예컨대 고객이 비행기의 체크인을 할 때, 운전자의 시간과 연료를 절약하도록 트럭의 경로를 정할 때, 혹은 네트워크로 연결된 센서와 분석용 소프트웨어로 엔진 문제를 진단할 때 적용하는 과학이 여기에 해당된다.[78]

산업계로 진출하는 신규 박사학위 취득자에게는 이처럼 다양한 방식으로 경제성장에 공헌할 수 있는 길이 열려 있는 셈이다. 하지만 지식이 학계에서 산업계로 이전되다보니 이들이 차지하는 위치도 중요하다. 물리학자 오펜하이머는 "정보를 보내는 가장 좋은 방법은 개인이 직접 가져가는 것"이라고 했다.[79] 이런 방법은 특히 직접적인 상호작용을 통해서만 지식을 이전할 수 있는 '암묵적 지식'에 적합하다. 유전자 접합gene splicing 기술도, 형질전환 쥐를 만드는 법도 논문만 읽어서는 배우기 어렵다. 직접 참여해봐야 한다. 국립과학아카데미 전 원장이자 UC샌프란시스코 생화학 및 생물물리학과 전 학장이며 현재는 『사이언스』 편집장인 브루스 앨버츠는 "대학 실험실에서 창출한 기술을 이전하는 진정한 활동 요원"은 지역 바이오 기술 산업계에서 종사하는 UC샌프란시스코 출신 학생들이라고 힘주어 말했다.[80]

이런 주장은 최근 산업계에 고용된 대학원생이 공공 부문에서 민간 부문으로의 기술 이전에 두 번째로 기여도가 높은 요소라고 주장한 카네기멜런 조사와 상당히 다르다. 이 조사에서는 기술 이전에 첫 번째로 기여도가 높은 요소로는 논문과 보고서 발행, 공식적인 정보 교환, 공적인 모임과 회의, 컨설턴트 활용 등이 꼽힌다고 주장한다. 하지만 적어도 두 가지 사항을 고려한다면 결과가 이렇게 다른 이유를 이해할 수 있을 것이다. 첫째, 최근 채용한 박사들은 공식적인 지식 교환, 모임이나 회의 등 첫 번째 기여 항목에서 거둔 다양한 지식 이전 방법을 네트워킹을 통해서 간접적으로 이전하도록 기여한다. 둘째, 이 조사는 기업이 (개인의 역할이 특히 중요한) 암묵적 지식을 수집하는 방법을 묻지 않았다는 점도 감안해야 한다.

새내기 박사의 기업 내 위치

매년 박사학위를 취득하는 사람들은 졸업 즈음에 국립과학재단이 실시하는 조사에 응해달라는 요청을 받는다.[81] 이 조사는 92퍼센트가 넘는 높은 응답률을 자랑하는데, 아마도 학생들이 졸업 필수 요건이라고 생각하기 때문이 아닌가 한다. 이유야 어찌되었든 이 자료는 신규 박사의 경력 계획을 엿보게 해주는 값진 자료이며 응답자가 졸업 시점에 뚜렷한 구직 계획이 있는지, 또 있다면 어떤 계획인지 묻는다는 점에서 현재 논의하는 내용과 관련이 있다. 산업계에서 종사할 예정인 응답자들은 기업 이름과 소재지에 대해서도 답했다.

이 조사에서 1997년부터 2000년까지 4년에 걸친 산업계 취업 데이터를 분석해봤다.[82] 비록 기간이 제한적이고 약간 오래된 자료이긴 하지만 여기에서 산업계 새내기 박사들의 취업과 관련한 많은 정보를 얻을 수 있었다. 그러나 주요 결과를 설명하기에 앞서, 이 데이터에는 두 가지 한계가 있다는 점을 명심해야 한다. 첫째, 이 자료에는 **졸업 시점에 뚜렷한 계획이 있는** 사람들의 답변만 반영되었다. 산업계에서 일할 계획이 있는 박사학위 취득자 가운데 3분의 1 이상이 설문조사 시점에는 명확한 계획이 없어 답을 하지 않았다. 둘째, 이 데이터에는 졸업 직후 박사후연구원으로 일하다가 나중에 산업계로 이동한 박사

수가 축소 반영되었다. 특히 생의학 분야는 박사학위 취득 후 박사후 연구원으로 직행하는 비율이 50퍼센트가 넘고, 이들 가운데 30퍼센트가량이 산업계로 진출하는 터라 대표적으로 축소 반영된 분야다.[83]

이와 같은 단점이 있긴 하지만, 산업계 진출 계획이 뚜렷한 과학·공학 분야의 새내기 박사학위 취득자 2만1667명을 대상으로 수집한 데이터여서 매우 유용한 네 가지 교훈을 얻을 수 있다. 첫째, 불과 몇 개 대학이 배출하는 대다수 박사학위 취득자가 산업계로 진출한다. 임의적인 기준이기는 하지만 몇몇 대학에는 세계적인 일류 연구대학들도 포함된다. 스탠퍼드대부터 일리노이대 어배너-샘페인캠퍼스, UC버클리, 텍사스대 오스틴캠퍼스, 퍼듀대, MIT, 미네소타대 트윈시티캠퍼스, 미시간대, 조지아공대, 위스콘신대 등이 이에 포함된다. 종합하면, 졸업 후 산업계 진출 계획이 있는 박사학위 취득자의 40퍼센트가 이들 10개 대학 출신이다. 또 이들 10개 대학 가운데 절반이 미국 중서부에 위치한다는 사실도 주목할 만하다.[84] 또 8개 학교는 공립이다.

둘째, 놀라울 정도로 많은 학생이 연구개발 중점 기업에 갈 계획이 없다고 밝혔다. 미국에서 200위 안에 드는 연구개발 기업이든 아니든 마찬가지였다. 연구개발 중점 기업으로 가겠다는 박사학위 취득자는 38퍼센트에 그쳤다.[85] 이 결과는 제조업체에서도 신상품과 공정 개발에 제약이 없을 뿐 아니라 경제의 다른 부문에서 활발하게 혁신활동이 이뤄지는 오늘날의 세계와도 닮아 있다. 이처럼 다양한 부문에서 연구개발 활동이 진행된다는 의미는 곧 연구개발비 지출 데이터가 경제 전체에서 벌어지는 혁신활동의 규모를 저평가하고 있다는 의미로도 해석할 수 있다. 좀 더 구체적으로 말하면 미국에서 상위 200개 연구개발 기업들이 전체 연구개발 가운데 70퍼센트를 수행하지만 이들 기업이 채용한 새내기 박사는 전체의 40퍼센트에도 못 미친다.[86]

셋째, 과학계의 새내기 박사들은 몇몇 도시를 특히 선호한다. 산업계에 진출하려는 신규 박사학위 취득자의 약 60퍼센트가 20개 도시 가운데 한 곳으로 갈 예정이며 새너제이, 캘리포니아에 진출한 사람이 2대 도시인 보스턴이나 3대 도시 뉴욕보다 2배가량 많았다. 상위 20개 도시 가운데 규모 면에서 5위인 캘리포니아는 특히 인기가 좋다.[87] 대조적으로 중서부는 유난히 인기가 없어 상위 20위 안에 시카고, 미니애폴리스, 디트로이트(최근 자동차 회사들이 어려움에 처하기 전에 수집한 자료임을 상기하자), 이 세 도시밖에 들지 못했다.

넷째, 중서부에 자리한 특정 주에서는 산업계로 진출하는 박사 비율이 낮았다. 아이오와 주는 산업계로 진출하는 인력 가운데 박사가 13.6퍼센트, 인디애나 주는 11.8퍼센트, 위스콘신 주는 17.7퍼센트에 그쳤다. 한편, 주별 평균이 37.1퍼센트라는 사실을 감안하면 캘리포니아는 10명 가운데 7명꼴이라는 사실이 눈길을 끈다.

정책 쟁점

공공 부문이 지원하는 연구가 경제성장에 미치는 중요성은 다양한 정책 쟁점을 부각시킨다. 우리는 이 가운데 일부를 살펴보았는데, 특히 앞 장에서는 국가가 공공 부문의 연구개발 사업에 충분히 투자하고 있는가, 투자 재원이 효율적으로 배분되고 있는가 하는 의문을 제기한 바 있다.

앞 장에서 제기한 첫 번째 의문에 답하자면, 다른 나라는 물론이고 미국에서도 연구개발 사업에 대한 공공 부문의 투자가 부족한 실정이다. 여러 의문점을 종합하건대, 보건 관련 연구에 투자가 집중되는 현실은 경제성장에 기여할 다른 부문에 대한 투자를 저해하고, 이는 우리의 미래를 위험에 빠뜨릴 수 있다. 이와 같은 불균형은 의학에도 영향을 미친다. 오늘날 의료 진보에 매우 중요한 돌파구를 마련한 두 가지 기술, 즉 MRI와 레이저의 발명이 물리학에서 시작되었다는 점은 시사하는 바가 크다.

또 대학과 교수들이 공공 부문에서 민간 부문으로 지식 확산을 저해하는가에 대한 의문도 남는다. 3장에서도 일부 다루었지만, 대학이 지식 확산을 저지할 수 있는 배타적인 라이선스를 기업에 허용하는 사례가 있다. 듀퐁은 하버드대로부터 온코마우스의 라이선스를 취득해 사용자들에게 공격적인 조건을 제시한 바 있다. 또 과학자들이 경쟁자라고 여기는 동료들이 자료를 이용하지 못하도록 막으려 한다는 것도 익히 알려진 사실이다. 그런가 하면 공공 부문의 연구를 지원하는 산업계 후원자들은 출판 연기나 비밀 엄수를 요구하기도 한다. 때로는 대학이 구조화 협약과 같이 지나치게 공격적인 자세로 산업계를 상대함으로써 산업계의 혁신적인 기술의 라이선스 취득이나 대학 연구비 후원 등을 주춤하게 만들기도 한다. 다우케미컬 사의 타일러 톰슨은 이에 대해 "대학은 공격적인 전략이 전부가 아니라는 사실을 인지하지 못했다"라고 밝혔다.[88]

또한 공립대나 총장들이 자신의 연구가 성장에 기여할 것이라며 성과를 지나치게 강조하면서 연구비를 유치하는 점도 우려된다. 이런 홍보 방식으로 인해 오히려 향후에 연구비를 유치하기 힘들어질 수도 있다. 사회는 당장 눈에 보이는 결과를 원하지 20년, 30년 뒤에 누릴 수 있는 결과를 기대하지 않는다. 그러나 대학 총장들은 오랜 시간이 걸리는 성과들에 대해 호언장담하고 있다.

마지막으로 연구 체계, 특히 제약업계의 연구 체계에 문제가 있다. 미국식품의약국의 승인을 취득한 신물질이 1996년에 53종이었지만 2010년에는 21종에 불과하다는 사실만 봐도 이 같은 논란이 놀랍지 않다.[89] 최근에 실시한 한 연구는 "제3상 임상실험에서 약물의 효과가 나타나지 않으면 국립보건원의 연구비 지원을 기대하기 어렵다"라고 결론내렸다. 또 같은 연구에서 연구비 지원 수준과 제1상 임상실험 수의 관계는 절대적이고 중요하다는 사실도 밝혔다.[90]

국립보건원 현 원장인 프랜시스 콜린스는 자신이 국립보건원 내에서 10억 달러 규모의 약물을 개발하라는 압박을 가했지만, 신약 개발 속도가 늦어지는 점에 대해서 깊은 우려를 표했다. 국립보건원이 인간 게놈 프로젝트에 참여하도록 이끈 바 있는 콜린스 원장은 이 문제가 산업계 책임이라고 봤다. 그는 "마치 치료 결과를 가지고 있는 양 행동하는 제약업계가 성과를 거두기까지 기다리는 데 신물이 난다"고 공개적으로 언급했다.[91]

하지만 일부에서는 "커다란 성과를 거두려면 과학자가 자신이 속한 그룹 안에서 하던 연구를 중단하고 각 분야 전문가들이 모여 합동으로 연구해야 한다"며 학계에도 일부 책임이 있다고 목소리를 높인다. 하지만 현실적으로 이와 같은 행동을 독려할 만한 인센티브 체계가 없다. 오히려 최근까지 과학자들의 전문화, 틈새시장 발굴 등을 독려한 것은 보조금 문화였다. 연구비 유치도, 명성도 바로 보조금에 달렸기 때문이다. 그런데 일부에서 주장하듯 많은 인원이 합동으로 연구하다보면 누군가는 패배하거나 주목을 받지 못하게 된다. 노벨상, 교토상, 레멜슨-MIT상도 단체에게는 수여하지 않으며 과학자 개인에게만 시상(많아야 최대 세 명까지)한다.

약물 발견 속도가 더뎌진 것은 인간과 관련된 생물학human biology이나 질병 분야에 대해 제대로 훈련받지 못한 생의학자가 늘어난 현실과 연관이 있다. 과학자의 연구가 수수께끼의 전체를 아우르지 못하고 일부에만 초점을 두다보니 초기 단계에서 전도유망했던 연구라도 결국 실패하는 일이 흔하다. 일정 단계에서는 좋은 결과가 기대되다가도 더 큰 체계로 확대 적용하면 성공하지 못하는 것이다. 다시 말하지만 이는 인센티브를 제대로 활용하지 못했기 때문이다. 미국에서 훈련보조금을 독점하는 국립보건원이 인간 생물학 및 질병 분야를 지원하지 않은 탓이다.[92]

결론

경제성장에 기여하는 연구 대부분이 공공 부문에서 수행된다. 이는 우연이 아니다. 오히려 당연한 일이다. 기초연구는 쓰임새가 다양할 뿐 아니라 발견에서 실제 적용 단계까지 오랜 시간이 걸리다보니 일개 기업이나 산업계가 혁신으로 이어질 만한 기초연구에 충분히 지원하기 어렵다. 대신 기초연구와 응용연구 상당수가 대학과 연구소에서 실시된다. 여기서 생산된 지식은 민간 부문으로 확산되고 산업계가 현재 개발 중인 프로젝트는 물론 신제품 및 공정 개발에도 기여한다. 하지만 지식의 흐름이 일방적이지만은 않다. 산업계에서 발전시키는 지식, 기술, 도구도 공공 부문에서 수행하는 연구에 힘을 보탠다.[93]

연구중심대학도 산업계에서 종사할 과학자와 공학자를 양성하는 방식으로 경제성장에 기여한다. 이는 적지 않은 기여다. 미국에서 훈련받은 전체 과학자와 공학자 가운데 약 40퍼센트가 오늘날 산업계에서 종사한다. 이런 관점에서 대학의 연구 모델은 연구소 모델보다 유리한 면이 있다. 대학은 연구와 훈련을 병행하는 반면 연구소는 연구에만 중점을 두기 때문이다. 대학의 훈련이 학계와 산업계의 새로운 연구 아이디어 창출에 기여한다는 사실을 보여주는 강력한 증거가 많이 있다.

하지만 여기서 이 이야기를 끝낸다면 우리는 경제성장에 더 큰 영향을 미치는 중요한 부분을 놓치게 된다. 무엇보다도 산업계가 연구개발에서 상당한 결과물을 내며 막대한 비용을 투자한다는 사실이다.[94] 지식은 공공 부문에서 민간 부문으로 확산되기도 하지만 민간 부문 내에서 확산되기도 한다. 그 방법은 실로 다양한데, 1960년대에 반도체 전문가들이 실리콘밸리에서 인기를 끌던 왜건 휠 바에 모여 기술 정보와 아이디어를 교류한 것과 같은 비공식적인 회합,[95] 개인의 이직, 기업에서 발전시킨 지식 습득,[96] 그 밖의 분야에서 개발한 상품이나 생산과정을 분석하는 리버스 엔지니어링reverse engineering 등이 있다. 아니면 특허를 통해서 지식이 이전되기도 한다. 가령 통합 회로를 공동 개발한 잭 킬비는 미국 정부가 발간한 모든 특허 자료를 읽으려고 노력했다며 이렇게 말했다. "전부 다 읽어라. 그것도 당신이 해야 할 일이다. 이 모든 사소한 자료를 축적해라. 그러면 언젠가 그 가운데 100만 분의 1이라도 써먹을지 모른다."[97]

지리적 관점에서 조사한 매우 설득력 있는 증거들도 있다. 기업이 연구개발비 지출을 승인할 때, 지리적으로 가깝거나 기술이 비슷한 다른 기업의 연구개발비 관련 혁신활동은 결정적인 영향을 미친다.[98] 또 기업이 특허출원 시에 인용하는 특허는 '통제군'(출원 시점이나 기술적인 분포가 비슷한 특허)인 경우보다 지리적으로 더 가까이에서 출원한 특허인 경우가 많다.[99] 기업 주식의 장부가치 대비 시장가치 비율은 다른 기업이 인용한 그 기업의 특허 수와 관련이 있으며, 이는 다른 기업이 그 기업이 개발한 지식의 가치를 중요하게 여긴다는 사실을 반영한다.[100]

하지만 성장 스토리는 여기서 끝이 아니다. 새로운 성장 경제학growth economics은 지식 확산이 성장의 기반일 뿐 아니라 내생 요인이며, 결국 투입량보다 생산량이 많아지는 '규모에 대한 수확체증increasing returns to scale'으로 이어진다고 본다.[101] 논리는 이렇다. 수익을 창출하기 위해서 기업은 연구개발에 투자한다. 하지만 연구개발 가운데 일부는 다른 기업으로 흘러들어가고 결국 장기적인 경제성장이라는 관점에서 '규모에 대한 수확체증'이 달성된다.[102]

이번 장에서는 공공 부문에서 수행한 연구 성과가 어떻게 기업으로 확산되고 경제성장에 영향을 미치는지 알아보는 데 많은 부분을 할애했다. 여기서 '지식의 확산 과정'은 공공 부문의 연구가 새로운 경제성장을 일으키는 요인이라고 말하고 있는 것일까? 그 답은 공공 부문에서 수행하는 과학 연구의 범주가 내생적인가, 다시 말해 공공 부문이 기업에 얼마나 영향을 받는가에 달렸다. 만일 그렇지 않다면 공공 부문에서 기업 쪽으로 일어나는 지식의 확산은 중요한 성장 결정 인자일 뿐 새로운 경제성장의 요인은 아니라는 얘기다. 이 책에서 발전시킨 공공 부문 연구의 세 가지 특성을 근거로 나는 공공 부문 연구에 내생적인 요소가 존재한다는 주장을 펼치고자 한다. 첫째, 이익 극대화를 추구하는 기업이 학계 연구를 지원한다. 2008년 기업의 연구 지원금은 약 30억 달러에 육박했다.[103] 둘째, 학계 과학자들이 해결하는 문제는 대개 기업과 컨설팅을 하는 과정에서 발전시킨 주제일 때가 많다. 셋째, 정부가 공공 부문 연구의 대부분을 지원하며(6장 참고) 정부가 지원하는 규모는 경제의 전반적인 상황과 뚜렷한 관계가 있다. 참고로 2009년 경기부양책은 경기에 역행하면서 과학 분야에 공공자금을 투입한 첫 번째 사례였다.

제10장

개선할 수 없을까?

지금까지 경제학이 대학과 연구소의 과학 연구를 어떻게 구체화하는지 살펴봤다. 과학에서 인센티브와 비용은 중요하다. 그리고 경제학도 필요와 욕구에 부합하도록 부족한 자원을 배분하는, 즉 자원을 어떻게 효율적으로 배분하는가에 관한 학문이다. 이제 마지막 장에서 나는 효율성이라는 화두를 다시 꺼내려 한다. 먼저 오늘날 공공 부문에서 목격할 수 있는 연구계의 풍경을 묘사하는 것에서 시작하자. 이어서 효율성 논쟁을 다룰 것이며, 특히 미국의 공공 부문에서 연구 체계의 효율성을 제고할 대안도 제시하려 한다. 근거 자료가 다소 불충분한 주제에 대해서는 다른 연구자들의 추가적인 연구가 진행되기를 기대한다.

연구계의 풍경

여러 면에서 미국 의대는 고급 쇼핑몰과 닮았다. 대학은 최신식 시설 건축과 명성을 십분 활용해 뛰어난 학생이나 교수, 자원을 끌어들여 사업을 벌이고 있는 중이다. 대학은 교수들이 유치해온 보조금에서 교수 몫의 연봉과 간접비를 해결하는 대신 이들에게 학교 시설을 대여해준다. 교수들은 만일 자신이 보조금을 받아오지 못하면 소득을 보장받지 못한다는 조건으로 학교에서 연구하기 위해 비용을 '지불'한다. 대학은 교수에게 실험실(쇼핑몰의 매장)을 내주고 교수가 자리잡을 수 있도록 초기 연구비를 제공한다. 하지만 3년 뒤부터는 교수가 직접 사업자금을 유치해야 한다.

교수들은 연구를 수행해나갈 공간과 설비를 확보하고, 노동력과 참신한 아이디어를 제공함은 물론 연구 사업에 기여하게 될 대학원생과 박사후연구원들로 실험실을 꾸린다. 출판과 연구비 유치, 학위 취득자 실적을 더 많이 쌓게 해줄 대학원생과 박사후연구원을 더 많이 고용할수록 인센티브도 점점 많아진다.

그런데 이 쇼핑몰 모형에는 어느 정도 위험이 도사리고 있다. 대학은 교수라는 세입자가 유치해오는 보조금 덕분에 임대료를 계속 거두어들인다는 가정 아래 대출을 받아 '일종의 투기 심리로' 건물을 짓는다. 그러다가 보조금 지원이 정체되거나 건물 확장을 뒷받침할 만큼 충분히 보조금이 들어오지 않으면 심각한 문제에 직면한다. 실제 예산이 감소하기라도 하면 훨씬 심각한 상황에 처한다. 『사이언스』 편집장 브루스 앨버츠는 "2008년 부동산 시장 폭락을 떠올리게 하는 과도한 실험실 구축 경쟁은 위험스런 수준이며 현 상황은 지속되기 어렵다. 이대로 가다가는 지원을 받지 못하는 과학자들이 버티지 못할 것"이라고 말한다.[1]

이제 대학은 다른 관점에서 위험을 최소화할 방법을 찾았다. 종신직 교수 대신 비종신직 교수를 늘리는 한편 조교수 비율을 높였다. 한 발 더 나아가 의과대학은 종신직이든 비종신직이든 최소 금액의 연봉만을 보장하는 조건으로 교수를 채용했다. 연구책임자인 교수는 자신의 실험실 인력을 대학원생과 박사후연구원, 다시 말해 대학이 장기적인 고용 의무를 지지 않아도 되는 임시직 노동자로 구성했다.

이와 같은 조치는 교수들이 성과를 확신하기 어려운 연구를 기피하게 만들었다. 연구에서 성과를 내지 못한다는 말은 다음에 보조금을 지원받을 수 없다는 의미이기 때문이다. 확실한 성공이 보장되지 않는 제안서는 애초부터 연구비를 지원받기조차 어렵다. 노벨상 수상자인 로저 콘버그는 "만일 성공을 담보하는 연구를 제안하지 않는다면 연구비 지원은 기대할 수 없을 것"이라고 말한다.[2] 특히 소프트머니를 받는 교수들은 위험을 회피하려는 경향이 두드러진다. 스탠퍼드대 생체공학과 스티븐 퀘이크 교수는 "오늘날 교수들에게 '출판할 것이냐 사라질 것이냐'라는 기준은 사라졌고 '연구비를 지원받을 것이냐 굶주릴 것이냐'로 바뀌었다"고 말한다.[3]

과학자들이 위험을 회피하면 어떤 비효율이 생길까? 첫째, 모두가 위험을 회피하려고만 한다면 혁신적인 연구를 수행할 리 만무하고, 사회가 쏟아부은 연구개발 투자에서 큰 성과를 낼 가능성도 그만큼 적다. 물론 점진적인 연구 역시 성과를 내지만, 획기적인 성과를 거두기 위해서는 모든 과학자가 비슷한 연구만 해서는 곤란하다. 둘째, 정부가 연구를 지원하는 한 가지 이유는 연구에 위험 부담이 있기 때문이다. 케네스 애로가 "사회는 정부가 지원하지 않는다면 위험이 따르는 연구에 선뜻 나서지 않는다"고 말했듯이 말이다.[4] 그래서 공공 부문이 자원을 모으기 위해 위험을 감수하고, 위험을 억제할 만한 인센티브 체계를 만드는 과정에서 경제학적인 이점을 찾아보기 힘든 것이다.

현재 미국의 대학 연구 체계는 이론을 논박하는 연구도 위축시킨다. 신원을 밝히지 말아달라고 부탁한 질병 재단 관계자는 "과학 분야에서 이론이나 목표, 체계를 기반으로 설립된 대규모 실험실은 최종적으로 특정 이론이 틀렸음을 입증하기를 원한다. 우리가 특정 질병을 연구하면서 다양한 목표를 설정하는 이유이기도 하다. 우리는 사람들이 '아마도maybe'에서 '아니다no'라고 옮겨가길 원하는 셈이다. 하지만 이런 종류의 연구는 출판되지 않는 경향이 있어 경력을 쌓는 데는 별반 도움이 되지 않는다"고 말했다.[5] 게다가 이런 연구는 연구비를 지원받기도 어렵다. 하지만 연구자들은 연구를 계속해서 추진해야 보상을 받을 수 있으며, 현실적으로 국립보건원에서 신규 보조금을 받는 쪽보다는 기존 보조금을 갱신하는 쪽이 훨씬 수월하다.

이와 같은 보조금 체계는 대학과 여러 전공 분야가 참여하는 합동연구에 찬물을 끼얹는다. 현재의 인센티브 방식으로 합동연구를 북돋기 힘든 까닭은 교수들이 합동연구를 할 경우 자신의 공헌에 합당한 금전적인 보상(임대료를 계속 내야 하므로), 또는 명성을 얻을 수 있다고 확신하기 어렵기 때문이다. 결국 논문의 저자로 맨 처음이나 마지막에 이름을 올릴 수 있느냐의 문제이기도 하다. 승진이나 종신직을 결정짓는 시점에 많은 사람 사이에서 돋보이기란 쉽지 않다. 그런데 단체에는 상을 수여하지 않는 데다 한 번에 한 명, 많아야 세 명까지 주는 게 고작이다보니 연구자 그룹끼리 쉽사리 협력하지 않으려는 것이다.[6]

현재의 대학 연구 체계가 독립적인 연구원이 될 수 있는 인원보다 더 많은 과학자와 공학자를 양성한다는 점도 문제다. 대다수 분야에서 최근 박사학위를 취득한 연구자들 가운데 교수가 된 비율은 33년 전에 비해 절반 이하다. 이에 반해 박사후연구원이나 비종신직(스태프 과학자 포함)의 수는 2배 넘게 늘어났고 심지어 생물학 분야는 3배가 넘는다. 산업계는 '과잉' 인력을 느린 속도로 흡수하는 편이다. 이렇다보니 점차 새내기 박사들이 실업자나 비경제활동 인구가 되고, 아니면 파트타임으로 일하게 된다.

이들 과학자와 공학자 훈련 과정에 막대한 재원이 투입된다는 사실에서 비효율성이 시작된다. 이렇게 훈련을 받는 사람들은 다른 직종(연봉 포함)을 포기한 이들이다. 또 공공 부문은 이들의 등록금과 장학금에 자원을 투자한다. 만일 이 '투자금'을 훈련비가 덜 소요되는 직종에 투입했더라면 재원이 효율적으로 배분되었을 것이다. 연구원 자리를 구하지 못한 박사가 교사로 진출하기보다는, 비용을 덜 들이고 고등학교 과학 교사를 효율적으로 양성할 방법이 있을 것이다. 이는 정확히 최근에 한 보고서가 제시한 주장이기도 하다.[7] 또 박사학위를 취득한 많은 사람이 훌륭한 교사 자질을 지녔다고 하기도 어렵다. 마찬가지로 박사가 벤처 캐피털리스트가 되기보다 과학지식을 갖춘 벤처 캐피털리스트를 양성할 더 좋은 방법이 있을 것이며, 박사가 저널리스트가 되기보다 과학 담당 저널리스트를 양성하기에 더 적합한 방식이 있을 것이다. 하지만 실제로는 이런 직종들이 갓 박사학위를 취득한 사람들에게 적당한 대안으로 쉽사리 자리를 내주곤 한다. 또 경제학자들이 실제로 누가 비용을 떠안는가를 언급할 때 사용하는 '귀착incidence' 문제도 무시하기 어렵다. 최근 한 보고서에서도 주장하듯이 현 체제가 교수 입장에서는 '매우 성공적'인 것일 수 있다. 하지만 결국 비용을 감당하는 주체는 누구인가?[8] 오늘날의 이런 체계에 투입되는 비용은 최종적으로 박사과정 학생과 박사후연구원, 납세자의 몫이지 연구책임자의 부담으로 돌아가지 않는다.

그렇다면 대학은 어떻게 해마다 (특히 생의학 부문에서) 박사를 '과잉' 배출할 수 있는 걸까? 학생들은 부정적인 신호를 못 보는 것일까, 아니면 모르는 것일까? 대학이 박사를 과잉 배출할 수 있는 첫 번째 이유는 대학원 지원금이 늘 준비되어 있는 덕분이다. 이들에게 지원되는 연구 지원금은 학생들, 특히 외국인 학생들이 박사과정에 매력을 느끼게 한다.

둘째는 과학 분야로 진로를 정하는 과정에서 돈 말고도 다른 요인이 작용하기 때문이다. 무엇보다도 적성이 중요한 요인이다. 수수께끼의 결과를 도출하는 과정이 흥미롭고 적성에 잘 맞는 사람은 당연히 연구 직종에서 일하고 싶어한다. 학부 시절 스타나 다름없던 학생들에게 수수께끼를 푸는 데서 오는 보상과 장학금은 연구 직종의 불투명한 전망과 등록금 부담을 잊게 하고, 과학계가 잘 돌아가지 않는다는 신호들마저 잠재울 만하다. 또 자신은 평균보다 훨씬 뛰어난 사람이라는 과신도 한몫한다.[9] 남들은 못 했을지언정 나는 할 수 있다고 생각하는 것이다.

셋째, 박사학위 과정을 홍보할 때 교수들이 세일즈맨 역할을 훌륭하게 해내기 때문이다. 자신의 실험실에 재능 있고 참신한 인재를 영입하는 것이야말로 교수의 연구 동력이니 직접 나서지 않을 수 없다. 가장 설득하기 좋은 학생은 연구 직종을 열망하는 사람이다. 그런데 여기에는 도덕적 해이moral hazard라는 위험이 도사린다. 교수는 이 직종의 전망에 대한 구체적인 정보를 제공해야 할 필요를 느끼지 못하다보니 학생에게 세부 정보를 제공하지 않는다. 미네소타대 심리학과 데이비드 레빗 교수는 "박사 채용 과정에서 정직함이란 찾아볼 수 없다. (…) 일자리가 부족하다는 암시를 하지 않는다"라고 비판한다.[10] 박사학위 과정에서는 대개 취업 정보를 제공하지 않으며, 간혹 제공한다 해도 정규직보다는 (결국 앞으로 거치게 될 임시 직종들 중 하나가 될지 모를) 박사후연구원 정보가 고작이다.

현 체제에는 다른 비효율성도 숨어 있다. 연구 지원금(특히 연방정부 지원금)이 들쭉날쭉하다보니 대학이 갑작스레 큰 어려움에 봉착할 가능성이 있다. 지원금 정책의 변화에 따라 구직이나 연구비 유치 여부도 영향을 받으므로 어느 시기에 일하는가는 중요한 요소 중 하나로 작용한다. 지원금의 변동성이 커서 특정 시기에 속한 학생들은 7년의 훈련 과정을 거쳐 졸업한 후에 지원금이 턱없이 부족하거나, 박사과정을 시작할 당시의 예상보다 훨씬 불투명한 취업 전망에 맞닥뜨리기도 한다. 게다가 지원금이 부족한 시기에 경력 상의 타격을 입은 과학자는 이후 경력에서도 내내 이 타격을 안고 가야 한다는 점도 문제다. 최초에 어디에서 일하느냐는 계속해서 차이를 만들어내는 셈이다. 게다가 불규칙한 연구비 지원은 박사학위 취득을 고려하는 사람들에게도 부정적인 신호를 보낸다. 저명한 과학자라도 예외는 아니어서 연구비 지원이 줄어들면 연구 과제를 줄여야 하고, 실험실 연구 인력도 해고해야 하는 곤혹스러운 상황에 처한다.

일반적으로 불규칙한 연구 지원금은 재원 낭비를 불러온다. 차를 운전하는 사람은 반복해서 속력을 높였다가 줄이면 확실히 연료 낭비가 더 심하다는 사실을 알고 있다. 일정한 속도로 운전해야 연료를 아껴 같은 양으로 더 먼 거리를 운행할 수 있다. 지원금은 연구 사업을 추진하게 하는 연료나 마찬가지다. 지원금이 좀 더 세심하고 꾸준하게 지속될 때 사업도 더 멀리 나아갈 수 있다. 그런데 적어도 지난 50년을 돌아보면 속도를 높이는 데만 열중한 탓에 이제는 연료가 턱없이 부족해졌다. 이런 상황이 연구 사업의 체력을 증진시켜줄 리 만무하다.

가능한 해결책

해결책을 다루기에 앞서, 두 가지 전제 조건을 먼저 소개한다. 첫째, 해결책을 평가하려면 이 체제를 유지해나갈 경우 기득권 세력이 누구인가를 면밀히 살펴야 한다. 가장 최근에 국립보건원이 선정하는 국가연구서비스상NRSA이 실시한 평가에서 이 체제가 '매우 성공적'이라고 한 사람들은 기득권을 가진 사람들이었다.[11] 위원회 회원들은 교수나 학장이었지 일자리를 물색하는 학생이나 박사후연구원은 아니었다는 말이다.[12]

둘째, 대학이나 교수들은 1998년 틸먼위원회가 채택한 두 가지 권고안의 경우처럼 강제력 없는 조치에는 반응하지 않는다는 사실도 기억해야 한다. 당시 위원회는 "(1)생명과학 대학원생 증가 억제"와 "(2)젊은 과학도에게 정확한 직업 전망 공유" 등을 권고했다. 그러나 대학과 교수들에게 이 문제는 관심조차 끌지 못했다.

대신 대학과 교수들은 인센티브와 비용에 반응한다. 이는 자금 지원 대상에 대한 원칙, 또는 어떤 항목을 간접비에 포함하고 어떤 항목은 포함시키지 않을지 그 기준을 바꾸면 반응한다는 의미이므로 그나마 반가운 소식이다. 하지만 그 과정은 조심스럽게 진행할 필요가 있다. 인센티브 체계는 누군가가 인센티브를 제대로 받지 못하면 체제의 효율성을 크게 저해할 만한 예기치 못한 반응을 보일 수 있다는 맹점이 있기 때문이다.

이제 나는 변화를 위한 일곱 가지 방법을 제안하고자 한다. 이 방법이 연구 성과와 관련해 좀 더 효율적인 자원 배분을 이끌어내리라고 믿는다. 대학 연구 환경을 직접 목적에 맞게 바꾸는 방식도 있고, 재원을 좀 더 효율적으로 사용해나갈 광범위한 방식도 있다.

첫째, 대학은 연구비를 지원받은 전체 대상자의 취업 정보를 보고해야 한다. 단순히 정보 보고에 그칠 게 아니라 그 취업 성과를 보조금 지급을 위한 제안서 평가에도 반영해야 한다.

둘째, 보조금에서 공제하는 교수의 급료에 제한을 두자. 그러면 대학이 소프트머니를 지원받는 교수를 채용하려는 동기가 약해질 것이다. 급진적인 조치이긴 하지만 『사이언스』 편집장 브루스 앨버츠 등 다른 전문가들도 그러한 가능성을 거론한 바 있다. 앨버츠는 국립보건원이 "향후 10년간 점진적으로 요구 조건을 수정해나가면서 각 연구책임자 연봉 가운데 최소한 절반가량은 학교 측에서 지급하는" 방안을 검토해야 한다고 주장했다.[13] 이런 방식은 대학이 과도하게 건물을 짓거나, 교수진을 소프트머니 지원을 받는 이들만으로 채우지 못하도록 이끌 것이다. 대학은 더 이상 스스로 감수해야 할 위험의 대부분을 교수들에게 떠넘기지 못할 것이고, 연구자에게 불확실한 연구라도 채택하도록 격려할 수 있을 것이다. 이렇게 되면 교수들의 생계도 연구 결과와는 상당히 분리될 수 있을지 모른다. 자연스레 실험실에서 대학원생과 박사후연구원 수요도 줄어들 것이다. 하지만 그 변화는 점진적으로 이뤄져야 한다. 하룻밤 사이에 이 체제를 바꾸기에는 소프트머니를 지원받는 사람들이 매우 많은 까닭이다.[14]

셋째, 연구와 훈련 사이의 연결 고리를 느슨하게 해야 한다. 효과적인 '훈련'은 연구 환경이 갖추어져야 하는 반면, 효과적인 '연구'는 훈련 환경에서 벗어나야 가능하다. 하지만 미국에서는 대학과 의과대학이 공공 부문의 연구 가운데 대부분을 수행한다. 즉 실험실에 대학원생과 박사후연구원이 공존하다보니 연구와 훈련이 동시에 진행된다는 얘기다. 연구자들은 인원을 조절하라는 권고를 받기는 하지만 실험실을 구성하는 현재의 방식을 특별히 바꿀 필요를 느끼지 못한다. 연구자의 필요가 훈련받는 사람들의 직업 전망보다 우선인 셈이다.

연구와 훈련 사이의 연결 고리를 느슨하게 할 한 가지 방법은 대학과 분리된 독립 연구소 또는 대학과 느슨한 관계를 유지하는 연구소를 설립하도록 독려하는 것이다. 이와 같은 형태의 연구소는 박사후연구원을 고용하지만 박사를 양성할 수는 없게 된다. 결국 금욕이 산아 제한의 가장 효율적인 방법이란 의미다! 이런 방식은 설비 규모가 막대해서 국립연구소가 주도하는 물리학 등 특정 분야에서는 관행이다. 박사후연구원들이 학위 취득 후에 일하는 아르곤, 브룩헤이븐, 페르미 연구소에서도 박사를 양성하지 않고 있다.[15]

이밖에도 연구소에는 매력적인 요소를 만들어낼 여지가 다양하게 존재한다. 연구소는 여러 학문 분야가 참여하는 연구와 협력을 독려하고 협력 비용을 최소화하는 운영 체제를 갖춘다든가, 설비를 보다 효율적으로 사용하도록 개선할 수 있다. 그리고 적절하게 지원금을 유치한다면 소프트머니를 지원받는 과학자를 고용하지 않아도 되며, 스태프 과학자들도 만족할 만한 정규직원으로 고용할 환경을 조성할 수 있을 것이다. 다만 연구소는 조직의 유연성이 덜한 편이어서 연구과제 선정과 감독, 승진 시에 '연공서열'을 중요하게 여기므로 젊은 연구자들이 제 목소리를 내기 힘들다는 점은 주의해야 한다.

넷째, 대학원생을 지원하고 지원금의 균형을 맞출 수 있는 가장 효율적인 방식을 찾기 위해 노력하라. 많은 사람은 펠로십과 훈련보조금이 연구보조금보다 학생들의 성과를 더 끌어올린다고 믿는다. 이 방식은 학생들을 지도교수와 따로 떼어놓고 연구소 내에서 경쟁을 유도한다.[16] 하지만 그 결과를 비교할 적절한 통제 그룹이 부족하다보니 뚜렷한 증거를 바탕으로 하기보다는 자신의 신념을 근거로 지원 방식을 정당화한다.

펠로십을 주장하는 입장은 이러하다. 만일 더 많은 자금을 국립과 학재단 박사후연구원 펠로 프로그램 등에 투입한다면, 대학은 연구원들을 끌어들이기 위해 서로 경쟁하게 된다.[17] 이 과정에서 훈련 경험의 질과 학과의 취업 성과가 대학의 성공에 영향을 미칠 것이다. 이런 예상은 대학이 훈련의 질을 높이는 동기로 작용한다는 설명이다. 그런가 하면 하워드휴스 의학연구소 전 소장이자 노벨화학상 수상자인 토머스 체크는 "펠로십의 진정한 힘은 젊은 과학자가 좀 더 독립적으로 행동할 힘을 부여하고 열정을 가진 사람들이 좀 더 창의력을 발휘하게 한다는 점이다"라고 밝히기도 했다.[18]

훈련보조금에 더 많은 자금을 투입하고 대학원생 연구보조금을 줄여야 한다는 주장은 펠로십과 밀접한 관계가 있다. 이런 움직임은 학과들이 교육 수준을 높이도록 동기를 부여한다. 훈련 과정의 질이 훈련지원금 갱신 신청에서 적어도 한 가지 이상 항목으로 평가될 것이기 때문이다.

다섯째, 현 과학 정책을 점검하고, 정책 이해를 바탕으로 과학 분야의 관행과 연구 결과에 영향을 미칠 새로운 정책을 수립해야 한다. 새내기 연구자들에게도 재원을 제공하고 이들의 활동 무대를 마련하는 정책도 개발해야 한다. 가령 생물자원센터 설립 덕분에 개인이 특정 기자재를 사용할 기회가 많아졌다. 그전까지는 특허가 출원된 쥐를 쓰기 어려웠지만 번거로운 제약을 해제함에 따라 더 많은 연구소에서 쥐를 활용할 수 있게 되었다. 인터넷 도입 역시 명성이 떨어지는 연구소나 여성들의 생산성을 높여준 예다.[19]

여섯째, 만일 공동연구가 실제로 더 좋은 연구 결과를 낳는다면 보상 체계를 바꿔라. 현재와 같이 개인에게만 제한하지 말고 과학자 그룹에게 시상하도록 독려하면 된다. 노벨평화상만 봐도 알 수 있듯 상을 한 번에 반드시 한 사람에게만 줄 필요는 없지 않은가.[20]

마지막으로, 시민단체와 의회는 연구비 예산을 2배 확대해달라는 방식으로 요구하지 말아야 한다. 연구 지원금을 2배로 늘려달라고 요청하는 대신 구체적으로 목표를 정하라. 예를 들어, "연방정부는 GDP의 0.5퍼센트를 대학 연구비에 투자해라"라는 식으로 말이다.(정치인들이 GDP 기준으로 목표를 정하는 말치레를 자주 하기는 하지만, 여기서는 합당한 수치를 정해야 한다.) 그런 정책이 커리어에도 유익하고 불규칙한 지원금 규모에서 비롯하는 비효율도 제거할 수 있다.

세 가지 효율성 문제

일반적으로 발생하는 세 가지 효율성 문제에 대해 추가적으로 의문을 제기하고자 한다. 세 가지는 다음과 같다.

1. 대학 연구개발비에 투입하는 GDP의 0.3~0.4퍼센트라는 규모는 과연 적정한가? 늘려야 하는가, 줄여야 하는가?
2. 현재 연구개발 부문에 투자하는 연방 지원금 가운데 3분의 2는 생명과학에, 3분의 1은 나머지 분야에 배분되고 있다. 효율적인 비율인가?
3. 규모, 기간, 평가 기준, 사람 수 측면에서 가장 효율적인 보조금 배분 기준은 무엇인가? 가령 인간 게놈 프로젝트, 단백질 구조 계획 같은 '대규모' 프로젝트에 자금 투입을 늘리는 방법이 더 효율적인가, 아니면 소규모 프로젝트에 더 많이 투입하는 방식이

효율적인가?

사실 이 세 가지는 답변하기 어려운 질문들이다. 자신 있게 답할 수 있을 정도로 철저하게 진행된 연구도 거의 없는 실정이다. 어떤 경우에는 계측하기 어려워 결코 답하지 못할 수도 있다. 가령 지식의 확산 정도를 측정하기란 불가능한데, 이런 논의에서 지식의 확산은 중요한 부분을 차지하니 말이다.

연구비 지원 규모

여러 연구에서 공공 부문 연구개발 투자 규모는 장기적으로 꽤 인상적인 수익률을 보였다. 장기적인 성과를 측정할 때는 수익률 가중치를 거의 부여하지 않았는데도 말이다. 하지만 연구 성과를 거두기까지는 대부분 오랜 시간이 걸리기 마련이다. 더욱이 이 연구들도 완벽과는 거리가 멀다. 그런데 6장에서도 지적했지만 연구개발 수익률을 따질 때 성공한 연구에 대해서만 혜택과 비용을 비교하다보니, 실패한 연구에서 발생한 매몰 비용을 감안하지 않는 문제가 발생한다. 예를 들면 장수하는 삶이 가져온 혜택에만 초점을 맞추다보니 장수하는 삶에 따른 비용 증가는 배제하는 경향이 있다는 의미다. 2000년 펀딩 퍼스트가 작성한 보고서 『예외적인 수익률: 미국 의학연구 투자의 경제가치』처럼 때로는 막대한 성과를 과시하려는 기득권 세력이 측정한 성과일 수도 있으니 주의해야 한다.[21] 참고로 미국에서 의학 연구의 재원 증대를 위해 로비활동을 벌인 이 단체는 이후 해체되었다. 그러자 그 빈자리를 환자와 보건 시민단체가 제휴한 '의학 연구를 위한 연합'이 채웠고, 대학과 산업계는 2011년 보고서 『경제 엔진: 미국국립보건원의 연구와 고용, 의학 혁신 부문의 미래』를 발간했다.

투자비 규모에 대한 의문은 미래와 연관된 우려임에 틀림없다. 하지만 우리가 접할 수 있는 증거는 과거에 거둔 실적에 기반을 둔다. 세계는 지난 100년 이상 물리학에서 수행한 연구(경제성장 가운데 40퍼센트는 양자역학의 진보 덕분이라고 으스대는 물리학자들도 있다)나 의학연구를 통해 엄청난 혜택을 입었으며, 매우 짧은 기간에 임산부가 태아에게 HIV를 옮기지 않도록 효율적인 예방법을 제시한 것도 과학연구 덕분이다. 하지만 그렇다고 해서 이런 연구를 과거에 했던 비율만큼 계속 수행해야 할 필요는 없다. 연구가 더 풍성한 결과물을 내기도 하지만, 때로는 불필요한 결과를 만들기도 한다.

미국의 공공 부문 연구에 투입해야 할 적정 투자 규모를 정확하게 정하기는 곤란하다. 하지만 이 질문이 "금액을 늘려야 하는가?"로 바뀐다면 이 정도는 답할 수 있다. "우리가 적정 규모를 결코 알 수는 없겠지만, 공공 부문 연구에서 이전의 건전한 투자 수익률을 고려하건대 적정 금액은 GDP의 0.3~0.4퍼센트보다 많아야 할 것이며 우리 경제는 확실히 이 규모를 감당할 수 있다." 우리는 매년 GDP의 0.3~0.4퍼센트보다 맥주 소비에 2배, 국방비에는 12배 이상 더 들이고 있으니 말이다.[22]

배분

연구비 배분은 어떤가? 연구개발비의 3분의 2를 생명과학에 투입하고 3분의 1을 나머지에 쓰는 현재의 배분 방식이 효율적인가? 만일 연방정부가 지출을 다시 배분해서 과학 · 공학 분야 지원금은 늘리고 생명과학은 줄이며, 생의학에 막대한 투자를 한다면 GDP가 빠른 속도로 성장할까? 경제학에서는 생의학 연구의 추가 투입 비용에 대한 한계 수익을 측정하고, 이를 물리학의 한계 수익과 비교한다. 만일 전자가 낮다면 포트폴리오는 재조정해야 한다. 지난 70년 동안 기대수명이 14년 늘어난 사실은 생의학이 높은 한계 생산성을 보인다는 훌륭한 사례다. 하지만 신약 도입이 늦어진다고 해서 생의학에 투입하는 재원의 한계 생산성이 줄어들지는 의문이다. 9장에서 자연과학에서 시작해 경제로 확산되어 우리 삶에 중대하게 기여한 연구를 살펴본 바 있다. 레이저나 MRI 같은 기술도 보건 분야에 기여했다. 하지만 자원 배분이 심각하게 균형을 벗어난 것은 아닌지 면밀하게 분석한 사람은 아직 없다.

다만 다음의 세 가지 관측은 현 상태의 효율성에 의문을 제기한다. 첫째, 정부가 생의학 분야에 막대한 투자를 하는 바람에 대학과 비영리 보건단체가 계속해서 의회에 보건연구비 로비를 벌이고 있다. 다른 분야에는 이만큼 잘 조직된 로비 단체가 없을 정도다. 이 영향으로 미국인들은 다른 분야보다 생의학 연구가 가져오는 혜택을 훨씬 많이 본다는 이야기를 자주 접하게 된다.

둘째, 포트폴리오 이론에 따르면 현 배분 상태는 균형에서 벗어났다. 투자의 기본 원칙은 시장 가치가 자신이 보유한 포트폴리오 구성에 변화를 가져온다면 포트폴리오의 균형을 맞추는 것이다. 그래서 채권 가격이 상승하면 투자자는 자신이 채권에는 과하게, 주식 등 다른 자산에는 적게 투자했다는 사실을 의도하지 않아도 알게 된다. 훈련받은 투자가라면 대개 채권을 팔고 주식을 매입해서 포트폴리오의 균형을 맞추기 마련이다. 이는 새로운 원리가 아니라 "한 바구니에 모든 달걀을 한꺼번에 담지 말라"는 옛 금언을 실천하는 것뿐이다. 같은 논리를 국립보건원의 예산 2배 확대 정책으로 생의학 부문에 집중된 국가 연구예산에도 적용할 수 있다. 연구개발 부문에서 다양성에 대한 요구는 새로운 이야기가 아니다. 오래전 케네스 애로는 국방 연구개발을 주제로 "정부가 다양한 연구 투자에 나서야 한다"는 독창적인 논문을 작성했다.[23] 좀 더 최근에는, 2006년 존 베이츠 클라크 메달을 수상한 MIT 경제학과 대런 애스모글루 교수가 "정부는 앞서 약속했던 연구의 다양성 증진을 위해 힘써야 한다"고 밝혔다.[24]

마지막으로, 연방정부 지원금을 비롯한 연구 지원금의 조합은 전체적으로 대학에 영향을 미친다. 가령 국립보건원이 예산을 2배 확대하자 대학은 생의학 연구동 건설을 크게 늘렸다. 그 여파로 다른 부문의 시설은 뒤로 밀려났고 고용에도 영향을 미쳤다. 또 대학이 채권 판매로 자금을 마련했지만 기대만큼 간접비를 충당하지 못해 장기적으로 영향을 미쳤으며, 결국 다른 부문에서 비용을 부담하게 될 것이다. 따라서 정책의 조합을 생각할 때는 이처럼 의도하지 않았으나 예측 가능한 결과에 대해서도 신중하게 고려해야 한다.

보조금

보조금은 규모와 기간, 평가 기준이나 인원 등을 고려해 효율적으로 설계되었는가? 이 문제에 대해 저마다 다른 견해를 제시하면서도 의견을 뒷받침할 만한 증거는 거의 없는 실정이다. 한 연구를 예로 들면, 하워드휴스 의학연구소의 지원을 받는 연구자들은 '프로젝트'보다는 '사람'을 지원하는 방식이 비교군보다 뛰어난 성과를 거두게 한다고 주장한다. 이 연구는 '사람'을 지원하는 방식을 택하는 하워드휴스 의학연구소의 연구자들은 비교군에 비해 연구 방향을 중간에 수정해나간다는 사실도 알아냈다.[25] 직관적으로만 봐도 만족스러운 결과다. 많은 사람이 웰컴트러스트나 하워드휴스 의학연구소의 모델이 과학을 향상시킨다고 믿는 이유이기도 하다. 이런 방식은 연구자가 프로젝트를 선택할 수 있을 뿐 아니라 연구비가 안전하게 지원되는 동안 실패를 용인해준다. 또 연구원이 행정 업무에 시간을 덜 보내게 된다는 장점도 있다.(물론 하워드휴스 의학연구소가 다른 기관에 지원금을 신청하는 것까지 막지는 않는다.) 그렇다면 이런 결과는 하워드휴스 의학연구소의 자금 지원 절차가 가진 특징에서 비롯된 것일까? 아니면 연구 성과는 비슷비슷한데, 하워드휴스 의학연구소 연구자들은 연구비 지원이 잘되는 곳에 있어서, 즉 연구비 지원 방식 때문이라기보다는 연구소를 잘 선택한 덕분인 걸까?

보조금 규모에 대해서도 생각해보자. 많은 연구책임자에게 보조금을 25만 달러씩 나눠주는 방식이 나은가, 아니면 인원을 3분의 1로 줄이는 대신 금액을 3배로 늘려 75만 달러를 지급하는 방식이 효율적인가? 분야마다 비용에 큰 차이가 있지만 분야를 무시하고 미국국립일반의학연구소가 실시한 분석에서는 연구원에게 추가 비용당 한계 생산이 제로에 가깝도록 지원해야 한다고 주장한다. 그런데 6장을 돌이켜보면, 교수 한 명이 받는 보조금과 추가 생산성은 느슨한 상관관계가 있을 뿐이었다.[26] 다시 말해, 프레더릭 삭스가 국립보건원이 예산을 2배 확대한 기간에 미국에서 생의학 부문 출판 실적이 미국 이외의 국가들의 실험실과 비교했을 때 '증가'하지 않았다는 사실을 발견한 점도 감안해야 한다.[27]

그렇다면 대규모 프로젝트 투자는 어떨까? 인간 게놈 프로젝트에 30억 달러를 쓰는 것이 좋을까, 아니면 금액을 쪼개서 연구자 6000명에게 각각 50만 달러씩 지원하는 게 좋을까? 어떤 방식이 낫다고 단정하기는 어렵다. 내가 아는 한, 이와 같은 분석을 한 사람은 아직 없다. 인간 게놈 프로젝트의 지지자라면 우리가 이미 막대한 혜택을 입었으며 최상의 결실을 아직 얻지 못했을 뿐이라고 할 것이다. 또 인간 게놈 프로젝트가 과학의 진보에 힘을 보탰다고도 주장한다. 반대로 비판자들은 인간 게놈 프로젝트가 과대 포장되었으며 결코 기대치에 다다르지 못할 것이라고 말한다. 양쪽 입장 모두 일리가 있다. 인간 게놈 프로젝트 같은 대규모 프로젝트와 세른의 거대강입자가속기, 단백질 구조 계획 등이 반드시 답을 주지는 않는다. 오히려 이들 프로젝트는 향후 연구를 진행할수록 더 많은 재원 투입을 요구할 것이다. 그래서 그 가치를 측정하기란 특히 더 어렵다.

공동연구는 어떤가? 유럽연합의 프레임워크 계획처럼 국가들 간 공동연구가 자원을 배분하는 효과적인 방식일까? 만일 그 자원들을 현재의 방식대로 배분하지 않았다면 더 좋은 결과를 냈을까? 다시 말하지만, 그 결과를 예측하는 것 역시 어렵다. 물론 유럽연합은 연구성과 증대 말고도 유럽 연구계를 통합하는 목표도 추구한다. 이와 관련하여 공동으로 작성한 논문이 더 나은 성과로 이어졌다는 뚜렷한 증거도 있다.(4장 참고) 하지만 새로 참여한 국가나 추가로 투입된 연구자가 한계생산 측면에서 어떤 영향을 미치는지에 관한 증거는 거의 없다. 오히려 공동연구가 여러 문제를 일으켰다고 주장하는 사람도 있었다.[28]

앞에 던진 질문은 저마다 생각해볼 가치가 충분하다. 계속해서 자원을 재분배했는데도 더 이상 파이의 크기를 키울 수 없을 때가 자원이 효율적으로 배분된 상태라는 점을 기억하라. 만일 자원이 효율적으로 배분되지 않았다면, 누군가는 재배분을 통해 이득을 얻게 된다. 물론 재배분을 통해 손해를 입게 될 사람도 있겠지만 사회 전체적으로는 이득이다. 자원이 빠듯한 시대에 효율성 문제는 특히 중요하다.

그러므로 효율성에 관한 의문을 풀어나가야 할 필요성이 어느 때보다 각별한 시점이다. 현재 "과학 혁신 정책의 과학화" 계획이 국립과학재단에서 진행 중이다.[29] 내가 제기한 많은 의문은 그 계획에 관여한 연구자들이 답하고자 애쓰는 질문이기도 하다. 이 계획에서는 이들 질문에 답하기 위해 데이터 툴과 데이터베이스에도 투자하고 있다. 따라서 이 어려운 질문들에 대한 답이 곧 나올지도 모를 일이다. 그렇다고 바로 내일이나 내년을 말하는 건 아니며, 어떤 질문에 대해서는 어쩌면 답을 구하지 못할지도 모른다.

고무적인 움직임

몇 가지 고무적인 움직임이 있어 소개한다. 최근 설립되는 연구소들은 대개 대학과 느슨한 관계를 유지하는 편이다. 2006년 하워드휴스 의학연구소가 버지니아 애슈번에 문을 연 자넬리아농장 연구센터만 해도 그렇다. 이 연구센터의 목표는 그룹 리더와 펠로 자리에 연구원 250명을 채용하는 것이고, 그 밖에 박사후연구원도 대거 채용하고 있다. 볼티모어에서 문을 연 두뇌개발을 위한 리버 연구소,[30] 리로이 후드가 설립을 도운 시애틀의 시스템생물학연구소도 비슷한 예다.

미국 정부가 과학 연구에 관심을 기울이는 모습도 찾아볼 수 있다. 조지 W. 부시 대통령 정부 시절 과학기술국 국장을 역임한 존 마버거가 시행한 과학혁신 정책을 위한 과학화 정책도 이런 노력의 결실 가운데 하나다. 의회와 행정부도 연구비 지원을 늘리기 위해 힘쓰고 있으며, 최근 들어 국립과학재단, 국립표준기술연구소NIST, 에너지국DOE 이 세 단체의 연구비 예산이 국립보건원에 비해 상대적으로 증가하고 있는 점도 고무적이다.

마지막으로 언급할 중요한 사실은 이 책의 집필을 끝낼 무렵 국립보건원 원장을 맡고 있는 프랜시스 콜린스 박사가 "국립보건원이 생의학 연구 인력의 특성과 규모를 결정해나갈 가이드 모형을 개발해야 한다"는 의견을 공식적으로 피력했다는 점이다.[31] 그로부터 9개월 후, 콜린스는 현 프린스턴대 총장인 셜리 틸먼을 인력정책위원회 의장으로 임명했다. 틸먼은 학생들의 성과와 교수들의 필요 사이에서 균형을 유지해야 한다며 그 중요성을 설파하는 인물이어서 콜린스는 약속을 지킨 셈이다.[32] 또 콜린스 박사는 "논란의 여지가 있겠지만 교수들이 보조금 범위 안에서 연봉의 최대 100퍼센트까지 받는 현 체제가 생산성을 높이는 최선의 방식인가는 우리가 점검해야 할 핵심 사안이다"라고 밝혔다.[33]

이 책에 나오는 미국국립과학재단 과학 · 공학 통계센터의 5개 데이터베이스를 소개한다.

전미대학졸업자조사NSCG

10년마다 업데이트하는 추적조사로, 최근 조사는 2003년에 실시되었다. 2003년 조사는 조사 기간(2003년 10월 1일부터 일주일) 미국에 거주하는 76세 이하 학사학위 이상 소지자(전공 무관)를 대상으로 했다. 2000년에 시행한 조사에서 학사학위 이상 소지자 샘플과 초창기 전미대학졸업자조사의 코호트 정보도 가져왔다. 이 조사는 학위 분야, 학위 유형, 최종 학위, 연봉, 고용 상태, 직무 분야, 연령, 성별, 인종, 시민권, 국적 등 광범위한 정보를 수집한다. 미국국립과학재단(2011a), http://www.nsf.gov/statistics/showsrvy.cfm?srvy_CatID=3&srvy_Seri=7.

박사학위 취득자 조사SDR

박사학위 취득자 조사는 2년마다 시행하며 응답자가 76세에 이를 때까지 업데이트한다. 이 조사는 대상자를 미국에서 과학 · 공학 · 보건 분야 연구 박사학위를 취득하고, 조사 기간에 미국에 거주하는 사람으로 제한한다. 1973년부터 시행했으며 박사학위취득조사SED의 표본을 사용한다. 이 조사는 고용 분야, 제1 · 제2 연구 활동, 연봉, 생일, 성별, 결혼 여부, 근무 지역 등 다양한 정보를 수집한다. 미국국립과학재단(2011b), http://www.nsf.gov/statistics/srvydoctoratework/.

박사학위취득조사SED

박사학위취득조사는 미국에서 연구 박사학위 취득 시 또는 취득을 앞둔 모든 사람을 대상자로 한다. 이 조사는 1957년부터 시행했으며 응답률 90퍼센트 이상을 자랑한다. 학위 취득 대학교, 학위 분야, 취업 계획, 연령, 인종, 성별, 국적, 시민권, 결혼 여부, 부모 학력, 대학원 재학 중 자금지원 출처 등 핵심 정보를 수집한다. 미국국립과학재단(2011c), http://www.nsf.gov/statistics/srvydoctorates/.

과학 및 공학 전공 대학원생 · 박사후연구원 조사GSS

미국국립과학재단이 연구 관련 대학원 학위를 수여하는 미국 내 전체 대학교를 대상으로 매년 시행한다. 이 연구는 박사후연구원 수와 대학원 학위과정 정보를 제공한다. 미국국립과학재단(2011d), http://www.nsf.gov/statistics/srvygradpostdoc/.

대학교 및 칼리지의 연구개발 지출 조사

출처별 · 분야별 연구개발비 지출 정보를 매년 수집하며, 1972년부터 시작했다. 미국국립과학재단(2011e), http://www.nsf.goov/statiscics/srvyrdexpenditures/.

이 조사들을 참고하여 미국국립과학재단 웹캐스퍼(WebCASPER) 시스템의 데이터를 활용해 요약했다. 박사학위 취득자 조사와 박사학위취득 조사 데이터는 미국에서 자격을 갖춘 단체에서 일하는 개인이라면 데이터 사용 관련 라이선스를 보유한 단체에 신청할 수 있다. 미국국립과학재단(2010c), 웹캐스퍼 시스템 정보는 http://webcaspar.nsf.gov/ 참고.

주註

1장. 경제학은 과학을 어떻게 움직이는가

1. 국가과학위원회 2010, 부록, 표 5-42

2. 정확한 수치는 58.7퍼센트이고 대학과 연방정부가 출연한 대학교 부설 R&D 센터 FFRDCs가 실시한 기초연구를 포함한다. 대학교 부설 R&D 센터를 제외하면 대학교와 의과대학이 실시한 기초연구 비율은 약 56.1퍼센트이다. 국가과학위원회 2010, 부록, 표 4-4.

3. 가속기는 2008년 9월 10일 최초 가동을 시작했으나 2주 후 헬륨이 누출되는 기계 고장을 일으켜 수리를 위해 가동을 중단했다. Meyers 2008.

4. 6장 참고. 하인리히 자우어만과 마이클 로치는 2010년에 조사를 실시했으며 과학 및 공학 부문의 실험실 평균 인원이 8명임을 밝혔다.(개인 서신, 하인리히 자우어만)

5. 6장 참고.

6. 5장 참고.

7. Britt 2009.

8. 경제협력개발기구OECD, Main Science and Technology Indicators, 2010-1.

9. 5장 참고. E-ELT는 렌즈 직경이 42미터, OWL은 렌즈 직경이 100미터다.

10. Clery 2009c, 2009d. ITER에는 7개국이 특정 구성 요소를 제공하기로 했으며

투자 금액을 지정하지 않은 까닭에 정확한 비용을 산정하기 어렵다. 다만 당초 건설 단계에서 추정한 50억 유로를 크게 넘어설 것이며 20년간 운영비 추정치가 50억 유로라는 점은 확실하다.

11. Clery 2010b

12. http://lhc-machine-outreach.web.cern.ch/lhc-machine-outreach/faq/lhc-energy-consumption.htm. 2008년 가동 중단으로 지연된 일정을 맞추기 위해 2009년과 2010년 겨울에는 예외를 적용했다.
위키피디아, http://en.wikipedia.org/wiki/Large_Hadron_Collider#Cost, "Large Hadron Collider".

13. 아르콘엑스 유전체학상이 정한 기준은 염기서열 분석이 "염기서열 분석 10만 개당 오류가 1개 이상 발생하지 않으면서 게놈당 재현 비용이 1만 달러를 넘지 않고, 최소 게놈의 98퍼센트를 정확하게 파악"하는 데 기여했다. 〈Archon Genomics X prize〉 웹사이트. Prize Overview. 10일 이내에 100명의 염기서열 분석에 성공한 첫 번째 팀에 1000만 달러를 수여한다.
http://genomics.xprize.org/archon-x-prize-for-genomics/prize-overview.

14. Heinig et al. 2007.

15. 노스캐롤라이나대 채플힐캠퍼스 2010.

16. Franzoni, Scelatto, and Stephan 2011. 이 연구는 『사이언스』 지에서 제공한 투고 데이터를 사용했다. 여기서는 최근 국가별로 채택하는 다양한 인센티브를 다루었다. 이 연구는 연간 연구 재원, 1년이라는 기간, 국가의 편집위원 구성, 국제 협력 범위 등 많은 변수를 통제했다.

17. John Simpson 2007, Eisenstein and Risnick 2001.

18. 90분위수에 해당되는 연봉이다. SDR 2006년 자료. 3장 미국국립과학재단 2011b와 부록.

19. European University Institute 2010.

20. Careers-in-Finance 웹사이트 http://www.careers-in-finance.com/ibsal.htm. "Investment Banking: Salaries"(2010), 보너스를 계산에 포함.

21. 소득은 2006년 달러로 환산한 중앙값. 금융계에서 10년 이상 근무한 사람의 평균 연봉은 81만5914달러였다. Bertrand, Goldin, and Katz, 2009, table 2.

22. 에이치-인덱스를 추적하는 조지아공대 왕중린 교수의 웹사이트 http://www.nanoscience.gatech.edu/zlwang/

23. "Richter Scale" 2010, 위키피디아 http://en.wikipedia.org/wiki/Richter_magnitude_scale.

24. Norwegian Academy of Science and Letters 2010.

25. 랜드Rand 보고서는 "대학들이 설비 및 행정비의 70~90퍼센트를 연방정부의 프로젝트 지원금으로 충당한다"고 주장했다(Goldman et al. 2000, vii).

26. 경제학자들이 지식의 공공성을 최초로 주장한 것은 아니다. 약 200년 전 토머스 제퍼슨은 말했다. "만일 다른 모든 독점적인 자산에 비해 손상을 덜 받는 요인이 있다면 바로 아이디어라고 하는 사고의 힘이 불러오는 행동이다. 개인이 아이디어를 발설하지 않으면 배타적으로 소유할 수 있지만, 발설하는 순간 모든 사람의 소유가 되며 다시 빼앗아올 수 없다. 아이디어의 또 다른 특이한 성질은 남이 가졌다고 해서 자신의 것이 줄어들지 않는다는 점이다. 곧 내 아이디어를 누군가에게 주어도 나의 것이 줄어들지 않는다. 탄광에 초를 밝힌 사람은 어둡게 만들지 않고도 빛을 받을 수 있는 것과 마찬가지다."(Jefferson 1967, vol.1, 433, sec. 4045)

27. 1848년 밀은 등대를 공공재의 예로 들며, "정부가 의무적으로 보상하거나 배상을 약속하지 않는 한 사적 이익을 위해 등대를 지을 사람은 없다"(1921, 975)고 했다. 한편 코즈(1974)는 논문「경제학에서의 등대」(1974)에서 영국의 등대 체계가 특정 기간에 민간 부문의 주도 아래 설치되었음을 보여줬다.

28. Arrow 1987, 687.

29. 5장 참고.

30. 정부가 사기업에 연구개발비 세액 공제를 제공하거나, 기술 공개를 대가로 발명가에게 특허나 저작권의 형태로 독점적 권리를 제공하는 방식으로 독려할 수 있다.

31. 1940년 미국 남성의 기대수명은 60.8세였으며, 오늘날은 75.1세다. 같은 기간 여성은 65.2세에서 80.2세로 수명이 늘었다.
http://www.census.gov/compendia/statab/cats/births_deaths_marriages_divorces/life_expectancy.html에서 2006년 데이터는 table 104, U.S. Census Bereau 2011, Life Table values. 1950년 데이터는 Information Please Database 2007에서 가져왔다.

32. Murphy and Topel 2006. 이 저자들은 가치 산정을 위해 "WTP(Willingness To Pay, 지불의사)" 분석법을 사용했다. 전체 가치 가운데 절반가량은 심장질환 사망률 감소에서 나왔다.

33. Rosenberg and Nelson 1994.

34. 거대강입자가속기LHC는 빅뱅 직후 우주의 상태를 재현해 우주가 암흑물질이라

는 미지의 물질에 지배받는 이유를 이해하고자 한다. 만일 암흑물질의 성분이 새로운 입자라면, LHC의 아틀라스ATLAS 탐지기가 이를 발견하고 암흑물질의 궁금증을 풀어낼 수 있을 것이다. Lefevre 2008.

35. 공공 부문 연구는 GPS를 개발하기까지 다른 방식으로 기여했다. 예를 들어 네바다주립대 리노캠퍼스 이론물리학과 빈터베르크 교수는 1956년에 궤도에 진입한 인공위성 내 원자시계를 이용해 일반 상대성이론 실험을 제안했다. 스탠퍼드대 우주항해학과 브래드 파킨슨 교수는 군대 팀을 이끌며 GPS를 개발했다.

36. 위키피디아, http://en.wikipedia.org/wiki/Atomic_clock#History.

37. 위키피디아, http://en.wikipedia.org/wiki/Heterosis.

38. 9장 참고.

39. Ellard 2002. 1930년대 후반, 이지도어 라비는 MRI를 우연히 관찰했지만 자신의 실험에서 나온 인공 물질이라고 생각했다.

40. http://nobelprize.org/nobel_prizes/physics/laureates/1952/에서 "The Nobel Prize in Physics 1952: Felix Bloch, E. M. Purcell".

41. 9장 참고.

42. 초전도 현상은 전기 저항이 0인 현상이다.

43. 위키피디아, http://en.wikipedia.org/wiki/High-temperature_superconductivity. Cho 2008도 참고.

44. Kong et al. 2008.

45. 2008년에 두 건의 독립적인 연구가 보고되었다. 심각한 시각 장애로 태어난 성인 4명이 유전자 치료를 받고 부분적으로 시력을 회복했다.(Kaiser 2008e)

46. Clery 2010b.

47. Bhattacharjee 2008a.

48. Service 2008.

49. Couzin-Frankel 2009.

50. Resenberg and Nelson(1994, 323), "산업계는 시장에서 가까운 곳에서 생기는 문제들을 보다 효과적으로 해결한다."

51. 6장 참고.

52. 9장 참고.

53. 자연적 실험에서 실험처리는 임의적이며 계획적인 조치가 아니다. 다르게 이야기하면, 실험자가 변경한 것이 아니라 '자연적으로' 형성된다는 의미이다. 자연적 실험은 잘 정의된 소집단에서 생기는 변화를 관찰하기에 유용하다. 예컨대,

특정 특허로 인한 제약 조건이 제거되기 전과 제약 조건을 없앤 후에 연구자들이 특정 쥐를 사용하는 유형을 연구하면 특허가 쥐 사용에 어떤 영향을 미치는지 알 수 있다. 위키피디아, http://en.wikipedia.org/wiki/Natural_experiment에서 "Natural Experiments", 2011.

54. Hunter, Oswald and Charlton 2009.

55. Data are for research 1 institutions. Winkler et al. 2009 참조.

56. Stroke 1997. 스톡스가 정의한 파스퇴르의 사분면에서 기초연구와 응용연구의 차이는 연구 결과보다는 연구자의 연구 목적에 따라 결정한다. 하지만 기초연구와 응용연구의 차이를 동기보다는 결과로 평가할 때도 많으며, 파스퇴르의 사분면 역시 연구자의 동기가 아닌 연구 결과의 특성을 묘사하는 데 쓰이기도 한다. 이 책에서는 문맥과 데이터의 출처에 따라 양쪽의 입장을 모두 취하고 있다.

2장. 수수께끼와 우선권

1. 리처드 파인먼, "나는 노벨상으로 할 게 없는데……"(1965년 수상)라고 말한 이유를 설명하며 "스웨덴 왕립학회에 있는 누군가가 '이 연구는 훌륭하니 상을 줘야지'라며 결정할 일이 아니라고 본다. 왜냐하면 나는 이미 상을 받았으니까"라고 밝혔다.(1999, 12)

2. Kuhn 1962, 36. 쿤은 "아무도 이전에 풀지 못했거나 제대로 해결하지 못한 수수께끼를 푸는 데 성공해서 자신이 충분히 유능하다는 사실을 확신하는 것이야말로 과학자들에게는 도전"이라고 말했다.(앞의 책 38쪽)

3. Hagstrom 1965, 65.

4. Hull 1988, 306.

5. Hull 1988, 305.

6. 1992년 9월 21일 조슈아 레더버그가 샤론 레빈에게 보낸 편지.

7. Roberts 1993.

8. Reid 1985. 킬비는 통합 회로를 발견할 당시 텍사스 인스트러먼트에서 연구하고 있었다. 또 다른 통합 회로 발명가인 노이스는 통합 회로를 발명하고 몇 달 후 페어차일드 세미콘덕터에서 연구했다. 두 사람은 통합 회로 '공동 발명가'로 인정받는다.

9. McKnight 2009.

10. Feynman 1985.
11. 심리학자의 관점에서, 수수께끼 해결에 갖는 흥미는 과학자들에게 동기를 부여한다. 깨달음의 순간('아하' 모멘트)은 수수께끼 해결의 보상이다. 하지만 나는 과학자들의 일반적인 인식을 감안해서 수수께끼 자체를 보상이라고 본다.
12. "Power of Serendipity", 2007.
13. Ainsworth 2008.
14. Sauermann, Cohen, and Stephan 2010. 미국국립과학재단 조사는 과학자들에게 9개 항목에 대해 만족도와 중요도를 5점 기준으로 매기도록 했다. 9개 항목은 발전 기회, 독립성, 사회 공헌, 연봉, 지적인 도전, 혜택, 직업 안정성, 위치, 책임감이다. 사우어만, 코언, 스테판은 이 중에서 앞부분 5개 항목(발전 기회, 독립성, 사회 공헌, 연봉, 지적인 도전)으로 조사를 실시했다.
15. Harré 1979, 3.
16. Attributed to Napoleon by Menard 1971, 195.
17. 1950년대 후반에 작성하기 시작한 일련의 논문과 에세이(1957, 1961, 1968, 1969)에서 머튼은 과학자들의 목표는 최초로 발견한 지식을 공표함으로써 발견의 우선권을 얻는 것이라고 단호하게 주장했다. 그리고 우선권에 주어지는 보상은 과학계가 최초의 과학자에게 부여하는 '인정'이라고 봤다. 우선권의 역할에 대한 논의를 보려면 Dasgupta와 David 1994 참고.
18. Merton 1969, 8. 물리학에서 실험학자와 이론가 사이에 존재하는 긴장감은 "누구의 공적인가"를 두고 벌어진다. 즉, "누가 발견에 뒤따라올 영광을 누릴 것인가? 아이디어를 제안한 이론가인가, 아니면 증거를 발견한 실험자인가?"에 대한 논쟁이다.(Kolbert 2007, 75)
19. Lehrer 1993. 레흐러는 로바쳅스키가 표절을 했다고 주장한 이 노래에 대해 "로바쳅스키의 특징을 비방하기 위해 의도한 것이 아니며, '단지 운율을 고려해' 선택한 것일 뿐"이라고 말한다. 위키피디아, http://en.wikipedia.org/wiki/Nikolai_Lobachevsky. 추가로 뒤에 나오는 다양한 논의 참고.
20. 머튼은 "'과학에서 독립적으로 발생하는 다발적인 발견 유형은 부차적이지 않으며 매우 일반적'이라는 사실이 뜻밖이거나 신기하다거나 놀라운 일이 아니다"라고 주장한다.(1961, 356)
21. 이 논문을 쓴 리베스트는 당초 저자를 알파벳 순서대로 기재했다. 그러자 숫자 이론 전문 수학자인 아델만은 자신이 공저자로 올라갈 정도로 연구에 기여하지 않았다며 본인의 이름을 포함시켜서는 안 된다고 계속해서 주장했다. 하지만 리베

스트는 아델만의 의견에 반대했고 둘은 팽팽하게 맞섰다. 결국 리베스트는 자신의 공헌이 가장 적다는 아델만의 주장을 감안해 그의 이름을 맨 마지막에 올렸다.(Robinson 2003) RSA 알고리즘은 1977년 8월 『사이언티픽 아메리칸』에 쓴 논문에서 처음으로 공개되었다. 저자들은 이듬해에 논문을 발표했다.(Rivest, Shamir, and Adleman 1978)

22. 5개 팀은 예일대의 루들, 펜실베이니아대와 워싱턴대의 브린스터와 팔미테르, 옥스퍼드대의 코스탄티니, 폭스체이스대의 민츠, 클렘슨대의 와그너가 각각 이끌었다. 생의학계의 관행대로 리더인 이들 다섯 명이 가장 마지막에 저자로 이름을 올린 논문은 다음과 같다. Gordon et al. 1980, Brinster et al. 1981, Costantini and Lacy 1981, Wagner, E. F. et al. 1981, Wagner, T. E. et al. 1981. Murray 2010 참조.

23. 컴퓨터과학 분야는 예외다. 이 분야에서는 우선권을 확립하는 방식으로 학술 회의나 회의 후 발간하는 회보proceedings에 발표하는 형식을 선호한다.

24. Stephan and Levin 1992.

25. 2008년 『사이언스』에 실린 '어플라이드 피직스 익스프레스APEX' 광고. 웹페이지 http://apex.jsap.jp/about.html에서 "APEX는 접수부터 온라인 게재까지 빠르면 2주 안에 출판해드릴 것을 약속합니다"라고 언급한다.

26. Agre 2003.

27. Fox 1994.

28. 노벨상 수상에 불만을 품은 과학자가 비단 다마디안뿐이었던 것은 아니지만, 공개적으로 불평한 과학자는 거의 없었다. 하지만 다마디안의 주장은 그가 2001년에 레멜슨-MIT 평생공로상을 수상했다는 점에서 여파가 컸다. 레멜슨-MIT 시상식에서 다마디안은 "MR 스캐너 발명가"라고 소개된 바 있다. Tenenbaum 2003 참고. 한편, 이보다 100년도 더 전에 또 다른 과학자가 자신이 수상자 명단에서 제외되자 불만을 토로한 일이 있다. 물리학자 레너드Philipp Lenard는 X-레이 발견(1901년 노벨물리학상)과 전자 발견(1906년 노벨물리학상)에 대한 인정은 '헛되고 솔직하지 못한 것'이라고 주장했다. 그럼에도 불구하고 그는 광전 효과 실험에 대한 공로를 인정받아 1905년에 노벨물리학상을 수상했다.(같은 책)

29. 노벨상 가운데 과학 3개 부문은 최대 3명까지 시상한다.

30. 『사이언스』 322, 2008, 1765.

31. Edelman and Larkin 2009.

32. 명예 저자나 손님 저자는 '유령 저자'와 별개다. 유령 저자는 연구에 상당한 공헌

을 했음에도 저자로 이름을 올리지 못한 저자다.

33. 이렇게 만든 목록에 오류가 없지는 않다. 특히 아시아를 비롯해서 동명이인이 있다는 점을 감안하면 자료가 부정확할 수 있다. 따라서 이런 순위 집계 자료는 주의해야 하고, 면밀하게 점검해야 한다.

34. 공식적으로 에이치-인덱스는 "피인용 횟수가 h 이상인 논문 수가 h일 때 h 값"이라고 정의한다. Hirsch 2005.

35. Hirsch(2005)는 에이치-인덱스가 노벨상이나 국립과학아카데미 회원과 같은 명예를 얻을 자격이 있는지 가늠하기에 매우 적합한 값이라고 주장했다.

36. 에이치-인덱스는 여러 웹사이트에서 쉽게 산정할 수 있다. 톰슨 로이터 지식웹은 인용 보고서의 일환으로 에이치-인덱스를 작성한다. 'scHolar Index'(Roussel 2011)와 'Publish or Perish'(Harzing 2010)는 구글 학술검색을 기반으로 에이치-인덱스를 산정한다. 구글 학술검색을 활용한 다른 프로그램들은 Whitton 2010을 참고하라. 구글 학술검색에서 산정한 에이치-인덱스는 대개 톰슨 로이터 지식웹보다 높게 나온다. 이는 구글 학술검색이 톰슨 로이터 지식웹보다 검색에 포함하는 학술지가 많기 때문이다. 이밖에 에이치-인덱스를 변형한 다양한 수치들이 있다. 가령 지-인덱스g-index는 에이치-인덱스 값이 동일한 두 저자 중에 한 명은 큰 성공을 거둔 출판물이 있고 다른 사람은 그렇지 않을 때 이를 구분한다. Egghe 2006 참고. Alonso et al. 2009 참고.

37. 『사이언스』 320, 2008년 4월 18일.

38. 명명은 학자가 살아 있는 동안에 하는 인정이라면, 과학자의 사후에는 통상 과학자의 이름을 건물이나 교수직, 강의 등에 붙인다. 또 처음 발견을 했다고 해서 꼭 그 과학자의 이름으로 명명하는 것은 아니다. 가령 벤포드의 법칙은 1881년에 사이먼 뉴컴이 최초로 발견했다. 위키피디아, http://en.wikipedia.org/wiki/Benford's_law "Benford's Law" 2010. Stigler 1980 참고.

39. 이런 형태의 상은 6장에서 살펴보는 유도 포상, 즉 특정 목표를 달성한 첫 발견자나 팀에 수여하는 경우와는 다르다. 유도 포상의 초기 사례로 1714년 영국 정부가 경도 문제를 최초로 해결한 사람에게 수여한 상을 들 수 있다.

40. Jeantet and Koch Prizes는 수상자의 실험실에 지원한다. 다만 전체 상금 70만 스위스프랑 중에서 10만 스위스프랑은 연구자 개인에게 수여한다. 또 다른 예로, "앨버타 주에 보건과학 연구 분야의 세계적인 지도자"를 채용하기 위해 제정한 Polaris Award는 해당 직위에 있는 사람에게 1000만 달러를 수여한다.(『사이언스』 322, 2008년 10월 24일)

41. Zuckerman 1992. 1977년과 1996년 미국국립과학재단 자료를 바탕으로 산정한 성장률.

42. 필즈 메달은 40세 이하 수학자들 중에서 최대 4명까지 수상자를 선정한다. 2007년에는 푸앵카레의 추측을 증명해 수상자 네 명 안에 들었던 그레고리 페렐만이 수상을 거부해 화제를 모으기도 했다.

43. 로레알 재단은 2008년에 여성과학상을 수상했던 블랙번이 2009년에 그라이더, 쇼스택과 노벨생리의학상을 공동 수상하자, 『사이언스』에 "엘리자베스 H. 블랙번 축하합니다!"라는 전면 광고를 실었다.

44. 과학자가 이들 아카데미 세 곳에 모두 회원으로 선정되는 일은 극히 이례적이다. 2008년에 프랜시스 아놀드는 미국국립아카데미 세 군데에 모두 가입한 첫 번째 여성이자 살아 있는 과학자 중에서는 여덟 번째 과학자가 되었다.(『사이언스』, 2008, 320:857, May 16)

45. 낸시 젱킨스가 과학아카데미의 제안을 거절한 이유는 그녀의 남편이자 오랫동안 연구를 함께 한 닐 코플랜드가 명단에 들지 못했기 때문이다. 젱킨스는 아카데미 측에 보낸 편지에서 "우리는 모든 연구에서 동등한 기여를 했기에 나의 공헌을 닐과 따로 떼어서 생각할 수 없습니다. (…) 언젠가 우리 둘이 함께 이 명예로운 제안을 수락할 기회가 주어진다면, 우리가 걸어온 과학 여정에서 가장 명예로운 순간이 될 것입니다"라고 밝혔다.(Bhattacharjee 2008b) 또 리처드 파인먼은 회원 자격을 애초에 거절하지 않았지만 이후 국립과학아카데미 회원 자리를 포기했다.(Feynman 1999)

46. 연구는 다른 사람들이 이해할 수 있도록 성문화되었을 때에만 공공재가 된다. 그러므로 연구의 산물로서의 '지식'과 지식이 성문화된 '정보' 사이에는 차이가 있다.(Dasgupta and David, 1994, 493)

47. Stephan 2004.

48. Merton 1988, 620.

49. Merton 1988, 620. Partha Dasgupta와 Paul David는 다발적인 발견(멀티플)의 고전적인 사례에 대해 민간-공공 부문 사이의 모순점을 대단히 잘 설명했다.(심지어 1년 후 머튼의 강의보다 훌륭하다.) "우선권은 새로운 지식에 대한 배타적인 소유권을 포기하는 바로 그 행동을 통해서 지식재산권이라는 형태로 사적 소유재산을 창출한다."(1987, 531)

50. Dasgupta and David 1987, 530 and Dasgupta and David 1994.

51. Merton 1957.

52. Ziman 1968; Dasgupta and David 1987.

53. 작은 세계의 네트워크는 회원들 사이의 단단한 결집력과 낮은 개별성이 주요 특징이다. 논문 출판에서 결집력은 두 과학자의 연구 인력들이 서로 협동하는 정도를 의미한다. 존 구아르의 연극 「여섯 단계의 분리」로 유명해진 개별성은 다른 네트워크로 이동하는 사람 수를 기준으로 판단한다. Uzzi, Amaral, and Reed-Tsochas 2007. Newman 2004 참고.

54. Kohn 1986.

55. 2006년 『사이언스』는 황우석 박사의 해당 논문을 철회했다.

56. 의혹은 2006년에 처음 제기되었다.(Couzin 2006, 1222) Office of Research Integrity, U.S. Department of Health and Human Services 웹페이지 http://ori.hhs.gov/misconduct/cases/Goodwin_Elizabeth.shtml 참고. 굿윈은 2006년에 대학 측에서 조사를 시작한 직후 사임했다.

57. Coyne 2010.

58. Miller 2010, 1583.

59. Agin 2007.

60. Lacetera and Zirulia 2009.

61. David and Pozzi 2010.

62. Eisenberg 1987.

63. 산업계가 학계에 연구비 지원을 늘리면서 학계의 연구 결과에 대해 출판을 지연시키거나 발표하지 않도록 유도하기도 했다. 6장 참고.

64. 듀퐁은 온코마우스 이용에 두 가지 조건을 내걸었다. 첫째, 과학자들이 온코마우스를 광범위하게 공유하거나 사육하는 전통적인 관행을 허용하지 않는다. 둘째, 과학자들은 발표하지 않은 자료까지 포함해 온코마우스를 활용한 모든 연구 결과를 듀퐁에 매년 보고해야 한다.(Murray 2010)

65. 이보다 몇 달 앞서, 크레-록스 쥐에 대해서도 유사한 양해각서를 체결했다.

66. 저자들은 양해각서 체결 후 논문 인용이 21퍼센트 늘어났음을 확인했다. 크레-록스 쥐 논문은 그보다 높은 34퍼센트 늘어났다. 이렇게 차이가 생긴 이유는 크레-록스 양해각서가 먼저 체결되었고 온코마우스 양해각서도 곧 체결할 것이라는 기대감이 높았다는 사실로 설명할 수 있다. 또 연구에 사용하는 쥐 대부분을 사육하고 배분하는 비영리 연구소인 잭슨 연구소가 온코마우스를 연구자들이 사용할 수 있을 것이라는 내용을 앞서 공식적으로 발표한 영향도 있다.(Murray et al. 2010)

67. Murray and Stern 2007.

68. Walsh, Cohen, and Cho 2007.

69. Von Hippel 1994.

70. Wagner, E. F., et al. 1981.

71. Murray 2010, 21.

72. 개인적인 서신에서 프란체스코 리조니는 야구를 비롯한 팀 단위 운동에 대한 비유는 두 가지 이유에서 골프나 테니스 같은 개인 운동에 비해 적합하지 않다고 지적한다. 첫째, 과학에서 보상 체계는 팀 단위가 아니라 개인 단위의 문제이다. 둘째, 골프나 테니스 같은 개인 운동은 과거 성적이나 최근 활동을 바탕으로 프로 선수들의 순위를 매기는데, 이는 서지학적 지표를 근거로 암암리에 순위가 매겨지는 과학자들과 매우 흡사하다. 팀 단위 운동에서는 이런 경우가 없다.

73. 미국국립보건원에서 심사 과정은 스터디 섹션에서 시작한다. 각 섹션은 1년에 세 차례 모인다. 전체 섹션은 175개가 넘고, 제안서 하나는 통상 섹션 한 곳에 배정된다. 과학자들이 스터디 섹션을 변경하는 경우는 드물다보니 자신들의 연구를 심사한 섹션을 '내가 속한 섹션'이라고 생각한다.

74. 엄격하게 말하면, 심사위원단이 상을 수여하는 게 아니라 미국국립과학재단의 담당자에게 추천한다. 이후 미국국립보건원 스터디 섹션은 제안서에 점수를 매긴다. 제안서는 국립보건원 산하 기관의 각 '위원회'로 넘어간다. '지급 기준선'(연구비 지급 기준 점수)은 국립보건원 산하 기관별로 결정한다. 과학 분야에 지나치게 많은 틈새 콘테스트가 있지 않느냐는 의문이 제기될 수 있다. 이 문제는 6장에서 다룬다.

75. 토너먼트 모형의 선구자인 에드워드 라지와 셜윈 로젠은 특정 조건 하에서 토너먼트 모형이 효율적인 자원 배분을 달성한다는 사실을 보여준다. 만일 과학이 토너먼트 모형이라면 비효율은 문제가 되지 않는다. 하지만 과학은 종신직이 차이를 만든다는 점에서 여느 토너먼트들과는 다르다. 록 가수나 오페라 가수, 축구 선수들은 종신직이 없지만 교수들에게는 있다. 그렇다보니 (창조성을 증명했더라도) 창조적인 과학자가 자신의 실험실에서 안정성을 확보하기는 어렵다. 게다가 종신직 자리는 늘지 않는 반면 종신직을 구하는 사람들이 늘어나는 상황이라면 특히 그렇다.(Lazear and Rosen 1981) 7장에서도 이 내용을 다룬다.

76. http://nobelprize.org/nobel_prizes/chemistry/laureates/2008/에서 "The Nobel Prize in Chemistry 2008: Osamu Shimomura, Martin Chalfie, Roger Y. Tsien" 2011.

77. 논문 한 편을 출판한 과학자 수가 k, 출판한 논문 편수가 n일 때, 로트카의 법칙은 n^2분의 k이다. 과학 분야에서 과학자 5~6퍼센트 정도가 전체 논문 가운데 절반가량을 쓴다는 이 법칙은 다양한 분야에서 맞아떨어졌다.(Lotka 1926) 로트카의 법칙이 이후에도 전 분야에 걸쳐 잘 맞기는 했지만, 폴 데이비드는 출판 수에서 관측되는 또 다른 통계분포를 제시하기도 했다.(David 1994)

78. de Solla Price 1986; David 1994.

79. Weiss and Lillard(1982)는 이스라엘의 과학자들의 커리어를 살펴보니 첫 10~12년 동안 출판수 평균값뿐 아니라 분산값도 증가한다는 사실을 밝혔다. 이 연구에서는 산출물의 그래프가 꼬리 부분이 두터운(fat tail) 분포를 나타냈다.

80. Merton 1968, 58. 이 법칙의 이름은 성경(마태복음 13장 12절)의 "무릇 있는 자는 받아 넉넉하게 되나, 무릇 없는 자는 그 있는 것도 빼앗기리라"에서 유래했다. 경제학자의 관점에서, 마태복음 효과는 과학계에서 '명성'이 발휘하는 내부적인 특성을 보여준다.

81. Allison and Stewart 1974. Cole and Cole 1973.

82. Allison and Long 1990.

83. Allison, Long, and Krauze 1982.

84. Stephan and Levin 1992, 30.

85. David 1994.

86. Frank and Cook 1992 31.

3장. 돈

1. Wolpert and Richards 1988, 146.

2. Rosovsky 1991, 242.

3. 2008~2009년 정교수 평균 소득은 하버드대 19만2600달러, 미시간대 14만2100달러, 센트럴미시간대 9만2500달러였다.(전미대학교수협회 2009)

4. 그렇다고 성별에 따른 소득 차이가 이동성만으로 설명된다는 말은 아니다. 여성 교수들에게 차별대우가 없다고도 볼 수 없다. 과학자 사이에서 급여, 승진, 성과 차이에 관한 광범위한 연구가 있으니 참고하라. 급여 관련 연구는 Toutkoushian and Conley 2005. 성과는 Xie and Shauman 2003. 승진은 Ginther and Kahn 2009 참고.

5. 의과대학 교수를 제외한 나머지 정교수들로 산정한 금액이다. 급여는 9개월 치로 표준값을 조정했다.(전미대학교수협회 2010)

6. Byrne 2008. 2008~2009년의 경제위기가 이 차이에 영향을 미쳐, 2008~2009년과 2009~2010년 사이에 사립대와 공립대의 차이가 31.6퍼센트에서 31.0퍼센트로 약간 좁혀지기는 했지만 이는 미미한 수준이다.

7. University of North Carolina at Chapel Hill 2010.

8. American Association of University Professors 2010.

9. 이 조사는 1974년부터 오클라호마주립대의 '대학연구 및 정보관리실'에서 실시한다.

10. Bound, Turner, and Walsh 2009, 1974~1975년 연봉 자료.

11. 그렇다고 학계가 산업계의 급여 수준에 맞출 필요는 없다. 산업계는 연봉을 더 중시하지만, 학계는 연봉보다 직위에서 누리는 독립성을 더 중요하게 여기기 때문이다. Sauermann and Stephan 2010 참고.

12. 가령 다른 요인이 동일할 때 1970년대 후반 새내기 조교수의 초봉은 상위권 경제학과가 하위권 경제학과보다 적었다.(Ehrenberg, Pieper, and Willis 1998)

13. Graves, Lee, and Sexton 1987.

14. 20세기 초 이 방식을 고안한 지니의 통계치는 2장에서 예로 들었던 명명의 또 다른 사례다. 보다 자세한 정보는 위키피디아, http://en.wikipedia.org/wiki/Gini_coefficient에서 "Gini Coefficient" 2010을 보라.

15. 위키피디아, http://en.wikipedia.org/wiki/Income_inequality_in_the_United_States에서 "Income Inequality in the United States."

16. Diamond 1986.

17. Levin and Stephan 1997. 이 연구는 패널 데이터로 사용하므로 개별 고정 효과를 통제할 수 있다.

18. 대조적으로, 경제 · 경영 분야에서는 출판과 연봉의 관계를 들여다보는 다양한 연구가 존재한다. Hamermesh, Johnson, and Weisbrod 1982, Gomez-Mejia 1992, Geisler and Oaxaca 2005.

19. Toutkoushian and Conley 2005. 추정치는 과학 전 분야의 수치를 인용했다. Toutkoushian이 제공했으며 출판하지 않은 자료다.

20. 성과와 연봉의 관계를 알려주는 또 다른 지표는 대학 내에서 분야별로 생기는 연봉 차이다. 초기에는 분야별 차이가 어느 대학이나 동일할 것이라고 생각할 수 있다. 가령 한 대학에서 화학과 교수는 영어과 교수보다 17퍼센트 더 많이 번다면, 다른 대학에서도 17퍼센트 더 많이 번다고 말이다. 하지만 항상 그렇지는 않

다. 대학별로 전공에 따른 연봉은 또 다르다. 이 차이는 부분적으로 대학원 교육의 질 측면에서 출판을 바탕으로 등급을 매기는 상위권 학과라면 일부 설명이 가능하다. 가령 화학과 교수들은 영어과 교수보다 학과 순위가 높을 경우 더 많은 프리미엄을 누린다. Ehrenberg, McGraw, and Mrdjenovic 2006. 이 균형은 영어과 전공 서열에도 해당된다.

21. National Institutes of Health 2009a.

22. 이 데이터는 기초과학 교수진에게 종신직을 제공하는 의과대학 119곳을 대상으로 하며, 2005년에 취합했다.(Bunton and Mallon 2007)

23. Mallon and Korn 2004. 이 수치는 Bunton and Mallon 2007 본문에 나온다.

24. Lissoni et al. 2010.

25. Franzoni, Scellato, and Stephan 2011.

26. 순위 산정에 포함되는 요인은 다양하지만 출판 실적은 매우 중요하다. 2008년 RAE는 출판을 네 가지 항목 가운데 하나로 분류했다. 그리고 항목별 점수를 바탕으로 학과별로 전체적인 '질quality profile'에 점수를 매긴다.(Research Assessment Exercise 2008 참고) 호주와 뉴질랜드도 이 평가 방식을 도입해 대학 자금 지원에 활용하는 주요 정책 개혁을 시행했다. 이를 통해서 성과가 좋은 대학은 성과가 낮은 대학보다 연구비를 더 많이 지원받고, 과학자들을 위한 노동시장에서 경쟁할 수 있는 자원을 좀 더 충분히 확보할 수 있게 되었다. 개혁 이전에는 학생 수, 연구원 수를 바탕으로 예산을 분배하는 것이 보통이었다. 노르웨이, 벨기에, 덴마크, 이탈리아도 지난 10년간 비슷한 예산 할당 정책을 적용하기 시작했으며, 다른 국가들은 대학이 아닌 개인에게 직접 인센티브를 지급한다.(Franzoni, Scellato, and Stephan 2010) RAE(연구성과평가)는 REF(연구우수성 프레임워크) 방식으로 대체될 것이며 이 작업은 2014년 완료될 예정이다. REF는 데이터 수집 시점의 고용자의 위치보다는 출판을 기반으로 연구 성과 배분을 추진한다. 만일 이 방식을 채택한다면, 논문 발표 시점에 해당 대학에 실제로 고용된 교수의 논문만이 유일한 평가 항목이 될 것이다. Imperial College London, Faculty of Medicine 2008 참고.

27. Hicks 2009. 최근 독일에서는 성과가 훌륭한 교수에게 성과에 따른 연봉 인상안을 마련했지만, 이 계획의 달성 여부에 대해서는 의견이 분분하다. 기존의 'C' 체계에서 'W' 체계로 이행하면서 바뀐 주요 요인은 고참 교수진과 협상을 벌이는 기본 급여다. 기존 C 체계에서는 경쟁력 있는 일자리를 제안받은 사람은 소속 대학과 연봉 인상을 협상할 수 있었다. 이에 따른 인상은 영구적이어서 연금

산정 시에도 이 기본 금액을 적용한다. 반면 새로 도입하는 W 체계에서는 성과에 따라 기본 급여가 낮아질 수도 있고, 원칙적으로 적용 기간도 정해져 있다. 그 조건에 따라 5년 이상 지급받은 경우에만 영구적으로 적용되며, 협상도 가능하다.(Stephan 2008)

28. Franzoni, Scellato, and Stephan 2011.

29. Mowery et al. 2004, 59.

30. 존스는 코네티컷 주 농업연구소에서 일했다. Thimann and Galinat, 1991.

31. 미국의 대학 특허 초기 데이터는 Mowery et al. 2004에서 〈그림 3.2〉 "University Patents, 1925-80" 참고. 좀 더 최근 자료는 Science and Engineering Indicators에서 다양한 문제를 살펴볼 수 있다. 미국 특허청 통계는 U.S. Patent and Trademark Office 2010 자료다.

32. 박사학위 취득자 조사 데이터. 미국국립과학재단 2011b와 부록 참고.

33. 법안 시행 결과 연방정부가 지원한 연구에서 나온 특허 발명품이 미국 정부 자산이 아니라 대학의 자산이라고 인식하게 되었다. 사실상 모든 대학이 기업이 지원한 연구에서 나온 특허에 대해서도 유사한 소유권 기준을 채택했다. 일부 대학이 연구 비용 전체를 댄 경우에는 후원한 기업에 소유권을 넘겨주기도 했다.(Jensen and Thursby 2001)

34. 파스퇴르 사분면이라는 용어는 Donald Stokes(1997)가 만들었다. 이런 연구와 대조적으로 기초적인 이해에만 중점을 두는 경우는 보어의 사분면Bohr's Quadrant, 응용 측면만 강조하는 연구는 에디슨 사분면Edison's Quardrant이라고 부른다. 1장 참고.

35. 이 주제를 훌륭하게 다룬 논문을 작성한 모워리와 공저자들은 "바이-돌 법이 대학의 특허 취득을 가속화하여 1980년대에 많은 대학이 특허와 라이선싱에 참여하도록 이끌었다고 봤다. 하지만 1980년에 개정한 바이-돌 법이 이끌어낸 변화는 1970년대 후반에 형성된 경향을 따르고 있었다"고 결론내렸다.(2004, 36)

36. 같은 책, 90.

37. Bok 1982, 149. 복은 대학들이 연구실에서 발전시킨 아이디어에서 파생된 수익을 공유하는 방법에 관해 언급했다.

38. Mowery et al. 2004, 45.

39. 같은 책, 70.

40. 미국국립과학위원회 2000. 제6장 1989~1990년 수입 참고. 대학기술관리자협회 AUTM가 1991년 이래 정기적으로 취합해온 라이선싱 수입 관련 정보다. 이 조사

는 당초 대학 98곳을 대상으로 삼았으나 점차 대상을 확대했으며, 현재는 대학, 연구소 등 194곳(일부는 캐나다 소재)을 대상으로 조사한다.

41. 조지아공대(애틀랜타)의 하인리히 자우어만이 대학 205곳에 대한 데이터를 제공했다.

42. 로열티 금액이 증가함에 따라 비율이 높아지는 대학이 두 곳 있었다.

43. 이들 대학은 각기 지급률을 달리했다. 78개 학교 가운데 10곳에서는 비율이 고정적이지 않았다. 발명자에게 처음 1만 달러에 대해 100퍼센트 지급하는 곳도 있고, 22개 대학은 처음 1만 달러에 대해 50퍼센트 이상 지급했다. 하지만 처음 1만 달러에 대해 35퍼센트 미만을 지급하는, 로열티가 '낮은' 학교들도 있다. 조지아공대(애틀랜타)의 하인리히 자우어만이 데이터를 제공했다.

44. Jensen and Thursby(2001)가 실시한 66개 대학의 라이선싱 관행 조사는 각 대학이 라이선스한 상위 5개 발명이 총 라이선스 수입 가운데 78퍼센트를 차지한다는 사실을 밝혔다. 셰러Scherer는 하버드대 발명에서 비슷한 결과를 얻었다. Harhoff et al.은 독일 특허에서 비슷한 결론을 얻었다.(Scherer 1998; Harhoff, Scherer, and Vopel 2005)

45. Bera 2009.

46. 5 대 4로 결정된 다이아몬드 대 차크라바티Diamond vs. Chakrabarty 사건에서 법원은 판결문을 통해 "태양 아래 인간이 만든 모든 것"에 특허를 허용했다.(Feldman, Colaianni, and Liu 2007) 첫 번째 특허출원 시점은 1980년 말, 두 번째는 1984년 8월, 세 번째는 1988년 4월이다.

47. Bera 2009. 스탠퍼드대가 전체 로열티 수익을 발명자와 3분의 1씩 분배하는 현행 정책을 근거로 추산.

48. Butkus 2007a.

49. 빌첵은 브라티슬라바에서 태어났으며, 그의 아내 마리카와 함께 1964년에 오스트리아 방문차 '무심코' 브라티슬라바로 여행을 갔다가 이후 1965년에 뉴욕대 의과대학 교수로 합류했다. 그는 "다시 돌아왔을 때 뉴욕대는 내게 교수직을 제안했다. 나는 당시 31세였으며 체코슬로바키아 공산당 밖에서는 전혀 경력이 없었는데 말이다. 뉴욕대 측에서 내린 대담한 결정이었다. 비록 대학이 위험 부담을 안고 있기는 했지만 효과적인 결정이었다고 생각한다"라고 말했다.(Kelly 2005)

50. Florida State University, Office of Research, 2010.

51. National Science Board 2010, appendix, table 5-41.

52. 대학기술관리자협회 1996 자료.

53. University of Chicago, Office of Technology and Intellectual Property, 2007.

54. AUTM 2007 data. 그해 말 노스웨스턴대에서 받은 7억 달러는 제외한 수치다.

55. 2004년 회계연도 기준으로 대학기술관리자협회 조사에 대한 답변으로 미국의 대학들이 보고한 라이선스 수입 가운데 91퍼센트가 연간 라이선스 수입으로 100만 달러 이상 거둬들이는 라이선스를 한 개 이상 가진 대학의 몫이었다.

56. 1만 달러 이상인 경우에는 '고정' 비율과 한계 비율을 가중평균했다.

57. 일반적으로 라이선스와 특허 수 사이에는 이와 매우 유사한 상관관계가 존재한다. 하지만 특허는 라이선스 하나 이상과 연관될 수 있으며, 대학들은 소프트웨어나 '특출난' 아이템(가령 본문에 언급했듯 게토레이 등)처럼 특허가 없는 지식재산권에 라이선스를 얻기도 한다.

58. Ducor 2000.

59. 크게 성공을 거둔 발명자들은 과학 · 공학 부문 교수 9만2000명 가운데 약 0.4퍼센트다.(National Science Board 2010, Appendix Tables 5~15, 5~17) 하지만 2003년 박사학위 취득자 조사에서는 교수 가운데 약 13퍼센트가 지난 5년 동안 특허를 출원했다고 밝혔다. National Science Foundation 2011b and Appendix. 박사학위 취득자 조사.

60. Lach and Schankerman 2008. 이 연구는 학교의 규모, 교육의 질, 연구비 유치 등 대학의 특성을 통제했다. 또한 내생 요인 통제를 위해 윈도 분석window analysis을 배제한 초기 특허 수를 사용했다.

61. Sauermann, Cohen, and Stephan 2010.

62. Hendrick 2009.

63. 비영리기관인 Principalinvestigators.org 역시 상황을 다르게 본다. 2010년 7월 28일자 "IP & Patent Laws-Sitting on a Gold Mine"라는 제목의 이메일에서 "당신은 금광 위에 앉아 있군요! 당신과 당신의 실험실이 만들어낸 지식재산권이 바로 앞에 펼쳐져 있습니다. 지식재산권과 특허, 그리고 여러분의 실험실부터 시장까지 혁신을 만들어낼 다른 중요 항목들을 놓쳐서 수백만 달러의 잠재적인 이익을 내팽개치지 않도록 하세요"라고 말했다.

64. Jensen and Thursby 2001. 많은 대학이 특허권 사용료의 일부를 교수의 실험실과 학과 지원에 사용했다는 점도 주목할 만하다.

65. 엄격하게 말해서, 기대 가치가 아니라 예상되는 유틸리티의 합계라고 해야 옳다.

66. Trainer 2004.

67. Lissoni et al. 2008.

68. Czarnitzki, Hussinger, and Schneider 2009.

69. Marknam, Gianiodis, and Phan 2008; Thursby, Fuller, and Thursby 2009.

70. Waltz 2006.

71. Couzin 2008.

72. Buckman 2008.

73. Institute for Systems Biology 2010.

74. 스티븐 수 교수의 이력서에 기재된 사실, 2010.

75. Wilson 2000.

76. 같은 책. 위키피디아, http://en.wikipedia.org/wiki/Inktomi_Corporation, "Inktomi Corporation" 2010.

77. 브루어는 2000년 정부 관련 정보에 대한 소비자의 접근성을 개선하는 데 초점을 맞추어 Federal Search Foundation, a 501-3(c)라는 단체를 설립했고, 2000년 9월에 정식으로 문을 연 연방정부 공식 포털 USA.gov 개설에 참여했다. 브루어의 온라인 약력은 http://www.cs.berkeley.edu/~brewer/bio.htma.에서 "Prof. Eric A. Brewer, Professor of Computer Science, UC Berkeley"를 참고하라.

78. Edwards, Murray, and Yu 2006.

79. 몇 가지 이유로 이 포트폴리오의 가치는 분명 상한값이다. 첫째, 거래 첫 며칠 동안 내부자의 거래는 제한된다. 둘째, 이들 주식을 위한 시장은 취약하다. 내부자가 대규모로 주식을 팔았다는 소식은 매우 부정적인 영향을 미친다. 셋째, 많은 사례에서 과학자들은 팔기 전에 옵션을 행사해야 한다. 옵션 가격은 최소 0.001달러일 때도 있고, 10달러가 넘을 때도 있다. 또 과학자 본인 대신 믿을 만한 친척이나 비영리기관이 주식을 소유하는 경우도 있다.(Stephan and Everhart 1998)

80. 이 회사는 포도와 레드와인 속에 있는 물질인 레스베라트롤을 개발했다. "Money Matters" 2008 참고. 갈락소는 2010년 5월 다발성 골수종 환자들에게서 혈액암 관련 합병증이 나타나자 SRT501 임상실험을 2단계 진행 중에 중단했다. Hirschler, 2010 참고.

81. Kaiser 2008a, 35.

82. Hsu 2010.

83. Levy 2000.

84. Wilson 2000.

85. Ding, Murray, and Stuart 2009.

86. Stephan and Everhart(1998)는 1990년대 초에 52개 기업들의 기업공개IPO 사

례를 연구했다. 그 과정에서 46개 기업체 가운데 67퍼센트에 해당되는 기업들이 과학자문위원회 위원들에게 보상으로 스톡옵션을 제공하고 있음을 밝혔다.

87. 바이오기술 기업에서 기업 공개 시 주식을 많이 받은 학계 이사는 1년 동안 컨설팅 수수료로 6만8500달러를 받았으며, 다른 이사는 5000달러를 받았다.

88. Litan, Mitchell, and Reedy 2008.

89. Goldfarb and Henrekson 2003.

90. 나라를 특정하기는 어렵지만 유럽에서는 창업하는 교수가 거의 없다. 연구가 상업화된 이후에 교수에게 제공되는 인센티브 체계 때문이다. 가령 미국에서는 창업을 위해 교수가 휴직할 수 있지만 유럽에서는 창업을 이유로 휴직하기가 매우 어려우며 학계 자리를 잃을 위험까지 감수해야 한다. Goldfarb and Henrekson 2003. Gittelman 2006.

91. Zucker, Darby, and Armstrong 1999.

92. Frankson 2010.

93. Butkus 2007b.

94. Mowery et al. 2004.

95. 같은 책.

96. Saxenian 1995.

97. Cohen, Nelson, and Walsh 2002.

98. Mansfield 1995. 1994년에 생명과학 기업 210곳을 연구했더니 90퍼센트가 학계 컨설턴트를 고용했다.(Blumenthal et al. 1996)

99. Mansfield 1995.

100. Agrawal and Henderson 2002, 58.

101. Markman, Gianiodis, and Phan 2008. Thursby, Fuller, and Thursby 2009.

102. Thursby, Fuller, and Thursby 2009는 박사학위를 수여하는 연구대학 87곳 중에서 발명가 약 6500개 조합을 확인했다. 이들은 분야별로 특허 할당에서 차이가 크다는 점을 확인했다. 공학 부문에서 특허-발명가는 생물학 부문(14.2퍼센트)보다 산업계에 할당되는 비율이 훨씬 높았다.(30.5퍼센트) 자연과학 부문은 28.7퍼센트로 공학계와 매우 비슷했다. 대학마다 큰 차이를 보이는 점도 흥미로웠다. 미시간대와 프린스턴대는 17퍼센트, 노스웨스턴대는 33퍼센트인데 스탠퍼드대는 50퍼센트에 육박해 눈길을 끌었다. 대학 측에 가장 적게 할당된 경우는 애리조나대(25퍼센트)였으며 컬럼비아대(88퍼센트)가 가장 높았다.

103. Mansfield 1995.

104. Jensen and Thursby(2001)는 기술이전사무소 조사에서 라이선스를 취득하는 시점에 라이선스한 발명 가운데 75퍼센트 이상이 개념 증명을 거치지 않았고, 48퍼센트는 시연 제품도 없었으며, 29퍼센트는 실험실에서 내부적으로 제작한 시연 제품만 있었음을 확인했다.

105. 6장 〈그림 6-1〉.

106. Heller and Eisenberg 1998.

107. Argyres and Liebeskind 1998. Slaughter and Rhoades 2004.

108. 특허 수와 논문 수 사이의 관계는 Carayol 2007, Wuchty Jones, and Uzzi 2007, Stephan et al. 2007, Franzoni 2009, Azoulay, Ding, and Stuart 2009, Fabrizio and DiMinin 2008, Breschi, Lissoni, and Montobbio 2007 참고.

109. 또 다른 이유는 연구 과정에서 개발한 설비와 기자재에 대해서도 이따금 특허를 출원하기 때문이다.

110. Thursby and Thursby 2010a. 연봉으로 평가하는 금전적인 인센티브에 높은 비중을 두는 교수들이 응용연구에 참여할 가능성이 높다는 증거는 없다.(Sauermann, Cohen, and Stephan 2010)

111. 알츠하이머, 헌틴턴병, 파킨슨병 같은 다양한 신경 질환은 "단백질 접힘 과정에서 발생하는 단백질 배열 오류와 뒤따르는 단백질의 이상 구조"와 관련된 것으로 알려졌다.(Thursby and Thursby 2010b)

112. 같은 책.

113. Thursby and Thursby 2006. Thompson 2003. 대학들이 기술이전 노력을 과도하게 들였는지도 모른다. 강력한 기술이전 프로그램을 개발한 목표는 강력한 축구팀을 꾸리는 목표와 매우 흡사하다. 기술이전 프로그램에는 비용이 많이 들어 기술이전사무소 비용을 감당하고도 충분한 수익을 거둬들인 대학은 몇몇 곳에 불과했다.

114. Krimsky et al. 1996.

115. Kaiser and Kintisch 2008.

116. Kaiser and Guterman 2008.

117. Ross et al. 2008.

118. 하지만 젊은 교수들이 성과가 극히 나쁘거나 이동성이 매우 떨어지는 고참 교수들보다 급여를 많이 받는 '급여 역전' 현상도 일어난다.

119. Mansfield 1995.

4장. 공동연구는 어떻게 이뤄지는가

1. Giacomini 2011.
2. 프랜시스 할젠은 2010년 3월 25일 히토츠바시대학에서 열린 회의에서 아이스큐브 프로젝트에 대해 소개했다. 위키피디아, http://en.wikipedia.org/wiki/IceCube_Neutrino_Observatory에서 "IceCube Neutrino Observatory" 2010. 이 프로젝트에는 C-130 비행기 50대 이상에 해당되며, 100만 파운드가 넘는 화물이 운송되었다.
3. 위키피디아, http://fr.widipedia.org/wiki/David_Quéré에서 "David Quéré" 2010.
4. Interfaces & Co 2011.
5. Berardelli 2010 참고. http://www.youtube.com/watch?v=ZnXA0PoEE6Y. "Roberto Carlos, the Iimpossible Goal". 최종 점수는 1 대 1이었다. 카를루스가 22분에, 프랑스 공격수가 60분에 골을 넣었다.
6. Wang 2011.
7. 지식 생산 과정에서 '뜻밖의 발견' 역시 중요하다. 비록 뜻밖의 발견을 '행복한 우연'이라고도 하지만 이는 잘못된 표현이다. 실제로, 파스퇴르는 프랑스 와인업계가 직면한 문제를 해결하는 과정에서 박테리아를 발견했다. 그의 발견은 예상치 못한 것이었지만 '우연'이라고 하기는 어렵다. 잘 알려지지 않은 과제에 대한 연구에서 예상치 못한 것과 '우연한' 것을 구분하기는 특히 어렵다. 콜럼버스의 발견에 대한 다음과 같은 비유가 이해를 도울 것이다. "콜럼버스는 그가 당초 찾으려던 것을 찾지 못했다. 그렇다고 신세계의 발견을 우연이라고 할 수 없다."(네이슨 로젠버그의 이와 같은 설명에 감사한다.)
8. '명석함smartness'은 25퍼센트로 2위를 차지했다.
9. 『사이언스』(2008) 310:393.
10. 『사이언스』(2008) 320:431.
11. 샤피로의 특허는 합성 다이아몬드 생산 과정과 관련된 것이다.(Dimsdale 2009)
12. Coyle 2009.
13. Simonton 2004.
14. Sauermann, Cohen, and Stephan 2010. 2003년 박사학위 취득자 조사. National Science Foundation 2011b와 Appendix 참고.
15. 물론 오랜 시간을 투입한다는 말은 운영 기술이 부족하다는 의미일 수도 있다. 비

영리 부문, 학계, 산업계에서 일했던 한 성공한 과학자는 내게 학계에서 과학을 수행하려면 대단한 운영 기술이 요구되며, 지나치게 일을 오래 하는 학계 과학자들은 그런 운영 능력이 부족한 탓이라고 말했다.

16. Freeman et al. 2001b.

17. Rockwell 2009. Kean 2006. Paul Rabinow and Martin Kenney의 초기 연구에서 교수들은 전체 시간의 30~40퍼센트를 보조금 신청 업무에 할애한다고 추정했으며, 본문의 연구 결과와도 일맥상통한다. Rabinow 1997, 43~44; Kenney 1986, 18.

18. 『사이언스』(2008) 320:431.

19. Harmon(1961)은 물리학 박사들의 IQ가 평균 140 정도라고 보고했다. 저명한 과학자들의 지능을 추정하기 위해 전기를 분석한 콕스는 라이프니츠의 IQ가 205, 갈릴레오는 185, 케플러는 175라고 말한다. Roe(1953, 155)는 콕스의 결과물을 요약했다.

20. 서머스가 과학계에서 여성이 적은 이유는 '고급 직종에서 나타나는 남녀의 적성과 능력에 차이가 있기 때문'이라고 발언하자 언론의 관심이 집중되었다. 이 발언은 이듬해에 하버드대 총장직에서 물러나게 된 계기가 되었다. Summers 2005를 참고하라.

21. Ceci and Williams 2009.

22. 유도만능세포는 배아줄기세포처럼 다양한 조직으로 성장할 수 있는 능력을 지닌 성체줄기세포다.

23. Wolpert and Richards 1988, 107.

24. 또 다른 이유는 연구 경험이야말로 학부생이 과학 · 공학 분야의 진로에 관심을 갖게 하는 가장 좋은 방법이라고 믿기 때문이다.(7장 참고) 또 연구 성과는 연구대학이 아닌 다른 곳에 있는 과학자들의 '탁월함'을 보여주며, (큰 그룹에서) 연구하지 않는 사람들과 (작은 그룹에서) 연구하는 사람들을 구분해준다. Fox 2010.

25. Stephan and Levin 1992.

26. 기존 체계에 굳건하게 자리 잡은 사람들보다 언저리에 머무는 '아웃사이더' 과학자가 과학에서 더 큰 공헌을 한다고 주장하는 논문이 있다.(Gieryn and Hirsch 1983) 현재 본인의 분야에 머무는 인센티브는 은퇴에 가까워질수록 감소하고, 배움에서 얻는 현재 가치도 점차 줄어든다. 연령과 성과의 관계에서 또 다른 이유들에 대해서는 Stephan and Levin(1992)에서 노벨상 수상자들을 중심으로 연구했다. 비록 무척 젊은 과학자들이 상을 받을 만한 연구를 하는 것은 아닌데도 커

리어 중간에는 수상 비율이 급격하게 감소했으며, 분야별로 수상자의 연령대 차이가 컸다. 35세 이전에 수상한 비율이 물리학자는 54.5퍼센트, 화학자는 43.6퍼센트, 의학/생의학 분야는 43.2퍼센트였다. Stephan and Levin 1992 and 1993.

27. Hull 1988, 514.

28. Stephan 2008.

29. 26곳 가운데 17곳은 실험실 웹페이지에서 연구 내용과 인력 등 자세한 내용을 확인할 수 있다. 나머지 9곳 중에 3곳은 실험실 웹페이지를 완성하지 못했으며, 나머지 6곳은 인터넷 검색을 통해 실험실 이름 등을 참고할 수 있다.

30. MIT Museum 2011.

31. Pines Lab 2009, http://waugh.cchem.berkeley.edu/people.html.

32. White Research Group 2011.

33. 또 린드퀴스트의 실험실에는 대학원생 5명, 학부생 4명, 연구과학자 2명, 스태프 과학자 2명, 기술보조원 6명, 실험실 매니저 1명, 운영보조원 2명, 실험실 총괄 매니저 1명, 프로젝트 매니저 1명이 있다. Lindquist 2011을 참고하라.

34. Stephan, Black, and Chang 2007. 다른 분야의 실험실은 규모가 다소 작은 편이다. 과학 · 공학 박사 및 박사후연구원 조사에 따르면 과학 · 공학 분야 전 분야의 평균 실험실 규모는 10명이다. 중앙값은 8명이다.(개인 서신, Henry Sauermann)

35. Data come from the 2006 SDR. 스태프 과학자과 비교했을 때, 박사후연구원은 생명과학 분야에서 수입이 가장 많고 공학 분야에서 가장 적다. 연구가 주요 활동이라고 말한 비종신직 과학자와 교수 직함이 없는 과학자들을 스태프 과학자 또는 연구과학자로 계산했다. National Science Foundation 2011b, Data Appendix.

36. Penning 1998.

37. Mervis 1998.

38. 미국국립보건원이 2010년에 마련한 가이드라인은 1년 이상 경력이 있는 박사후연구원의 최소 연봉은 3만7740달러, 5년 후에는 4만7940달러 이상으로 인상하도록 한다. Stanford University 2010a 참고.

39. 2010~2011년 스탠퍼드대 대학원 등록금은 11~18학점을 듣는 학생들의 경우(전체 4학기 기준) 1학기 등록금이 1만2900달러다.(Stanford University 2010c) 대학들이 지원금으로 등록금 전액을 늘 벌충하는 것은 아니다. 미국국립보건원은 연간 훈련보조금으로 등록금의 60퍼센트, 최대 1만6000달러까지 지급한다. 각

분야의 대학원생 연구보조금을 조사한 *Chronicle of Higher Education*(2009) 참고. 2004년 위스콘신대 매디슨캠퍼스에서 실시한 공학 분야 상위 10개 학교의 연구보조금 조사에서 전체 보조금의 중앙값(간접비 제외)이 2만9000달러였다. 최고 4만8000달러, 최저 1만7000달러. Tuition Remission Task Force 2006.

40. 2006년 생명과학 분야 박사후연구원의 연평균 소득은 4만1255달러, 근무 시간은 2643시간이다. 이 결과는 복리후생을 감안하기 전 시간당 임금인 15.60달러다. 그런가 하면 주당 30시간, 연간 50주 일하며 사립대에 다니는 연구 보조원의 시간당 평균 임금(등록금 포함해 산정)은 약 31.00달러, 공립대에 다니는 연구보조원은 약 20달러다.

41. Lindquist 2011.

42. 그렇게 함으로써 실험실 책임자는 위험의 일부를 떠맡는다. 만일 박사후연구원이 펠로십을 받지 못하면 연구책임자가 박사후연구원을 지원해야 하는 의무가 (암묵적으로) 있기 때문이다.

43. Hill and Einaudi 2010. 이 수치는 보건 분야와 사회과학 및 심리학 분야의 박사후연구원을 배제했으며, 대학원의 연구자들로 한정했다.

44. 특히 생명과학 분야는 59퍼센트, 자연과학(수학, 컴퓨터과학 포함) 21퍼센트, 공학이 15퍼센트다.

45. 실제 인원은 9만4584명(보건과학은 제외)이다. 데이터는 *Survey of Graduate Students and Postdoctorates in Science and Engineering*에서 가져왔다. National Science Foundation 2011d. Data Appendix 참고.

46. Black and Stephan 2010. 논문은 교신저자(맨 마지막에 이름을 올린 저자)의 주소를 근거로 대학을 할당한다. 저자가 10명 미만이면 인터넷으로 논문의 전체 저자에 대해 현 상황을 확인한다. 저자가 10명 이상일 때는 제1저자와 교신저자만 확인한다. 2007년 6개월 간 발표한 논문을 대상으로 조사했다.

47. 미국 과학계에서 외국인의 역할을 다룬 8장 참고.

48. "당신이 대학에서 실험 책임자를 맡으면 당신은 그 분야의 신이다"라고 존 로즈가 말했다.(Shapin 2008, 259)

49. Stephan and Levin 2002.

50. Davis 2005.

51. Marx 2007.

52. 공동저자가 늘어나지 않은 유일한 분야는 해양공학이며 1.25명에서 1.22명으로 줄었다.(Wuchty, Jones, and Uzzi 2006에 사용된 온라인 보조 자료)

53. ISI에서 정의한 상위 대학교들은 'Science Watch' 대학교라고도 불린다.
54. 공저자로 많은 사람을 올리는 일이 흔해지면서 알파벳 순서로 등재한다. Fermi LAT and Fermi GBM Collaborations.(Abdo et al. 2009)
55. 172개 과학 · 공학 분야 가운데 168개 분야에서 증가했다.(Jones, Wuchty and Uzzi 2008)
56. National Science Board 2010, appendix tables 5-21 and 5-22, are computed from the 2006 SDR.
57. Carely 1998.
58. 코크런 리뷰는 Cochrane Collaboration Review Group에서 발표한 논문들을 검토했으며, "일반적인 방법론 구조에 따라 체계적으로 리뷰를 준비하고 지속하는" 저자들을 지원했다.(Mowatt et al. 2002, 2769) 예를 들어 유령 저자는 편집자들이었다.
59. 1985년부터 International Committee of Medical Journal Editors(2010)는 그 기준을 정하고 업데이트하고 있다.
60. 아이스큐브 프로젝트를 통해 작성한 논문에서 저자 배치 원칙은 기여도가 아니라 알파벳 순서다. 초창기에는 앞에 이름을 올리는 20명에 대해서는 공헌 정도에 따라 배열하기도 했지만 그 순서를 정하기가 어려웠고 시간도 많이 들어 저자 전체를 알파벳 순서로 올리는 방식을 채택했다.
61. 미국 특허법에 따르면 발명의 최초 개념에 공헌한 사람이 발명가로 이름을 올려야 한다.(Section 35 of U.S.C 102(f))
62. Lissoni and Montobbio 2010.
63. 시스템 생물학은 생물학 시스템의 설계와 그들이 수행하는 임무 사이의 관계를 연구한다.
64. Levi-Montalcini 1988, 163.
65. Jones 2009.
66. Wuchty, Jones, and Uzzi 2007, 1037.
67. Jones, Wuchty, and Uzzi 2008. Fox와 Mohapatra(2007)가 수행한 연구에서 출판물 수로 평가한 성과는 학과 내부의 협력 및 대학 외부와의 협력과 매우 확실한 연관관계를 보인다. 비록 연구팀이 주제에 관해 보유한 전문성과 종합적인 지식을 통해 성과를 높이기는 하지만, 사회적인 관계가 미흡하거나 협력이 부족해서 특정한 과제를 완벽하게 수행하지 못할 수도 있다. Jones, Wuchty and Uzzi 2008.

68. IT 데이터는 1980년대 이래 상당한 구조적인 변화를 겪지 않은 1348개 4년제 칼리지와 대학교, 의과대학을 대상으로 수집했다. Winkler, Levin, and Stephan 2010 참조.

69. Ding et al. 2010.

70. Agrawal and Goldfarb 2008.

71. Overbye 2007.

72. 위키피디아, http://en.wikipedia.org/wiki/PubChem#Databases에서 "PubChem" 2009.

73. Kolbert 2007, 68.

74. National Institutes of Health 2009g.

75. National Institute of General Medical Sciences 2009b. NIGMS는 2009년 가을에 글루 그랜트를 삭감했다.

76. National Institute of General Medical Sciences 2011.

77. Bole 2010.

78. European Commission 2007b, 2010. 대조적으로 2006년에 설립한 유럽연구위원회는 협력 강화를 주요 목표로 삼지 않았다. 대신 연구 프로젝트 선정 시 경제 규모를 중요하게 여겼다.

79. 한 예로, MIT와 스탠퍼드대는 하버드대보다 특허출원 건수가 2배 이상 많았고 창업 기업도 2배가 넘었다. 뿐만 아니라 두 대학은 산업계로부터 지원받는 연구비가 압도적으로 많았고 라이선싱 수입도 하버드대보다 훨씬 많았다.(Lawler 2008) 하버드대는 협력 연구를 강화할 학과 신설을 위해 자금 지원을 약속했다. 2007년에는 발생재생생물학과department of developmental and regenerative biology 신설 자금으로 5000만 달러를 투입하기도 했다.(Mervis 2007a, 449)

80. Office of the Executive Vice President 2010. 2009년 초, 드루 파우스트 총장은 시설물 건축이 늦춰질 것이라고 밝혔다.(Marshall 2009) Groll and White 2010 참조.

81. 이 같은 주장을 제안한 프란세스코 리조니에게 감사한다.

82. 펜실베이니아 의과대학 등 일부 과정에서는 이런 원칙을 완화하고 지도교수와 연구를 계속하는 연구자에게는 승진을 고려하고 있다. 보조금을 받는 교수진에게 보너스를 지급하는 관행은 보너스가 팀원보다는 연구책임자에게 주로 주어진다는 점을 감안하면 프로젝트의 연구자 증가와 양립하기 어렵다.

83. 물론 과학자가 논문에 저자로 이름을 계속 올릴 수는 있겠지만 연구에서 주도적

인 역할을 맡기는 점차 어려워지고 있다.

84. 벤 존스는 이 아이디어의 우선권을 가질 자격이 있다. Jones 2010b 참조.

5장. 설비와 기자재에 관하여

1. 기에라시는 델라웨어대 생물물리화학biophysical chemistry 전공 교수였다. 그녀가 생물학 분야 연구에 집중하는 사이, 대학들은 생의학계에 막대한 연구비를 제공했다. 한편 기에라시는 자신의 실험실이 최대 사용자나 다름없는 설비인 고자장 NMR을 구입하지 못해 계속해서 어려움을 겪었다. 그러던 중 기에라시가 고자장 NMR을 구입하려 고군분투한다는 사실을 알게 된 알프레드 길먼(텍사스대 사우스웨스턴 메디컬센터의 약리학과장)이 기에라시에게 자신의 메디컬센터 장비를 사용하도록 했다. 이에 대해 기에라시는 "말하자면, NMR 기기한테서 구애를 받은 셈이지요"라고 했다. 텍사스대는 기에라시에게 NMR을 사용하도록 했을 뿐 아니라 훌륭한 연구 환경을 조성해줬다.(Biophysical Society 2003)

2. Vogel 2000. 여기서 기준 경비는 쥐 다섯 마리가 든 케이지 하나당 1일 경비다. 대학 측은 연구자에게 케이지당 0.18달러를 제공했다.

3. 『사이언스』(2008) 321:736, August 8.

4. Galison(2004, 46)은 비록 스위스의 기술 인프라가 늦게 갖춰지긴 했지만 "스위스가 철도, 전신, 시계, 동기화 시계 사업을 시작했을 당시 대중적으로 많은 관심을 얻었다. 그리고 베른이 그 중심에 있었다"고 말했다.

5. Rosenberg 2007, 96.

6. de Solla Price 1986, 247.

7. Galison 2004. Quote is from Everdell 2003.

8. Cho and Glery 2009.

9. Lemelson-MIT Program 2003. 후드가 장비와 최신 연구에 대해 관심을 갖기까지 멘토인 윌리엄 드레이어의 영향을 받았다. 드레이어는 당시 칼텍 박사과정 학생들에게 "만일 여러분이 생물학 분야에서 연구하려면 최첨단 분야를 연구하고, 최첨단 분야에서 연구하려면 생물학 정보를 판독하는 데 도움이 될 만한 새 장비를 개발하라"고 말했다.(Lemelson-MIT Program 2007)

10. National Science Foundation 2009d.

http://www.nsf.gov/statistics/nsf10311/pdf/tab78.pdf에서 회계연도 2009,

table 78. 미국국립과학재단이 대학들에게 연구 설비 지출내역을 보고하도록 요청해 자료를 수집했다.

11. 같은 책.

12. McCray 2000. 이 비용은 각 제미니 망원경을 하룻밤 운영하는 데 4만 달러가 든다는 사실로 추정했다. 위키피디아, http://en.wikipedia.org/wiki/Gemini_Observatory에서 "Gemini Observatory" 2011.

13. Normile 2008. 과학 연구를 위해 이 선박을 갖춘 일본 기관은 오일 탐사 운영권을 임대했다.

14. W. M. 켁 재단은 W. M. 켁 관측소라고도 부르는 이 프로젝트에 자금을 지원했다. 이 관측소는 캘리포니아대와 칼텍이 운영한다.(W. M. Keck Observatory 2009)

15. 스탠퍼드 선형 가속기 센터는 관심 분야를 고에너지물리학 연구에서 단백질 구조와 같은 물질에 대한 연구로 바꾸었고, 2009년 4월에 X-선 레이저 LCLS(선형 간섭성 광원, Linac Coherent Light Source)를 사용했다. Cho 2006 참고. LCLS 홈페이지에 따르면 이 기계는 "가장 강력한 싱크로트론보다 수백만 배 밝으며 엄청나게 빠른 X-선 진동을 생성한다."(http://lcls.slac.stanford.edu) SLAC National Accelerator Laboratory 2010.

16. 4장 참고.

17. 여기에는 복리후생비를 포함했으며 12개월 평균 급여를 바탕으로 산출했다.

18. Ehrenberg, Rizzo, and Jakubson 2007.

19. 설비 비용 때문만은 아니다. 교수들은 공간 문제와 설비 작동 인력에게 지급하는 인건비, 유지비 등을 해결하기 위해서도 설비를 공유하고 싶어한다.

20. 이 비용에는 작동비와 유지비가 포함되어 있다. 미국국립과학재단의 경쟁에서, 주최 기관은 연간 수백만 달러에 달하는 유틸리티 비용도 지불해야 한다. 현재 미국 학계가 보유한 가장 막강한 슈퍼컴퓨터는 미국국립과학재단이 6500만 달러를 투입한 테네시대의 크라켄Kraken이다. 이 슈퍼컴퓨터는 Oak Ridge National Llaboratory에 설치되어 있다. 이 장소는 전력 공급, 훈련된 인력, 컴퓨터를 수용하기에 적절한 공간까지 고려해서 선정되었다. 미국국립과학재단이 자금을 지원한 슈퍼컴퓨터들은 사용자별로 시간을 할당해야 한다.
주 정부와 산학 협력단이 여러 슈퍼컴퓨터에 자금을 지원한다. IBM과 파트너 관계에 있는 Rensselaer Polytechnic Institute(RPI)도 한 예다. 미국국립과학재단은 여러 대학이 보유한 슈퍼컴퓨터 가운데 가장 비싼 슈퍼컴퓨터에만 투자하기는 했지만, 이렇게 투자한 컴퓨터 대수는 얼마 되지 않는다. 위치와 자금 출처에 따른 슈퍼컴퓨터 목록 TOP500(2010) 참고.

일반적으로 슈퍼컴퓨터는 다양하게 시스템을 구성할 수 있는 최신식 고성능 컴퓨터라고 볼 수 있다. 여기서 '고성능'에 대한 정의는 각기 다르다. 슈퍼컴퓨터를 사용하는 대략적인 원칙에 대해서는 '상위 500 목록'을 참고하라. 이 목록에서는 일련의 선형대수학 벤치마크에서 나타내는 기능적인 관점에서 성능이 뛰어난 순서대로 서열을 매겼다. 이는 대체로 대표성이 떨어지는 측정 기준이기는 하지만, 목록 10위 안에 드는 컴퓨터는 세계에서 가장 빠르다고 평가받는다.(2009년 9월 8일 Fran Berman과의 서신, 2009년 9월 14일 Fran Berman과의 대화) 2010년 가을, 중국은 Tianhe-1A를 도입했다. Tianhe-1A는 '상위 500 목록'에서 1위를 차지하며 Oak Ridge National Laboratory에서도 Jaguar XT5 대신 설치된 컴퓨터이다. Stone and Xin 2010 and Top 500 2011 참조.

슈퍼컴퓨터는 매우 가변적이라는 점도 눈길을 끈다. 1990년대에 슈퍼컴퓨터에서 수행했던 작업 대부분이 현재는 4000달러도 안 나가는 워크스테이션에서 수행된다. 슈퍼컴퓨터가 해결하는 많은 문제가 병렬 작업(문제점을 작은 부분으로 쪼개서 동시에 수행하도록 함)으로 해결되다보니 전통적인 의미의 슈퍼컴퓨터들은 대형 컴퓨터가 각자 작동하도록 프로그램이 설계된 컴퓨터들이 한데 모이는 '클러스터'로 탈바꿈했다.

오늘날의 슈퍼컴퓨터는 양자역학 전문가들이 수행하는 고차원적인 연산 업무를 수행하거나 분자 모델링에도 사용한다. D. E. Shaw Research 연구소에서 사용하는 안톤Anton은 분자 동력학 모의실험에 사용하는 슈퍼컴퓨터의 예다. 슈퍼컴퓨터 안톤의 값은 대략 1300만 달러 정도다.

위키피디아, http://en.wikipedia.org/wiki/Anton_(computer)에서 "Anton (Computer)" 2009.

21. 『사이언스』(2008) 319, March 28 광고.

22. 인간 게놈 프로젝트HGP는 1985년에 최초로 계획되었다. 1986년에 미국 에너지국은 게놈지도와 염기서열분석에 연구비를 투입하기로 결정했다. 1988년 미국국립연구위원회는 HGP 개시를 권고했다. 같은 해, 미국국립보건원은 제임스 왓슨을 HGP 총책임자로 임명했다. 실제로 염기서열분석 작업은 1990년부터 본격적으로 시작했다. 6개국(중국, 프랑스, 독일, 영국, 일본, 미국) 20개 연구소가 이 연구에 참여했다. 5개 대규모 연구소들이 주도적인 역할을 맡았으며 그 5개 연구소는 영국의 생어 연구소, 미국 캘리포니아 주 월넛 크리크에 자리한 에너지국의 합동 게놈 연구소, 미국국립보건원이 자금을 지원한 베일러 의과대학, 워싱턴대

의과대학, 화이트헤드 연구소다. Collins, Morgan, and Patrinos 2003 참조.

23. 생어 방법은 맥삼-길버트Maxam-Gilbert 방법보다 효율적이고 독성 화학물질을 덜 사용했으며 방사능 사용량도 적었기 때문에 즉각 채택되었다. "DNA Sequencing" 2011 참조.

24. Michael Hunkapiller와의 인터뷰(Dolan DNA Learning Center 2010)

25. Nyrén 2007.

26. Lemelson-MIT Program 2003.

27. Biotechnology Industry Organization 2011.

28. Collins, Morgan, and Patrinos 2003.

29. Jenk 2007.

30. Stephan 2010a.

31. Stephan 2010a. 그렇다고 효율성 개선이 염기서열분석 기술 개선 때문만은 아니다. 라이브러리 생성 · 템플릿 준비 · 실험실 정보관리 개선은 곧 "인간의 개입이 덜 필요"하다는 의미다.(Collins, Morgan, and Patrinos 2003, 289)

32. Cohen 2007.

33. Wade 2000. 2001년 2월에 『사이언스』는 어플라이드 바이오시스템스 사의 Mike Hunkapiller와 그의 연구팀이 "엄청나게 빠른 속도를 자랑하는 프리즘 3700을 개발"했지만 인간 게놈 프로젝트에서 주목받지 못한 영웅들이라며 소개했다.("The Human Genome. Unsung Heroes" 2001)

34. Collins, Morgan, and Patrinos 2003, 288. 어플라이드 바이오시스템스는 PE 바이오시스템스라고 불리기도 했으나 2000년에 어플라이드 바이오시스템스로 회사명을 재차 변경했다.

35. 경쟁 역시 게놈지도 완성을 가속화하는 역할을 했다. 인간 게놈 프로젝트는 다양한 국가와 비영리 단체들이 자금을 지원한 공공사업이었다. 하지만 1998년 크레이그 벤터와 그가 설립을 도왔던 셀레라 지노믹스 사는 인간 게놈 염기서열분석 경쟁에 뛰어들었고, 1999년에 프리즘 3700을 사용할 수 있게 되자 이 기계를 활용했다. 그러다가 2000년 6월, HGP 팀과 셀레라 지노믹스가 합작해 게놈 연구 규격 초안을 발표했다. 2001년 2월에 게놈 분석 결과를 발표할 때에도 두 팀이 동시에 발표했다.

36. 454는 큐러젠의 자회사로 로스버그가 초기에 설립했다. 로스버그는 큐러젠이 454를 로슈 사에 1억4000만 달러를 받고 매각한 2007년에 지배권을 상실했다.(Herper 2011)

37. 『사이언스』(2009) 323:1400. 더 빠르다고 해서 반드시 저렴하다는 의미는 아니다. Church 2005. 길이는 정말 중요하다. 각 DNA 단편의 염기쌍 길이가 길수록 완전한 게놈으로 조합하기 쉬워진다.
38. Cohen 2007.
39. 위키피디아, http://en.wikipedia.org/wiki/454_Life_Sciences에서 "454 Life Sciences" 2011.
40. 같은 책.
41. Rothberg Institute for Childhood Diseases 2009.
42. Wade 2009.
43. Cohen 2007.
44. Stephen Quake, quoted by Wade 2009.
45. Illumina(2009), Genome Analyzer IIx.
46. Herper 2011.
47. 같은 해, 컴플리트지노믹스에서 일하는 과학자들이 하버드대와 워싱턴대 과학자들과 함께 『사이언스』에 자신들의 염기서열분석 플랫폼을 설명하는 논문을 앞서 실은 바 있다. Drmanac et al. 2010.
48. Bowers 2009.
49. 이 기계를 한 번 가동할 때마다 500달러가 든다.(Pollack 2011)
50. RS는 69만5000달러에 판매했다.(『더 사이언티스트』 Staff 2010)
51. J. Craig Venter Institute 2008.
52. McGraw-Herdeg 2009.
53. X Prize Foundation 2011.
54. Collins 2010a.
55. New York Times Editors 2010.
56. Paynter et al. 2010.
57. Berg, Tymoczko, and Stryer 2010.
58. National Iinstitute of General Medical Sciences 2007a, 1~2 참조. 생물학적인 타당성biological relevance 부족에 대한 우려로 미국국립보건원 산하 종합의학연구소가 단백질 구조 계획을 다시 감독하게 되었다. 'PSI: 생물학'이라고 알려진 새 계획은 다른 구조를 풀려고 하기보다는 생물학계가 정해놓은 단백질의 구조를 해결하고 생물학계의 관심사를 상당 부분 고려했다.(National Institute of General Medical Sciences 2009c)

59. 서모 사이언티픽 측에서 보낸 답변.
60. 위키피디아, http://en.wikipedia.org/wiki/X-ray_crystallography에서 "X-Ray Crystallography" 2011 참조.
61. 단백질 구조 연구는 많은 노벨상 수상자를 배출했다. 로저 콘버그는 RNA 중합효소의 3차원 구조 해결에 대한 공로를 인정받아 2006년 노벨화학상을 수상했다. 로드 매키넌은 1998년에 "세포를 통한 이온 수송을 용이하게 하고, 이를 통해 신경 충동과 다른 생물학적 과정을 가능하게 하는 최초의 고해상도 이온 통로 구조"를 발표한 공로로 2003년에 노벨화학상을 받았다. 존 켄드루와 맥스 퍼루츠는 고해상도 단백질 구조 연구를 통해 1962년 노벨화학상을 공동 수상했다. 애런 클루그는 1964년에 "X선 회절을 통한 구조 결정 원리를 결정학 전자 현미경을 개발하는 데 활용할 수 있으며 과학자들이 바이러스 등 복잡한 구조를 풀 수 있다"고 발표한 내용의 공로를 인정받아 1982년 노벨화학상을 수상했다. National Institute of General Medical Sciences 2009a.
62. RCSB Protein Data Bank 2009(http://www.rcsb.org/pdb/)
63. Sobel 1996에는 "경도 문제"에 대한 흥미로운 설명이 나온다.
64. McCray 2000, 691.
65. 좀 더 최근에는, 두 번째 설비(Keck Ⅱ)를 가동할 때 나사가 파트너십을 체결했다.
66. McCray 2000.
67. Sloan Digital Sky Survey 2010(http://www.sdss.org)
68. Cho and Clery 2009.
69. Bhattacharjee 2009.
70. TMT Project 2009.
71. Bhattacharjee 2009.
72. GMT는 시카고대가 2010년 여름에 프로젝트 자금 5000만 달러를 지원하기로 약속하면서 추진력을 얻었다.(Macintosh 2011)
73. 현재 기술은 약 8미터짜리 단일 반사경을 제작하는 수준에 머물러 있다. E-ELT는 이 크기의 거울들을 조합해서 직경 42미터짜리 반사경을 만들 예정이다.(The Gran Telescopio Canarias and the Southern African Large Telescope는 10미터가 넘는 거울을 만들기 위해서 6각 거울을 사용한다.) European Southern Observatory 2010. 위키피디아, http://en.wikipedia.org/wiki/European_Extremely_Large_Telescope에서 "European Extremely Large Telescope" 2010 참조.
74. Bhattacharjee 2009.

75. Center for High Angular Resolution Astronomy 2009.

76. 전파천문학 분야에 뜻밖의 발견 사례가 있다. 1920년대에 벨 연구소는 칼 잰스키에게 대서양 연안에서 발생하는 무선 잡음의 진원지를 찾아달라고 요청했다. 잰스키는 연구에 필요한 회전 안테나를 제공받았다. 1932년, 잰스키는 자신이 발견한 무선 잡음의 진원지 세 곳을 설명하는 논문을 발표했으며, 이 세 진원지는 가까운 지역의 뇌우, 더 먼 곳에서 발생하는 뇌우, "안정적인 잡음이나 근원을 알 수 없는 어떤 곳"이라고 묘사한 지점이라고 밝혔다. 그는 이것을 "스타 노이즈star noise"라고 이름 붙였으며, 이를 계기로 전파천문학의 시대가 열렸다. Rosenberg 2007 참조.

77. 위키피디아, http://en.wikipedia.org/wiki/Arecibo_Observatory에서 "Arecibo Observatory" 2011 참조.

78. Martin 2010.

79. Cho and Clery 2009, 334.

80. Clery 2009a; SKA 2011.

81. Koenig 2006.

82. SKA 2011. 호주가 선정되면 SKA 전파 수신기는 뉴질랜드까지 뻗게 될 것이고, 남아프리카공화국이 선정되면 인도양까지 미칠 것이다.

83. 유럽 우주국European Space Agency이 운영하는 허셜 우주 망원경도 시간이 오래 걸린 사례다. 이 계획은 1982년에 처음 제안되었으나, 27년 후인 2009년 5월에야 망원경을 발사했다.(Clery 2009b)

84. 블래스트BLAST(Balloon-borne Large Aperture Submillimeter Telescope)는 또 다른 "우주" 망원경이다. 이 망원경은 높은 고도의 풍선에 매달려 있으며, 펜실베이니아대와 토론토대가 주도하는 대학 컨소시엄이 지원한다. 세 번째 비행에서 블래스트의 낙하산이 펴지지 않아 착륙에 실패한 후 남극 표면을 따라 24시간 동안 끌려다닌 사건을 계기로 이 프로젝트의 취약함이 알려졌다.

85. Cho and Clery 2009, 334.

86. 인간 진화의 역사에서 효모는 어떻게 특정 유전자가 특정 행동에 영향을 미치는가를 연구하는 데 사용되었다. 가령 2010년 텍사스대 오스틴캠퍼스의 에드워드 마코트는 효모를 연구하면서 인간의 유전자 다섯 개가 혈관 성장에 매우 중요하다는 사실을 발견했다. 이 연구는 종양에 영양분을 제공하는 혈관의 성장을 막아 종양을 죽이는 약물 개발에 유용하게 사용되었다.(Zimmer 2010)

87. 찰스 다윈은 1839년에 출간한 『비글호 항해기』에서 플라나리아를 가로로 잘랐더

니 다시 살아나는 모습을 관측했다고 밝혔다. 플라나리아는 1901년에 출간된 토머스 헌트 모건의 책 『재생』에서도 제 몫을 톡톡히 했다. 하지만 이후 모건은 "우리는 발육과 재생 현상을 결코 이해하지 못할 것"이라고 말하며 재생 연구를 포기했다.(Berrill 1983) Sánchez Laboratory 2010 참조. 모건은 유전에서 염색체의 역할에 관한 발견을 인정받아 1933년에 노벨생리의학상을 수상했다.

88. Children's Memorial Research Center 2009; Minogue 2009. 제브라다니오는 상대적으로 유지 비용도 저렴하다. 아이오와대에 있는 제브라다니오 수조를 다 합친 1일 비용이 0.37달러다.

89. Critser 2007. 크리처는 클래런스 리틀이 "스튜어트와 관련이 없어서" 지루해했다고 재치 있게 말했다.(2007, 68)

90. 같은 책.

91. Murray et al. 2010.

92. 쥐 혁신은 1980년대에 5개 팀이 개별적으로 연구하다가 형질전환 쥐를 개발하면서 처음 시작되었다. 2장 참고.

93. Anft 2008.

94. Malakoff 2000.

95. 8000만 마리라는 수치는 Critser 2007에서 가져왔다. 이 수치는 연구에 사용하는 생쥐와 특이한 소수 종 등 설치류 전체를 포함했으나, 2009년 이전인 탓에 녹-아웃 쥐는 포함되지 않았다. 2000~3000만 마리는 Anft 2008에서 가져왔다.

96. Anft 2008.

97. Murray et al. 2010.

98. 클래런스 리틀은 이를 인식하고 쥐와 인간의 관계를 "오래된 앙숙 관계"라고 묘사했다. Critser 2007, 68, footnote 참조.

99. 2009년 9월 14일 잭슨 연구소 기술정보과학자 제임스 이든 박사와의 서신.

100. Anft 2008.

101. Boston University Research Compliance, 2009,
http://www.bu.edu/animalcare/services/per-diem-rates/에서 "Animal Care: Per Diem Rates."

102. Animal Research, Institutional Animal Care and Use Committee, 2009, "per diem rates," Office of the Vice President for Research, University of Iowa, Iowa City, http://research.uiowa.edu/animal/?get=per_diem_rates.

103. Vogel 2000.

104. 포유류를 연구에 사용하고, 2009년에 출판된 학술지 논문들에 관한 한 조사에서 10개 분야 가운데 5개 분야에서 수컷을 암컷보다 선호한다는 사실을 밝혔다. 2개 분야에서는 논문 대다수가 동물의 성별을 공개하지 않았고, 다른 2개 분야에서는 암컷뿐 아니라 수컷도 많이 사용했다. Wald and Wu 2010 참조.

105. 같은 책.

106. Bolon et al. 2010.

107. APJ Trading Co.가 제조했으며 『사이언스』에 광고했다. 『사이언스』(2006) 312, June 9.

108. 비주얼소닉VisualSonics 사는 약 8년 동안 아날로그 제품을 판매했다. 그러다가 2008년에 디지털 초음파 제품 Vevo 2100을 출시했다. Vevo 2100 기본 가격은 19만5000달러였으며, 초당 1000프레임 기능을 갖추었다.(비주얼소닉 사의 래리 맥도웰과의 인터뷰에서 정보를 취했다.)

109. Hagstrom 1965.

110. LaTour(1987)는 학계에서 전문성을 높이기 위해 교환하는 방식을 자세하게 설명한다.

111. Walsh, Cohen, and Cho 2007. 저자들은 학계 연구자를 대학, 비영리 단체, 정부 실험실에서 연구하는 사람들로 광범위하게 정의했다.

112. '지나치게 많은 사람(때로는 수백 명에 달함)이 재산권을 주장할 경우 연구자들은 기본적인 발견이나 상위 발견에 대해 여러 사람과 교섭을 벌여야 하고, 이는 연구를 위축시킨다'는 사실은 반反공유재 논쟁과도 관련이 깊다.(Heller and Eisenberg 1998) Walsh, Cohen, and Cho(2007)는 학계 응답자들에게 프로젝트를 더 이상 추진하지 못한 요인에 대해 물었다. 그랬더니 '연구비 부족(62퍼센트)' 또는 '지나치게 바빠서(60퍼센트)'가 가장 일반적인 이유라고 답했다. '과학 분야의 경쟁(29퍼센트)' 역시 프로젝트를 추진하지 못한 중요한 이유였다. 하지만 기술 통제권과 관련해서 '투입 요소 접근이 어려워서(10퍼센트)' '특허 때문에(3퍼센트)'라는 대답은 매우 적었다.

113. Nelson-Rees 2001.

114. Vogel 2010.

115. Furman and Stern 2011.

116. Walsh, Cohen, and Cho 2007.

117. Murray 2010.

118. 과학자들은 듀퐁 사가 라이선스를 보유한 크레-록스 쥐나 온코마우스를 사용하

려면 네 가지 조건을 충족시킬 때에만 다른 과학자와 공유할 수 있었다. 일단 양측이 라이선스 계약을 체결한 후 특허권 사용료를 납부해야 하고, 물질이전협약을 공식적으로 체결해야 한다. 또 자신들의 실험 내용을 매년 듀퐁에 보고하며, 이후에 발생하는 상업적인 활용에 대해 듀퐁 사의 리치 스루 권리를 인정해야 했다. Murray 2010 참조.

119. Murray 2010.

120. Furman, Murray, and Stern 2010.

121. Wenniger 2009.

122. National Science Foundation 2007d, table 4.

123. Heinig et al. 2007.

124. GDP를 감안해 조정했다. Implicit Price Deflator, 2005=100. 2003년 명목 예산은 272억 달러, 2009년은 303억 달러다.

125. Timmerman 2010.

126. 물론 다용도 제품과는 구별되는 이머징 테크놀러지 시장에서 완전경쟁 시장을 기대하기 어려운 측면도 있다.

6장. 연구 지원금을 둘러싼 이슈들

1. 이 수치는 2009년 7월부터 시작하는 회계연도 예상치이며 간접비를 포함한다. 스탠퍼드대의 데이터에는 SLAC 국립가속기실험실에 지원하는 직접 기금을 제외했다. Stanford University 2009c, p. 19, University of Virginia 2010, p. 12 and Northwestern University 2009, p. 1 참고.

2. 지식의 비경쟁적인 속성상 다른 사용자의 한계비용이 제로이므로 효율가격이 제로라는 의미다. 여기서 효율성의 문제가 제기된다.

3. Dasgupta and David 1994.

4. 대학원생과 박사후연구원에 드는 비용 데이터는 Pelekanos 2008에서 가져왔다.

5. 뉴욕대 의과대학의 제인 레이퍼 교수는 실험실에서 1인당 장비 비용은 월 평균 1500달러라고 밝혔다. Pelekanos 2008 참조.

6. 발명자가 특허를 출원해서 발명 내용을 공개적으로 발표하는 방식이 독점적인 권리를 확보하는 유일한 방법이라는 점에서 특허 시스템에는 일종의 보상quid pro quo이 존재한다. 정부가 민간 부문일지라도 연구개발을 독려할 수 있는 또 다른

방법은 기업에 세액 공제를 제공하는 것이다.

7. Williams 2010. 셀레라 지노믹스의 조치는 인간 게놈 프로젝트 팀이 유전자 염기서열분석을 다시 진행할 당시 지식재산권 제한이 없어지고 난 뒤에도 영향을 미쳤다고 말한다.

8. Gans and Murray(2010)는 이를 선택의 관점selection view과 드러냄의 관점disclosure view이라고 말한다.

9. 키스 패빗의 일대기는 http://en.wikipedia.org/wiki/Keith_Pavitt에서 확인할 수 있다. 패빗의 발언은 NBER 학술회의에서 *The Rate and Direction of Inventive Activity* 출간 50주년을 축하하며 리처드 넬슨이 이야기한 내용이다. 이 학술회의는 2010년 9월 30일에서 10월 2일 버지니아 워렌턴 에얼리 콘퍼런스 센터에서 열렸다.

10. 외부에서 대학으로 유입된 연구기금을 파악하기가 대학 자체 기금을 파악하기보다 쉽다. 그래서 대학 자체 기금은 실제보다 적게 산출될 수 있다.

11. Stephan and Levin 1992, 95.

12. National Science Foundation 2007b.

13. 2001년 경기 침체기는 예외다. 미국국립보건원이 예산을 2배 확충한 덕분에 연방정부의 대학 연구 지원금은 증가세를 이어갔다.

14. Mervis 2009a.

15. 대학들이 보인 "탐욕적인" 태도 역시 연구비 감소를 자초했다. 대학들은 라이선싱 수익을 늘리기 위해 산업계의 지원으로 수행한 프로젝트에서 얻은 지식재산권 보호에 적극적으로 나섰고, 이는 기업과 대학 사이에서 점차 불협화음을 이끌어냈다. 캘리포니아 팔로 알토에 위치한 휴렛팩커드 실험실의 컴퓨터과학자 스탠리 윌리엄스는 이 상황에 대해 "우리가 아이디어와 돈을 댔는데도 불구하고, 연구성과에 대해 (이미 지불한 거나 마찬가지인) 특허 사용료를 내야 한다. 그러고 나면 2년은 족히 걸리는 협상에 들어가야 하고, 그 사이 아이디어는 더 이상 쓸모가 없어진다"고 말한다.(Bhattacharjee 2006) Thompson 2003 and Thursby and Thursby 2006 참조.

16. Pain 2008. 25퍼센트는 1995년 에릭 캠벨이 수행한 연구에서 나왔으며 페인과 관련 내용을 점검했다.

17. Blumenthal et al. 1986. 출판 제한 조건은 미국만의 문제가 아니다. 최근 한 연구에서는 독일의 학계 과학자와 공학자들 사이에서도 출판 제한과 산업계의 후원이 긴밀한 관계에 있다고 주장했다. 특히 산업계 연구자들 가운데 41퍼센트가

부분적으로 또는 전면적으로 출판을 금지당해봤으며 이는 산업계의 지원을 받지 않은 사람들(7퍼센트)에 비해 높은 비율이다.(Czarnitzki, Grimpe, and Toole 2011)

18. Olson 1986 참조.

19. Campbell 1997.

20. BookRags.com,

http://www.bookrags.com/research/jonas-edward-salk-scit-071234/에서 "Jonas Edward Salk, 1914~1995, American Virologist and Physician."

21. BA Biology, http://www.coledavid.com/dnamain.html에서 "DNA Double Helix Discovery by Crick, Watson and Franklin."

22. 빌 앤 멜린다 게이츠 재단이 대학교에 지급하는 보조금 항목은 매우 많다. http://www.gatesfoundation.org/grants/Pages/search.aspx에서 확인할 수 있다.

23. 오라클 창업자인 로런스 엘리슨이 이 재단을 설립했다. 2009년, 재단은 4100만 달러를 보조금으로 쾌척했다.

http://philanthropy.com/premium/stats/foundation/detail.php?ID=356780에서 "Foundation Data: Ellison Medical Foundation(Bethesda, Md.)" 참조.

24. Grimm 2006. 대다수 재단과 달리 휘터커 재단은 영구적으로 지속하겠다는 목표 아래 설립되지 않았다. 설립자인 U. A. 휘터커는 관료적인 각종 절차에 경멸적인 태도를 보였고 자신이 세상을 떠난(1975) 뒤 40년 이내에 재단활동을 마감하기를 바랐다.

25. 『사이언스』(2007) 318:1703, December 14.

26. Howard Hughes Medical Institute 2009c.

27. Howard Hughes Medical Institute 2009a.

28. Kaiser 2008c.

29. Howard Hughes Medical Institute 2009b. 정부의 회계상에 7억 달러가 인식되지 않는다. 공식적으로는 이 교수들이 하워드휴스 의학연구소 소속 연구자 신분이었고 직원을 지원하는 형식을 취했기 때문이다. 연구자들은 근무 시간의 25퍼센트를 강의나 행정 업무, 각자가 속한 대학교에 도움이 되는 기타 활동을 병행할 수 있었다.

30. Howard Hughes Medical Institute 2009e.

31. Howard Hughes Medical Institute 2009d.

32. Kaiser 2008d.

33. Couzin 2009.

34. 미국국립보건원이 예산을 크게 늘리면서 2000년대 초 대학 연구기금의 실질 비율이 낮아졌다. 하지만 2003년 이후로 다시 비율이 높아지고 있다.

35. 마서 레어 세일과 R. 새무엘 세일이 인터넷을 기반으로 실시한 2004년 기준 31개 사립 박사·연구대학의 정책을 조사했더니 평균 간접비 비율이 54.4퍼센트였다.(2009년 Academic and Business Research Institute in Orlando, Florida에서 발표했다.) 이는 과학연구동 건설비를 주 정부의 지원금에 일부 의존해 간접비 비율이 낮은 공립대들과 사뭇 다른 상황이다. 하지만 최근 들어 주 정부의 운영 예산 지원이 감소하면서 공립대도 간접비 비율에 좀 더 관심을 기울이며 평균 비율이 실제로도 조금 증가했다.

36. Goldman et al. 2000, 33.

37. 같은 책, xii. 간접비에 대해 이처럼 불만이 광범위하게 퍼져 있는데도 불구하고 대학들은 교수들에게 보조금을 받아오라는 압력을 계속하고 있다.

38. Lerner, Schoar, and Wang 2008.

39. Ehrenberg, Rizzo, and Jakubson 2007. 하지만 그 효과는 아주 작았다. 이 기간 내부 연구비 지출 증가로 학생-교수 비율이 올라갔다.(사립대 0.5, 공립대 0.3) 연구비 지출 증가에 따른 사립대의 등록금 인상은 1퍼센트 미만, 대학원 학위과정 확대에 따른 등록금 인상은 2퍼센트 정도였다. 공립대 학생들은 결국 대학원 학위과정 확대에 따라 등록금 50달러를 더 내는 셈이다.

40. Geuna 2001 and Geuna and Nesta 2006.

41. McCook 2009 참조.

42. Enserink 2006.

43. National Science Board 2010, table 4-11.

44. 중국의 데이터는 European Commission(2007a, table 2-7)과 National Science Board(2010, table 4-11)에서, 미국과 일본의 데이터는 National Science Board에서 참고했다.(같은 책)

45. Grueber and Studt 2010.

46. National Science Board 2010, table 4-19.

47. Grueber and Studt 2010. 미국의 데이터는 National Science Board 2010, chapter 4에서 참고했다.

48. Xin and Normile 2006.

49. Wines 2011. 각 케이지에는 최대 4~5마리를 수용한다. 쉬텐 교수의 견해에 따르면, 존스홉킨스대는 10개 연구 시설에서 쥐 20만 마리를 키운다.

50. Shi and Rao 2010.

51. Goldin and Katz 1998, 1999. Rosenberg and Nnelson 1994. 참조.

52. Leslie 1993, 12.

53. 이 프로그램은 조지아대(2010)와 조지아 의과대학이 합동으로 추진해나갈 것이다.

54. Center on Congress at Indiana University 2008.

55. Congressiona Quarterly 2007, vol. 2; xx, 1606, 54.

56. 스펙터 상원의원은 공화당원으로 44년 동안 다양한 활동을 펼쳤으며 2009년 4월에 민주당으로 당적을 옮겼다. 그는 2010년 민주당 예비선거에서 패한 후 2011년 1월 상원의원 자리에서 물러났다. 스펙터는 1993년과 1996년 두 차례에 걸쳐 뇌종양과 사투를 벌였고, 2005년에는 호지킨 림프종을 진단받았으며 2008년에 재발했다. http://cancer.about.com/b/2008/06/01/arlen-specter.htm.

57. National Science Board 2002, 2004, 2006, 2008, 2010.

58. Enserink 2008a.

59. "하드머니"를 지원받는 교수들은 보조금을 여름 학기 급여를 감당하는 데 사용할 수 있다. "소프트머니"를 지원받는 교수들은 자신이 받는 급여의 전액은 아니더라도 일부라도 메우기 위해서 보조금을 받으려고 한다.

60. National Science Board 2010, appendix, table 5.7.에서 2008년 지출 데이터를 근거로 산출했다. 대학들이 받는 미국국립보건원 자금 전액이 보조금 형태로만 유입되지는 않는다는 사실을 감안해서 데이터를 조정했다.

61. National Institutes of Health 2009a.

62. Austin 2010 참조.

63. National Institutes of Health 2009f. Excluded from the discussion are institutes that received fewer than 500 proposals, as well as the NCCAM(National Center for Complementary and Alternative Medicine) 성공률은 모든 지원금을 대상으로 했다. 일반적으로 R01 성공률이 약간 높다.

64. 같은 책.

65. 셰라가는 1921년생으로 미국국립보건원 연구자 가운데 나이가 가장 많다. 2009년 3월, 미국국립보건원에서 또 다른 지원금 수령을 중단했으며 다른 교수에게 실험실도 넘겼다. Kaiser 2008b.

66. 제안서 가운데 10퍼센트 정도는 우편 심사만 거친다. 하지만 우편 심사만 실시하

는 방식은 줄어드는 추세다. National Science Foundation(2009c, fig. 21)

67. 같은 책, 27.

68. 이 값은 센터, 설비, 방비, 도구 관련 제안서는 제외한 수치다. 2001~2008년 자료.(같은 책, fig. 6)

69. 같은 책, 5.

70. Discussion by Freeman and Van Reenen 2009, 24 참조.

71. Vogel 2006.

72. 심사 과정은 국가마다, 기관마다 큰 차이를 보인다. 한 예로 미국국립과학재단 지원자들은 심사위원에서 제외하길 원하는 사람을 밝힐 수 있지만, 심사위원을 추천할 수는 없다. 하지만 영국과 플랜더스(프랑스, 벨기에, 네덜란드) 국가에서는 신청자가 자료를 제출하기 전에 공식적으로 심사위원단을 추천할 수 있으며 이들이 심사에 동의하면 지원자는 심사위원들과 접촉할 수도 있다.

73. 대학교 연구비의 약 25퍼센트는 RAE를 통해 배분된다. Katz and Hicks 2008. Clery 2009d. Franzoni, Scellato, and Stephan 2011 참조.

74. De Figueiredo and Silverman 2007, 52. Mervis 2008b.

75. Robert Rosenzweig, former president of AAU. Mervis 2008b, 480.

76. 같은 책.

77. De Figueiredo and Silverman 2007, 40. "D-펜실베이니아"는 펜실베이니아 주 민주당원을 뜻한다.

78. 같은 책 43쪽.

79. 같은 책.

80. Mervis 2009c.

81. Mervis 2010. 데이비슨 아카데미는 데이비슨 인스티튜트 산하 단체다.

82. Hegde and Mowery 2008.

83. Pennisi 2006. 캐나다 기업 아르르콘미네랄스Archon Minerals가 상금을 기부했다. 크레이그 벤터는 엑스상 재단 이사회 회원이다. 454 라이프사이언스 사는 초창기부터 이 분야에 뛰어들었다.(위키피디아, http://en.wikipedia.org/wiki/454_Life_Sciences에서 "454 Life Sciences")

84. 파운드애니멀스FoundAnimals 광고, 『사이언스』 7 November 2008.

85. McKnsey & Company 2009.

86. Kalil and Sturm 2010.

87. Lipowicz 2010.

88. Cameron 2010.

89. 2011년 2월 매사추세츠 종합병원 신경학 교수인 수어드 러트코브 박사는 루게릭병 진행 상황을 추적하는 새 장비를 개발한 공로로 Prize4Life가 수여하는 상금 100만 달러를 받았다. http://www.prize4life.org/. 이 장비는 약물이 생존에 미치는 영향을 관찰하기 위한 검사용 장비다. 러트코브는 상의 존재를 알기 전부터 공공 부문에서 연구비를 지원받아 이미 연구하고 있었다. 하지만 상에 대해 알고 난 뒤에는 임상실험 비용 절감을 위해 각별하게 신경을 쏟았다.(Venkataram, 2011)

90. X Prize Foundation 2009a. 카네기멜런 그룹은 레이드 휘터커 교수가 대학의 분사기업 형태로 설립한 애스트로바이오틱 테크놀러지Astrobiotic Technology를 통해 경쟁에 참여했다.

91. 가령 일본은 "정교수가 실험실 공간을 독차지함은 물론, 후원금을 기반으로 평가하는 승진과 채용 등을 독점한다"는 점을 감안하면 젊은 일본인 연구자들은 독립적으로 연구를 수행하기가 매우 어렵다.(Kneller 2010, 880)

92. Enserink 2008b. 프랑스에서 생명과학 연구 개혁을 주창하며 패널 의장을 맡았던 엘리아스 제르후니는 비록 많은 예외가 있기는 하지만 "학술지의 논문 대다수가 하위 수준의 학술지"에서 발표된다고 분명히 밝혔다. 또 패널은 책임감과 권위의 확산에 관한 문제, 프랑스 연구자들에게 주어진 문서 업무의 양 등에 우려를 표하기도 했으며, 생명공학 전 분야에 연구비를 지원하는 단일 단체를 설립하도록 권고했다.

93. Hics(2009)는 2002~2006년에 소득이 10만 파운드가 넘는 영국인 교수 수가 169퍼센트 증가했다고 밝혔다. 교수 평가 방식은 RAE에서 REF로 바뀌었으며, 현재 REF는 자료를 평가하는 시점의 고용 상태보다는 출판 시점의 고용 상태를 기준으로 대학 출판 성과를 매기는 방식을 점검하고 있다. Imperial College London, Faculty of Medicine 2008 참조.

94. Xin and Normile 2006.

95. Butler 2004.

96. Kean 2006, Rockwell 2009.

97. Scarpa 2010. 심사위원들이 자료심사를 위해 들이는 이동 비용도 상당하다. 2010년에만 과학자 1만9000명이 심사에 참여하기 위해 버지니아 알링턴에 위치한 미국국립과학재단 본사를 방문했다. 미국국립과학재단을 비롯하여 여러 기관이 방문 비용과 사례금을 제공하지만 심사위원들의 시간 가치까지 보상하기에는 역부족

이다. 최근에 미국국립보건원은 심사를 위해 화상 회의를 시행하는 방안을 점검하고 있다.(Bohannon 2011)

98. 평균적으로 드는 시간은 4장 참고, 고참 교수들의 연봉 데이터는 2장 참고, 시간당 급여는 약 57달러.

99. National Science Foundation 2007c, vi.

100. 심사위원들의 짐을 덜어주고자, 미국국립보건원 스터디 섹션 회원들은 관련 모임에 4년에 12회가 아니라 6년에 12회 참석하도록 했다. 오랫동안 참여하는 사람들에게는 보상이 주어진다. 스터디 섹션에 18회 참석하면 최대 25만 달러의 보조금 또는 9개월 동안 연구비 지원을 받을 수 있다. 3개 이상 보조금을 받는 과학자는 심사 요청을 받았을 때 반드시 심사를 맡아야 한다.

101. Alberts 2009.

102. Lee 2007. 콘버그는 이어서 "물론 우리가 진정 원하는, 세상을 뒤흔들 만한 혁신적인 성과는 저쪽 반대편에 있지요"라고 덧붙였다.

103. Kaiser 2008b.

104. American Academy of Arts and Sciences 2008, 27.

105. Quake 2009.

106. 젊은 연구자들은 미국국립과학재단에서 어려움을 겪기도 한다. 가령 기존 과학자들에게 연구비를 지원하는 비율은 2000년 36퍼센트에서 2006년 26퍼센트로 28퍼센트 감소했다. 같은 기간 신규 과학자들은 22퍼센트에서 15퍼센트로 32퍼센트 줄었다. American Academy of Arts and Sciences.(2008, 14)

107. Garrison and McGuire 2008, slide 54. 이 수치는 R01에 상응하는 상을 처음으로 수상하는 박사의 연령이다.

108. American Academy of Arts and Sciences 2008, 12. 벤 존스는 과거에 비해 교수직에 오르는 연령대가 높아진 한 가지 이유는 과학 분야에서 진일보하여 지식을 축적하기까지 시간이 필요하기 때문이라고 주장한다. Jones 2010a 참조.

109. 동료 심사 체계에 관한 또 다른 우려는 균형의 문제다. 제안서를 하나씩 뽑을 때 기관의 연구 포트폴리오는 특정 주제에 기울게 마련이다. 대니얼 고로프는 이런 관행을 주식을 하나씩 선정하는 것과 비슷하다고 말한다.

110. Sousa 2008.

111. Kaiser 2008f.

112. Garrison and Ngo 2010.

113. GAO가 2009년 9월에 발표한 보고서는 전체 R01 보고서 1059건 가운데 18.5퍼

센트가 지급 기준 아래였으며, 이들 가운데 약 절반은 신규 연구자들에게 주어졌다. kariser 2009a 참조.

114. National Institutes of Health 2011.

115. National Institutes of Health 2008.

116. National Institutes of Health 2009c. 지원자 수는 La Jolla Institute for Allergy and Immunology 2009 참고.

117. National Science Board 2007.

118. National Institute of General Medical Sciences 2007b. 이는 두 차례 제안서 제출이 허용되었던 시기에 산출한 통계다.

119. Kaiser 2008d.

120. Sacks 2007.

121. Peota 2007.

122. Garrison and Ngo 2010. Data are for R01 equivalent awards.

123. 같은 책.

124. 같은 책. 간접비는 제외한 수치다.

125. 비록 비교할 수 있는 초기 데이터가 없긴 하지만, 미국국립보건원 대외연구팀 샐리 로키 부팀장은 소프트머니에서 지급하는 전체적인 연봉 범위가 30~50퍼센트라고 주장하면서 몇 가지 출처별로 데이터를 제시했다.(Sally Rockey 2010) An Association of American Medical Colleges study(Goodwin et al. 2001)는 2009년 대외연구팀의 지원을 받는 의과대학 교수들이 지원금에서 받은 연봉 비율이 평균 36퍼센트라고 밝혔다. 의과대학별 지원금에서 연봉을 공제하는 비율은 14~67퍼센트까지 다양했다. 의학박사 평균은 29퍼센트, 박사 교수진은 49퍼센트였다.

126. National Institutes of Health 2009b. 소비자 가격 지수는 U.S. Burean of Labor Statistics 2011a에서 가져왔다.

127. 많은 연방기관이 보조금에서 지급할 수 있는 등록금 규모를 제한하고 있다.

128. Garrison and Ngo 2010. 재원을 줄여 재원이 부족했던 시기에는 보조금 갱신 신청 시에 연구자들은 불리할 수밖에 없었다. 2009년에 소폭 증가했으며, 미국국립보건원은 R01 보조금 재원으로 24억 달러를 투입했다.

129. 데이터는 미국국립보건원의 Research Portfolio Online Reporting Tools(RePORT) 웹사이트(http://report.nih.gov)의 Frequently Requested Reports 페이지(http://report.nih.gov/frrs/index.aspx)에서 연도별로 "Research Grants" 자료를 조회하

면 된다.

130. Davis 2007.

131. 미국국립보건원이 지원하는 R01(또는 이에 상응하는 연구지원금)을 최초로 받은 연구자 수는 1998년 1439명에서 2003년 1559명으로 늘었다.(National Institute of Health 2009e) 하지만 R03과 R21을 처음 받은 연구자 수는 상당히 증가했다. 둘 다 지원금 규모는 적은 편이다.(R03은 2년 동안 5만 달러, R21은 2년 동안 간접비 27만5000달러를 넘지 않는다.)

132. National Institute of General Medical Sciences 2007b.

133. Marshall 2008.

134. 챌린지 보조금은 15개 분야에서 연구 관련 창업을 돕기 위해 미국국립보건원이 고안했다.

135. Danielson 2009. Kaiser 2009b 참고.

136. Basken 2009.

137. National Institutes of Hhealth 2009d. 미국국립보건원은 "큰 반향을 일으킬 만한 아이디어에 단기 자금을 빌려주고 새 연구 분야에서 재단을 설립하기" 위해서 "GO" 보조금에 ARRA 기금 가운데 16퍼센트를 지원했다. 신임 교수 채용을 후원하는 목적으로 투입한 P30 보조금은 2퍼센트 미만이다.

138. 다소 놀랍게도, 채택되지 못한 챌린지 보조금 신청서들 중에서 2010년 봄에 다른 보조금 신청 시에 다시 제출된 것은 3000건에 그쳤다.

139. 경기부양 자금은 보조금 지급 업무를 위해서 2009년 늦여름부터 초가을까지 장시간 일해야 했던 미국국립보건원 직원뿐 아니라 심사위원들에게도 과도한 업무 부담을 지웠다.

140. 데이비드 모워리와 네이선 로젠버그의 "사실, 기초연구의 혜택을 정확하게 확인하고 측정하기 어렵다는 말은 과장이 아니다"(1989, 11)라는 말을 인용.

141. http://en.wikipedia.org/wiki/Atomic_clock "Atomic Clock" 2010.

142. Alston et al. 2009.

143. Cutler and Kadiyala 2003. 1953~1993년 사이에 미국국립보건원은 전체 비용의 절반인 30억 달러를 심혈관계질환 관련 모든 항목에 지원했고, 나머지 절반은 환자들의 평생 병원비로 지원했다. 이로 인해 환자들이 입은 혜택은 1인당 3만 달러로 추정된다. 저자들의 의도는 심혈관계질환과 관련된 행동 변화가 가져온 투자수익률을 추정하는 것이다.

144. National Science Foundation 1968, ix.

145. Hall, Mairesse, and Mohnen 2010.

146. Mansfield 1991a. 즈비 그릴리치(1979)는 공공 부문 연구개발비 투자수익률에 생산함수 접근법을 활용해 좀 더 포괄적인 추정치를 제시했으며 이후 많은 경제학자가 이를 확장시켰다. 하지만 사실상 예외 없이 이런 연구들은 공공 부문이 아니라 기업들이 수행한 연구에 대해 연방정부 연구개발비의 수익률을 산정했다. 1991년 한 연구(Nadiri and Mamuneas)는 연구개발 부문과는 무관하게 12개 산업군에 대해 정부가 지원한 연구개발비의 수익률을 추정했으며, 사회 수익률이 9.6퍼센트라고 밝혔다.

147. Mansfield 1991b, 26.

148. Berg 2010. 이 연구는 출판물의 질 항목을 통제하지 못했다. 당연히 출판물의 질을 통제할 경우 다른 결론이 도출될 것이다.

149. Azoulay, Zivin, and Manso 2009.

150. Kaiser 2009c.

151. Ignatius 2007.

152. 2009년 3월 1일에 있을 학술회의 발언 초안과 함께 폴라 스테판에게 2월 24일에 보낸 이메일.

153. Stephan and Levin 1992, 1993 참고. Ben Jones(2010a)는 과학자들이 뛰어난 성과를 창출하는 연령이 시간이 지날수록 높아지고 있음을 보여준다.

154. Freeman and Van Reenen 2008. 저자들은 연구 지원이 지식을 생산할 뿐 아니라 과학계 인적자원 확충에도 기여한다고 지적한다. 젊은 과학자들을 지원해야 하는 또 다른 이유다.

7장. 과학자와 공학자를 위한 구직시장

1. 휘발유 가격이 하락한 점도 수요 감소에 기여했다.

2. 보르하스와 도런은 미국수학협회American Mathematical Society의 자료를 사용해 1990년부터 1995년까지 미국에서 신규 박사들의 실업률이 3분의 1 감소한 반면, 신규 수학박사들의 실업률은 4배 이상 증가했음을 보여줬다.(Borjas and Doran 2011, Figure 4 참고)

3. Davis 1997, 2.

4. 같은 책 4.

5. National Survey of College Graduates의 2003년 데이터. 학계 수치에는 4년제 칼리지와 대학, 의과대학, 연구대학 인력을 포함한다. 과학·공학 박사 집계에 사회과학, 행동과학은 제외했으며, 인력은 70세 이하만 집계했다. National Science Foundation 2011a와 부록 참고.

6. National Science Foundation's Survey of Earned Doctorates에서 가져온 데이터는 졸업 시점의 모든 박사를 대상으로 하며 응답률이 약 92퍼센트에 달한다. National Science Foundation 2011c and the Appendix 참고.

7. 과학·공학 분야에서 박사학위를 취득하는 미국인 남성의 감소 추세는 명성이 떨어지고 박사학위 배출 규모가 작은 대학들에서 집중적으로 나타난다. 반면 여성 박사학위 취득자 수는 명성이 다소 떨어지는 대학에서 늘어나는 편이다. Freeman, Jin, and Shen 2007 참고.

8. Ryoo and Rosen 2004, figure 4.

9. Gaglani 2009.

10. 같은 책.

11. 관련 데이터는 Council of Graduate Schools(2009, 14)에서 가져옴. 박사를 양성하는 대학 전체에서 84퍼센트가 미국 시민권자와 영주권자의 지원이 늘어났다고 밝혔다. 이들 대학 전체적으로는 평균 10퍼센트 늘어났다. 입학 추세를 파악하기 위해 박사과정을 운영하는 대학의 입학 데이터를 활용했다. 이들 대학의 평균 비율은 올랐지만 모든 대학의 비율이 상승한 것은 아니다.(같은 책, 15)

12. 시간의 흐름에 따라 비교한 목적을 감안해서, 남성들에 대한 분석으로 제한했다. 기초과학 항목에는 수학과 컴퓨터과학이 포함된다.

13. National Opinion Research Center(2008, table 10)에서 박사학위 취득에 걸리는 중앙값은 분야별로 지정한 기간에 대해 살펴봤다.

14. 2009년 학사 졸업생의 평균 초봉은 4만9000달러(Campus Grotto 2009 from the National Association of Colleges and Employers Salary Survey)다. 여기에 2004년부터 2009년까지 연 평균 3퍼센트의 연봉 인상률을 가정해 2004년 초봉 4만2300달러를 추산했다.

15. Lavelle 2008 참조. 이 수치는 『비즈니스 위크』 조사 자료를 사용했다. 2008년 자료에서 9퍼센트를 적게 잡아 2006년 값을 추정했으며, 보너스는 제외했다.

16. CPS ORG(Current Population Survey Outgoing Rotation Group) 자료를 사용해서 연봉 증가분을 산정했다. 주 18 참고.

17. 2011년 연봉은 2008년 데이터에 연 3퍼센트 인상률을 반영했다. 2008년 데이터

는 3장에서 언급했던 교수연봉조사(오클라호마대) 2008~2009 데이터에서 연구대학의 생물학 및 생의학 분야 초봉을 적용했다.

18. 현재가치 산정에는 3퍼센트 할인율을 적용했다. MBA 취득자들의 연령-소득 곡선에는 CPS ORG 2003~2005 데이터를 사용했고, 모든 관리자에 대해서 석사학위, 24~64세, 정규직, 주직무로 거둬들이는 소득이 1주일에 180달러가 넘는다고 가정했다. 가장 많은 주당 2885달러 수입은 중앙값을 넘는 파레토 분포에서 최고를 넘어서는 평균 수입으로 산정했다. 박사학위 취득자들의 경력-소득 곡선 모양은 2006년 Survey of Doctorate Recipients에서 생물과학 분야의 의과대학, 4년제 대학과 칼리지에서 일하는 정규직 경력-소득 곡선(박사 출신 제외)을 바탕으로 작성했다. 은퇴 연령은 67세로 가정. National Science Foundation 2011b and the Appendix 참고.

19. Groen and Rizzo 2007, 190.

20. 금융계에 진출한 MBA에 관한 추론은 Bertrand, Goldin, and Katz 2009, table 2, 박사의 급여에 관한 추론은 3장에 언급한 오클라호마대 교수연봉조사에서 가져왔다.

21. Freeman et al. 2001a.

22. 미국국립보건원은 박사 훈련보조 장학금으로 2만976달러를 지급한다. 스탠퍼드대 펠로는 3만2000달러를 받는다.(Stanford University 2010b)

23. 장학금의 '힘'은 할인율에 달렸다. Freeman, Chang, and Chiang(2009, note 2)은 10년 동안 공부하고 박사후과정을 밟은 과학자는 평생 수입의 29퍼센트를 학생 시절과 박사후연구원 시절에 번다. 여기에는 할인율 5퍼센트를 적용한다.

24. 같은 책.

25. Chiswick, Larsen, and Pieper 2010.

26. Groen and Rizzo(2007)는 박사학위 취득자 수를 학위 취득이 어려운 사람 수로 나누어 남성 박사의 성향을 분석했더니 1963년 6퍼센트에서 1971년 10퍼센트로 증가했다가 이후 3.2퍼센트로 감소했음을 알아냈다. Bowen, Turner, and Witte(1992)에서는 베트남전쟁 초기 징병 유예 정책 때문에 박사학위를 취득한 남성 수가 얼마나 늘었는지 알려주는 증거를 확인할 수 있다.

27. Jacobsen 2003; Halford 2011.

28. Phipps, Maxwell, and Rose 2009, figure 1.

29. Hoffer et al. 2011. 이 데이터를 작성하는 시점에는 2007~2009년 경제 침체기의 실업률이 발표되지 않았다.

30. Freeman 1989, 2.

31. *Nature Immunology* Editor 2006.

32. Romer 2000, 3.

33. 1995년 National Research Council에서 평가한 상위 10군데 학위과정과 21~25위를 차지한 5곳을 대상으로 평가했다.(Stephan 2009b)

34. 이 웹페이지에는 이어서 "다른 분야로는 (…) 의과대학, 강사, 과학 출판, 투자은행, 특허법, 벤처캐피탈 등에 진출한다"고 쓰여 있다.(Stephan 2009)

35. Mervis 2008a. 이 논문은 박사학위를 취득한 1991년 입학생 23명의 커리어를 추적했다. 이들 가운데 2008년에 종신교수 자리를 얻은 사람은 단 1명이었다.

36. National Survey of College Graduates에서 가장 최근 데이터를 사용했다. 초기 데이터는 Stephan 2010, table 2에서 가져왔다. National Science Foundation 2011a and the Appendix.

37. Stephan et al. 2004. 데이터는 그림 2에서 가져왔으며 미국에서 박사학위를 받고 5년 이상 지난 사람들을 대상으로 했다.

38. 4년제 대학에서 박사과정에 진학하는 비율은 학교별로 차이가 크다. 박사과정에 진학하는 비율을 기준으로 미국의 학부 상위 50위 가운데 절반 이상을 칼리지가 차지했다. 하비머드 칼리지가 1위를 차지했고 이어서 리드, 스워스모어, 칼턴, 그리넬 칼리지 순이었다. 사립 연구대학 역시 중요한 역할을 수행한다. 칼텍은 과학 · 공학 박사학위를 취득하는 학부생 비율이 가장 높다. MIT, 시카고대, 프린스턴대도 엇비슷하다.(Burrelli, Rapoport, and Lehming 2008)

39. Jorge Cham은 스탠퍼드 대학원생 시절 학생 신문사의 요청을 받고 이 만화를 그리기 시작했다.(Coelho 2009)

40. 정보 흐름information flow을 개선하기 위해 최근 Geoff Davis(2010)는 명확한 계획을 가지고 있는 대학원생 비율 등 대학원 학위 과정에 관한 다양한 정보를 제공하는 웹사이트(http://graduate-school.phds.org)를 개설했다.

41. 리처드 프리먼은 박사학위를 취득한 남성 대 여성 비율 증가의 70퍼센트는 학사학위 취득 비율이 증가했기 때문이라고 추정한다. 마찬가지로, 박사학위를 취득한 소수 인종 대 소수 인종이 아닌 사람들의 비율에서도 증가분의 63퍼센트가 학사학위 취득 비율이 증가했기 때문이라고 봤다. 출처: Freeman's tabulations from data obtained from the Survey of Earned Doctorates(National Science Foundation 2011c and the Appendix)와 the U.S. Department of Health, Education, and Welfare. Stephan 2007b 참고.

42. 뛰어난 경제학자들이 스푸트니크 발사 이후 인력 부족 현상에 의문을 품었다. Blank and Stigler(1957)는 과학 인력의 수요와 공급에 관한 책을 출판했고, 이후 Arrow and Capron(1959)은 과학계 노동시장의 부족 현상에 관한 논문을 썼다.
43. 이 연구의 초안 제목은 "Future Scarcities of Scientists and Engineers: Problems and Solutions, Division of Policy Research and Analysis"이다. 이 보고서는 이후 미국국립과학재단에서 출판되었다.(National Science Foundation 1989)
44. 미국국립과학재단 닐 레인 총재는 1995년 7월 13일 NAS Committee on Science, Engineering, and Public Policy 청문회에 참석했다.(Subcommittee on Basic Research 1995)
45. Quoted in Teitelbaum 2003.
46. Stephan 2008.
47. Ryoo and Rosen 2004.
48. 예측 오류에 대한 조치로, 수요 공급 예측을 포함한 문제점들을 조사하기 위해 국립연구회의 위원회를 설립했다. 위원장을 맡은 대니얼 맥패든은 관련 보고서를 발표한 2000년에 노벨경제학상을 수상했다. 이 보고서는 예측 분야에 입문하는 사람이라면 누구나 의무적으로 읽도록 했다. 위원회는 예측 오류가 다음 (a), (b), (c)에서 나왔다고 결론내렸다. (a)는 변수, 시차 구조, 오류 구조를 포함한 모형의 부정확성, (b)는 결함 있는 데이터 또는 집계 오류 (c)는 예기치 못한 사건들이다. 비록 모형의 정확성과 시차 구조는 개선되었지만 예측하기 어려운 사건들은 여전히 신뢰성을 훼손한다. 베를린 장벽 붕괴, 9·11 사태 등은 과학계 노동시장에 심대한 영향을 끼쳤으며 예측 모델에 감안하기 어려운 항목들이다. National Research Council 2000.
49. Teitelbaum 2003.
50. 모든 대학이나 경영진이 인력 '부족'을 예상했다는 의미는 아니다. 1998년 국립과학아카데미 산하 생명과학자 초기 커리어 담당 위원회National Academy of Sciences Committee on the Early Careers of Life Scientists는 "최근 고용 기회의 추세를 보면 젊은이들을 생명과학 연구 분야로 유인할 만한 요소가 줄어들고 있음을 알 수 있다"고 밝혔다. National Research Council(1998)과 이후 논의 참고. 좀 더 최근 데이터에서도 커리어 문제가 지속되고 있음을 보여준다. 2002년에 이 위원회의 위원장이었으며 현재 프린스턴대 총장인 셜리 틸먼은 『사이언스』지에 "2002년 데이터를 보면 상황이 무척 나쁘다. 위원회가 검토한 데이터는 과

거에도 나빴지만, 오늘날과 비교하면 과거에는 그나마 상황이 나은 편이었다"라고 말했다. Teitelbaum 2003, 45.

51. Freeman and Goroff 2009, appendix.

52. 이 보고서는 10주 동안 작성해서 발표했으며, 짧은 기간에 작성했기 때문에 보고서에 많은 오류가 포함되어 있을 수도 있다. 한 예로 이 보고서에서는 1956년보다 2004년에 물리학 전공자가 더 적다고 나와 있지만, 실제로는 1956년보다 2004년에 수여한 물리학 학사학위가 72퍼센트 많았다.("Fact and Fiction" 2008) 또 이후에 수정하기는 했지만, 보고서 초판에는 중국과 인도의 매년 공학 전공 졸업생 수가 상당히 과장되어 있다.(같은 책)

53. National Academy of Science 2007, 3.

54. 이 보고서는 민간 부문의 혁신적인 투자를 장려하기 위해 좀 더 강력한 연구개발 세액공제와 미국 정부가 주도하는 조세 유인책 시행을 주문했다. 또 연방정부의 기초연구 투자금 지원을 향후 7년 동안 매년 10퍼센트씩 인상하는 방안을 권고했다.

55. 이 수치에서 산업계와 정부, 대학원 과정이 없는 전공 분야에서 일하는 박사후연구원은 제외했다.

56. National Science Foundation 2011d의 데이터다. Appendix도 참고.

57. 스탠퍼드대에서 2010년 1학기(4학기 기준) 대학원 과정 등록금은 대략 1만 3000달러였다. Stanford University 2010c.

58. 이 추정치는 2001년 NSF Doctorate Recipients와 NSF Survey of Graduate Students and Postdoctorates를 비교해 산정했다.(National Science Foundation 2011b and 2011d and the Appendix 참고.) 가령 2001년에 미국에서 일하는 박사후연구원이 2만9500명 미만일 때 NSF Survey of Graduate Students and Postdoctorates에서 보고된 임시거주자 신분인 학계 박사후연구원이 1만 7900명이었지만, Survey of Earned Doctorates에서 보고된 수치는 3500명이었다.(여기서는 미국에서 박사학위를 취득한 경우만 집계했다.) Mark Regets(2005)는 미국 이외 국가에서 박사학위를 취득한 박사후연구원 수 산정에 기여했다.

59. 미국은 1980년대까지 전 세계 과학 · 공학 박사 배출을 독점하다시피 했다. 하지만 1980년대 들어 유럽과 아시아에서 박사 양성과정이 늘어나면서 미국의 영향력은 줄어들기 시작했다. 특히 1990년대 초반 이후 유럽과 아시아에서 배출하는 박사학위 수가 급증하기 시작했으며, 현재는 유럽과 아시아에서 배출하는 박사

학위 수가 미국을 뛰어넘었다.(National Science Board 2004, figure 2-38) 8장 참고.

60. Bonetta 2009.

61. 전체 박사후연구원 가운데 약 70퍼센트는 연방정부가 지원하는 연구비를 받는다. 이들 가운데 10퍼센트에 조금 못 미치는 인원이 연구보조금이나 훈련보조금이 아니라 펠로십을 지원받는다. 연방정부 지원금이 아닌 다른 후원금을 받는 30퍼센트에 대해서는 펠로십과 연구보조금 수령 여부를 쉽게 파악할 만한 데이터가 없다.(National Science Foundation 2008, table 50)

62. 린드퀴스트의 웹페이지에는 "실험실의 박사후연구원은 일반적으로 보조금이나 펠로십 형태로 독립적인 연구비 유치를 보장받는다"고 쓰여 있다.(Lindquist 2011)

63. 2010년 미국국립보건원 가이드라인은 1년 이상 경력이 있는 박사후연구원에게 최소 3만7740달러 이상 지급하고, 5년차에게는 4만7940달러까지 인상할 것을 권고한다.(Stanford 2010a) 실제로는 이 기준보다 더 많이 지급하는 곳도 있어, 가령 스탠퍼드대는 4만2645달러, 화이트헤드 연구소는 4만9145달러부터 시작한다.(Whitehead 2010) 한편 가이드라인보다 적게 지급하는 기관들도 있으며 특히 생의학 부문을 제외하면 미국국립보건원의 가이드라인이 잘 지켜지지 않는 편이다.

64. Lindquist 2011.

65. 같은 책.

66. American Institute of Physics 2010.

67. 구직시장에서 인원 예측 방법을 고안하기는 극히 어렵다. 예컨대, 학계의 공석 관련 정보를 즉각 파악할 수 없다.(Ma and Stephan 2005)

68. 같은 책.

69. Mervis 2008a.

70. 독립성이라는 관점에서 최고의 박사후연구원 자리는 수석연구원이다. 이 자리를 거쳐 연구를 지원하는 역할로 옮겨 간다.

71. Stanford University 2010a. 미국국립보건원 가이드라인에서는 7년 이상 경력을 보유한 박사후연구원에게는 최소 연봉 5만2058달러 이상 지급하도록 권고한다.

72. National Postdoctoral Association 2010.

73. Benderly 2008. 이 단체는 박사후연구원 약 6500명을 대표한다. 이들 가운데 일부는 병원에서 일하기도 하고, 이 장과 다른 장에서 집계되지 않은 박사후연구원

도 있다.

74. Minogue 2010.

75. U.S. Bureau of Labor Statistics 2011b.

76. American Institute of Physics 2010.

77. Geoff Davis(2005)는 응답자 2770명 가운데 1110명이 구직 중이라고 답변했다고 밝혔다. 이들 중에서 72.7퍼센트는 연구대학에서 일하기를 '매우 희망'했고, 23.0퍼센트는 "다소 희망"한다고 대답했다.

78. Puljak and Sharif 2009.

79. Fox and Stephan 2001. 2010년에 수행한 The National S&E PhD & Postdoc Survey(SEPPS)는 생물학/생명과학, 물리학, 컴퓨터과학 박사과정에서 50퍼센트 이상이 연구교수 자리를 가장 선호한다고 답했다. Sauermann, 2011.

80. Ehrenberg and Zhang 2005.

81. 주 정부 예산을 두고 초 · 중등 교육과 복지 프로그램들이 경쟁을 벌인다.

82. National Association of State Universities and Land-Grant Colleges(NASULGC) Discussion Paper, 2009.

83. 워싱턴대와 펜실베이니아주립대의 데이터는 Ghose(2009) 참고.

84. 2010년 미시간대 전체 예산 50억6700만 달러 가운데 3억2000만 달러는 주 정부가 지원했다.

85. Bunton and Mallon 2007. 전체 의과대학 가운데 재정 지원금을 명확하게 정의하기 어려운 12곳과 나머지 3곳은 "기타"로 분류했다.

86. Stephan 2008.

87. Rilevazione Nuclei 2007에서 이탈리아의 교수직 관련 정보 참고.

88. Schulze 2008.

89. 1996년부터 2004년까지 산정.(같은 책)

90. 독일에서는 교수자격 논문을 제출해 교수자격을 얻는 과정이 일반적이다. 교수자격을 얻고 자리를 얻을 때까지 C3 직위에 채용된다.

91. 같은 책.

92. Kim 2007.

93. Stephan and Levin 2002.

94. 졸업하자마자 직업 안정성을 보장받는다는 의미는 아니다. 이런 직위를 얻기까지 박사후연구원이나 강사, 심지어 학계에서 '무료 봉사'를 하면서 오랫동안 기다려야 할 수도 있다.

95. Cruz-Castro and Sanz-Menéndez 2009.

96. University of California Newsroom 2009. 무급휴가 정책은 연봉을 4~10퍼센트 삭감하기에 효과적이었으며 연봉이 많을수록 큰 폭으로 금액을 삭감했다. 이에 따라 연봉이 가장 높은 종신직 교수는 연봉의 10퍼센트를 삭감했다.

97. 노르웨이와 스페인에서는 교수가 공무원 신분이다. 하지만 노르웨이에서는 채용 시점에 연봉 협상을 벌인다. 이후 같은 등급에서는 급여도, 급여 인상 폭도 동일하지만 성과에 따라 조정할 수 있는 여지가 있다. 스페인은 6년에 걸친 성과를 바탕으로 종신직 여부를 평가하고, 이 과정을 통과하면 연봉 3퍼센트를 인상하는 심사 제도를 18년 동안 운영했다.

98. Lissoni et al. 2010.

99. 의학, 법학, 공학 부문의 절차가 각기 다르다.

100. Lissoni et al. 2010.

101. 프랑스에서 실시한 최근 개혁에 따르면, 외부 인사 50퍼센트가 투입되는 특별채용위원회의 임명권을 대학 총장에게 부여한다.(Brézin and Triller 2008)

102. Pezzoni, Sterzi, and Lissoni 2009.

103. 여기에서 언급하지 않았지만, 코호트가 중요한 또 다른 이유가 있다. 이는 과학자가 훈련받는 시기에 어떤 과학적인 이론과 실제가 일어나고 있느냐와 관련이 있다. "빈티지" 가설의 핵심은 어떤 과학자들은 운이 좋아서 대학원에서 배운 이론과 기술이 상대적으로 오래 활용되는가 하면, 어떤 과학자들은 운이 따르지 않아서 이들이 배운 이론과 기술의 중요도가 급속도로 떨어지는 경우가 있다. 특히 운이 좋은 과학자나 공학자들은 실질적인 변화가 일어나는 시점에 공부를 해서 새로운 접근 방식이나 학파에 처음부터 관여하는 기회를 차지하기도 한다. Stephan and Levin(1992)

104. Black and Stephan 2004.

105. Borjas and Doran(2011, 33)은 "1992년 이후에는 새로 채용된 구소련 과학자들과 비슷한 주제를 다룬 논문들이 대거 거절당했다"라고 밝혔다. 이 저자들은 '구소련 망명자 출신 수학자'를 '미국에 온 이후에도 논문을 1편 이상 발표했고 미국 대학에 고용된 이들'이라고 정의한다. 이 정의에 부합하는 구소련 망명자 출신 수학자는 272명이고, 이는 구소련 수학자 가운데 13퍼센트에 해당된다. 주2 참고.

106. Carpenter 2009.

107. 같은 책. 여기서는 학계에서 일자리를 구하는 과학자에 중점을 두었다. 하지만 코호트 효과는 산업계나 정부에서 일자리를 찾을 때도 마찬가지다. 구직시장은

전체적인 경제 상황과 맞물리기 때문에 분야별로 작용하는 코호트 효과도 매우 밀접한 관계에 있다.

108. 장소와 성과의 관련성에 관한 초기 연구를 확인하려면 Blackburn, Behymer, and Hall 1978, Blau 1973, Long 1978, Long and McGinnis 1981, Plez and Andrews 1976을 보라.

109. Oyer 2006. Borjas and Doran(2011, 28)은 "학계에서 성공적이면서 왕성한 연구를 몇 년 동안 하지 않다가 다시 출판시장에 진입하기는 매우 어렵다. 학계에서는 단기적인 것이 장기적인 것이다"라고 밝혔다.

110. 코호트 효과를 연구한 사람들은 더 있다. Oreopoulous, Von Wachter, and Heisz(2008)도 경기 침체기의 대학원생들을 중심으로 코호트 효과를 연구했다. 이 연구 결과는 "장기적으로 노동시장에서 성공을 거두려면 최초의 일자리가 매우 중요하다"고 지적한다. 전형적인 경기 침체기에 처음 구직시장으로 들어선 사람들은 경기 침체기가 아닌 경우보다 9퍼센트 정도 적게 받고 시작한다. 이 차이는 5년 이내에 절반으로 줄어들고, 10년 이내에 사라진다.

111. Merton 1968, 58. 2장 참고.

112. National Research Council 1998.

113. 이 보고서에서 데이터는 생명과학과 생의학 부문의 차이를 구분해서 보여줬으며, 여기에서는 생의학 데이터를 보여줬다.

114. National Research Council 1998.

115. 같은 책, 8.

116. Garrison and McGuire 2008, slide 18. 의회가 National Research Service Awards(NRSA)를 설립한 1974년에 훈련보조금을 신설했다. 초기에는 대학원생과 박사후 훈련과정을 밟는 전체 인원의 3분의 2 이상에게 지급했지만 오늘날에는 전체 인원 가운데 15퍼센트에게 지급하는 데 그치고 있다. Committee to Study the Changing Needs for Biomedical, Behavioral, and Clinical Research Personnel(2008) 참고.

117. National Research Council 1998, 91.

118. 이들 학위과정은 이제 평가가 시작되는 단계다.

119. Survey of Doctorate Recipients를 바탕으로 산정했다. National Science Foundation 2011b and the Appendix 참고.

120. 생의학 전공 박사학위를 받고 5~6년이 지난 사람들을 대상으로 했으며 2006년 Survey of Doctorate Recipients 자료로 산정했다. National Science Foundation 2011b and the Appendix 참고.

121. Stephan 2007a.

122. 엘리아스 제르후니와 미국국립보건원 지도부가 젊은이들에게 특별히 관심을 쏟은 덕분에 새내기 연구자를 위해 지급하는 보조금 제도가 최근 증가했다. 6장 참고.

123. 데이터는 미국의과대학협회의 대학원 교육 및 훈련 연구GREAT 그룹을 위해 미국국립보건원 대외연구실 측이 작성한 자료에서 가져왔다.

124. 『네이처』 Editors 2007. 이 사설은 젊은 생명과학자들의 커리어 궤적을 요약하여 실험생물학회연합이 발표한 데이터를 바탕으로 작성되었다.

125. National Research Coucil 2005. 이 보고서에는 실험 책임자가 아닌 연구자들을 위한 소액 보조금 프로그램을 포함하여 몇 가지 다른 권고사항들도 포함되어 있다.

126. 제프리 머비스가 이들과 인터뷰를 하던 2008년 가을에 30명 가운데 23명이 자리를 잡았다.(Mervis 2008a)

127. 같은 책, 1624.

128. 한 예로 박사후연구원 자리를 선택하는 미국 시민은 더 적으며 교수가 되기 위해 거쳐야 할 단계로 인식한다.

129. Levitt 2010.

130. National Research Council 2011, 3. 위원회는 미국국립보건원이 주관하는 National Research Service Awards 평가를 담당했다.

131. National Research Council. 2011, viii.

132. 같은 책.

133. 같은 책, 5.

8장. 외국 출신 과학자들

1. 2008년 데이터. 〈그림 8.1〉과 〈그림 8.2〉 참조.

2. 외국인 출신 국가에서 비율이 높은 5개국은 중국(7.5퍼센트), 인도(4.9퍼센트), 영국(2.3퍼센트), 구소련(2.0퍼센트), 캐나다(1.5퍼센트)이다. 2003년 기준. National Science Board 2010, appendix, table 3-10.

3. 대학원생은 일반적으로 F-1 비자이지만, 특정 유형의 펠로십을 받으면(대개 Fulbright 등 외국에서 지원받는 형태) J-1 비자를 받는다.(Hunt 2009, 7)

4. 2001년 정책이 바뀐 이후 대학들이 박사후연구원을 위해 H-1B 비자 신청을 늘리고 있지만, 박사후연구원 대부분이 J-1 비자를 소지하고 있다.
5. 미국 정부가 추첨을 통해 그린카드(영주권) 5만 개를 발급하는 Diversity Visa Lottery 프로그램에서 이따금 중국인 학생이나 박사후연구원이 당첨되기도 한다.
6. 귀화는 외국인이나 내셔널national(미국령에서 태어난 사람들에 해당, 시민권자와 달리 투표권과 피선거권이 제한됨)에게 미국 시민권을 부여하는 절차다. 주로 귀화 신청자는 이미 영주권을 받은 상태다. U.S. Citizenship and Immigration Services 2011 참고. 데이터는 귀화한 시민과 미국에서 태어난 시민을 구분한다.
7. 일부 데이터베이스는 출생지 정보 역시 포함한다.
8. Patrick Gaulé이 산정한 데이터다.(저자 폴라 스테판에게 보낸 이메일, 2010) 이 데이터는 카네기 분류 기준을 따른 미국의 연구중심 대학 화학과를 대상으로 2007 미국화학회 대학원 명부에 등재된 교수 정보를 바탕으로 산출했다. 화학과 교수 6008명 가운데 626명을 제외하고 학부 교육을 받은 국가를 파악했다.
9. 대조적으로 외국에서 학사학위를 받은 스탠퍼드대 물리학자 13명은 출신 국가가 매우 다양했다. 독일 3명, 러시아와 영국이 각각 2명씩이었고, 나머지는 캐나다, 호주, 이스라엘, 이탈리아, 대만, 중국이 각 1명씩이었다.
10. Ding and Li 2008.
11. Ben-David 2008.
12. H-1B 비자는 전문 지식을 갖춘 외국인이 미국에서 단기체류하며 일하도록 허용하는 비이민 비자다.
13. 좀 더 구체적으로, '외국 출신'은 영구 및 임시거주자로 박사학위를 받는 시점에 시민권을 신청한 사람들을 말한다.
14. Association of American Medical Colleges 2003. 의과대학 자료는 2003년 자료임.
15. Patrick Gaulé, 저자 폴라 스테판에게 보낸 이메일, 2010.
16. 2003년 데이터는 National Survey of College Graduates(National Science Foundation 2011d and the Appendix)에서 가져왔다. 이 분석에는 4년제 칼리지와 대학교, 의과대학, 연구대학 소속 교수를 포함했다. 이들 가운데 70세 미만 인력으로 제한했으며, 사회행동과학은 포함하지 않았다.
17. 이 조사에서 최근 10년 동안 신임 교수 가운데 약 20퍼센트는 미국 이외 국가에서 박사학위를 받았을 것이라고 예상한다. Stephan 2010b 참고.
18. 1960년대 이전의 미국의 대학원 학위과정에 외국인이 없었다는 의미는 아니

다. 1936년부터 1956년 사이, 미국의 박사학위 취득자 가운데 외국인은 공학 부문에서 19퍼센트를 비롯하여, 물리학 10퍼센트, 생명과학 12퍼센트를 차지했다.(National Academy of Sciences 1958)

19. 이 법은 1989년 톈안먼 광장 시위 여파로 중국인 학생들이 정치적인 박해를 받는 일이 없도록 하기 위해서 제정했다. 이 법에 따라 1990년 4월 11일 이전에 미국으로 온 중국인 학생들 모두에게 영주권을 부여했다.

20. National Science Board 2010, appendix, table 2-18. 2007년 자료는 Burns, Einaudi, and Green 2009, table 3 참조.

21. 전체 데이터는 웹캐스퍼(미국국립과학재단, 2010c)에서 가져왔다. 외국인에는 영주권자는 물론 임시거주자도 포함하여 정의했다. 만일 임시거주자로 제한해 분석하면, 2008년 외국인 학생 비율은 공학 57.1퍼센트, 수학 및 컴퓨터과학 52.1퍼센트, 자연과학 40.8퍼센트, 생명과학 29.3퍼센트다.

22. National Scence Board(2008, appendix, table 2-11) 이 데이터는 2005년에 박사학위를 취득한 과학자를 산정했으며 과학 · 공학에 보건 분야를 포함했다. 위에 언급하지 않은 주요 후원 방식은 "개인 후원" "조교 보조금" "기타 보조금" "훈련 수당" "기타" 항목이다. 비록 다양한 훈련보조금이 있지만(미국국립보건원만 해도 매년 3200명이 넘는 학생들에게 훈련보조금을 지원한다), 전체 신규 박사들 가운데 자신의 주요 지원금이 훈련보조금이라고 답한 사람은 276명에 불과했다. 이는 훈련보조금 대부분이 1~2년으로 제한된 까닭에 대학원에서 주요 지원수단으로 자리 잡기 어려운 현실을 반영한다.

23. Falkenheim 2007, table 10.

24. 2004년부터 2006년까지 수여된 학위를 기준으로 산정했다. 불과 몇 년 전만 해도 UC버클리가 1위였다.(Mervis 2008c, 185)

25. 20세기 초, 중국의 과학자들이 미국에서 훈련받았다.(Bound, Turner, and Walsh 2009, 81)

26. National Science Foundation 2006, table S-2.

27. 샤 국왕이 몰락한 후 많은 이란 국민이 이란을 떠났으며, 이들 가운데 상당수가 결국 미국에서 박사학위 과정을 밟았다. 그 결과 이란인에게 박사학위를 수여한 비율이 1980년대에 4.8퍼센트까지 증가했다. 하지만 이란에서 오는 신규 박사과정 학생 수는 감소했다.

28. Kim 2010. 비슷한 현상이 일본인에게서도, 특히 박사후연구원들 사이에서 일어난다. 과거에는 젊은 일본인 과학자 대다수가 미국과 유럽에서 박사후과정 훈련

을 받았지만, 오늘날에는 해외 고용시장이 어려움에 직면하면서 대부분 고국에 머무는 쪽을 택한다. Arai 2010, 1207 참조.

29. 1985~1994년 사이에 미국에서 박사학위를 취득한 중국인 박사 1만1197명 가운데 46.6퍼센트가 1978년에 중국에서 칼리지에 입학한 사람들이다.(Blanchard, Bound, and Turner 2008, 239)

30. National Science Foundation 2009b, table 12.

31. Blanchard, Bound, and Turner 2008, 241.

32. 같은 책, table 16.1. 상위 5개 대학원 과정에 다니는 중국인 학생 비율은 매우 낮아서 화학과는 5.3퍼센트, 물리학은 8.3퍼센트, 생화학은 6.3퍼센트에 불과하다.(Bound, Turner, and Walsh 2009, table 2.2) 이 데이터는 1991년부터 2003년까지 박사학위를 받은 중국인 학생들을 대상으로 한다. 예일대 분자생물물리와 생화학과에는 중국인이 단 1명뿐이다.(7장 참고) 미국인 학생들의 생화학 분야에 대한 높은 관심을 보여주는 대목이기도 하다.(Mervis 2008c)

33. Blanchard, Bound, and Turner 2008, table 16.1.

34. 외국에서 4년제 대학을 졸업한 학생들도 미국의 특정 대학으로 모인다. National Science Foundation(2009b) 도표를 보면, 텍사스 A&M은 미국에서 임시 비자를 소지한 박사를 두 번째로 많이 배출한다. 서울대 출신이 텍사스 A&M 박사과정 지원자 중에 2위를 차지했다. 더욱이 상위 14개 대학 가운데 텍사스 이외의 지역에 위치한 대학은 서울대, 국립타이완대, 칭화대, 뭄바이대, 오클라호마주립대 등 5곳에 불과했다. Texas A&M 2009, figure 17 참조.

35. Tanyildiz 2008. 타닐디즈는 4개국 출신 임시거주자들이 선택한 박사과정 대학교의 실용 모델utility model을 임의로 평가했다. 타닐디즈는 인도나 터키 출신 학생들은 인도인이나 터키인 교수가 집중된 학교를 선호하지 않는다는 점을 발견했다.

36. Gaulé and Piacentini 2010a.

37. 미국인 교수진은 성last name과 그들이 다닌 학부를 근거로 결정했고, 교수들의 국적은 학생들과 마찬가지로 이름을 바탕으로 결정했다.(Tanyildiz 2008)

38. 비율 산정 방식은 Oak Ridge의 마이클 핀이 전개한 사회보장번호와 박사학위 취득자 그룹의 소득 기록을 비교하는 방식이다. 가장 최근 기록은 2007년 데이터를 사용해 2010년에 출판되었다.

39. Michael G. Finn(폴라 스테판과 개인 서신, 2010)

40. Finn 2010, table 14.

41. 한국연구재단Korean Research Foundation이 2000년부터 2007년 8월까지 학위를 등록한 사람들에 대해 조사한 바에 따르면, 외국에서 박사학위를 취득한 사람 가운데 52.8퍼센트가 미국에서 훈련을 받은 것으로 나타났다. 한국의 유명 대학들에는 미국에서 공부한 박사들이 그야말로 포진하고 있다. 가령 서울대는 박사학위를 소지한 교수 가운데 52.6퍼센트가 미국에서 공부했다. 또 한국의 우수한 과학 · 공학 대학 2곳(카이스트, 포항공대)도 미국에서 공부한 박사 비율이 매우 높다. 카이스트는 과학 교수 가운데 84퍼센트, 공학 교수는 3분의 2가량이 미국에서 공부했다. 포항공대는 과학 교수의 8분의 7, 공학 교수 가운데 6분의 5가 미국에서 학위를 받았다. Stephan 2010b 참조.
42. Blanchard, Bound, and Turner 2008, table 16.1.
43. 영주권자인 박사후연구원 수를 파악하기란 불가능하다. 데이터의 한계에 관한 상황은 5장과 주 55번을 참고하라.
44. Regets 2005. 10명 가운데 5명이 해외에서 박사학위를 취득했다는 추정은 2001년 미국국립과학재단의 박사학위 취득자 조사SDR와 대학원생 · 박사후연구원 조사 결과를 비교한 것에 근거를 두고 있다.(National Science Foundation 2011b and 2011d and the Appendix) 예컨대 임시체류자 신분인 학계 박사후연구원 수는 2001년 대학원생 · 박사후연구원 조사에서 1만7900명이라고 조사된 반면, 박사학위취득조사에서는 3500명에 그쳤다. 이 차이는 미국 이외 국가에서 박사학위를 취득한 박사후연구원에서 기인한다.
45. 생명과학 분야에서 임시체류자 신분인 박사후연구원 수는 1985년 3341명에서 2008년 1만1958명으로 증가했다. 여기에는 의학이나 '기타 생명과학'은 포함하지 않았다. 미국국립과학재단의 대학원생 · 박사후연구원 조사(National Science Foundation 2010c and the Appendix. WebCASPAR)에서도 이용할 수 있다.
46. Davis 2005, http://postdoc.sigmaxi.org/results/tables/table8.
47. Stephan and Ma 2005.
48. 임시체류자 신분인 박사후연구원에게 적용되는 연구비 지원 체계가 미국 시민권자와 어떻게 다른가에 대해서는 알려진 바가 거의 없다. 미국국립과학재단이 실시하는 과학 및 공학 전공 대학원생 · 박사후연구원 조사에서 비자 상태에 따른 지원금 출처 항목은 조사하지 않기 때문이다.(National Science Foundation 2011d and the Appendix) 다만 연방기금 지원을 받는 과학 · 공학 전공 박사후연구원 수가 임시 비자를 보유한 사람보다 많다는 사실은 알 수 있다. National Science Foundation 2008, table 50 참고.

49. Phillips 1996.

50. Zhang 2008. 이 분석에서는 코호트의 대학 졸업생 수, 분야의 고정 효과, 연간 고정 효과, 기타 공변량을 통제한다. 다양한 '밀쳐냄' 효과가 생길 수 있지만 장Zhang은 한 가지 효과만을 테스트했다. 가령 외국인과 미국인 양쪽 모두 박사 후과정 학생 수가 증가했지만, 박사학위 취득자는 외국인이 증가하지 않았다면 미국인 취득자가 더 늘어났을 것이다.

51. Attiyeh and Attiyeh(1997)는 자신들이 공부했던 대학원에서 전공 다섯 개 분야 가운데 네 곳이 외국인보다 내국인을 우대한다는 사실을 알아냈다. 네 분야는 생화학, 기계공학, 수학, 경제학이었다. 내국인을 우대하지 않은 한 곳은 영어 전공이었다.

52. 보르하스의 연구는 백인, 특히 백인 남성을 밀쳐내는 효과와 일맥상통한다. 하지만 그의 샘플에는 과학 · 공학을 제외하고 나머지 모든 대학원 학위과정을 포함했다. 그래서 이 연구에서 과학 · 공학 박사 학위과정에 대한 결론을 도출하기는 어렵다.(Borjas 2007) 보르하스가 발견한 대안은 백인 남성들이 다른 커리어로 진입했기 때문에 대학들이 외국인 대학원생들을 많이 등록시킨다는 것이었다. 이는 주 51에 나오는 Attiyeh and Attiyeh(1997)의 연구와도 일맥상통한다.

53. Bound, Turner, and Walsh 2009, 89.

54. The estimate holds field, time, and cohort constant.(Borjas 2009)

55. 같은 책, 134.

56. Stephan and Levin (2007), Levin et al. (2004)에서 자세한 내용을 확인할 수 있다. 이 자료는 1979년부터 1997년까지 분석했으며, 해당 지역에서 발표한 과학 논문을 통해 최초로 개발된 기술을 분석하는 "변이할당shift-share" 방식을 채택했다.

57. 밀쳐냄 효과는 자원(학계 직위와 학술지 모두)은 증가하지 않는 상황에서 외국인 과학자의 공급이 갑자기 증가할 때 위력을 발휘할 수 있다. Borjas and Doran(2011)은 구소련 붕괴 이후 미국 대학들이 채용한 매우 뛰어난 구소련 수학자들과 연구 주제가 겹치는 미국의 수학자들은 상당히 하향 이동하는 경험을 했다고 설명한다. 하향 이동 여부는 수학자들이 일하는 학계에서 직위로 측정했다.

58. 이름과 성을 모두 감안해서 조사하면서 '이' '박' 등을 포함해서 다양한 민족의 이름을 구분한다면 모호함을 최소화시킬 수 있을 것이다. 이 방법으로 중국, 인도, 일본, 한국, 러시아, 영국, 유럽, 히스패닉 이렇게 8개 민족으로 구분했다.

59. Black and Stephan 2010에서 진행된 토의를 참조하라.

60. 샘플은 전체 저자가 10명 이내이고, 교신저자가 미국 대학교에 주소지를 둔 논문으로 제한했다. 4장 참고.

61. GRE 700점 이상인 사람들을 연구했다.(『사이언스』 Editors 2000) 외국 출신 학생들을 교육하려면 교수들이 더 많은 시간을 들여야 한다. 그리고 이것이 사실이라면 학과에서는 상대적으로 성과가 뛰어난 외국 출신 학생들만 받아들이고 싶어할 것이다.

62. Gaulé and Piacentini 2010b.

63. Levin and Stephan 1999.

64. 인용 실적은 ISI 기준에 맞춰 학술지 논문에 올린 실적을 집계했다. 인용 실적은 "과학 전체에 지속적으로 영향을 미친다." 이 연구는 1992~1993년 6월까지 ISI 기준으로 논문 138편을 조사했다. ISI는 1990년대 후반에 인용 실적을 공표하는 관행을 중단했다. 이에 따라 1980년대부터 1990년대까지 ISI가 출판한 『사이언스 워치』에는 화학, 물리학, 의학, 생물학 분야에서 10회 이상 인용된 목록 또는 "주목받는 논문들" 목록이 나왔다. 레빈과 스테판의 연구에서는 1991년 1월부터 1993년 4월까지 "주목받는" 논문 251편을 선정했다. 가장 많이 인용된 저자 250명 가운데 미국에서 연구하는 과학자가 183명을 차지했다.

65. 생명과학의 경우, 주목받는 논문을 쓴 외국인 저자 비율은 1990년 미국에 있는 외국 출신 생명과학자 비율과 크게 다르지 않았다.

66. 여기서는 학사학위 취득 국가로 국적을 결정했다. 이 연구는 미국화학회 대학원 명부의 목록을 기반으로 해서 1944년 이후 출생자이면서 1993년부터 2007년까지 목록에 최소 1회 이상 이름을 올린 사람들의 직업 경로를 조사했다. 이 목록에서 위치 정보가 중단된 사람들에 대해서는 구글과 링크드인에서 정보를 검색했다.(Gaulé and Piacentini 2010a)

67. Stephan 2010b.

68. 방문교수 또는 강의교수라는 직위는 유명 연구자들을 대학교나 연구소로 초빙하기 위해 만든 자리다.(Xin and Normile 2006)

69. National Science Foundation 2007a, figure 5.

70. 중국에서 과학 전공 학사학위를 취득한 사람 수는 1990년부터 2002년 사이에 2배가 되었다. 공학 전공자 수는 거의 3배에 육박한다. 대조적으로 같은 기간에 미국의 과학 전공 학사학위 취득자 수는 25퍼센트 성장에 그쳤으며, 공학 전공자 수는 약 6퍼센트 감소했다.(National Science Foundation 2007a, table 2) 인구

규모와 관련한 데이터는 같은 보고서 table 1에서 가져왔다.

71. http://www.npr.org/2011/01/26/133224933/transcript-obamas-state-of-union-address for the text, January 25, 2011, "Transcript: Obama's State of the Union Address".

72. Adams et al. 2005. 연구를 주도하는 상위 12개 국가는 호주, 캐나다, 프랑스, 독일, 이스라엘, 이탈리아, 일본, 네덜란드, 뉴질랜드, 스웨덴, 스위스, 영국이다.

73. 미국은 수요를 증가시킴으로써 과학 · 공학 분야의 직종을 좀 더 매력적으로 만들기도 한다. 이를 위해 공공 부문 연구 지원금을 늘리거나, 연구개발 세액공제를 통해 산업계의 연구개발 수요를 자극하는 방법을 활용한다.

74. 이 보고서는 대학들이 핵심 분야의 대학원생들이 제출한 지원서에 연구비를 제공하고, 전체 펠로십 기금 가운데 20퍼센트는 유학생 지원에 사용할 것을 권고했다.(Wendler et al. 2010)

75. Teitelbaum 2003, 52.

9장. 과학은 경제성장에 어떻게 기여했나

1. 실제 1인당 GDP로 측정.(DeLong 2000)

2. Mokyr 2010. 이 기간 또 다른 변화는 다양한 거대 산업도시의 등장이다.

3. DeLong 2000.

4. U.S. Department of Labor 2009, 12, 13. 2배가 되는 데 걸리는 시간은 72를 성장률로 나누면 된다. 경제성장률이 7.2퍼센트라면 10년마다 2배가 된다.

5. World Bank 웹사이트, http://search.worldbank.org에서 "per capita income growth"를 검색함.

6. 예를 들면 Jorgenson, Ho, and Stiroh 2008 참고.

7. Rosenberg and Birdzell 1986.

8. Kuznets 1965, 9. 노벨상 선정 사유에서 "쿠즈네츠는 경제성장에 관한 경험적 해석을 통해 경제 · 사회 구조와 개발과정에 대해 새롭고 심도 깊은 통찰을 제시했다"고 밝혔다.(Nobel Foundation 2011)

9. Varian 2004, 805. 또 우편 서비스 개선, 도서관과 백과사전의 확산, 학술 단체의 논문 출판 등도 정보 공유에 크게 기여했다.(Mokyr 2010)

10. Mokyr 2010, 28.

11. Romer 2002.

12. 같은 책.

13. 2000년부터 2009년까지 10년 동안 평균 경제성장률이다. World Bank website, http://search.worldbank.org에서 "economic growth" 검색.

14. 기업들도 충분히 검토하고 난 후 이익이 클 것으로 예상되면 기초연구에 참여한다. 비록 최근 들어 산업계가 수행하는 기초연구가 줄어들고는 있지만, 대대로 산업계에서 운영하는 대형 실험실들은 부분적이나마 기초연구를 지원해왔다. 산업계 연구소의 과학자들이 실질적인 문제 해결을 위해 연구하다가 몇몇 중요한 발견을 할 때도 있다.

    벨 연구소에서는 1940년대에 진공튜브 문제 해결을 위해 윌리엄 쇼클리를 비롯해 많은 물리학자가 기초연구를 수행했다. 그 결과 이들은 세상을 바꾸어놓은 발명품이자, 1956년에 벨 연구소 발명가 세 명(존 바딘, 월터 브래튼, 윌리엄 쇼클리)에게 노벨상을 안겨준 '트랜지스터'를 개발했다. 일찍이 칼 잰스키는 벨 연구소에서 일하는 동안 은하계에서 방출하는 전파를 발견했으며 전파천문학의 기초를 확립했다. 장거리 통신에서 발생하는 잡음의 근원을 찾고자한 벨의 관심이 칼 잰스키의 연구에 추진력을 제공했다. 벨 연구소는 벨이 운영하는 기업들의 세금지원을 받았지만 독점이 끝난 1982년부터 자금 지원이 서서히 줄어들었다.

    IBM에서 일하던 연구자 네 명이 재직 중에 노벨물리학상을 수상한 일도 있으며, 또 다른 IBM 연구자는 소니 사에서 일하는 동안 수행했던 연구로 노벨물리학상을 수상하기도 했다. IBM 2010 참조.

15. Cox 2008.

16. Stokes 1997.

17. Gordon은 19세기 후반과 20세기 초에 나타난 획기적인 발명 다섯 가지를 꼽았다. 바로 전기, 내연 기관, 분자 재배열에 초점을 둔 발견들, 엔터테인먼트 · 커뮤니케이션 · 정보에 중점을 둔 발명, 공공 용수 및 실내 배관 및 도시위생 혁신이다.(Gordon 2000)

18. International Brotherhood of Boilermakers 2008. 퍼듀대는 1891년부터 1897년까지 연구 목적으로 캠퍼스에서 증기기관차를 운행했다.

19. Rosenberg and Nelson 1994.

20. 위키피디아, http://en.wikipedia.org/wiki/Hybrid_corn에서 "Heterosis: Hybrid Corn"(2011)

21. 미국 특허청은 고든 굴드의 특허 신청을 거부한 대신 1960년, 벨 연구소의 특

허 신청을 받아들였다. 1987년에야 고든은 레이저와 관련된 중요한 특허 소송에서 처음으로 승소했다. 위키피디아, http://en.wikipedia.org/wiki/Laser에서 "Laser" 2011. 컬럼비아대 찰스 타운스는 컬럼비아대에서 대학원생 두 명과 함께 메이저maser를 개발했다.

22. Fishman 2001.

23. 저항은 전력망이 생성한 전력 총량 가운데 10퍼센트가량 손실을 일으킨다.

24. Cockburn and Henderson 1998. '치료 효과가 매우 뛰어나다'고 평가받는 21개 약물 가운데 14개는 공공 부문에서 발견했다. 2개 약물은 출처를 분명하게 결정하지 못했다.

25. Kneller 2010.

26. Edwards, Murray, and Yu 2003. 많은 경우 바이오테크놀로지 기업들이 대학에서 지식재산권에 대한 라이선스를 취득하고 라이선스 기간 안에 몇 달 동안 제약회사에 다시 라이선스를 내주는 방식을 취한다.

27. 빈혈 치료제 epoetin alfa(Procrit, Epogen), 암으로 인한 백혈구 감소를 치료하는 filgrastim(Neupogen), 류마티스 관절염 치료제 infliximab(Remicade) 등도 공중보건에 중대한 영향을 끼쳤다.

28. Stevens et al. 2011.

29. 심혈관계질환 사망률 감소는 지난 반세기 동안 기대수명 증가분 9년 가운데 5년 이상을 기여했다. 유아 사망률 감소는 두 번째로 중요한 요인이며 기대수명 증가에 1년 이상 기여했다. Cutler 2004a, 7-8.

30. Lichtenberg 2002.

31. Cutler 2004a, 10. 커틀러Cutler는 심장질환 사망률 감소 원인의 10퍼센트는 흡연 감소 덕분이라고 추정한다. Cutler 2004b, 53.

32. Cole(2010)은 미국 대학들이 지난 50년 동안 신제품과 신공정에 기여한 목록들을 모아놓은 150쪽짜리 자료를 제공한다.

33. Townes 2003.

34. Griliches 1960.

35. David, Mowery, and Steinmueller 1992.

36. Foray and Lizionni 2010.

37. David, Mowery, and Steinmueller 1992, 73.

38. Rosenberg and Nelson 1994. 1882년, 토머스 에디슨이 뉴욕시에 펄 스트리트 발전소를 열었고, 같은 해에 MIT는 전기공학 과정을 처음으로 개설했다. 코넬대는

이듬해에 전기공학 과정을 개설했으며 1885년에 처음으로 박사학위를 수여했다.

39. Jong 2006.

40. Rosenberg 2004. 학생들을 위한 일자리는 적어도 두 가지 방식으로 대학 측에 도움이 된다. 첫째, 학계 이외의 산업계에서 일자리가 늘어나면 학계의 학과들도 대학원생 보조연구원과 박사후연구원들을 활용해 연구 프로그램을 확장할 수 있다. 둘째, 산업계에 학생들을 배치하면 산학 관계를 강화할 수 있다.

41. 연구개발에 투입한 자금과 성과 사이의 관계를 연구하는 논문도 있다.(즈비 그릴리치가 연구) 이런 연구에서는 언제나 둘 사이에 긍정적이고 중요한 관계를 확인할 수 있다.

42. Adams 1990. 두 가지 성과 측정 방식은 산업 성장 연구에서 흔히 사용된다. 첫 번째 방식은 아주 간단히 실제 시간당 산출물을 측정하는 방식이며 노동 생산성이라고 부른다. 두 번째 방식은 좀 더 복잡한데 모든 투입 요소별 지표를 근거로 투입 단위당 실제 산출물을 측정하는 총(또는 다요소) 생산성 방식이다.

43. 애덤스는 또 지식 확산의 영향력을 조사했다. 그는 이런 방식으로 측정한 지식 확산이 산업계의 총 생산성 증가분 가운데 25퍼센트를 설명한다는 사실을 발견했다. 하지만 대략 30년이라는 시간이 소요된다.

44. Adams, Clemmons, and Stephan 2006.

45. Branstetter and Yoshiaki 2005.

46. National Science Board 2004, appendix, figure 5-45.

47. 이 연구는 실험실 3240곳을 조사 대상으로 삼았으며 1478곳에서 답변을 받았다. 여기에서 논의한 내용은 외국인이 소유하지 않은 제조업체에 해당되는 1267곳의 조사 내용을 근거로 한다.

48. Fleming and Sorenson(2004)의 연구는 발명가들이 '밀접하게 연관된 요소들'을 통합하는 어려운 작업에 직면했을 때 과학이 가장 유용한 수단이라고 주장한다. 그런가 하면 발명가들이 독립적인 요소들을 통합할 때는 과학의 역할이 좀 더 축소된다.

49. Mansfield 1991a, 1992. 맨스필드는 1986년부터 1994년까지 신제품과 신공정에 공헌한 77개 기업을 대상으로 유사한 샘플 데이터를 수집해 후속 연구를 진행했다. 후속 연구의 결과도 초기 연구와 거의 비슷했다. 학계에서 추진한 최근 연구가 없었더라면 신제품과 신공정 도입 가운데 10퍼센트는 지연되지 않으면서 진행하기 어려웠을 것이라는 결과가 나왔다.(Mansfield 1998)

50. Mansfield 1995.

51. Agrawal and Henderson 2002, 58.
52. Foray and Lissoni 2010, 292.
53. Jaffe 1989b.
54. 가령 Acs, Audretsch, and Feldman 1992. Black 2004. Autant Bernard 2001를 보라.
55. 접근성은 혁신과 대학교 연구 사이의 관계 조사에만 제한을 두지 않고, 민간 부문에서 지역 내 확산 범위를 결정해 민간 부문의 연구개발 지출에 미치는 영향에 대해서도 조사했다.
56. Stanford University 2009b.
57. Stanford University 2009a.
58. MIT News 1997.
59. Zucker, Darby, and Brewer 1998. Zucker, Darby, and Armstrong 1999.
60. 이 연구에서는 주요 세계시장 세 곳 가운데 최소 두 곳에서 특허 출원한 연구를 '중요한' 연구라고 분류했다.(Cockburn and Henderson 1998)
61. Deng, Lev, and Narin 1999.
62. Cohen, Nelson, and Walsh 2002.
63. National Science Board 2010, appendix, table 5-46.
64. Association of University Technology Managers(AUTM) 2004 and 2007 data.
65. Mansfield 1995.
66. Adams 2001, table 5.
67. 같은 책, 266.
68. 같은 책, table 3.
69. Cohen and Leventhal 1989.
70. Sauermann and Stephan 2010.
71. 데이터는 National Science Board 2010, appendix, table 5-42에서 인용함. 여러 부문에서 공동 참여한 논문은 기여도에 비례하여 논문 수를 배분했으며, 사회과학과 심리학 논문은 통계에서 제외했다.
72. 2005년 데이터이며 National Science Board 2008, table 6-29와 6-30에서 인용함.
73. 흡수역량absorptive capacity과 연결성connectedness의 발전은 기업들이 공개연구를 기대하는 이유일 뿐 아니라 과학자와 공학자들이 출판을 하도록 독려하는

이유다. 무엇보다도 가장 중요한 이유는 인재 모집 때문이다. 산업 분야에서 일하는 과학자와 공학자들은 출판 능력을 가치 있게 여기는 까닭에, 그 영광을 누릴 수 있다면 기꺼이 대가를 지불하고자 한다. 그래서 만일 최근 생물학 분야에서 박사후연구원 자리를 끝내고 신규 고용된 과학자들에게 출판을 허용하는 기업이라면 출판을 허용하지 않는 기업들보다 급여를 평균 25퍼센트 정도 적게 지급한다.(Stern 2004)

이는 우선권에 걸린 이해관계 때문만은 아니다. 출판 능력은 과학자들에게 영리 부문 이외 분야에서 일할 선택권을 갖게 해준다. 실험실에서 명성은 출판활동과 직접적으로 관련이 있으며, 이는 기업이 과학자와 공학자를 고용하는 능력에도 영향을 미친다.(Scherer 1967) 그뿐 아니라 정부와의 계약을 이끌어내는 과정에서도 영향력을 발휘한다.(Lichtenberg 1988)

기업들이 출판이라는 방식으로 발표하도록 이끄는 다양한 요인이 있다. 그런데 여기서 가장 중요한 요소는 기업이 출판 가치를 지닌 자료를 골라내는 안목을 갖추어서, 이후에도 꾸준히 소유권을 보장받을 수 있는가이다.(Hicks 1995)

74. 2003년 데이터는 National Survey of College Graduates의 데이터다. 이 집계에서 사회과학 및 행동과학은 제외했으며, 70세 이하 노동 인력만 포함했다. National Science Foundation 2011a와 Appendix 참조.

75. 같은 책, 동일한 조건 적용.

76. 같은 책. "생명과학" 범주에는 생물학, 농학, 환경생명 과학이 포함된다.

77. 산업계 과학자들이 학계 과학자들보다 독립성 정도에서 덜 만족한다고 알려져 있음에도 불구하고, 산업계 과학자의 50퍼센트 이상이 자신들의 독립성 정도에 "매우 만족한다"고 답해 눈길을 끈다. 산업계의 연구과학자들은 학계 동료들보다 평균 30퍼센트 이상 소득이 높다.(Sauermann and Stephan 2010)

78. Lohr 2006, C1, C4. 그와 같은 기능에 사용하는 지출을 "무형 자본"이라고 일컫는다. Corrado and Hulten(2010)은 이와 같은 무형 자본에 투입되는 혁신 관련 지출을 사업 투자의 일부로 GDP에 포함시켜야 한다고 주장한다.

79. Oppenheimer, as quoted in *Time* Staff.(1948, 81)

80. Alberts 2008.

81. 공식적으로는 Survey of Earned Doctorates다. National Science Foundation 2011c, Appendix 참조.

82. Stephan 2007c. 이 데이터는 해당 기간 이외의 자료는 기록된 바 없다.

83. 1992~1994년까지 National Institute of General Medical Sciences 측의 지원

을 받은 박사후연구원 가운데 약 29퍼센트가 2010년에 산업계에서 일하고 있었다.(Levitt 2010)

84. 중서부 지역 대학들이 집중적으로 나타났다는 점은 중서부 지역에서 생의학박사에 비해 공학박사를 훨씬 많이 배출했으며, 산업계에서 일하기 전에 학계에서 박사후연구원을 맡는 경우가 드물다는 사실이 일부 반영되었다고 봐야 한다.

85. 이 데이터에 당초 박사후연구원으로 일하다가 결국에는 대형 제약회사에서 일하는 인력 유형까지 포함한다면 값은 더 커진다.

86. 이 비율은 해당 기업을 상위 200위 안에 드는 외국인이 소유한 연구개발 기업(또는 자회사)까지 포함할 경우 44퍼센트까지 증가한다. 해당 기업을 201~500위까지 확대 적용하면 5퍼센트가 추가로 상승한다. 또 이 연구에서는 기업에서 연구하는 신규 박사들 가운데 50퍼센트 이상이 연구개발 활동에 상대적으로 적은 시간을 보낸다고 결론내렸다. 박사들 중 상대적으로 낮은 비율만 연구개발 중점 기업으로 가며, 또 대학원에 다니는 동안 연구활동에 좌절감을 느낀 일부 박사들은 다른 유형의 일자리를 찾아 나서기도 한다.

87. 졸업하자마자 산업계에 바로 진출하는 인력을 5개 도시에서 채용하는 비율은 약 18.4퍼센트다.

88. Thompson 2003, 9.

89. Fitzgerald 2008, 563; FDA 2010.

90. Blume-Kohout 2009, 29.

91. Harris 2011, A21.

92. 최근 하워드휴스 의학연구소는 인간 생물학과 기초과학 박사과정을 연계할 몇몇 연구과정에 연구비를 지원해왔다. 또 스탠퍼드대는 박사과정 학생들이 1년 동안 의학 석사학위 수업을 더 들을 수 있는 과정을 운영한다.

93. 경제사학자 조엘 모키어(2010)의 용어로 돌아가면, 처방적 지식(기술)은 명제적 지식(과학)에 활기를 불어넣고, 명제적 지식은 다시 처방적 지식에 생명력을 불어넣는다.

94. 비록 정확한 값을 구하기는 불가능하지만, 민간 부문의 기술개발 투자수익률은 괜찮은 편이고, 일반적인 자본수익률보다 다소 높다.(Hall, Mairesse, and Mohnen 2010, esp. 1034)

95. Saxenian 1995. Tom Wolfe(1983)는 1983년 『에스콰이어』 잡지에서 왜건 휠을 다음과 같이 묘사했다. "왜건 휠, 셰 이본Chez Yvonne, 리키스Rickeys, 더 라운드하우스the Roundhouse (…) 당시에는 비전을 공유한 반도체업계의 젊은 남

녀들이 모일 장소가 늘 있었다. 이들은 업무가 끝나면 이런 곳에 모여 술 마시고 잡다한 이야기에 자랑도 늘어놓고, 반도체에 관한 갖가지 투쟁담, 이를테면 반도체 콘택, 버스트 모즈Burst modes, 버블 기억장치bubble memory, 펄스열pulse train, 바운스리스 모드bounceless mode, 슬로-데스 에피소드slow-death episodes, RAMs, NAKs, MOSes, PCMs, PROMs, 피롬블로어PROM blower, 피롬 블래스터PROM blaster, 테라매그니튜드teramagnitude (…) 이런 이야기를 끝도 없이 나누었다."

96. 이탈리아의 경우, 기업 소속 연구자들의 이동은 산업계에서 지식이 확산되는 주요 방식이다.(Breschi and Lissoni 2003) Almeida and Kogut(1999)는 반도체 산업계에서 특허를 보유한 사람들의 기업 간 이동이 매우 활발하다는 사실을 확인했다.

97. Reid 1985, 65.

98. Jaffe 1989b. Acs, Audretsch, and Feldman 1992. Black 2004. Autant-Bernard 2001. 재프는 초기 연구에서 관련성 정도를 측정하여 다른 모든 기업의 연구개발 총합이라고 정의한 "스필오버 풀spillover pool"을 만들었다. 그는 이 풀의 크기가 기업의 특허, 연구개발, 총 생산성에 막강하고 확실한 영향력을 발휘한다는 사실을 알아냈다.(Jaffe 1986, 1989a)

99. 특허 인용에는 특허 속에 구체화되어 있는 지식의 출처와 위치 정보를 포함한다.(Jaffe, Trajtenberg, and Henderson 1993)

100. 같은 책.

101. 규모에 대한 수확체증이란 모든 요소의 투입을 x배 증가시키면 산출물은 x배 이상 증가한다는 의미다.

102. Romer 1990 and 1994.

103. National Science Board 2010, appendix, table 4-3.

10장. 개선할 수 없을까?

1. Alberts 2010, 1257.

2. Lee 2007. 콘버그는 이어서 "물론, 우리가 진정 일어나길 원하는 세상을 뒤흔들 만한 혁신적인 성과는 저쪽 반대편에 있지요"라고 덧붙였다.

3. Quake 2009.

4. Arrow 1959.
5. Carmichael and Begley 2010.
6. Cummings and Kiesler(2005)는 여러 대학이 참여한 연구프로젝트는 단일 대학이 수행한 프로젝트보다 덜 성공적이라고 주장한다.
7. National Research Council 2011.
8. 같은 책.
9. 자우어만과 로치는 대학원생과 박사후연구원들에게 "자신의 전공 분야에서 동료들과 비교했을 때 자신의 연구능력에 몇 점을 주겠는가?"라고 물었다. 0점부터 10점까지 매겨보라고 한 이 조사에서 평균 6.48점이 나왔다. 비록 이 조사는 대규모 연구가 진행 중인 39개 대학에서 뽑은 샘플 조사이긴 하지만, 자신이 평균보다 낫다고 생각하는 대학원생들의 경향을 엿볼 수 있다.(Sauermann and Roach, 2011)
10. Vance, 2011, 44.
11. 같은 책.
12. 이 위원회 회원 가운데 한 명은 산업계 인사이고, 한 명은 미국의학정보협회 American Medical Information Association 인사다. 그 외 나머지는 학계 인물들이다. 또 회원 가운데 한 명이 이 위원회가 임명한 박사후연구원이었다. 그는 보고서를 쓰는 동안 뉴욕대 의과대학의 박사후과정 관리자 및 (직업)윤리 담당자가 되었다.
13. Alberts 2010, 1257.
14. 앨버츠는 미국국립보건원이 교수들의 급여로 지급하는 자금을 극대화하자고 제안했으며, 이는 대안으로 검토할 만하다. 또 앨버츠는 대학이 소프트머니를 지원받는 교수 채용 비율 상한선을 넘어설 경우 벌금을 부과하자고 제안했다.(Alberts 2010, 1257)
15. 1985년에 시작한 대학-페르미 연구소 연계 박사과정이 존재한다. 하지만 여기서 배출하는 박사 인력은 현재까지 36명에 그칠 정도로 미미한 수준이다. http://apc.fnal.gov/programs2/joint_university.shtml 참고.
16. 이 목적을 달성할 다른 방법들도 있다. 가령 학제간 훈련을 지원하는 미국국립과학재단 IGERT(Integrative Graduate Education and Research Traineeship) 프로그램은 특정 분야의 학생과 교수를 확실하게 분리시키도록 설계되었다. http://www.igert.org/public/about for a description 참고.
17. 여러 저명한 과학자가 이와 같은 아이디어를 지지한다. 1981년 노벨화학상 수상

자 로알드 호프만은 정부가 대학원생에게 연구보조금 지급을 중단하고 학생들이 자신들의 선택에 따라 대학에서 이용할 수 있는 경쟁적인 펠로십을 활용해야 한다고 주장했다. 그는 2009년 5월 8일 *Chronicle of Higher Education* 사설에서 이와 같이 언급했으며, 제프리 머비스(2009b)의 인터뷰에서 상세히 설명했다. 프린스턴대 총장이자 칭송받는 유전학자인 셜리 틸먼 역시 이 아이디어를 지지했다. 그녀가 의장을 맡아 진행한 1998년 국립과학아카데미 연구는 연구보조금을 훈련보조금으로 대체할 것을 권고했다.(7장 참고) 노벨화학상 수상자이자 하워드휴스 의학연구소 전 소장인 토머스 체크 역시 이와 같은 움직임에 지지 의사를 표했다.

18. Mervis 2009b, 529.

19. 정책은 어려움에 처한 연구를 좀 더 어렵게 만듦으로써 과학 분야에서 계층화를 증대시킬 수 있다. 부시 행정부가 2001년부터 시행한 인간 배아줄기세포hESC 연구 정책은 배아줄기세포주에 이미 투입하고 있던 공공 부문의 자금 지원마저 제한해 계층화를 증대시킨 사례다. 또 반대로 생물자원센터가 기자재 사용에 대한 제약을 없앤 사례와 특정 쥐(온코마우스) 사용 제한을 해제한 후 그 영향력을 연구했던 방법론과 유사한 방식을 써서, 연구자들은 인간 배아줄기세포 연구가 미국의 연구 관행에 어떤 영향을 미치는지 연구했다. 예상했던 대로, 정책은 상위 25위에 들지 않는 기관에서 연구하는 연구자들에게 매우 중요한 영향을 끼친다는 사실을 확인할 수 있었다. Furman and Murray 2011.

20. 벤 존스는 이 생각에 대해 우선권을 가질 자격이 충분하다. Jones 2010b 참고.

21. Funding First 2000. 펀딩 퍼스트는 Mary Woodward Lasker Charitable Trust가 기획한 단체다.

22. 맥주에 관해서는 http://www.wallstats.com/blog/50-billion-bottles-of-beer-on-the-wall에서 확인할 수 있다. 이 추정치는 미국에서 맥주 소비량 가운데 3분의 1은 식당이나 바에서, 3분의 2는 일반 가정에서 파인트당 평균 1.88달러에 소비된다는 점을 감안해 산출했다. 국방비 정보는 http://comptroller.defense.gov/defbudget/fy2012/FY2012_Budget_Request_Overview_Book.pdf에서 확인할 수 있다.

23. Arrow 1955.

24. Acemoglu 2009. 존 베이츠 클라크 메달은 미국경제학회가 "경제학적 사고와 지식에 매우 주요하게 기여한 40세 이하 미국인 경제학자"에게 수여하는 상이다. 2007년까지는 2년에 한 번씩 시상했으며, 2009년부터 매년 시상하고 있다. 위

키피디아, http://en.wikipedia.org/wiki/John_Bates_Clark_Medal에서 "John Bates Clark Medal" 2010.

25. Azoulay, Zivin, and Manso 2009.

26. Berg 2010.

27. Sacks 2007.

28. Cummings and Kiesler 2005.

29. National Science Foundation 2011.
 http://www.nsf.gov/funding/pgm_summ.jsp?pims_id=501084.

30. 정신분열증을 앓는 딸을 둔 스티븐과 코니 리버가 연구소에 자금을 지원했다.

31. Collins 2010b, 37.

32. Kaiser 2011.

33. Collins 2010b.

참고문헌

Abdo, Aous A., M. Ackermann, M. Arimoto, K. Asano, W. B. Atwood, M. Axelsson, L. Baldini, et al. 2009. "Fermi Observations of High-Energy Gamma-Ray Emissions from GRB 080916C." *Science* 323:1688–93.

Acemoglu, Daron. 2009. "A Note on Diversity and Technological Progress." Unpublished manuscript, Massachusetts Institute of Technology, July 2009. http://www.idei.fr/tnit/papers/acemoglu1.pdf.Kaiser.

Acs, Zoltan, David Audretsch, and Maryann Feldman. 1992. "Real Effects of Academic Research: Comment." *American Economic Review* 83:363–67.

Adams, James D. 1990. "Fundamental Stocks of Knowledge and Productivity Growth." *Journal of Political Economy* 98:673–702.

———. 2001. "Comparative Localization of Academic and Industrial Spillovers." *Journal of Economic Geography* 2:253–78.

Adams, James D., Grant Black, Roger Clemmons, and Paula Stephan. 2005. "Scientific Teams and Institutional Collaborations: Evidence from U.S. Universities, 1981–1999." *Research Policy* 34:259–85.

Adams, James D., J. Roger Clemmons, and Paula E. Stephan. 2006. "How Rapidly Does Science Leak Out?" NBER Working Paper 11997. National Bureau of Economic Research, Cambridge, MA.

Agin, Dan. 2007. *Junk Science: An Overdue Indictment of Government, Industry, and Faith Groups That Twist Science for Their Own Gain.* New York: Macmillan.

Agrawal, Ajay, and Avi Goldfarb. 2008. "Restructuring Research: Communication Costs and the Democratization of University Innovation." *American Economic Review* 98:1578–90.

Agrawal, Ajay, and Rebecca Henderson. 2002. "Putting Patents in Context: Exploring Knowledge Transfer from MIT." *Management Science* 48:44–60.

Agre, Peter. 2003. "Autobiography." Nobelprize.org (website). http://nobelprize.org/nobel_prizes/chemistry/laureates/2003/agre-autobio.html.

Ainsworth, Claire. 2008. "Stretching the Imagination." *Nature* 456:696–99.

Alberts, Bruce. 2008. "Hybrid Vigor in Science." *Science* 320:155.

———. 2009. "On Incentives for Innovation." *Science* 326:1163.

———. 2010. "Overbuilding Research Capacity." *Science* 329:1257.

Allison, Paul, and J. Scott Long. 1990. "Departmental Effects on Scientific Productivity." *American Sociological Review* 55:469–78.

Allison, Paul, Scott Long, and Tad Krauze. 1982. "Cumulative Advantage and Inequality in Science." *American Sociological Review* 47:615—25.

Allison, Paul, and John Stewart. 1974. "Productivity Differences among Scientists: Evidence for Accumulative Advantage." *American Sociological Review* 39:596–606.

ALLWHOIS. http://www.allwhois.com/.

Almeida, Paul, and Bruce Kogut. 1999. "Localization of Knowledge and the Mobility of Engineers in Regional Networks." *Management Science* 45:905–17.

Alonso, S., F. J. Cabrerizo, E. Herrera-Viedma, and F. Herrera. 2009. "h-Index: A Review Focused in Its Variants, Computation and Standardization for Different Scientific Fields." *Journal of Informetrics* 3:273–89.

Alston, Julian M., Matthew Andersen, Jennifer S. James, and Philip G. Pardey. 2009. *Persistence Pays: U.S. Agricultural Productivity Growth and the Benefits from Public R&D Spending*. New York: Springer.

American Academy of Arts and Sciences. 2008. *ARISE: Advancing Research in Science and Engineering: Investing in Early-Career Scientists and High-Risk, High-Reward Research*. Cambridge, MA: American Academy of Arts and Sciences. http://www.amacad.org/AriseFolder/default.aspx.

American Association of University Professors. 2009. *Facts and Figures: AAUP Faculty Salary Survey 2008–2009*. http://chronicle.com/stats/aaup/.

———. 2010. *No Refuge: The Annual Report on the Economic Status of the Profession 2009–2010*. Washington, DC: American Association of University Professors.

American Institute of Physics. 2010. "Table 6. Long-term Career Goals of Physics PhDs, classes of 2005 & 2006." Initial Employment Report, AIP Statistical Research Center. http://www.aip.org/statistics/trends/highlite/emp3/table6.htm.

Anft, Michael. 2008. "Of Mice and Medicine." *Johns Hopkins Magazine* 60:31–7.

"Anton (Computer)." 2009. *Wikipedia*. http://en.wikipedia.org/wiki/Anton_(computer).

Arai, K. 2010. "Japanese Science in a Global World." *Science* 328:1207.

"Arecibo Observatory." 2011. *Wikipedia*. http://en.wikipedia.org/wiki/Arecibo_Observatory.

Argyres, Nicholas, and Julia Liebeskind. 1998. "Privatizing the Intellectual Commons: Universities and the Commercialization of Biotechnology." *Journal of Economic Behavior and Organization* 35:427–54.

Arrow, Kenneth. 1955. *Economic Aspects of Military Research and Development.* Santa Monica, CA: RAND Corporation.
———. 1959. *Economic Welfare and the Allocation of Resources for Invention.* P1856-RC. Santa Monica, CA: RAND Corporation. Also published in *The Rate and Direction of Inventive Activity: Economic and Social Factors,* 609—26. National Bureau of Economic Research. New York: Arno Press, 1975 (repr. 1962).
———. 1987. "Reflections on the Essays." In *Arrow and the Ascent of Modern Economic Theory,* 685–9. Edited by George R. Feiwel. New York: New York University Press.
Arrow, Kenneth J., and W. M. Capron. 1959. "Dynamic Shortages and Price Rises: The Engineering-Scientist Case." *Quarterly Journal of Economics* 73:292–308.
Association of American Medical Colleges. 2003. "Trends among Foreign-Graduate Faculty at U.S. Medical Schools, 1981–2000." http://www.aamc.org/data/aib/aibissues/aibvol3_no1.pdf.
———. 2011. "Sponsored Program Salary Support to Medical School Faculty in 2009." In Brief. https://www.aamc.org/download/170836/data/aibvol11_no1.pdf.
Association of University Technology Managers. 1996. *FY 1996 Licensing Activity Survey.* Deerfield, IL: AUTM.
"Atomic Clock." 2010. *Wikipedia.* http://en.wikipedia.org/wiki/Atomic_clock.
Attiyeh, Gregory, and Richard Attiyeh. 1997. "Testing for Bias in Graduate School Admission." *Journal of Human Resources* 32:29–97.
Austin, James. 2010. "NIH Impact Scores: Which Criteria Matter Most?" *Science Careers Blog,* July 22. http://blogs.sciencemag.org/sciencecareers/2010/07/nih-impact-scor.html.
Autant-Bernard, Corinne. 2001. "Science and Knowledge Flows: The French Case." *Research Policy* 30:1069–78.
Azoulay, Pierre, Waverly Ding, and Toby Stuart. 2009. "The Impact of Academic Patenting on the Rate, Quality, and Direction of (Public) Research Output." *Journal of Industrial Economics* 57:637–76.
Azoulay, Pierre, Joshua Graff Zivin, and Gustavo Manso. 2009. "Incentives and Creativity: Evidence from the Academic Life Sciences." NBER Working Paper 15466. National Bureau of Economic Research, Cambridge, MA.
BankBoston Economics Department. 1997. *MIT: The Impact of Innovation.* Boston: BankBoston. http://web.mit.edu/newsoffice/founders/.
Basken, Paul. 2009. "NIH Is Deluged with 21,000 Grant Applications for Stimulus Funds." *Chronicle of Higher Education,* June 9.
———. 2010. "Lawmakers Renew Commitment to Science Spending, Despite Budget-Deficit Fears." *Chronicle of Higher Education,* April 29.
Ben-David, Dan. 2008. "Brain Drained: Soaring Minds." *Vox,* March 13.
Benderly, Beryl Lieff. 2008. "University of California Postdoc Union Wins Official Recognition." *Science Careers,* August 28.
"Benford's Law." 2010. *Wikipedia.* http://en.wikipedia.org/wiki/Benford's_law.
Bera, Rajendra K. 2009. "The Story of the Cohen–Boyer Patents." *Current Science* 96:760–3.

Berardelli, Phil. 2010. "'Impossible' Soccer Goal Explained by New Twist on Curveball Physics." *Science Now,* September 2. http://news.sciencemag.org/sciencenow/2010/09/impossible-soccer-goal-explained.html.

Berg, Jeremy. 2010. "Another Look at Measuring the Scientific Output and Impact of NIGMS Grants." *NIGMS Feedback Loop,* November 22. https://loop.nigms.nih.gov/index.php/2010/11/22/another-look-at-measuring-the-scientific-output-and-impact-of-nigms-grants/.

Berg, Jeremy, John L. Tymoczko, and Lubert Stryer. 2010. *Biochemistry.* 6th ed. New York: W. H. Freeman.

Berrill, Norman J. 1983. "The Pleasure and Practice of Biology." *Canadian Journal of Zoology* 61:947–51.

Bertrand, Marianne, Claudia Goldin, and Lawrence Katz. 2009. "Dynamics of the Gender Gap for Young Professionals in the Corporate and Financial Sectors." NBER Working Paper 14681. National Bureau of Economic Research, Cambridge, MA.

Bhattacharjee, Yudhijit. 2006. "U.S. Research Funding. Industry Shrinks Academic Support." *Science* 312:671a.

———. 2008a. "Combating Terrorism. New Efforts to Detect Explosives Require Advances on Many Fronts." *Science* 320:1416–7.

———. 2008b. "Scientific Honors. The Cost of a Genuine Collaboration." *Science* 320:959.

———. 2009. "Race for the Heavens." *Science* 326:512–15.

Bill and Melinda Gates Foundation. 2009. "Grant Search." Bill and Melinda Gates Foundation (website). http://www.gatesfoundation.org/grants/Pages/search.aspx.

Biophysical Society. 2003. "Biophysicist in Profile: Lila Gierasch." *Biophysical Society Newsletter,* January/February. http://www.biophysics.org/LinkClick.aspx?fileticket=fM0uqLnEvsw%3D&tabid=524.

Biotechnology Industry Organization. 2011. "Russ Prize Winner: Leroy Hood Revolutionized DNA Research." *BioTechNow,* January 24. http://biotech-now.org/section/bio-matters/2011/01/24/russ-prize-winner-leroy-hood-revolutionized-dna-research.

Black, Grant. 2004. *The Geography of Small Firm Innovation.* New York: Kluwer.

Black, Grant, and Paula Stephan. 2004. *Bioinformatics: Recent Trends in Programs, Placements and Job Opportunities Final Report.* New York: Alfred P. Sloan Foundation.

———. 2010. "The Economics of University Science and the Role of Foreign Graduate Students and Postdoctoral Scholars." In *American Universities in a Global Market,* 129–61. Edited by Charles T. Clotfelter. Chicago: University of Chicago Press.

Blackburn, Robert T., Charles E. Behymer, and David E. Hall. 1978. "Research Note: Correlates of Faculty Publications." *Sociology of Education* 51:132–41.

Blanchard, Emily, John Bound, and Sarah Turner. 2008. "Opening (and Closing) Doors: Country Specific Shocks in U.S. Doctorate Education." In *Doctoral Education and the Faculty of the Future,* 224–8. Edited by Ronald G. Ehrenberg and Charlotte V. Kuh. Ithaca, NY: Cornell University Press.

Blank, David, and George J. Stigler. 1957. *The Demand and Supply of Scientific Personnel*. New York: National Bureau of Economic Research.

Blau, Judith R. 1973. "Sociometric Structure of a Scientific Discipline." In *Research in Sociology of Knowledge, Sciences and Art,* 91–206. Edited by Robert A. Jones. Greenwich, CT: JAI Press.

Blume-Kohout, Margaret E. 2009. "Drug Development and Public Research Funding: Evidence of Lagged Effects." Unpublished paper. University of Waterloo, Canada. http://sites.google.com/site/mblumekohout/documents/Blume-Kohout_Paper.pdf.

Blumenthal, David, Nancyanne Causino, Eric Campbell, and Karen Seashore Louis. 1996. "Relationships between Academic Institutions and Industry in the Life Sciences: An Industry Survey." *New England Journal of Medicine* 334:368–74.

Blumenthal, David, Michael Gluck, Karen Seashore Lewis, Michael Stotto, and David Wise. 1986. "University-Industry Research Relationships in Biotechnology: Implications for the University." *Science* 232:1361–66.

Bohannon, John. 2011. "National Science Foundation. Meeting for Peer Review at a Resort That's Virtually Free." *Science* 331:27.

Bok, Derek C. 1982. *Beyond the Ivory Tower: Social Responsibilities of the Modern University.* Cambridge, MA: Harvard University Press.

Bole, Kristen. 2010. "UCSF Receives $15 Million to Advance Personalized Medicine." *UCSF News Center.* University of San Francisco, CA (website). http://www.ucsf.edu/news/2010/09/4451/ucsf-receives-15-million-advance-personalized-medicine.

Bolon, Brad, Stephen W. Barthold, Kelli L. Boyd, Cory Brayton, Robert D. Cardiff, Linda C. Cork, Kathryn A. Easton, Trenton R. Schoeb, John P. Sundberg, and Jerrold M. Ward. 2010. "Letter to the Editor. Male Mice Not Alone in Research." *Science* 328:1103.

Bonetta, Laura. 2009. "Advice for Beginning Faculty: How to Find the Best Postdoc" *Science Careers*, February 6.

Borjas, George. 2007. "Do Foreign Students Crowd Out Native Students from Graduate Programs?" In *Science and the University,* 134–49. Edited by Paula Stephan and Ronald Ehrenberg. Madison: University of Wisconsin Press.

———. 2009. "Immigration in High Skilled Labor Markets: The Impact of Foreign Students on the Earnings of Doctorates." In *Science and Engineering Careers in the United States: An Analysis of Markets and Employment,* 131–62. Edited by Richard Freeman and Daniel Goroff. Chicago: University of Chicago Press.

Borjas, George, and Kirk Doran. 2011. "The Collapse of the Soviet Union and the Productivity of American Mathematicians." Unpublished paper, Harvard University.

Bound, John, Sarah Turner, and Patrick Walsh. 2009. "Internationalization of U.S. Doctorate Education." In *Science and Engineering Careers in the United States: An Analysis of Markets and Employment,* 59–97. Edited by Richard Freeman and Daniel Goroff. Chicago: University of Chicago Press.

Bowen, William G., and Julie Ann Sosa. 1989. *Prospects for Faculty in the Arts and Sciences: A Study of Factors Affecting Demand and Supply, 1987–2012.* Princeton, NJ: Princeton University Press.

Bowen, William G., Sarah Turner, and Marcia Witte. 1992. "The BA-PhD Nexus." *Journal of Higher Education* 63:65–86.

Bowers, Keith. 2009. "Biotech Firm Complete Genomics Takes the Lead in Genome Sequencing." *Silicon Valley/San Jose Business Journal,* December 6. http://www.bizjournals.com/sanjose/stories/2009/12/07/focus5.html.

Branstetter, Lee, and Ogura Yoshiaki. 2005. "Is Academic Science Driving a Surge in Industrial Innovation? Evidence from Patent Citations." NBER Working Paper 11561. National Bureau of Economic Research, Cambridge, MA.

Breschi, Stefano, and Francesco Lissoni. 2003. "Mobility and Social Networks: Localized Knowledge Spillovers Revisited." Working Papers 142. Centre for Research on Innovation and Internationalisation (CESPRI), Luigi Bocconi University, Milan, Italy.

Breschi, Stefano, Francesco Lissoni, and Fabio Montobbio. 2007. "The Scientific Productivity of Academic Inventors: New Evidence from Italian Data." *Economics of Innovation and New Technology* 16:101–18.

Brezin, Edouard, and Antoine Triller. 2008. "Long Road to Reform in France." *Science* 320:1695.

Brinster, Ralph L., Howard Y. Chen, Myrna Trumbauer, Allen W. Senear, Raphael Warren, and Richard D. Palmiter. 1981. "Somatic Expression of Herpes Thymidine Kinase in Mice Following Injection of a Fusion Gene into Eggs." *Cell* 27:223–31.

Britt, Ronda. 2009. "Federal Government Is Largest Source of University R&D Funding in S&E; Share Drops in FY 2008." NSF 09-318. Arlington, VA: Division of Science Resources Statistics, National Science Foundation. http://www.nsf.gov/statistics/infbrief/nsf09318.

Brown, Jeffrey R., Stephen G. Dimmock, Jun-Koo Kang, and Scott J. Weisbenner. 2010. "Why I Lost My Secretary: The Effect of Endowment Shocks on University Operations." NBER Working Paper 15861. National Bureau of Economic Research, Cambridge, MA.

Buckman, Rebecca. 2008. "Scientist Gives VC an Edge." *Wall Street Journal.* April 14.

Bunton, Sarah, and William Mallon. 2007. "The Continued Evolution of Faculty Appointment and Tenure Policies at U.S. Medical Schools." *Academic Medicine* 82:281–9.

Burns, Laura, Peter Einaudi, and Patricia Green. 2009. "S&E Graduate Enrollments Accelerate in 2007; Enrollments of Foreign Students Reach New High." NSF 09-314, June. Arlington, VA: National Center for Science and Engineering Statistics (NCSES), National Science Foundation. http://www.nsf.gov/statistics/infbrief/nsf09314/.

Burrelli, Joan, Alan Rapoport, and Rolf Lehming. 2008. "Baccalaureate Origins of S&E Doctorate Recipients." NSF 08-311, July. Arlington, VA: National Center for Science and Engineering Statistics (NCSES), National Science Foundation. http://www.nsf.gov/statistics/infbrief/nsf08311/.

Butkus, Ben. 2007a. "NYU Sells Portion of Royalty Interest in Remicade to Royalty Pharma for $650m." *Biotech Transfer Week,* May 14.

———. 2007b. "Texas A&M's Use of Tech Commercialization as Basis for Awarding Tenure Gains Traction." *Biotech Transfer Week,* August 6. http://www.genomeweb.com/biotechtransferweek/texas-am%E2%80%99s-use-tech-commercialization-basis-awarding-tenure-gains-traction.

Butler, Linda. 2004. "What Happens When Funding Is Linked to Publication Counts?" In *Handbook of Quantitative Science and Technology Research: The Use of Publication and Patent Statistics in Studies of S&T Systems,* 389–406. Edited by Henk F. Moed, Wolfgang Glänzel, and Ulrich Schmoch. Dordrecht, the Netherlands: Kluwer Academic.

Byrne, Richard. 2008. "Gap Persists between Faculty Salaries at Public and Private Institutions." *Chronicle of Higher Education* 54:32.

Cameron, David. 2010. "Mining the 'Wisdom of Crowds' to Attack Disease." *Harvard Medical School News Alert,* September 29. http://hms.harvard.edu/public/news/2010/092910_innocentive/index.html.

Campbell, Kenneth D. 1997. "Merck, MIT Announces Collaboration." *MIT Tech Talk,* March 19. http://web.mit.edu/newsoffice/1997/merck-0319.html.

Campus Grotto. 2009. "Average Starting Salary by Degree for 2009." Campus Grotto website. July 15. http://www.campusgrotto.com/average-starting-salary-by-degree-for-2009.html.

Carayol, Nicholas. 2007. "Academic Incentives, Research Organization and Patenting at a Large French University." *Economics of Innovation and New Technology* 16:71–99.

Carely, Flanigan. 1998. "Prevalence of Articles with Honorary Authors and Ghost Authors in Peer-Reviewed Medical Journals." *Journal of the American Medical Association* 280:222–24.

Carmichael, Mary and Sharon Begley. 2010. "Desperately Seeking Cures." *Newsweek,* May 15. http://www.newsweek.com/2010/05/15/desperately-seeking-cures.html.

Carpenter, Siri. 2009. "Discouraging Days for Jobseekers." *Science Careers,* February 13. http://sciencecareers.sciencemag.org/career_magazine/previous_issues/articles/2009_02_13/caredit.a0900022.

Ceci, Stephen, and Wendy Williams. 2009. *The Mathematics of Sex: How Biology and Society Limit Talented Women.* Oxford: Oxford University Press.

Center for High Angular Resolution Astronomy. 2009. "The CHARA Array." Georgia State University, Atlanta. http://www.chara.gsu.edu/CHARA/array.php.

Center on Congress at Indiana University. 2008. "Members of Congress Questions and Answers." Center on Congress (website). http://www.centeroncongress.org/members-congress-questions-and-answers.

Children's Memorial Research Center. 2009. "Why Use Zebrafish as a Model?" Children's Memorial Research Center (Chicago) website. http://www.childrensmrc.org/topczewski/why_zebrafish/.

Chiswick, Barry R., Nicholas Larsen, and Paul J. Pieper. 2010. "The Production of PhDs in the United States and Canada." IZA Discussion Paper No. 5367.

Institute for the Study of Labor (IZA), Bonn, Germany. http://ftp.iza.org/dp5367.pdf.
Cho, Adrian. 2006. "Embracing Small Science in a Big Way." *Science* 313:1872–75.
———. 2008. "The Hot Question: How New Are the New Superconductors?" *Science* 320:870–71.
Cho, Adrian, and Daniel Clery. 2009. "International Year of Astronomy. Astronomy Hits the Big Time." *Science* 323:332–5.
Chronicle of Higher Education. 2009. *Stipends for Graduate Assistants, 2008–9.* Survey online database. http://chronicle.com/stats/stipends/?inst=1172.
Church, George M. 2005. "Can a Sequencing Method Be 100 Times Faster Than ABI but More Expensive?" *Polny Technology FAQ*. Harvard Molecular Technology Group, Cambridge, MA. http://arep.med.harvard.edu/Polonator/speed.html.
Clery, Daniel. 2009a. "Exotic Telescopes Prepare to Probe Era of First Stars and Galaxies." *Science* 325:1617–9.
———. 2009b. "Herschel Will Open a New Vista on Infant Stars and Galaxies." *Science* 324:584–6.
———. 2009c. "ITER Blueprints near Completion, but Financial Hurdles Lie Ahead." *Science* 326:932–3.
———. 2009d. "Research Funding. England Spreads Its Funds Widely, Sparking Debate." *Science* 323:1413.
———. 2010a. "Budget Red Tape in Europe Brings New Delay to ITER." *Science* 327:1434.
———. 2010b. "ITER Cost Estimates Leave Europe Struggling to Find Ways to Pay." *Science* 328:798.
Coase, Robert. 1974. "The Lighthouse in Economics." *Journal of Law and Economics* 17:357–76.
Cockburn, Iain M., and Rebecca Henderson. 1998. "Absorptive Capacity, Coauthoring Behavior, and the Organization of Research in Drug Discovery." *Journal of Industrial Economics* 46:157–82.
Coelho, Sarah. 2009. "Profile: Jorge Cham. Piled Higher and Deeper: The Everyday Life of a Grad Student." *Science* 323:1668–9.
Cohen, Jon. 2007. "Gene Sequencing in a Flash: New Machines Are Opening up Novel Areas of Research." *Technology Review* 110:72–7.
Cohen, Wesley, Richard Nelson, and John P Walsh. 2002. "Links and Impacts: The Influence of Public Research on Industrial R&D." *Management Science* 48:1–23.
Cohen, Wesley M., and Daniel A. Leventhal. 1989. "Innovation and Learning: The Two Faces of R&D." *Economic Journal* 99:569–96.
Cole, Jonathan R. 2010. *The Great American University: Its Rise to Preeminence, Its Indispensable National Role, Why It Must Be Protected.* New York: Public Affairs.
Cole, Jonathan R., and Stephen Cole. 1973. *Social Stratification in Science.* Chicago: University of Chicago Press.
Collins, Francis S. 2010a. "A Genome Story: 10th Anniversary Commentary." *Scientific American* Guest Blog, June 25. http://www.scientificamerican.com/blog/post.cfm?id=a-genome-story-10th-anniversary-com-2010-06-25.

———. 2010b. "Opportunities for Research and NIH." *Science* 327:36–7.
Collins, Francis S., Michael Morgan, and Aristides Patrinos. 2003. "The Human Genome Project: Lessons from Large-Scale Biology." *Science* 300:286–90.
Commission of the European Communities. 2003. "Investing in Research: An Action Plan for Europe." Brussels, 4.6.2003, COM(2003) 226 final/2. July 30. http://ec.europa.eu/invest-in-research/pdf/226/en.pdf.
Committee to Study the Changing Needs for Biomedical, Behavioral, and Clinical Research Personnel. 2008. Paper presented at the National Institute of General Medical Sciences. Bethesda, Maryland.
Congressional Quarterly. 2007. *Guide to Congress*. 6th ed., 2 vols. Washington, DC: GQ Press.
Corrado, Carol A., and Charles Hulten. 2010. "Measuring Intangible Capital: How Do You Measure a 'Technological Revolution'?" *American Economic Review: Papers and Proceedings* 100:99–104.
Costantini, Franklin, and Elizabeth Lacy. 1981. "Introduction of a Rabbit-Globin Gene into the Mouse Germ Line." *Nature* 294:92–94.
Council of Graduate Schools. 2009. "Findings from the 2009 CGS International Graduate Admissions Survey. Phase II: Applications and Initial Offers of Admission." August 2009. Washington, DC: CGS. http://www.cgsnet.org/portals/0/pdf/R_IntlAdm09_II.pdf.
Couzin, Jennifer. 2006. "Scientific Misconduct: Truth and Consequences." *Science* 313:1222–6.
———. 2008. "Science and Commerce: Gene Tests for Psychiatric Risk Polarize Researchers." *Science* 319:274–7.
———. 2009. "Research Funding. For Many Scientists, the Madoff Scandal Suddenly Hits Home." *Science* 323:25.
Couzin-Frankel, Jennifer. 2009. "Genetics. The Promise of a Cure: 20 Years and Counting." *Science* 324:1504–7.
Cox, Brian. 2008. "Gravity: The 'Holy Grail' of Physics." *BBC Online*, January 29. http://news.bbc.co.uk/2/hi/science/nature/7215972.stm.
Coyle, Daniel. 2009. *The Talent Code: Unlocking the Secret of Skill in Sports, Art, Music, Math, and Just about Anything*. New York: Bantam.
Coyne, Jerry A. 2010. "Harvard Dean: Hauser Guilty of Scientific Misconduct." *Why Evolution Is True* (blog), August 20. http://whyevolutionistrue.wordpress.com/2010/08/20/harvard-dean-hauser-guilty-of-scientific-misconduct/.
Critser, Greg. 2007. "Of Men and Mice: How a Twenty-Gram Rodent Conquered the World of Science." *Harper's Magazine* 315 (December): 65–76.
Cruz-Castro, Laura, and Luis Sanz-Menéndez. 2009. "Mobility versus Job Stability: Assessing Tenure and Productivity Outcomes." *Research Policy* 39:27–38.
Cummings, Jonathan N., and Sara Kiesler. 2005. "Collaborative Research across Disciplinary and Organizational Boundaries." *Social Studies of Science* 35(5): 703–22.
Cutler, David. 2004a. "Are the Benefits of Medicine Worth What We Pay for It?" Policy Brief, 15th Annual Herbert Lourie Memorial Lecture on Health Policy, Maxwell School, Syracuse University.

———.2004b. *Your Money or Your Life: Strong Medicine for America's Health Care System*, Oxford University Press, New York.

Cutler, David, and Srikanth Kadiyala. 2003. "The Return to Biomedical Research: Treatment and Behavioral Effects," in *Measuring the Gains from Medical Research: An Economic Approach*, edited by Kevin Murphy and Robert Topel, Chicago, University of Chicago Press, 2003.

Czarnitzki, Dirk, Christoph Grimpe, and Andrew A. Toole. 2011. "Delay and Secrecy: Does Industry Sponsorship Jeopardize Disclosure of Academic Research?" Zentrum für Europäische Wirtschaftsforschung GimbH (ZEW) Discussion Paper No. 11-009.

Czarnitzki, Dirk, Katrin Hussinger, and Cedric Schneider. 2009. "The Nexus between Science and Industry: Evidence from Faculty Inventions." ZEW Discussion Paper No. 09-028. Zentrum für Europäische Wirtschaftsforschung/ Center for European Economic Research, Mannheim, Germany.

Danielson, Amy, ed. 2009. Research News Online, May 8. Office of the Vice President, University of Minnesota. http://www.research.umn.edu/communications /publications/rno/5-8-09.html.

Darwin, Charles. 1945. *The Voyage of the Beagle*. Raleigh, NC: Hayes Barton Press. First published in 1839.

Dasgupta, Partha, and Paul David. 1987. "Information Disclosure and the Economics of Science and Technology." In *Arrow and the Ascent of Modern Economic Theory*, 519–42. Edited by George Feiwel. New York: New York University Press.

———. 1994. "Toward a new economics of science." *Research Policy* 23, 487–521.

David, Paul. 1994. "Positive Feedbacks and Research Productivity in Science: Reopening Another Black Box." In *The Economics of Technology*, 65–89. Edited by O. Granstrand. Amsterdam: Elsevier Science.

David, Paul A., David Mowery, and W. Edward Steinmueller. 1992. "Analyzing the Economic Payoffs from Basic Research." *Economics of Innovation and New Technology* 2:73–90.

David, Paul, and Andrea Pozzi. 2010. "Scientific Misconduct in Theory and Practice: Quantitative Realities of Falsification, Fabrication and Plagiary in U.S. Publicly Funded Biomedical Research." Paper presented at the International Conference in Honor of Jacques Mairesse, "R&D, Science, Innovation and Intellectual Property," ENSAE. Paris, September 16–17.

"David Quéré." 2010. *Wikipédia*. http://fr.wikipedia.org/wiki/David_Quéré.

Davis, Geoff. 1997. "Mathematicians and the Market." Online preprint. Mathematics Department, Dartmouth College, Hanover, NH. http://www.geoffdavis .net/dartmouth/policy/papers.html.

———. 2005. "Doctors without Orders: Highlights of the Sigma Xi Postdoc Survey." *American Scientist* 93 (3): special supplement, May–June. http://postdoc .sigmaxi.org.

———. 2007. "NIH Budget Doubling: Side Effects and Solutions." Presentation at a seminar, Cambridge, MA: Harvard University, March 12.

———. 2010. *Find the Graduate School That's Right for You*. http://graduate -school.phds.org.

De Figueiredo, John M., and Brian S. Silverman. 2007. "How Does the Government (Want to) Fund Science? Politics, Lobbying, and Academic Earmarks." In *Science and the University,* 36–54. Edited by Paula Stephan and Ronald Ehrenberg. Madison: University of Wisconsin Press.

DeLong, J. Bradford. 2000. "Cornucopia: The Pace of Economic Growth in the Twentieth Century." NBER Working Paper 7602. National Bureau of Economic Research, Cambridge, MA.

Deng, Zhen, Baruch Lev, and Francis Narin. 1999. "Science and Technology as Predictors of Stock Performance." *Financial Analysts Journal* 55:20–32.

de Solla Price, Derek J. 1986. *Little Science, Big Science . . . And Beyond.* New York: Columbia University Press.

Diamond, A. M., Jr. 1986. "The Life-Cycle Research Productivity of Mathematicians and Scientists." *Journal of Gerontology* 41:520–5.

Dimsdale, John. 2009. "Inventor, 89, Has His Eye on Diamonds." Zalman Shapiro, interviewed by Kai Ryssdal. *American Public Media,* June 16. http://marketplace.publicradio.org/display/web/2009/06/16/pm_serial_inventor/.

Ding, Lan, and Haizheng Li. 2008. "Social Network and Study Abroad: The Case of Chinese Students in the U.S." Paper presented at Chinese Economists Society 2008 North America Conference. University of Regina, Saskatchewan, Canada, August 20–22.

Ding, Waverly, Sharon Levin, Paula Stephan, and Anne E. Winkler. 2010. "The Impact of Information Technology on Scientists' Productivity, Quality and Collaboration Patterns." *Management Science* 56:1439–61.

Ding, Waverly, Fiona Murray, and Toby Stuart. 2009. "Commercial Science: A New Arena for Gender Differences in Scientific Careers?" Unpublished paper.

"DNA Sequencing." 2011. *Wikipedia.* http://en.wikipedia.org/wiki/DNA_sequencing.

Dolan DNA Learning Center. 2010. "Making Sequencing Automated, Michael Hunkapiller." ID 15098. Cold Spring Harbor Laboratory, Harlem DNA Lab and DNA Learning Center West (website). http://www.dnalc.org/view/15098-Making-sequencing-automated-Michael-Hunkpiller.html.

Drmanac, Radoje, Andrew B. Sparks, Matthew J. Callow, Aaron L. Halpern, Norman L. Burns, Bahram G. Kermani, Paolo Carnevali, Igor Nazarenko, Geoffrey B. Nilsen, and George Yeung. 2010. "Human Genome Sequencing Using Unchained Base Reads on Self-Assembling DNA Nanoarrays." *Science* 327:78–81.

Ducor, Phillipe. 2000. "Intellectual Property: Coauthorship and Coinventorship." *Science* 289:873–75.

Edelman, Benjamin, and Ian Larkin. 2009. "Demographics, Career Concerns or Social Comparison: Who Games SSRN Download Counts?" Harvard Business School Working Paper 09–0906. Harvard University, Cambridge, MA.

Edwards, Mark, Fiona Murray, and Robert Yu. 2003. "Value Creation and Sharing among Universities, Biotechnology and Pharma." *Nature Biotechnology* 21:618–24.

———. 2006. "Gold in the Ivory Tower: Equity Rewards of Outlicensing." *Nature Biotechnology* 24:509–16.

Egghe, Leo. 2006. "Theory and Practice of the g-Index." *Scientometrics* 69:131–52.

Ehrenberg, Ronald G., Marquise McGraw, and Jesenka Mrdjenovic. 2006. "Why Do Field Differentials in Average Faculty Salaries Vary across Universities?" *Economics of Education Review* 25:241–8.

Ehrenberg, Ronald G., Paul J. Pieper, and Rachel A. Willis. 1998. "Do Economics Departments with Lower Tenure Probabilities Pay Higher Faculty Salaries?" *Review of Economics and Statistics* 80:503–12.

Ehrenberg, Ronald G., Michael J. Rizzo , and George Jakubson. 2007. "Who Bears the Growing Cost of Science at Universities?" In *Science and the University,* 19–35. Edited by Paula Stephan and Ronald Ehrenberg. Madison: University of Wisconsin.

Ehrenberg, Ronald G., and Liang Zhang. 2005. "The Changing Nature of Faculty Employment." In *Recruitment, Retention and Retirement in Higher Education: Building and Managing the Faculty of the Future,* 32–52. Edited by Robert Clark and Jennifer Ma. Northampton, MA: Edward Elgar.

Eisenberg, Rebecca. 1987. "Proprietary Rights and the Norms of Science in Biotechnology Research." *Yale Law Journal* 97:177–231.

Eisenstein, Ronald I., and David S. Resnick. 2001. "Going for the Big One." *Nature Biotechnology* 19:881–82.

Ellard, David. 2002. "The History of MRI." Clinical Radiology Department, University of Manchester website. http://www.isbe.man.ac.uk/personal/dellard/dje/history_mri/history%20of%20mri.htm.

Enserink, Martin. 2006. "Stem Cell Research: A Season of Generosity . . . and Jeremiads." *Science* 314:1525a.

———. 2008a. "Valérie Pécresse interview. After Initial Reforms, French Minister Promises More Changes." *Science* 319:152.

———. 2008b. "Will French Science Swallow Zerhouni's Strong Medicine?" *Science* 322:1312.

European Commission. 2007a. *China, EU and the World: Growing Harmony?* Brussels: Bureau of European Policy Advisers. http://ec.europa.eu/dgs/policy_advisers/publications/docs/china_report_27_july_06_en.pdf.

———. 2007b. *Sixth Framework Programme, 2002–2006.* Research and Innovation. http://ec.europa.eu/research/fp6/index_en.cfm.

———. 2010. "Participate in FP7," *Seventh Framework Programme (FP7).* Community Research and Development Information Service for Science, Research and Development (CORDIS). http://cordis.europa.eu/fp7/who_en.html.

"European Extremely Large Telescope." 2010. *Wikipedia.* http://en.wikipedia.org/wiki/European_Extremely_Large_Telescope.

European Southern Observatory. 2010. The European Extremely Large Telescope. http://www.eso.org/public/teles-instr/e-elt.html.

European University Institute. 2010. Academic Careers Observatory: Salary Comparisons. http://www.eui.eu/ProgrammesAndFellowships/AcademicCareersObservatory/CareerComparisons/SalaryComparisons.aspx.

Everdell, William R. 2003. Review of *Einstein's Clocks, Poincaré's Maps: Empires of Time* by Peter Galison. *New York Times Book Review,* August 17.

Fabrizio, Kira R., and Alberto Di Minin. 2008. "Commercializing the Laboratory: Faculty Patenting and the Open Science Environment." *Research Policy* 37:914–31.

"Fact and Fiction." *Science* 320:857.
FDA. 2010. "NMEs Approved by CDER." http://www.fda.gov/downloads/Drugs/DevelopmentApprovalProcess/HowDrugsareDevelopedandApproved/DrugandBiologicApprovalReports/UCM242695.pdf
Falkenheim, Jaquelina C. 2007. "U.S. Doctoral Awards in Science and Engineering Continue Upward Trend in 2006." NSF 08-301, November. Arlington, VA: National Center for Science and Engineering Statistics (NCSES), National Science Foundation. http://www.nsf.gov/statistics/infbrief/nsf08301/.
Feldman, Maryann P., Alessandra Colaianni, and Connie Kang Liu. 2007. "Lessons from the Commercialization of the Cohen-Boyer Patents: The Stanford University Licensing Program." In *Intellectual Property Management in Health and Agricultural Innovation: A Handbook of Best Practices,* Chapter 17.22. Edited by Anatole Krattiger, Richard Mahoney, Lita Nelsen, Jennifer Thomson, Alan Bennett, Kanikaram Satyanarayana, Gregory Graff, Carlos Fernandez, and Stanley Kowalski. Davis, CA: PIPRA. http://www.iphandbook.org/handbook/ch17/p22/index.html.
Feynman, Richard. 1985. *Surely You're Joking, Mr. Feynman.* New York: Bantam Books.
———. 1999. *The Pleasure of Finding Things Out: The Best Short Works of Richard P. Feynman.* Edited by Jeffrey Robbins. Cambridge, MA: Helix Books/Perseus.
Finn, Michael G. 2010. "Stay Rates of Foreign Doctorate Recipients from U.S. Universities, 2007." *Oak Ridge Institute for Science and Education.* November. http://orise.orau.gov/files/sep/stay-rates-foreign-doctorate-recipients-2007.pdf.
Fishman, Charles. 2001. "The Killer App—Bar None." *American Way* Magazine, August 1. http://www.americanwaymag.com/so-woodland-bar-code-bernard-silver-drexel-university.
Fitzgerald, Garrett. 2008. "Drugs, Industry and Academia." *Science* 320:1563.
Fleming, Lee, and Olav Sorenson. 2004. "Science as a Map in Technological Search." *Strategic Management Journal* 25:909–28.
Florida State University, Office of Research. 2010. Office of IP Development and Commercialization (website), Tallahassee. http://www.research.fsu.edu/techtransfer/.
Foray, Dominique, and Francesco Lissoni. 2010. "University Research and Public-Private Interaction." In *Handbook of the Economics of Innovation,* Vol. 1, Chapter 6. Edited by Bronwyn Hall and Nathan Rosenberg. London: Elsevier Press.
"454 Life Sciences." 2011. *Wikipedia.* http://en.wikipedia.org/wiki/454_Life_Sciences.
Fox, Mary Frank. 1983. "Publication Productivity among Scientists: A Critical Review." *Social Studies of Science* 13:285–305.
———. 1994. "Scientific Misconduct and Editorial and Peer Review Processes." *Journal of Higher Education* 65:298–309.
———. 2010. Book review of *How Institutions Affect Academic Careers* by Joseph C. Hermanowicz, University of Chicago Press, 2009. *American Journal of Sociology* 116:663–5.

Fox, Mary Frank, and Sushanta Mohapatra. 2007. "Social-Organizational Characteristics of Work and Publication Productivity among Academic Scientists in Doctoral-Granting Departments." *Journal of Higher Education* 78:542–71.

Fox, Mary Frank, and Paula Stephan. 2001. "Careers of Young Scientists: Preferences, Prospects and Realities by Gender and Field." *Social Studies of Science* 31:109–22.

Frank, Robert, and Philip Cook. 1992. *Winner-Take-All Markets*. Ithaca, NY: Cornell University Press.

Frankson, Christine. 2010. "Faculty Spotlight—Dr. John Criscione." *CNVE Newsletter* 6.3, September. http://cnve.tamu.edu/newsletter/sept2010b/.

Franzoni, Chiara. 2009. "Do Scientists Get Fundamental Research Ideas by Solving Practical Problems?" *Industrial and Corporate Change* 18:671–99.

Franzoni, Chiara, Giuseppe Scellato, and Paula Stephan. 2011. "Changing Incentives to Publish." *Science* 333: 702–703.

Freeman, Richard. 1989. *Labor Markets in Action*. Cambridge, MA: Harvard University Press.

Freeman, Richard, Tanwin Chang, and Hanley Chiang. 2009. "Supporting 'the Best and Brightest' in Science and Engineering: NSF Graduate Research Fellowships." In *Science and Engineering Careers in the United States: An Analysis of Markets and Employment*, 19–57. Edited by Richard Freeman and Daniel Goroff. Chicago: University of Chicago Press.

Freeman, Richard, and Daniel Goroff. 2009. "Introduction." In *Science and Engineering Careers in the United States: An Analysis of Markets and Employment*, 1–26. Edited by Richard Freeman and Daniel Goroff. Chicago: University of Chicago Press.

Freeman, Richard, Emily Jin, and Chia-Yu Shen. 2007. "Where Do New U.S.-Trained Science-Engineering PhDs Come From?" In *Science and the University*, 197–220. Edited by Paula Stephan and Ron Ehrenberg. Ithaca, NY: Cornell University Press.

Freeman, Richard, and John Van Reenen. 2008. "Be Careful What You Wish For: A Cautionary Tale about Budget Doubling." *Issues in Science and Technology*, Fall.

———. 2009. "What If Congress Doubled R&D Spending on the Physical Sciences?" In *Innovation Policy and the Economy*, Vol. 9, Chapter 1. Edited by Josh Lerner and Scott Stern. Cambridge, MA: National Bureau of Economic Research.

Freeman, Richard, Eric Weinstein, Elizabeth Marincola, Janet Rosenbaum, and Frank Solomon. 2001a. "Careers and Rewards in Bio Sciences: The Disconnect between Scientific Progress and Career Progression." American Society for Cell Biology. http://www.ascb.org/newsfiles/careers_rewards.pdf.

———. 2001b. "Competition and Careers in Biosciences." *Science* 294:2293–4.

Funding First. 2000. *Exceptional Returns: The Economic Value of America's Investment in Medical Research*. Monograph. New York: Mary Woodard Lasker Charitable Trust. http://www.laskerfoundation.org/media/pdf/exceptional.pdf.

Furman, Jeffrey L., and Fiona Murray. 2011. "Does Open Access Democratize Innovation? Examining the Impact of Open Institutions on the Inner and Outer Circles of Science." Working paper, MIT.

Furman, Jeffrey L., Fiona Murray, and Scott Stern. 2010. "More for the Research Dollar." *Nature* 468:757–58.

Furman, Jeffrey L., and Scott Stern. 2011. "Climbing atop the Shoulders of Giants: The Impact of Institutions on Cumulative Research." *American Economic Review* 101:1933–63.

Gaglani, Shiv. 2009. "Investing in our Future: Ways to Attract and Keep Young People in Science and Technology." Presented at "Toward an R&D Agenda for the New Administration and Congress: Perspectives from Scientists and Economists," Science and Engineering Workforce Project Workshop, National Bureau for Economic Research Conference (NBER). Cambridge, MA.

Galison, Peter. 2004. *Einstein's Clocks, Poincaré's Maps: Empires of Time*. New York: W. W. Norton.

Gans, Joshua S., and Fiona Murray. 2010. "Funding Conditions, the Public-Private Portfolio and the Disclosure of Scientific Knowledge." Paper presented at NBER Conference Celebrating the Fiftieth Anniversary of the Publication of *The Rate and Direction of Inventive Activity*. Aerlie Conference Center, Warrenton, VA, September 30–October 2.

Gardner, Martin. 1977. "A New Kind of Cipher That Would Take Millions of Years to Break [RSA Challenge]." *Scientific American* 237:120-4.

Garrison, Howard, and Kimberly McGuire. 2008. "Education and Employment of Biological and Medical Scientists: Data from National Surveys." Paper presented at the Federation of American Societies for Experimental Biology (FASEB). Bethesda, MD. http://www.faseb.org/Policy-and-Government-Affairs/Data-Compilations/Education-and-Employment-of-Scientists.aspx.

Garrison, Howard, and Kim Ngo. 2010. "NIH Funding and Grants to Investigators." FASEB PowerPoint Slides. Presentation made by Garrison, at conference "How Can We Maintain Biomedical Research and Development at the End of ARRA?" Cold Spring Harbor, NY, April 25–27, 2010.

Gaulé, Patrick, and Mario Piacentini. 2010a. "Chinese Graduate Students and U.S. Scientific Productivity: Evidence from Chemistry." Unpublished draft manuscript. Sloan School of Management, Massachusetts Institute of Technology, Cambridge; Department of Economics, University of Geneva. http://www.uclouvain.be/cps/ucl/doc/econ/documents/IRS_Piacentini.pdf.

———. 2010b. "Return Migration of the Very High Skilled: Evidence from U.S.-Based Faculty." Massachusetts Institute of Technology Working Paper, Cambridge, MA.

Geisler, Iris, and Ronald L. Oaxaca. 2005. "Faculty Salary Determination at a Research I University." Unpublished manuscript. http://www.nber.org/~sewp/events/2005.01.14/Bios%2BLinks/Oaxaca-rec1-Academic-Salary05.pdf.

"Gemini Observatory." 2011. *Wikipedia*. http://en.wikipedia.org/wiki/Gemini_Observatory.

Geuna, Aldo. 2001. "The Changing Rationale for European University Research Funding: Are There Negative Unintended Consequences?" *Journal of Economic Issues* 35:607–32.

Geuna, Aldo, and Lionel J. J. Nesta. 2006. "University Patenting and Its Effects on Academic Research: The Emerging European Evidence." *Research Policy* 35:790–807.

Ghose, Tia. 2009. "State Schools Feeling the Pinch." *The Scientist,* February 16. http://www.the-scientist.com/blog/display/55426/.

Giacomini, Kathleen. 2011. Giacomini Lab, University of California, San Francisco. Department of Bioengineering and Therapeutic Sciences. http://bts.ucsf.edu/giacomini/.

Gieryn, Thomas, and Richard Hirsh. 1983. "Marginality and Innovation in Science." *Social Studies of Science* 13:87–106.

"Gini Coefficient," 2010, *Wikipedia,* http://en.wikipedia.org/wiki/Gini_coefficient.

Ginther, Donna, and Shulamit Kahn. 2009. "Does Science Promote Women? Evidence from Academia 1973–2001." In *Science and Engineering Careers in the United States: An Analysis of Markets and Employment,* 163–194. Edited by Richard Freeman and Daniel Goroff. Chicago: University of Chicago Press.

Gittelman, Michelle. 2006. "National Institutions, Public–Private Knowledge Flows, and Innovation Performance: A Comparative Study of the Biotechnology Industry in the U.S. and France." *Research Policy* 35:1052–68.

Goldfarb, Brent, and Magnus Henrekson. 2003. "Bottom-up versus Top-down Policies towards the Commercialization of the University Intellectual Property." *Research Policy* 32:639–58.

Goldin, Claudia, and Lawrence F. Katz. 1998. "The Origins of State-Level Differences in the Public Provision of Higher Education: 1890–1940." *American Economic Review* 88:303–08.

———. 1999. "The Shaping of Higher Education: The Formative Years in the United States, 1890 to 1940." *Journal of Economic Perspectives* 13:37–62.

Goldman, Charles, Traci Williams, David Adamson, and Kathy Rosenblat. 2000. *Paying for University Research Facilities and Administration.* Santa Monica, CA: RAND Corporation.

Gomez-Mejia, Luis, and David Balkin. 1992. "Determinants of Faculty Pay: An Agency Theory Perspective." *Academy of Management Journal* 35:921–55.

Goodman, Laurie. 2004. "Clearing a Roadmap." *Journal of Clinical Investigation* 113:1512–3. doi:10.1172/JCI22106.

Goodwin, Margarette, Ann Bonham, Anthony Mazzaschi, Hershel Alexander, and Jack Krakower. 2011. "Sponsored Program Salary Support to Medical School Faculty in 2009." *Analysis in Brief* (Association of American Medical Colleges) 11 (1), January. https://www.aamc.org/download/170836/data/aibvol11_no1.pdf.

Gordon, J. W., G. A. Scangos, D. J. Plotkin, J. A. Barbosa, and F. H. Ruddle. 1980. "Genetic Transformation of Mouse Embryos by Microinjection of Purified DNA." *Proceedings of the National Academy of Sciences of the United States of America* 77:7380–84.

Gordon, Robert R. 2000. "Does the 'New Economy' Measure up to the Great Innovations of the Past?" *Journal of Economic Perspectives* 14:49–74.

Graves, Philip, Dwight Lee, and Robert Sexton. 1987. "A Note on Interfirm Implications of Wages and Status." *Journal of Labor Research* 8:209–12.
Griliches, Zvi. 1960. "Hybrid Corn and the Economics of Innovation." *Science* 132:275–80.
———. 1979. "Issues in Assessing the Contribution of Research and Development to Productivity Growth." *The Bell Journal of Economics*, 10(1):92-116.
Grimm, David. 2006. "Spending Itself out of Existence, Whitaker Brings a Field to Life." *Science* 311:600–1.
Groen, Jeffrey, and Michael Rizzo. 2007. "The Changing Composition of U.S. Citizen PhDs." In *Science and the University,* 177–96. Edited by Paula Stephan and Ronald Ehrenberg. Madison: University of Wisconsin Press.
Groll, Elias J., and William White. 2010. "Allston Construction Pause Imposes Space Constraints on Harvard Science Schools." *Harvard Crimson,* March 31.
Grueber, Martin, and Tim Studt. 2010. "2011 Global R&D Funding Forecast: China's R&D Growth Engine." *R&D Daily,* December 15.
Hagstrom, Warren O. 1965. *The Scientific Community.* New York: Basic Books.
Halford, Bethany. 2011. "Is Chemistry Facing a Glut of PhDs?" *Science and Technology* 89:46–52.
Hall, Bronwyn, Jacques Mairesse, and Pierre Mohnen. 2010. "Returns to R&D and Productivity." In *Handbook of the Economics of Innovation,* Vol. 2, Chapter 24. Edited by Bronwyn Hall, and Nathan Rosenberg. London: Elsevier.
Halzin, Francis. 2010. "Icecube Neutrino Observatory." Conference at Hitosubashi University, Tokyo, Japan, March 25, 2010.
Hamermesh, Daniel, George Johnson, and Burton Weisbrod. 1982. "Scholarship, Citations and Salaries: Economic Rewards in Economics." *Southern Economic Journal* 49:472–81.
Harhoff, Dietmar, Frederic Scherer, and Katrin Vopel. 2005. "Exploring the Tail of Patented Invention Value Distributions." In *Patents: Economics, Policy, and Measurement,* 251–81. Edited by Frederic Scherer. Northampton, MA: Edward Elgar.
Harmon, Lindsey. 1961. "High School Backgrounds of Science Doctorates." *Science* 133:679–81.
Harré, Rom. 1979. *Social Being.* Oxford: Basil Blackwell.
Harris, Gardiner. 2011. "New Federal Research Center Will Help Develop Medicines." *New York Times,* January 22, A1, A21.
Harzing, Anne-Wil. 2010. *Publish or Perish* (software). Harzing.com. http://www.harzing.com/pop.htm.
Hegde, Deepak, and David C. Mowery. 2008. "Politics and Funding in the U.S. Public Biomedical R&D System." *Science* 322:1797–8.
Heinig, Stephen J., Jack Y. Krakower, Howard B. Dickler, and David Korn. 2007. "Sustaining the Engine of U.S. Biomedical Discovery." *New England Journal of Medicine* 357:1042–7.
Heller, Michael, and Rebecca Eisenberg. 1998. "Can Patents Deter Innovation? The Anticommons in Biomedical Research." *Science* 280:698–701.
Hendrick, Bill. 2009. "Lifesaving Science." *Delta Sky Magazine.* May.
Hermanowicz, Joseph C. 2006. "What Does It Take to Be Successful?" *Science, Technology and Human Values* 31:135–52.

Herper, Matthew. 2011. "Gene Machine." *Forbes,* January 17.
"Heterosis." 2010. Wiki*pedia.* http://en.wikipedia.org/wiki/Heterosis.
"Heterosis: Hybrid Corn." 2011. *Wikipedia.* http://en.wikipedia.org/wiki/Hybrid_corn.
Hicks, Diana. 1995. "Published Papers, Tacit Competencies and Corporate Management of the Public/Private Character of Knowledge." *Industrial and Corporate Change* 4:401–24.
———. 2009. "Evolving Regimes of Multi-University Research Evaluation." *Higher Education* 57:393–404.
"High Temperature Conductivity." 2010. *Wikipedia.* http://en.wikipedia.org/wiki/High-temperature_superconductivity.
Hill, Susan, and Einaudi, Peter. 2010. "Jump in Fall 2008 Enrollments of First-Time, Full-Time S&E Graduate Students." NSF 10-320, June. Arlington, VA: National Center for Science and Engineering Statistics (NCSES), National Science Foundation. http://www.nsf.gov/statistics/infbrief/nsf10320/.
Hirsch, Jorge. 2005. "An Index to Quantify an Individual's Scientific Research Output." *Proceedings of the National Academy of Sciences of the United States of America* 102:16569–72.
Hirschler, Ben. 2010. "Small Study of Glaxo 'Red Wine' Drug Suspended." *Reuters,* May 4. http://www.reuters.com/article/idUSTRE6435A620100504.
Hoffer, Thomas B., Carolina Milesi, Lance Selfa, Karen Grigorian, Daniel J. Foley, Lynn M. Milan, Steven L. Proudfoot, and Emilda B. Rivers. 2011. "Unemployment among Doctoral Scientists and Engineers Remained below the National Average in 2008." NSF 11-308. Arlington, VA: National Center for Science and Engineering Statistics (NCSES), National Science Foundation. http://www.nsf.gov/statistics/infbrief/nsf11308/.
Howard Hughes Medical Institute. 2009a. "Financials: Endowment." Howard Hughes Medical Institute (website). http://www.hhmi.org/about/financials/endowment.html.
———. 2009b. "Financials: Scientific Research." Howard Hughes Medical Institute (website). http://www.hhmi.org/about/financials/scientific.html.
———. 2009c. "Growth: 1984–1992." Howard Hughes Medical Institute (website). http://www.hhmi.org/about/growth.html.
———. 2009d."HHMI Investigators: Frequently Asked Questions about the HHMI Investigator Program." Howard Hughes Medical Institute (website). http://www.hhmi.org/research/investigators/investigator_faq.html.
———. 2009e. "HHMI Scientists & Research." Howard Hughes Medical Institute (website). http://www.hhmi.org/research/.
Hsu, Stephen D. H. 2010. Curriculum vitae. http://duende.uoregon.edu/~hsu/MyCV1.pdf.
Hull, David L. 1988. *Science as a Process.* Chicago: University of Chicago Press.
"The Human Genome: Unsung Heroes." 2007. *Science* 291:1207.
Hunt, Jennifer. 2009. "Which Immigrants Are Most Innovative and Entrepreneurial? Distinctions by Entry Visa." NBER Working Paper 14920. National Bureau of Economic Research, Cambridge, MA.
Hunter, Rosalind S., Andrew J. Oswald and Bruce Charlton. 2009. "The Elite Brain Drain." *Economic Journal* 119:231–251.

IBM. 2010. "Awards & Achievements." IBM Research (website). http://www.research.ibm.com/resources/awards.shtml.

"IceCube Neutrino Observatory." 2010. *Wikipedia.* http://en.wikipedia.org/wiki/IceCube_Neutrino_Observatory.

Ignatius, David. 2007. "The Ideas Engine Needs a Tuneup." *Washington Post,* June 3, B07.

Illumina. 2009. "Genome Analyzer IIx." Illumina, Inc. (website). http://www.illumina.com/pages.ilmn?ID=204.

Imperial College London, Faculty of Medicine. 2008. "Research Excellence Framework—Briefing Document: Faculty of Medicine." http://www1.imperial.ac.uk/resources/4BF62CE0-0147-4E30-9126-002531583473/.

"Income Inequality in the United States." *Wikipedia,* http://en.wikipedia.org/wiki/Income_inequality_in_the_United_States.

Information Please Database. 2007. "United States, U.S. Statistics, Mortality: Life Expectancy at Birth by Race and Sex, 1930–2005." Infoplease.com (website). http://www.infoplease.com/ipa/A0005148.html.

"Inktomi Corporation." 2010. *Wikipedia.* http://en.wikipedia.org/wiki/Inktomi_Corporation.

Institute for Systems Biology. 2010. "Hood Group." Institute for Systems Biology (website). http://www.systemsbiology.org/Scientists_and_Research/Faculty_Groups/Hood_Group.

Interfaces & Co. 2011. Physique et Mécanique des Milieux Hétérogènes (ESPCI) and Laboratoire d'Hydrodynamique (École Polytechnique). Centre National de la Recherche Scientifique, Paris. http://www.pmmh.espci.fr/fr/gouttes/AccueilUS.html.

International Brotherhood of Boilermakers, Iron Ship Builders, Blacksmiths, Forgers, and Helpers, AFL-CIO. 2008. "Why Are Purdue Students and Alumni Called Boilermakers?" International Brotherhood of Boilermakers (website). http://www.boilermakers.org/resources/what_is_a_boilermaker/purdue_boilermakers.

International Committee of Medical Journal Editors. 2010. "Uniform Requirements for Manuscripts Submitted to Biomedical Journals: Ethical Considerations in the Conduct and Reporting of Research, Authorship and Contributorship." ICMJE website. http://www.icmje.org/ethical_1author.html.

J. Craig Venter Institute. 2008. "J. Craig Venter Institute Consolidates Sequencing Center and Reduces 29 Sequencing Staff Positions." December 9. J. Craig Venter Institute (website). http://www.jcvi.org/cms/press/press-releases/full-text/article/j-craig-venter-institute-consolidates-sequencing-center-and-reduces-29-sequencing-staff-positions/.

Jacobsen, Jennifer. 2003. "Who's Hiring in Physics?" *Chronicle of Higher Education.* June 19.

Jaffe, Adam. 1986. "Technological Opportunity and Spillovers of R&D." *American Economic Review* 76:984–1000.

———. 1989a. "Characterizing the 'Technological Position' of Firms, with Applications to Quantifying Technological Opportunity and Research Spillovers." *Research Policy* 18:87–97.

———. 1989b. "Real Effects of Academic Research." *American Economic Review* 79:957–70.

Jaffe, Adam, Manuel Trajtenberg, and Rebecca Henderson. 1993. "Geographic Localization of Knowledge Sources as Evidenced by Patent Citations." *Quarterly Journal of Economics* 108:576–98.

Jefferson, Thomas. 1967. *The Jefferson Cyclopedia,* Vol. 1. Edited by John P. Foley. New York: Russell and Russell.

Jenk, Daniel. 2007. "NIH Funds Next Generation of DNA Sequencing Projects at ASU." *ASU Biodesign Institute News,* January 30. http://biodesign.asu.edu/news/nih-funds-next-generation-of-dna-sequencing-projects-at-asu.

Jensen, Richard, and Marie Thursby. 2001. "Proofs and Prototypes for Sale: The Licensing of University Inventions." *American Economic Review* 91: 240–59.

"John Bates Clark Medal." 2010. *Wikipedia.* http://en.wikipedia.org/wiki/John_Bates_Clark_Medal.

Jones, Benjamin F. 2009. "The Burden of Knowledge and the 'Death of the Renaissance Man': Is Innovation Getting Harder?" *Review of Economic Studies* 76:283–317.

———. 2010a. "As Science Evolves, How Can Science Policy?" NBER Working Paper No. 16002. National Bureau of Economic Research, Cambridge, MA.

———. 2010b. "Why Science Needs a Nudge from Washington, D.C." *Newsweek,* June 21.

Jones, Benjamin, Stefan Wuchty, and Brian Uzzi. 2008. "Multi-university Research Teams. Shifting Impact, Geography, and Stratification in Science." *Science* 322:1259–62.

Jong, Simcha. 2006. "How Organizational Structures in Science Shape Spin-Off Firms: The Biochemistry Departments of Berkeley, Stanford, and UCSF and the Birth of the Biotech Industry." *Industrial and Corporate Change* 15:251–3.

Jorgenson, Dale W., Mun S. Ho, and Kevin J. Stiroh. 2008. "A Retrospective Look at the U.S. Productivity Resurgence." *Journal of Economic Perspectives* 22:2–24.

Kaiser, Jocelyn. 2008a. "Biochemist Robert Tjian Named President of Hughes Institute." *Science* 322:35.

———. 2008b. "The Graying of NIH Research." *Science* 322:848–9.

———. 2008c. "HHMI's Cech Signs Off on His Biggest Experiment." *Science* 320:164.

———. 2008d. "NIH Urged to Focus on New Ideas, New Applicants." *Science* 319:1169.

———. 2008e. "Two Teams Report Progress in Reversing Loss of Sight." *Science* 320:606–7.

———. 2008f. "Zerhouni's Parting Message: Make Room for Young Scientists." *Science* 322:834–5.

———. 2009a. "Grants 'Below Payline' Rise to Help New Investigators." *Science* 325:1607.

———. 2009b. "NIH Stimulus Plan Triggers Flood of Applications—and Anxiety." *Science* 324:318–9.

———. 2009c. "Wellcome Trust to Shift from Projects to People." *Science* 326:921.

———. 2011. "Despite Dire Budget Outlook, Panel Tells NIH to Train More Scientists." *ScienceInsider,* January 7. http://news.sciencemag.org/scienceinsider/2011/01/despite-dire-budget-outlook-pane.html.

Kaiser, Jocelyn, and Lila Guterman. 2008. "National Institutes of Health. Researchers Could Face More Scrutiny of Outside Income." *Science* 322:1622a.

Kaiser, Jocelyn, and Eli Kintisch. 2008. "Conflicts of Interest. Cardiologists Come under the Glare of a Senate Inquiry." *Science* 322:513.

Kalil, Tom, and Robynn Sturm. 2010. "Congress Grants Broad Prize Authority to All Federal Agencies." *The White House: Open Government Initiative* (blog), December 21. http://www.whitehouse.gov/blog/2010/12/21/congress-grants-broad-prize-authority-all-federal-agencies.

Katz, Sylvan, and Diana Hicks. 2008. "Excellence vs. Equity: Performance and Resource Allocation in Publicly Funded Research." Paper presented at the DIME-BRICK Workshop "The Economics and Policy of Academic Research." Collegio Carlo Alberto, Moncalieri (Torino), Italy, July 14–15.

Kean, Sam. 2006. "Scientists Spend Nearly Half Their Time on Administrative Tasks, Survey Finds." *Chronicle of Higher Education,* July 14. http://chronicle.com/article/Scientists-Spend-Nearly-Half/23697.

Kelly, Janis. 2005. "The Chimera That Roared: Remicade Royalties to Fund $105 Million Biomedical Research, Education at NYU." *Medscape Today,* August 18.

Kenney, Martin. 1986. *Biotechnology: The University-Industrial Complex.* New Haven, CT: Yale University Press.

Kim, Sunwoong. 2007. "Brain Drain and/or Brain Gain: Education and International Migration of Highly Educated Koreans." University of Wisconsin-Milwaukee.

———. 2010. "From Brain Drain to Brain Competition: Changing Opportunities and the Career Patterns of US-Trained Korean Academics." In *American Universities in a Global Market,* 335–69. Edited by Charles T. Clotfelter. Chicago: University of Chicago Press.

Kneller, Robert. 2010. "The Importance of New Companies for Drug Discovery: Origins of a Decade of New Drugs." *Nature Reviews* 9:867–82.

Koenig, Robert. 2006. "Candidate Sites for World's Largest Telescope Face First Big Hurdle." *Science* 313:910–12.

Kohn, Alexander. 1986. *False Profits.* Oxford: Basil Blackwell.

Kolbert, Elizabeth. 2007. "Crash Course: The World's Largest Particle Accelerator." *New Yorker,* May 14, 68–78.

Kong, Wuyi, Shaowei Li, Michael T. Longaker, and H. Peter Lorenz. 2008. "Blood-Derived Small Dot Cells Reduce Scar in Wound Healing." *Experimental Cell Research* 314:1529–39.

Krimsky, Sheldon, L. S. Rothenberg, P. Stott, and G. Kyle. 1996. "Financial Interests of Authors in Scientific Journals: A Pilot Study of 14 Publications." *Science and Engineering Ethics* 2:395–410.

Kuhn, Thomas S. 1962. *The Structure of Scientific Revolutions.* Chicago: University of Chicago Press.

Kuznets, Simon. 1965. *Modern Economic Growth.* New Haven, CT: Yale University Press.

Lacetera, Nicola, and Lorenzo Zirulia. 2009. "The Economics of Scientific Misconduct." *Journal of Law, Economics, and Organization*, October 20. doi: 10.1093/jleo/ewp031.
Lach, Saul, and Mark Schankerman. 2008. "Incentives and Invention in Universities." *RAND Journal of Economics* 39:403–33.
La Jolla Institute for Allergy and Immunology. 2009. "La Jolla Institute Scientist Hilde Cheroutre Earns the 2009 NIH Director's Pioneer Award." *News Medical*, September 24. http://www.news-medical.net/news/20090924/La-Jolla-Institute-scientist-Hilde-Cheroutre-earns-the-2009-NIH-Directors-Pioneer-Award.aspx.
"Large Hadron Collider." 2011. *Wikipedia*. http://en.wikipedia.org/wiki/Large_Hadron_Collider#Cost.
"Laser." 2011. *Wikipedia*. http://en.wikipedia.org/wiki/Laser.
Latour, Bruno. 1987. *Science in Action: How to Follow Scientists and Engineers through Society*. Cambridge, MA: Harvard University Press.
Lavelle, Louis. 2008. "Higher Salaries for 2008 MBA Graduates." *Business Week*, November 13. http://www.businessweek.com/bschools/blogs/mba_admissions/archives/2008/11/higher_salaries.html.
Lawler, Andrew. 2008. "University Research. Steering Harvard toward Collaborative Science." *Science* 321:190–2.
Lazear, Edward P., and Sherwin Rosen. 1981. "Rank-Order Tournaments as Optimum Labor Contracts." *Journal of Political Economy* 89:841–64.
Lee, Christopher. 2007. "Slump in NIH Funding Is Taking Toll on Research." *Washington Post*, May 28, A06.
Lefevre, Christiane. 2008. *Destination Universe: The Incredible Journey of a Proton in the Large Hadron Collider*. Geneva: CERN.
Lehrer, Tom. [1993]. "Lobachevsky." In Tom Lehrer Revisited LP. *Demented Music Database* (website). http://dmdb.org/lyrics/lehrer.revisited.html#6.
Lemelson–MIT Program. 2003. "$500,000 Lemelson-MIT Prize awarded to Leroy Hood, M.D., Ph.D." April 24. Massachusetts Institute of Technology (website). http://web.mit.edu/Invent/n-pressreleases/n-press-03LMP.html.
———. [2007]. "Leroy Hood: 2003 Lemelson-MIT Prize Winner." Massachusetts Institute of Technology (website). http://web.mit.edu/invent/a-winners/a-hood.html.
Lerner, Josh, Antoinette Schoar, and Jialan Wang. 2008. "Secrets of the Academy: The Drivers of University Endowment Success." *Journal of Economic Perspectives* 22:207–22.
Leslie, Stuart W. 1993. *The Cold War and American Science: The Military-Industrial-Academic Complex at MIT and Stanford*. New York: Columbia University Press.
Levi-Montalcini, Rita. 1988. *In Praise of Imperfection: My Life and Work*. New York: Basic Books.
Levin, Sharon, Grant Black, Anne Winkler, and Paula Stephan. 2004. "Differential Employment Patterns for Citizens and Non-Citizens in Science and Engineering in the United States: Minting and Competitive Effects." *Growth and Change* 35:456–75.

Levin, Sharon, and Paula Stephan. 1997. "Gender Differences in the Rewards to Publishing in Academia: Science in the 1970's." *Sex Roles* 38:1049–604.
———. 1999. "Are the Foreign Born a Source of Strength for U.S. Science?" *Science* 285:1213–14.
Levitt, David G. 2010. "Careers of an Elite Cohort of U.S. Basic Life Science Postdoctoral Fellows and the Influence of Their Mentor's Citation Record." *BMC Medical Education* 10:80, November 15. doi: 10.1186/1472-6920-10-80.
Levy, Dawn. 2000. "Hennessy: Engineering Solutions." *Stanford Report,* October 18. http://news.stanford.edu/news/2000/october18/hensci-1018.html.
Lichtenberg, Frank R. 1988. "The Private R&D Investment Response to Federal Design and Technical Competitions." *American Economic Review* 78:550–59.
———. 2002. "New Drugs: Health and Economic Impacts." *NBER Reporter,* Winter, 5–7. http://www.nber.org/reporter/winter03/healthandeconomicimpacts.html.
Lindquist, Susan. 2011. Lindquist Lab (website). Whitehead Institute for Biomedical Research, Massachusetts Institute of Technology, Cambridge. http://web.wi.mit.edu/lindquist/pub/.
Lipowicz, Alice. 2010. "Apps for Healthy Kids Contest Winners Announced." *Federal Computer Week,* September 29. http://fcw.com/articles/2010/09/29/apps-for-healthy-kids-winners-announced.aspx.
Lissoni, Francesco, Patrick Llerena, Maureen McKelvey, and Bulat Sanditov. 2008. "Academic Patenting in Europe: New Evidence from the KEINS Database." *Research Evaluation* 17:87–102.
———. 2010. "Scientific Productivity and Academic Promotion: A Study on French and Italian Physicists." NBER Working Paper No. 16341. National Bureau of Economic Research, Cambridge, MA.
Lissoni, Francesco, and Fabio Montobbio. 2010. "Inventorship and Authorship as Attribution Rights: An Enquiry into the Economics of Scientific Credit." Seminar presented at Entreprise, Économie et Société, École Doctorale de Sciences Économiques, Gestion et Démographie, Université Montesquieu - Bordeaux IV, Bordeaux, France, April 16. http://hp.gredeg.cnrs.fr/maurizio_iacopetta/LissoniMontobbio_11_1_2011.pdf.
Litan, Robert, Lesa Mitchell, and E. J. Reedy. 2008. "Commercializing University Innovations: Alternative Approaches." In *Innovation Policy and the Economy,* Vol. 8, 31–58. Edited by Adam B. Jaffe, Josh Lerner, and Scott Stern. Cambridge, MA: National Bureau of Economic Research.
———. 2009. "Crème de la Career." *New York Times,* April 12, 1, 6.
Lohr, Steve. 2006. "Academia Dissects the Service Sector, but Is it a Science?" *New York Times*, April 8, C1.
Long, J. Scott. 1978. "Productivity and Academic Position in the Scientific Career." *American Sociological Review* 43:889–908.
Long, J. Scott, and Robert McGinnis. 1981. "Organizational Context and Scientific Productivity." *American Sociological Review* 46:422–42.
Lotka, Alfred J. 1926. "The Frequency Distribution of Scientific Productivity." *Journal of the Washington Academy of Sciences* 16:317–23.
Ma, Jennifer, and Paula Stephan. 2005. "The Growing Postdoctorate Population at U.S. Research Universities." In *Recruitment, Retention and Retirement in*

Higher Education: Building and Managing the Faculty of the Future, 53–79. Edited by Robert Clark, and Jennifer Ma. Northampton: Edward Elgar.
Macintosh, Zoe. 2010. "Giant New Telescopy Gets $50 Million in Funding." *SPACE.com*, July 21. http://www.space.com/8791-giant-telescope-50-million-funding.html.
Malakoff, David. 2000. "The Rise of the Mouse, Biomedicine's Model Mammal." *Science* 288:248–53.
Mallon, William, and David Korn. 2004. "Bonus Pay for Research Faculty." *Science* 303:476–77.
Mansfield, Edwin. 1991a. "Academic Research and Industrial Innovation." *Research Policy* 20:1–12.
———. 1991b. "Social Returns from R&D: Findings, Methods and Limitations." *Research Technology Management*, 34:6, 24–27
———. 1992. "Academic Research and Industrial Innovation: A Further Note." *Research Policy* 21:295–6.
———. 1995. "Academic Research Underlying Industrial Innovations: Sources, Characteristics, and Financing." *Review of Economics and Statistics* 77:55–65.
———. 1998. "Academic Research and Industrial Innovation: An Update of Empirical Findings." *Research Policy* 26:773–6.
Markman, Gideon, Peter Gianiodis, and Phillip Phan. 2008. "Full-Time Faculty or Part-Time Entrepreneurs." *IEEE Transactions on Engineering Management* 55:29–36.
Marshall, Eliot. 2008. "Science Policy. Biosummit Seeks to Draw Obama's Attention to the Life Sciences." *Science* 322:1623.
———. 2009. "Recession Fallout. Harvard's Financial Crunch Raises Tensions among Biology Programs." *Science* 324:157–8.
Martin, Douglas. 2010. "W. E. Gordon, Creator of Link to Deep Space, Dies at 92." *New York Times*, February 27, 24.
Marty, Bernard, Russell L. Palma, Robert O. Pepin, Laurent Zimmermann, Dennis J. Schlutter, Peter G. Burnard, Andrew J. Westphal, Christopher J. Snead, Saša Bajt, Richard H. Becker, and Jacob E. Simones. 2008. "Helium and Neon Abundances and Compositions in Cometary Matter." *Science* 319:75–8.
Marx, Jean. 2007. "Molecular Biology. Trafficking Protein Suspected in Alzheimer's Disease." *Science* 315:314.
McCook, Alison. 2009. "Cuts in Funding at Wellcome." *The Scientist: Newsblog*, February 12. http://www.the-scientist.com/blog/print/55417/.
McCray, W. Patrick. 2000. "Large Telescopes and the Moral Economy of Recent Astronomy." *Social Studies of Science* 30:685–711.
McGraw-Herdeg, Michael. 2009. "24 Broad Institute DNA Scientists Were Laid Off on Tuesday." *The Tech* 128:65.
McKinsey & Company. 2009. *And the Winner Is . . . : Capturing the Promise of Philanthropic Prizes*. New York: McKinsey. http://www.mckinsey.com/App_Media/Reports/SSO/And_the_winner_is.pdf.
McKnight, Steve. 2009. "Why Do We Choose to Be Scientists?" *Cell* 138:817–19.
Menard, Henry. 1971. *Science, Growth and Change*. Cambridge, MA: Harvard University Press.

Merton, Robert K. 1957. "Priorities in Scientific Discovery: A Chapter in the Sociology of Science." *American Sociological Review* 22:635–59.

———. 1961. "Singletons and Multiples in Scientific Discovery: A Chapter in the Sociology of Science." *Proceedings of the American Philosophical Society* 105:470–86.

———. 1968. "The Matthew Effect in Science: The Reward and Communication Systems of Science Are Considered." *Science* 159:56–63.

———. 1969. "Behavior Patterns of Scientists." *American Scientist* 57:1–23.

———. 1988. "The Matthew Effect in Science, II: Cumulative Advantage and the Symbolism of Intellectual Property." *Isis* 79:606–23.

Mervis, Jeffrey. 1998. "The Biocomplex World of Rita Colwell." *Science* 281:1944–7.

———. 2007a. "Harvard Proposes One for the Team." *Science* 315:449.

———. 2008a. "And Then There Was One." *Science* 321:1622–8.

———. 2008b. "Building a Scientific Legacy on a Controversial Foundation." *Science* 321:480–83.

———. 2008c. "Top Ph.D. Feeder Schools Are Now Chinese." *Science* 321:185.

———. 2009a. "The Money to Meet the President's Priorities." *Science* 324:1128–29.

———. 2009b. "Reshuffling Graduate Training." *Science* 325:528–30.

———. 2009c. "Senate Majority Leader Hands NSF a Gift to Serve the Exceptionally Gifted." *Science* 323:1548.

———. 2010. "NSF Turns Math Earmark on Its Ear to Fund New Institute." *Science* 329:1006–7.

Meyers, Michelle. 2008. LHC Shut Down until Early Spring. *CNET News*, September 23. http://news.cnet.com/8301-11386_3-10049188-76.html.

Mill, John Stuart. 1921. *Principles of Political Economy.* 7th ed. Edited by William J. Ashley. London: Longmans, Green. First published in 1848.

Miller, Gref. 2010. "Scientific Misconduct. Misconduct by Postdocs Leads to Retraction of Papers." *Science* 329:1583.

Minogue, Kristen. 2009. "Fluorescent Zebrafish Shed Light on Human Birth Defects." *Medill Reports Chicago*, February 5. http://news.medill.northwestern.edu/chicago/news.aspx?id=114601.

———. 2010. "California Postdocs Embrace Union Contract." *ScienceInsider*, August 13. http://news.sciencemag.org/scienceinsider/2010/08/california-postdocs-embrace-union.html.

MIT Museum. 2011. "Lab Life, Sharpies, Photo Mural Documenting Members of Prof. Philip Sharp's Laboratory, 1974–2010." The MIT 150 Exhibition, Massachusetts Institute of Technology, Cambridge, MA. http://museum.mit.edu/150/69.

MIT News. 1997. "MIT Graduates Have Started 4,000 Companies with 1,100,000 Jobs, $232 Billion in Sales in '94." *MIT News*, March 5. http://web.mit.edu/newsoffice/1997/jobs.html.

Mlodinow, Leonard. 2003. *Feynman's Rainbow: A Search for Beauty in Physics and in Life.* New York: Warner Books.

Mokyr, Joel. 2010. "The Contribution of Economic History to the Study of Innovation and Technical Change: 1750–1914." In *Handbook of the Economics of Innovation*, Vol. 1, Chapter 2. Edited by Bronwyn Hall and Nathan Rosenberg. London: Elsevier Press.

Morgan, Thomas. 1901. *Regeneration*. New York: Macmillan.

Mowatt, Graham, Liz Shirran, Jeremy M. Grimshaw, Drummond Rennie, Annette Flanagin, Veronica Yank, Graeme MacLennan, Peter C. Gøtzsche, and Lisa A. Bero. 2002. "Prevalence of Honorary and Ghost Authorship in Cochrane Reviews." *Journal of the American Medical Association* 287:2769–71.

Mowery, David, Richard R. Nelson, Bhaven N. Sampat, and Arvids A. Ziedonis. 2004. *Ivory Tower and Industrial Innovation: University-Industry Technology Transfer before and after the Bayh-Dole Act in the United States*. Stanford, CA: Stanford University Press.

Mowery, David, and Nathan Rosenberg. 1989. *Technology and the Pursuit of Economic Growth*. Cambridge, UK: Cambridge University Press.

Mulvey, Patrick J., and Casey Langer Tesfaye. 2004. "Graduate Student Report: First-Year Physics and Astronomy Students." American Institute of Physics (website). http://www.aip.org/statistics/trends/highlite/grad/gradhigh.pdf.

———. 2010. "Findings from the Initial Employment Survey of Physics PhDs, Classes of 2005 & 2006." American Insitute of Physics (website). http://www.aip.org/statistics/trends/highlite/emp3/emphigh.htm.

Murphy, Kevin, and Robert Topel. 2006. "The Value of Health and Longevity." *Journal of Political Economy* 114:871–904.

Murray, Fiona. 2010. "The Oncomouse That Roared: Hybrid Exchange Strategies as a Source of Productive Tension at the Boundary of Overlapping Institutions." *American Journal of Sociology* 116:341–88.

Murray, Fiona, Phillipe Aghion, Mathias Dewatripont, Julian Kolev, and Scott Stern. 2010. "Of Mice and Academics: Examining the Effect of Openness on Innovation." *American Journal of Sociology* 116:341–88.

Murray, Fiona, and Scott Stern. 2007. "Do Formal Intellectual Property Rights Hinder the Free Flow of Scientific Knowledge? An Empirical Test of the Anti-Commons Hypothesis." *Journal of Economic Behavior and Organization* 63:648–87.

Nadiri, M. Ishaq, and Theofanis P. Mamuneas. 1991. "The Effects of Public Infrastructure and R&D Capital on the Cost Structure and Performance of U.S. Manufacturing Industries." NBER working paper no. 3887. National Bureau of Economic Research, Cambridge, MA.

NASULGC, 2009. "Competitiveness of Public Research Universities & Consequences for the Country: Recommendations for change." http://www.aplu.org/document.doc?id=1561.

National Academy of Sciences. 1958. *Doctorate Production in United States Universities 1936–1956 with Baccalaureate Origins of Doctorates in Sciences, Arts and Humanities*. Washington, DC: National Research Council.

———. 2007. *Rising above the Gathering Storm: Energizing and Employing America for a Brighter Economic Future*. Washington, DC: National Academy of Sciences.

National Institute of General Medical Sciences. 2007a. *Report of the Protein Structure Initiative Assessment Panel*. National Advisory General Medical Sciences Council Working Group Panel for the Assessment of the Protein Structure Initiative. Bethesda, MD: NIGMS. http://www.nigms.nih.gov/News/Reports/PSIAssessmentPanel2007.htm.

———. [2007b]. "Update on NIH Peer Review." PowerPoint distributed to NIGMS Council. Bethesda, MD: NIGMS.
———. 2009a. *50 Years of Protein Structure Determination Timeline*. Bethesda, MD: NIGMS. http://publications.nigms.nih.gov/psi/timeline_text.html.
———. 2009b. *Glue Grants*. Bethesda, MD: NIGMS. http://www.nigms.nih.gov/Initiatives/Collaborative/GlueGrants.
———. 2009c. "NIGMS Invites Biologists to Join High-Throughput Structure Initiative." *NIH News*, February 12. http://www.nih.gov/news/health/feb2009/nigms-12.htm.
———. 2011. *Research Network*. (The NIH Pharmacogenomics Research Network [PGRN].) Bethesda, MD: NIGMS. http://www.nigms.nih.gov/Initiatives/PGRN/Network.
National Institutes of Health. 2008. "NIH Awards First EUREKA Grants for Exceptionally Innovative Research." *NIH News*, September 3. http://www.nih.gov/news/health/sep2008/nigms-03.htm.
———. 2009a. "Biographical Sketch Format Page," PHS 298/2590, April. Bethesda, MD: NIH. http://grants.nih.gov/grants/funding/phs398/biosketchsample.pdf.
———. 2009b. *Biomedical Research and Development Price Index*. Bethesda, MD: NIH. http://officeofbudget.od.nih.gov/pdfs/FY09/BRDPI%20Table%20of%20Annual%20Values_02_01_2009_2014.pdf.
———. 2009c. "NIH Announces 115 Awards to Encourage High-Risk Research and Innovation." *NIH News*, September 24. http://www.nih.gov/news/health/sep2009/od-24.htm.
———. 2009d. *NIH ARRA FY 2009 Funding*. Bethesda, MD: NIH. http://report.nih.gov/UploadDocs/Final_NIH_ARRA_FY2009_Funding.pdf.
———. 2009e. *National Institutes of Health (NIH) Extramural Data Book, Fiscal Year 2008*. Office of Extramural Research. Bethesda, MD: NIH. http://report.nih.gov/ndb/pdf/ndb_2008_Final.pdf.
———. 2009f. *Research Project Success Rates by NIH Institute for 2008*. Bethesda, MD: NIH. http://report.nih.gov/award/success/Success_ByIC.cfm.
———. 2009g. *Support of NIGMS Program Project Grants (P01)*. Bethesda, MD: NIH. http://grants.nih.gov/grants/guide/pa-files/PA-07-030.html.
———. 2010. "Ruth L. Kirschstein National Research Service Award (NRSA) Stipends, Tuition/Fees and Other Budgetary Levels Effective for Fiscal Year 2010." Bethesda, MA: Office of Extramural Research. http://grants.nih.gov/grants/guide/notice-files/NOT-OD-10-047.html.
———. 2011. "Overview: NIH Director's Pioneer Award." NIH Common Fund, Division of Program Coordination, Planning and Strategic Initiatives. Bethesda, MA: NIH. http://commonfund.nih.gov/pioneer/.
National Opinion Research Center. 2008. *Doctorate Recipients from United States Universities, Selected Tables 2007*. Chicago: National Opinion Research Center.
National Postdoctoral Association. 2010. "About the NPA." National Postdoctoral Association website. http://www.nationalpostdoc.org/about-the-npa.
National Research Council. 1998. *Trends in the Early Careers of Life Scientists*. Committee on Dimensions, Causes and Implications of Recent Trends in the Careers of Life Scientists. Washington, DC: National Academies Press.

———. 2000. *Forecasting Demand and Supply of Doctoral Scientists and Engineers: Report of a Workshop on Methodology.* Washington, DC: National Academies Press.
———. 2005. *Bridges to Independence: Fostering the Independence of New Investigators in Biomedical Research.* Washington, DC: National Research Council.
———. 2011. *Research Training in the Biomedical, Behavioral, and Clinical Research Sciences.* Washington, DC: National Academies Press.
National Science Board. 2000. *Science and Engineering Indicators: 2000.* Arlington, VA: National Science Foundation. http://www.nsf.gov/statistics/seind00/.
———2002. *Science and Engineering Indicators* 2002. Artlinglton, VA., Nataional Science Foundation. http://www.nsf.gov/statistics/seind02/.
———. 2004. *Science and Engineering Indicators.* Arlington, VA: National Science Foundation. http://www.nsf.gov/statistics/seind04/.
———. 2006. Science and Engineering Indicators. Arlington, VA: National Science Foundation. http://www.nsf.gov/statistics/seind06/
———. 2007. "National Science Board Approves NSF Plan to Emphasize Transformative Research." Press release 07-097, August 9. Arlington, VA: National Science Foundation. http://www.nsf.gov/nsb/news/news_summ.jsp?cntn_id=109853&org=NSF.
———. 2008. *Science and Engineering Indicators.* Arlington, VA: National Science Foundation. http://www.nsf.gov/statistics/seind08/pdf/cov_v2.pdf.
———. 2010. *Science and Engineering Indicators: 2010.* Arlington, VA: National Science Foundation. http://www.nsf.gov/statistics/seind10/.
National Science Foundation. 1968. "Technology in Retrospect and Critical Events in Science." NSF C535. Unpublished manuscript prepared by IIT Research Institute, Chicago.
———. 1977. *Characteristics of Doctoral Scientists and Engineers in the United States 1975.* NSF-77-309.
———. 1989. *The State of Academic Science and Engineering.* Arlington, VA: National Science Foundation.
———. 1996. *Characteristics of Doctoral Scientists and Engineers in the United States 1993.* NSF-96-302.
———. 2004. *Federal Funds for Research and Development: Fiscal Years 1973–2003: Federal Obligations for Research to Universities and Colleges by Agency and Detailed Field of Science and Engineering.* NSF 04-332. National Center for Science and Engineering Statistics. Arlington, VA: National Science Foundation. http://www.nsf.gov/statistics/nsf04332/.
———. 2006. *Country of Citizenship of Non-U.S. Citizen Doctorate Recipients by Visa Status: 1960–1999.* U.S. Doctorates in the 20th Century. Arlington, VA: National Science Foundation.
———. 2007a. *Asia's Rising Science and Technology Strength: Comparative Indicators for Asia, the European Union, and the United States.* Arlington, VA: National Science Foundation.
———. 2007b. *Federal Funds for Research and Development: Fiscal Years 2004–2006. Detailed Statistical Tables.* NSF 07-323. Division of Science Resources

Statistics. Arlington, VA: National Science Foundation. http://www.nsf.gov/statistics/nsf07323/.
———. 2007c. *Impact of Proposal and Award Management Mechanisms, Final Report.* Arlington, VA: National Science Foundation. http://www.nsf.gov/pubs/2007/nsf0745/nsf0745.pdf.
———. 2007d. *Science and Engineering Research Facilities: Fiscal Year 2005.* NSF 07-325. National Center for Science and Engineering Statistics/Division of Science Resources Statistics. Arlington, VA: National Science Foundation. http://www.nsf.gov/statistics/nsf07325/.
———. 2008. *Graduate Students and Postdoctorates in Science and Engineering: Fall 2006.* Arlington, VA: National Science Foundation.
———. 2009a. *Characteristics of Doctoral Scientists and Engineers in the United States 2006.* National Center for Science and Engineering Statistics. Arlington, VA: National Science Foundation. http://www.nsf.gov/statistics/nsf09317/pdf/nsf09317.pdf.
———. 2009b. *Doctorate Recipients from U.S. Universities: Summary Report 2007–2008.* National Center for Science and Engineering Statistics. Arlington, VA: National Science Foundation. http://www.nsf.gov/statistics/nsf10309/pdf/nsf10309.pdf.
———. 2009c. *Report to the National Science Board on National Science Foundation's Merit Review Process, Fiscal Year 2008.* Arlington, VA: National Science Foundation. http://www.nsf.gov/nsb/publications/2009/nsb0943_merit_review_2008.pdf.
———. 2009d. *Survey of Research and Development Expenditures at Universities and Colleges.* National Center for Science and Engineering Statistics. Arlington, VA: National Science Foundation. http://www.nsf.gov/statistics/srvyrdexpenditures/.
———. 2010a. R&D Expenditures at Universities and Colleges by Source of Funds: FY 1953-2008. http://www.nsf.gov/statistics/nsf10311/pdf/tab1.pdf.
———. 2010b. Federal Funds for Research and Development Fiscal Years 2007-2009. NSF 10-305. Arlington, VA: National Science Foundation. http://www.sf.gov/statistics/nsf10305/.
———. 2010c. *WebCASPAR* (database). Arlington, VA: National Science Foundation. https://webcaspar.nsf.gov/;jsessionid=AC2E478221230456140B5016A9FF4292.
———. 2011a. National Survey of College Graduates. http://www.nsf.gov/statistics/showsrvy.cfm?srvy_CatID=3&srvy_Seri=7/.
———. 2011b. Survey of Doctorate Recipients. http://www.nsf.gov/statistics/srvydoctoratework/.
———. 2011c. Survey of Earned Doctorates. http://www.nsf.gov/statistics/srvydoctorates/.
———. 2011d. Survey of Graduate Students and Postdoctorates. http://www.nsf.gov/statistics/srvygradpostdoc/.
———. 2011e. Survey of Research and Development Expenditures at Universities. http://www.nsf.gov/statistics/srvyrdexpenditures/.
"Natural Experiments." 2011. *Wikipedia* http://en.wikipedia.org/wiki/Natural_experiment

Nature Editors. 2007. "Innovation versus Science?" *Nature* 448:839–40.
Nature Immunology Editor. 2006. "Mainstreaming the Alternative." *Nature Immunology* 7:535. doi:10.1038/ni0606-535.
Nelson, Richard R., Merton J. Peck, and Edward D. Kalachek. 1967. *Technology, Economic Growth, and Public Policy*. Washington, DC: Brookings Institution.
Nelson-Rees, Walter A. 2001. "Responsibility for Truth in Research." *Philosophical Transactions of the Royal Society B: Biological Sciences*. 356:849–51. doi 10.1098/rstb.2001.0873.
Newman, M. E. J. 2004. "Coauthorship Networks and Patterns of Scientific Collaboration." *Proceedings of the National Academy of Sciences of the United States of America* 101:5200–5.
New York Times Editors. 2010. "The Genome, 10 Years Later." *New York Times*, June 20, A28. http://www.nytimes.com/2010/06/21/opinion/21mon2.html.
Nikolai Lobachevsky. 2011. *Wilipedia*. http://en.wikipedia.org/wiki/Nikolai_Lobachevsky.
Nobel Foundation. 2011. "The Sveriges Riksbank Prize in Economic Sciences in Memory of Alfred Nobel 1971: Simon Kuznets." NobelPrize.org (website). http://nobelprize.org/nobel_prizes/economics/laureates/1971/.
Normile, Dennis. 2008. "Japan's Ocean Drilling Vessel Debuts to Rave Reviews." *Science* 319:1037.
———. 2009. "Science Windfall Stimulates High Hopes—and Political Maneuvering." *Science* 324:1375.
Northwestern University 2009, http://www.northwestern.edu/budget/documents/PDF5.pdf.
Norwegian Academy of Science and Letters. 2010. The Kavli Prize (website). http://www.kavliprize.no/.
Nyrén, Pal. 2007. "The History of Pyrosequencing." *Methods in Molecular Biology* 373:1–14.
Office of Research Integrity, U.S. Department of Health and Human Services. http://ori.hhs.gov/misconduct/cases/Goodwin_Elizabeth.shtml.
Office of the Executive Vice President. 2010. "Allston: Path Forward in Allston." Harvard University, Cambridge, MA. http://www.evp.harvard.edu/allston.
Oklahoma State University, 2009, *2008–2009 Faculty Salary Survey by Discipline*. Office of Institutional Research and Information Management.
Olson, Steve. 1986. *Biotechnology: An Industry Comes of Age*. Washington, DC: National Academy Press.
Oreopoulos, Philip, Till von Wachter, and Andew Heisz. 2008. "The Short- and Long-Term Career Effects of Graduating in a Recession: Hysteresis and Heterogeneity in the Market for Graduate Students." IZA Discussion Paper No. 3578. Institute for the Study of Labor (IZA), Bonn, Germany.
Organisation for Economic Co-operation and Development. 2008. *OECD Science, Technology, and Industry Outlook 2008*. Paris: Organisation for Economic Co-operation and Development. http://www.oecd.org/document/19/0,3746,en_2649_34273_46680723_1_1_1_1,00.html.
———. 2010. *Main Science and Technology Indicators*.

Overbye, Dennis. 2007. "A Giant Takes on Physics' Biggest Questions." *New York Times,* May 15, F1.
Oyer, Paul. 2006. "Initial Labor Market Conditions and Long-Term Outcomes for Economists." *Journal of Economic Perspectives* 20:143–60.
Pain, Elizabeth. 2008. "Science Careers. Playing Well with Industry." *Science* 319: 1548–51.
Paynter, Nina P., Daniel I. Chasman, Guillaume Paré, Julie E. Buring, Nancy R. Cook, Joseph P. Miletich, and Paul M Ridker. 2010. "Association between a Literature-Based Genetic Risk Score and Cardiovascular Events in Women." *Journal of the American Medical Association* 303:631–7.
Pelekanos, Adelle. 2008. "Money Management for Scientists: Lab Budgets and Funding Issues for Young PIs." *Science Alliance eBriefing* (New York Academy of Sciences), June 16.
Pelz, Donald C., and Frank M. Andrews. 1976. *Scientists in Organizations.* Ann Arbor: Institute for Social Research, University of Michigan.
Penning, Trevor. 1998. "The Postdoctoral Experience: An Associate Dean's Perspective." *The Scientist* 12:9.
Pennisi, Elizabeth. 2006. "Genomics. On Your Mark. Get Set. Sequence!" *Science* 314:232.
Peota, Carmen. 2007. "Biomedical Building Boom." *Minnesota Medicine* 90:18–9. http://www.minnesotamedicine.com/PastIssues/February2007/PulseBiomedicalFebruary2007/tabid/1705/Default.aspx.
Pezzoni, Michelle, Valerio Sterzi, and Francesco Lissoni. 2009. "Career Progress in Centralized Academic Systems: An Analysis of French and Italian Physicists." Knowledge, Internationalization, and Technology Studies (KITeS) Working Paper No. 26. Luigi Bocconi University, Milan, Italy.
Phillips, Michael. 1996. "Math PhDs Add to Anti-Foreigner Wave: Scholars Facing High Jobless Rate Seek Immigration Curbs." *Wall Street Journal,* September 4, A2.
Phipps, Polly, James W. Maxwell, and Colleen A. Rose. 2009. "2008 Annual Survey of the Mathematical Sciences in the United States (Second Report) (and Doctoral Degrees Conferred 2007–2008, Supplementary List)." *Notices of the American Mathematical Society* 56:828–43. http://www.ams.org/notices/200907/rtx090700828p.pdf.
Pines Lab. 2009. "The Pines Lab." Chemistry Department, University of California–Berkeley. http://waugh.cchem.berkeley.edu/.
Pollack, Andrew. 2011. "Taking DNA Sequencing to the Masses." *New York Times,* January 4. http://www.nytimes.com/2011/01/05/health/05gene.html.
"The Power of Serendipity." 2007. *CBS Sunday Morning* (website), October 7. http://www.cbsnews.com/stories/2007/10/05/sunday/main3336345.shtml.
"Protein Structure." 2009. *Wikipedia.* http://en.wikipedia.org/wiki/Protein_structure.
"PubChem." 2009. *Wikipedia.* http://en.wikipedia.org/wiki/PubChem.
Puljak, Livia, and Wallace D. Sharif. 2009. "Postdocs' Perceptions of Work Environment and Career Prospects at a US Academic Institution." *Research Evaluation* 18:411–5.

Quake, Stephen. 2009. "Letting Scientists Off the Leash." *New York Times Blog*, February 10.
Rabinow, Paul. 1997. *Making PCR: A Story of Biotechnology.* Chicago: University of Chicago Press.
RCSB Protein Data Bank. 2009. *A Resource for Studying Biological Macromolecules.* http://www.rcsb.org/pdb/.
Regets, Mark. 2005. "Foreign Students in the United States." Paper presented at Dialogue Meeting on Migration Governance: European and North American Perspectives. Brussels, Belgium, June 27.
Reid, T. R. 1985. *The Chip: How Two Americans Invented the Microchip and Launched a Revolution.* New York: Random House.
Research Assessment Exercise. 2008. "Quality Profile Will Provide Fuller and Fairer Assessment of Research." February 11. Higher Education Funding Council for England (HEFCE), the Scottish Funding Council (SFC), the Higher Education Funding Council for Wales (HEFCW), and the Department for Employment and Learning, Northern Ireland. http://www.rae.ac.uk/news/2004/fairer.htm.
"Richter Scale." 2010. *Wikipedia.* http://en.wikipedia.org/wiki/Richter_magnitude_scale.
Rilevazione Nuclei. 2007. "Ottavo Rapporto Sullo Stato Del Sistema Universitario." Comitato Nazionale per la Valutazione del Sistema Universitario (CNVSU), Ministero dell/Istruzione dell/Università e delle Ricerca, Italy. http://www.unisinforma.net/w2d3/v3/download/unisinforma/news/allegati/upload/sintesi%20del%20rapporto.pdf.
Rivest, Ron L., Adi Shamir, and Leonard Adleman. 1978. "A Method for Obtaining Digital Signatures and Public-Key Cryptosystems." *Communications of the ACM* 21:120–6.
Roberts, Richard J. 1993. "Autobiography." Nobelprize.org (website). http://nobelprize.org/nobel_prizes/medicine/laureates/1993/roberts-autobio.html.
Robinson, Sara. 2003. "Still Guarding Secrets after Years of Attacks, RSA Earns Accolades for Its Founders." *SIAM News* 36 (5): 28.
Rockey, Sally. 2010. Presentation made at the 101st Advisory Committee to the Director, National Institutes of Health, December 9, 2010, Bethesda, Maryland.
Rockwell, Sara. 2009. "The FDP Faculty Burden Survey." *Research Management Review,* 61:29–44.
Roe, Anne. 1953. *The Making of a Scientist.* New York: Dodd, Mead.
Romer, Paul. 1990. "Endogenous Technological Change." *Journal of Political Economy* 98:S71-S102
———. 1994. "The Origins of Endogenous Growth." *Journal of Economic Perspectives* 8:3–22.
———. 2000. "Should the Government Subsidize Supply or Demand in the Market for Scientists and Engineers?" NBER Working Paper 7723. National Bureau of Economic Research, Cambridge, MA.
———. 2002. "Economic Growth." In *The Concise Encyclopedia of Economics.* Edited by David R. Henderson. Indianapolis, IN: Liberty Fund, Library of Economics and Liberty (website). http://www.econlib.org/library/Enc1/EconomicGrowth.html.

Rosenberg, Nathan. 2004. "Science and Technology: Which Way Does the Causation Run?" Paper presented at the opening of the Center for Interdisciplinary Studies of Science and Technology. Stanford, CA, November 1, 2004. http://www.crei.cat/activities/sc_conferences/23/papers/rosenberg.pdf.

———. 2007. "Endogenous Forces in Twentieth-Century America." In *Entrepreneurship, Innovation, and the Growth Mechanism of the Free-Enterprise Economies,* 80–99. Edited by Eytan Sheshinski, Robert J. Strom, and William J. Baumol. Princeton, NJ: Princeton University Press.

Rosenberg, Nathan, and L. E. Birdzell Jr. 1986. *How the West Grew Rich: The Economic Transformation of the Industrial World.* New York: Basic Books.

Rosenberg, Nathan, and Richard Nelson. 1994. "American Universities and Technical Advance in Industry." *Research Policy* 23:323–48.

Rosovsky, Henry. 1991. *The University: An Owner's Manual.* New York: W. W. Norton.

Ross, Joseph S., Kevin P. Hill, David S. Egilman, and Harlan M. Krumholz. 2008. "Guest Authorship and Ghostwriting in Publications Related to Rofecoxib: A Case Study of Industry Documents from Rofecoxib Litigation." *Journal of the American Medical Association* 299:1800–12.

Rothberg Institute for Childhood Diseases. 2009. "Board of Directors." http://www.childhooddiseases.org/scientists.html.

Roussel, Nicolas. 2011. *scHolar Index* (software). http://interaction.lille.inria.fr/~roussel/projects/scholarindex/index.cgi.

Ryoo, Jaewoo, and Sherwin Rosen. 2004. "The Engineering Labor Market." *Journal of Political Economy* 112:S110–38.

Sacks, Frederick. 2007. "Is the NIH Budget Saturated? Why Hasn't More Funding Meant More Publications?" *The Scientist,* November 19.

Sánchez Laboratory. 2010. "Thomas Hunt Morgan." Sánchez Laboratory Regeneration Research, Genetic Science Learning Center, University of Utah, Salt Lake City. http://planaria.neuro.utah.edu/research/Morgan.htm.

Sauermann, Henry. 2011. Presentation made April 19, at workshop "Measuring the Impacts of Federal Investments in Research." National Academies, Washington, DC.

Sauermann, Henry, Wesley Cohen, and Paula Stephan. 2010. "Complicating Merton: The Motives, Incentives and Innovative Activities of Academic Scientists and Engineers." Unpublished manuscript.

Sauermann, Henry, and Michael Roach. 2011. "The Price of Silence: Scientists' Trade Offs Between Publishing and Pay." Unpublished paper, Georgia Institute of Technology, Atlanta, GA.

Sauermann, Henry, and Paula Stephan. 2010. "Twins or Strangers: Differences and Similarities between Industrial and Academic Science." NBER Working Paper 16113. National Bureau of Economic Research, Cambridge, MA.

Saxenian, AnnaLee. 1995. "Creating a Twentieth Century Technical Community: Frederick Terman's Silicon Valley." Paper presented at the inaugural symposium on The Inventor and the Innovative Society, the Lemelson Center for the Study of Invention and Innovation, National Museum of American History, Smithsonian Institution. Washington, DC, November 10–11.

Scarpa, Toni. 2010. "Peer Review at NIH: A Conversation with CSR Director Toni Scarpa." *The Physiologist* 53:65, 67–9.

Scherer, Frederic M. 1967. Review of *Technology, Economic Growth and Public Policy,* by Richard R. Nelson, M. J. Peck, and E. D. Kalacheck. *Journal of Finance* 22:703–4.

———. 1998. "The Size Distribution of Profits from Innovation." *Annales d'Economie et de Statistique* 49/50:495–516.

Schulze, Günther. 2008. "Tertiary Education in a Federal System—the Case of Germany." In *Scientific Competition: Theory and Policy,* 35–66. Edited by Max Albert, Dieter Schmidtchen, and Stefan Voigt. Tübingen: Mohr Siebeck.

Science Editors. 2000. "Best and the Brightest Avoiding Science." *Science* 288:43.

Scientist Staff. 2010. "Top Ten Innovations 2010." *The Scientist* 24 (12): 47. http://www.the-scientist.com/2010/12/1/47/1/.

Service, Robert F. 2008. "Applied Physics. Tiny Transistor Gets a Good Sorting Out." *Science* 321:27.

Shapin, Steven. 2008. *The Scientific Life: A Moral History of a Late Modern Vocation.* Chicago: University of Chicago Press.

Shi, Yigong, and Yi Rao. 2010. "China's Research Culture." *Science* 328:1128.

Sigma Xi. 2003. *Postdoc Countries of Citizenship and Degree Earned.* http://postdoc.sigmaxi.org/results/tables/table8.

Simonton, Dean Keith. 2004. *Creativity in Science: Chance, Logic, Genius, and Zeitgeist.* Cambridge, United Kingdom: Cambridge University Press.

Simpson, John. 2007. "Share the Fruits of State Funded Research, Consumer Watchdog, August 11.

SKA 2011. http://www.skatelescope.org/the-location/.

SLAC National Accelerator Laboratory. 2010. *Linac Coherent Light Source News.* http://lcls.slac.stanford.edu/news.aspx.

Slaughter, Shelia, and Gary Rhodes. 2004. *Academic Capitalism and the New Economy: Markets, State and Higher Education.* Baltimore, MD: The Johns Hopkins University Press.

Sloan Digital Sky Survey. 2010. *Mapping the Universe: The Sloan Digital Sky Survey* (website). http://www.sdss.org.

Sobel, Dava. 1996. *Longitude: The True Story of a Lone Genius Who Solved the Greatest Scientific Problem of His Time.* London: Fourth Estate.

Sousa, Rui. 2008. "Research Funding: Less Should Be More." *Science* 322: 1324–25.

Stanford University. 2009a. "Economic Impact." Wellspring of Innovation (website). Palo Alto, CA. http://www.stanford.edu/group/wellspring/economic.html.

———. 2009b. *Wellspring of Innovation* (website). Palo Alto, CA. http://www.stanford.edu/group/wellspring/index.html.

———. 2009c. Stanford University Budget Plan. Palo Alto, CA. http://www.stanford.edu/dept/pres-provost/budget/plans/BudgetBookFY10.pdf.

———. 2010a. "Postdoctoral Scholars: Funding Guidelines." Palo Alto, CA. http://postdocs.stanford.edu/handbook/salary.html.

———. 2010b. "Stanford Graduate Fellowships in Science and Engineering." Vice Provost for Graduate Education. Palo Alto, CA. http://sgf.stanford.edu/.

———. 2010c. "Tuition and Fees." Palo Alton, CA. http://studentaffairs.stanford.edu/registrar/students/tuition-fees.

Stephan, Paula. 2004. "Robert K. Merton's Perspective on Priority and the Provision of the Public Good Knowledge." *Scientometrics* 60:81–87.

———. 2007a. "Early Careers for Biomedical Scientists: Doubling (and Troubling) Outcomes." Presentation at Harvard University for the Science and Engineering Workforce Project (SWEP), National Bureau of Economic Research (NBER). Cambridge, MA, February 27. http://www.nber.org/~sewp/Early%20Careers%20for%20Biomedical%20Scientists.pdf.

———. 2007b. "Social and Economic Perspective." Presentation at Modeling Scientific Workforce Diversity, National Institutes of General Medicine, National Institutes of Health. Bethesda, MD, October 3.

———. 2007c. "Wrapping It up in a Person: The Location Decision of New PhDs Going to Industry." In *Innovation Policy and the Economy,* Vol. 7, 71–98. Edited by Adam Jaffe, Josh Lerner, and Scott Stern. Cambridge, MA: MIT Press.

———. 2008. "Job Market Effects on Scientific Productivity." In *Scientific Competition: Theory and Policy,* 11–29. Edited by Max Albert, Dieter Schmidtchen, and Stefan Voigt. Tübingen: Mohr Siebeck.

———. 2009. "Tracking the Placement of Students as a Measure of Technology Transfer." In *Advances in the Study of Entrepreneurship, Innovation, and Economic Growth,* 113–40. Edited by Gary Libecap. London: Elsevier.

———. 2010a. "The Economics of Science." In *Handbook of the Economics of Innovation,* Vol. 1, Chapter 5. Edited by Bronwyn Hall and Nathan Rosenberg. London: Elseivier.

———. 2010b. "The 'I's' Have It: Immigration and Innovation, the Perspective from Academe." In *Innovation Policy and the Economy,* Vol. 10, 83–127. Edited by Josh Lerner and Scott Stern. Cambridge, MA: MIT University Press.

Stephan, Paula, Grant Black, and Tanwin Chang. 2007. "The Small Size of the Small Scale Market: The Early-Stage Labor Market for Highly Skilled Nanotechnology Workers." *Research Policy* 36:887–92.

Stephan, Paula, and Stephen Everhart. 1998. "The Changing Rewards to Science: The Case of Biotechnology." *Small Business Economics* 10:141–51.

Stephan, Paula, Shif Gurmu, A.J. Sumell, and Grant Black. 2007. "Who's Patenting in the University?" *Economics of Innovation and New Technology*, Vol 61(2): 71–99.

Stephan, Paula, and Sharon Levin. 1992. *Striking the Mother Lode in Science: The Importance of Age, Place, and Time.* New York: Oxford University Press.

———. 1993. "Age and the Nobel Prize Revisited." *Scientometrics* 28:387–99.

———. 2002. "The Importance of Implicit Contracts in Collaborative Scientific Research." In *Science Bought and Sold: Essays in the Economics of Science,* Edited by Philip Mirowski and Esther-Mirjam Sent. Chicago: University of Chicago Press.

———. 2007. "Foreign Scholars in U.S. Science: Contributions and Costs." In *Science and the University,* Edited by Paula Stephan and Ronald G. Ehrenberg. Madison, WI: University of Wisconsin Press.

Stephan, Paula, and Jennifer Ma. 2005. "The Increased Frequency and Duration of the Postdoctoral Career Stage." *American Economic Review Papers and Proceedings* 95:71–75.
Stephan, Paula, A. J. Sumell, Grant Black, and James D. Adams. 2004. "Doctoral Education and Economic Development: The Flow of New PhDs to Industry." *Economic Development Quarterly* 18:151–67.
Stern, Scott. 2004. "Do Scientists Pay to Be Scientists?" *Management Science* 50:835–53.
Stevens, Ashley, J. J. Jensen, K. Wyller, P. C. Kilgore, S. Chatterjee, and M. L. Rohrbaugh. 2011. "The Role of Public-Sector Research in the Discovery of Drugs and Vaccines." *The New England Journal of Medicine* 364, no. 6 (2011):535–41.
Stigler, Stephen. 1980. "Stigler's Law of Eponymy." *Transactions of the New York Academy of Sciences* 39:147–58.
Stokes, Donald. 1997. *Pasteur's Quadrant.* Washington, DC: Brookings Institution Press.
Stone, Richard, and Hao Xin. 2010. "Supercomputer Leaves Competition and Users in the Dust." *Science*, 330:746–747.
Subcommittee on Basic Research. 1995. *Reshaping the Graduate Education of Scientists and Engineers: NAS's Committee on Science, Engineering, and Public Policy Report.* (Hearing before the Subcommittee on Basic Research of the Committee on Science, U.S. House of Representatives, 104th Cong, 1st sess, July 13, 1995.) Washington, DC: U.S. Government Printing Office. http://www.archive.org/stream/reshapinggraduat1995unit/reshapinggraduat1995unit_djvu.txt.
Summers, Lawrence H. 2005. "Remarks at NBER Conference on Diversifying the Science & Engineering Workforce." January 14. Office of the President, Harvard University, Cambridge, MA. http://president.harvard.edu/speeches/summers_2005/nber.php.
"Supercomputer." 2009. *Wikipedia.* http://en.wikipedia.org/wiki/Supercomputer.
Tanyildiz, Esra. 2008. "The Effects of Networks on Institution Selection by Foreign Doctoral Students in the U.S." PhD diss., Georgia State University.
Teitelbaum, Michael S. 2003. "Do We Need More Scientists?" Alfred P. Sloan Foundation. *Public Interest,* No. 153, Fall. www.sloan.org/assets/files/teitelbaum/publicinterestteitelbaum2003.pdf.
Tenenbaum, David. 2003. "Nobel Prizefight." University of Wisconsin: *The Why? Files* (website), October 23. http://www.whyfiles.org/188nobel_mri/.
Texas A&M University. 2009. *Executive Summary. Survey of Earned Doctorates: 1958 through 2007.* Office of Institutional Studies and Planning. College Station: Texas A&M University. http://www.tamu.edu/customers/oisp/reports/survey-earned-doctorates-sed-1958–2007.pdf.
Thimann, Kenneth V., and Walton C. Galinat. 1991. "Paul Christoph Mangelsdorf (July 20, 1899–July 22, 1989)." *Proceedings of the American Philosophical Society*, 135:468–72.
Thompson, Tyler B. 2003, "An Industry Perspective on Intellectual Property from Sponsored Research." *Research Management Review*, 13:1-9.
Thursby, Jerry, Anne Fuller, and Marie Thursby. 2009. "U.S. Faculty Patenting: Inside and Outside the University." *Research Policy* 38:14–25.

Thursby, Jerry, and Marie Thursby. 2006. "Where Is the New Science in Corporate R&D?" *Science* 314:1547–48.
———. 2010a. "Has the Bayh-Dole Act Compromised Basic Research?" Unpublished manuscript. Georgia Institute of Technology, Atlanta.
———. 2010b. "University Licensing: Harnessing or Tarnishing Faculty Research?" In *Innovation, Policy and the Economy, Vol. 10,* Edited by Josh Lerner and Scott Stern. Cambridge, MA: MIT University Press.
Time Staff. 1948. "The Eternal Apprentice." Time Magazine 58, November 8. http://www.time.com/time/magazine/article/0,9171,853367,00.html.
Timmerman, Luke. 2010. "Illumina CEO Jay Flatley on How to Keep an Edge in the Fast-Paced World of Gene Squencing." *XConomy: San Diego,* April 6. http://www.xconomy.com/san-diego/2010/04/06/illumina-ceo-jay-flatley-on-how-to-keep-an-edge-in-the-fast-paced-world-of-gene-sequencing/.
TMT Project. 2009. "Thirty Meter Telescope Selects Mauna Kea." Thirty Meter Telescope Press Release, July 21. http://www.tmt.org/news/site-selection.htm.
TOP500. 2011. "Top500 2011: http://www.top500.org/."
Toutkoushian, Robert, and Valerie Conley. 2005. "Progress for Women in Academe, yet Inequities Persist: Evidence from NSOPF: 99." *Research in Higher Education* 46:1–28.
Townes, Charles H. 2003. "The First Laser." In *A Century of Nature: Twenty-One Discoveries That Changed Science and the World,* Edited by Laura Garwin and Tim Lincoln. Chicago: University of Chicago Press.
Trainer, Matthew. 2004. "The Patents of William Thomson (Lord Kelvin)." *World Patent Information* 26:311–17.
Tuition Remission Task Force. 2006. "Final Report: Tuition Remission Task Force." University of Wisconsin, Madison. February 17. http://www.secfac.wisc.edu/trtffinalreport.pdf.
Turkish Academic Network and Information Centre. 2008. Home Page. http://www.ulakbim.gov.tr/eng/.
United for Medical Research. 2011. *An Economic Engine: NIH Research, Employment, and the Future of the Medical Innovation Sector.*
U.S. Bureau of Labor Statistics. 2011a. "Consumer Price Index: All Urban Consumers." March 17. U.S. Department of Labor. ftp://ftp.bls.gov/pub/special.requests/cpi/cpiai.txt.
———. 2011b. "Table 1. Union Affiliation of Employed Wage and Salary Workers by Selected Characteristics." *Economic News Release,* January 21. U.S. Department of Labor, Division of Labor Force Statistics. http://www.bls.gov/news.release/union2.t01.htm.
U.S. Census Bureau. 2011. "Births, Deaths, Marriages, and Divorces: Life Expectancy." *The 2011 Statistical Abstract: The National Data Book.* U.S. Census Bureau (website). http://www.census.gov/compendia/statab/cats/births_deaths_marriages_divorces/life_expectancy.html.
U.S. Citizenship and Immigration Services. 2011. "Citizenship through Naturalization." April 08. U.S. Department of Homeland Security. http://www.uscis.gov/portal/site/uscis/menuitem.eb1d4c2a3e5b9ac89243c6a7543f6d1a/?vgnext

channel=d84d6811264a3210VgnVCM100000b92ca60aRCRD&vgnextoid=d84d6811264a3210VgnVCM100000b92ca60aRCRD.

U.S. Department of Labor. 2009. *International Comparisons of GDP Per Capita and Per Employed Person: 17 Countries, 1960–2008.* Division of International Labor Comparisons. Washington, DC: U.S. Government Printing Office. http://www.bls.gov/fls/flsgdp.pdf.

U.S. Patent and Trademark Office. 2010. "U.S. Patent Statistics Chart, Calendar Years 1963–2010." Patent Technology Monitoring Team (PTMT). http://www.uspto.gov/web/offices/ac/ido/oeip/taf/us_stat.htm.

University of California Newsroom. 2009. "Regents Approve Fiscal Plan, Furloughs." July 16. University of California website. http://www.universityofcalifornia.edu/news/article/21511.

University of Chicago, Office of Technology and Intellectual Property. [2007.] *Bringing Innovation to Life: Five-Year Report.* No. 4-07/8M/VPR07777. Chicago: University of Chicago Press. http://www.uchicago.edu/pdfs/UChicago-Tech_Bringing_Innovation_to_Life_5yrRpt.pdf.

University of Georgia. 2010. *Executive Summary: University of Georgia Proposal for Reuse of the Navy Supply Corps School Property.* Athens: University of Georgia. http://www.uga.edu/news/artman/publish/01–17_UGA_Navy_School_Proposal.shtml.

University of Michigan. 2010. "Budget Update: University Budget Information." http://www.vpcomm.umich.edu/budget/ubudget.html.

University of North Carolina at Chapel Hill. 2010. "Faculty Salaries at Research (Very High Research Activity) and AAU Institutions, 2009–2010." Office of Institutional Research and Assessment. http://oira.unc.edu/faculty-salaries-at-research-and-aau-universities.html.

University of Virginia. 2010. http://www.virginia.edu/budget/Docs/2010-2011%20Budget%20Summary%20All%20Divisions.pdf.

Uzzi, Brian, Luis Amaral, and Felix Reed-Tsochas. 2007. "Small-World Networks and Management Science Research: A Review." *European Management Review* 4:77–91.

Vance, Tracy. 2011. "Academia Faces PhD Overload," *Genome Technology*, March, pp. 38-44.

Varian, Hal R. 2004. "Review of Mokyr's *Gifts of Athena.*" *Journal of Economic Literature* 42:805–10.

Venkataram, Bina, 2011. "$1 Million to Inventor of Tracker for A.L.S., *New York Times*, February 3.

Veugelers, Reinhilde. 2011. "Higher Order Moments in Science." Presentation at the conference, "Economics of Science. Where Do We Stand?" Paris, *Observatoire des Sciences et Techniques,* April 4–5, 2011.

Vogel, Gretchen. 2000. "The Mouse House as a Recruiting Tool." *Science* 288:254–5.

———. 2006. "Basic Science Agency Gets a Tag-Team Leadership." *Science* 313:1371.

———. 2010. "To Scientists' Dismay, Mixed-up Cell Lines Strike Again." *Science* 329:104.

Von Hippel, Eric. 1994. "'Sticky Information' and the Locus of Problem Solving: Implications for Innovation." *Management Science* 40:429–43.

W. M. Keck Observatory. 2009. "About Keck: The Observatory." http://keckobservatory.org/about/the_observatory.

Wade, Nicholas. 2000. "Double Landmarks for Watson: Helix and Genome." *New York Times,* June 27.

———. 2009. "Cost of Decoding a Genome Is Lowered." *New York Times,* August 11.

Wagner, Erwin F., Timothy Stewart, and Beatrice Mintz. 1981. "The Human b-Globin Gene and a Functional Viral Thymidine Kinase Gene in Developing Mice." *Proceedings of the National Academy of Sciences of the United States of America* 78:5016–20.

Wagner, Thomas E., Peter Hoppe, Joseph Jollick, David Scholl, Richard Hodinka, and Janice Gault. 1981. "Microinjection of a Rabbit Beta-Globin Gene into Zygotes and Its Subsequent Expression in Adult Mice and Their Offspring." *Proceedings of the National Academy of Sciences of the United States of America* 78:6376–80.

Wald, Chelsea, and Corinna Wu. 2010. "Of Mice and Women: The Bias in Animal Models." *Science* 327:1571–2.

Walsh, John P., Wesley M. Cohen, and Charlene Cho. 2007. "Where Excludability Matters: Material versus Intellectual Property in Academic Biomedical Research." *Research Policy* 36:1184–203.

Waltz, Emily. 2006. "Profile: Robert Tjian." *Biotechnology* 24:235.

Wang, Zhong L. 2011. Professor Zhong L. Wang's Nano Research Group (website). http://www.nanoscience.gatech.edu/zlwang/.

Weiss, Yoram, and Lee Lillard. 1982. "Output Variability, Academic Labor Contracts, and Waiting Times for Promotion." In *Research in Labor Economics,* Vol. 5, 157–88. Edited by Ronald G. Ehrenberg. Greenwich: JAI Press.

Wendler, Cathy, Brent Bridgeman, Fred Cline, Catherine Millett, JoAnn Rock, Nathan Bell, and Patricia McAllister. 2010. *The Path Forward: The Future of Graduate Education in the United States.* Princeton: Educational Testing Service.

Wenniger, Mary Dee. 2009. "Nancy Hopkins: 'The Exception' Relates Her Story at MIT." Women in Higher Education (website). http://wihe.com/printArticle.jsp?id=18218.

Wertheimer, Linda K. 2007. "Harvard Rethinks Allston." *Boston Globe,* December 12.

Wessel, David. 2010. "U.S. Keeps Foreign PhDs." *Wall Street Journal,* January 27.

Whitehead. 2010. http://www.wi.mit.edu/research/postdoc/home_ext.php?p=benes_ext.

White Research Group. 2011. White Lab: Synthesis-Diven Catalysis. (website). Department of Chemistry, University of Illinois, Urbana-Champaign. http://www.scs.illinois.edu/white/index.php.

Whitton, Michael. 2010. "Finding Your h-Index (Hirsch Index) in Google Scholar." University of Southhampton Library Factsheet no. 3 (April). http://www.soton.ac.uk/library/research/bibliometrics/factsheet03-hindex-gs.pdf.

Williams, Heidi. 2010. "Intellectual Property Rights and Innovation: Evidence from the Human Genome." NBER Working Paper 16213. National Bureau of Economic Research, Cambridge, MA.

Wilson, Robin. 2000. "They May Not Wear Armani to Class, but Some Professors Are Filthy Rich." *Chronicle of Higher Education.* March 3, p. A16–8.

———. 2008. "Wisconsin's Flagship Is Raided for Scholars." *Chronicle of Higher Education* 54:A19. http://chronicle.com/article/Wisconsin-s-Flagship-Is/33652.

Wines, Michale. 2011. "A U.S.-China Odyssey: Building a Better Mouse Map." *New York Times,* January 28. http://www.nytimes.com/2011/01/29/world/asia/29china.html.

Winkler, Anne, Sharon Levin, and Paula Stephan. 2010. "The Diffusion of IT in Higher Education: Publishing Productivity of Academic Life Scientists." *Economics of Innovation and New Technology* 19:475–97.

Winkler, Anne, Sharon Levin, Paula Stephan, and Wolfgang Glanzel. 2009. "The Diffusion of IT and the Increased Propensity of Teams to Transcend Institutional Boundaries." Unpublished paper. Georgia State University.

Wolfe, Tom. 1983. "The Tinkerings of Robert Noyce: How the Sun Rose on the Silicon Valley." *Esquire,* December, 346–74.

Wolpert, Lewis, and Alison Richards. 1988. *A Passion for Science: Renowned Scientists Offer Vivid Personal Portraits of Their Lives in Science.* Oxford: Oxford University Press.

Wuchty, Stefan, Benjamin Jones, and Brian Uzzi. 2007. "The Increasing Dominance of Teams in Production of Knowledge." *Science* 316:1036–9.

Xie, Yu, and Kimberlee A. Shauman. 2003. *Women in Science: Career Processes and Outcomes.* Cambridge, MA: Harvard University Press.

Xin, Hao, and Dennis Normile. 2006. "Frustrations Mount over China's High-priced Hunt for Trophy Professors." *Science* 313:1721–3.

X Prize Foundation. 2009a. "About the Google Lunar X Prize." Google Lunar X prize website. http://www.googlelunarxprize.org/lunar/about-the-prize.

———. 2009b. "The Teams: Astrobotic." Google Lunar X Prize website. http://www.googlelunarxprize.org/lunar/teams/astrobotic.

———. 2011. Archon Genomics X Prize (website). http://genomics.xprize.org.

"X-Ray Crystallography." 2011. *Wikipedia.* http://en.wikipedia.org/wiki/X-ray_crystallography.

Zhang, Liang. 2008. "Do Foreign Doctorate Recipients Displace U.S. Doctorate Recipients at U.S. Universities?" In *Doctoral Education and the Faculty of the Future,* 209–23. Edited by Ronald G. Ehrenberg and Charlotte V. Kuh. Ithaca, NY: Cornell University Press.

Ziman, John M. 1968. *Public Knowledge: An Essay Concerning the Social Dimension of Science.* Cambridge, United Kingdom: Cambridge University Press.

Zimmer, Carl. 2010. "The Search for Genes Leads to Unexpected Places." *New York Times,* April 26, 17.

Zucker, Lynne G., Michael R. Darby, and Jeff Armstrong. 1998. "Geographically Localized Knowledge: Spillovers or Markets?" *Economic Inquiry* 36: 65–86.

———. 1999. "Intellectual Capital and the Firm: The Technology of Geographically Localized Knowledge Spillovers." NBER Working Paper 4946. National Bureau of Economic Research, Cambridge, MA.

Zucker, Lynne G., Michael R. Darby, and Marilynn B. Brewer. 1998. "Intellectual Human Capital and the Birth of U.S. Biotechnology Enterprises." *American Economic Review* 88:290–306.

Zuckerman, Harriet. 1992. "The Proliferation of Prizes: Nobel Complements and Nobel Surrogates in the Reward System of Science." *Theoretical Medicine and Bioethics* 13:217–31.

감사의 글

1996년, 나는 『저널 오브 이코노믹 리터러처』에 「과학 경제학」이라는 제목의 논문을 발표했다. 이 논문을 발표한 후 내 인생의 한 장을 마무리했다는 생각이 들었다. 그리고 이 분야에서 좀 더 범위를 좁혀 특정 주제를 집중적으로 파고들며 연구를 시작했다. 그러다 2005년 세계은행회의에서 당시 『혁신의 경제학 핸드북』을 편집 중이던 네이선 로젠버그와 브로닌 홀이 내게 다가와 『혁신의 경제학 핸드북』의 한 장章을 맡아달라며 설득한 날, 모든 것이 달라졌다. 두 사람과 이야기를 나누고 나서 첫 논문을 끝낸 이후 10년 동안 이 분야가 엄청나게 성장했음을 깨달았고 전율을 느꼈다. 이후 2007년, 하버드대에서 베르트하임 펠로를 하면서 그때 약속했던 원고를 쓰기 시작했다. 이듬해에는 하버드에 머물며 후속작업을 했고 하버드대 출판사의 엘리자베스 크놀과 점심식사를 하게 되었다. 크놀은 매우 정중한 태도로 출판사에서 무척 관심을 기울이는 작업에 참여하지 않겠느냐고 제안했다. 나는 어리석게도, 내가 무슨 일에 발을 들여놓는지도 모른 채 막 작성한 원고를 크놀에게 보냈다. 그리고 3년이란 시간이 흐른 지금, 교수로 일하며 2년을 꼬박 들인 원고를 마무리하며 이 글을 쓴다. 이 이야기가 주는 교훈은 이것이다. "엘리자베스가 또다시 나를 점심에 초대한다면?…… 거절하리라!"

이 책을 쓰는 동안 나는 친구와 동료, 가족의 격려와 도움을 받았으며 재단 두 곳에서도 지원을 받았다. 알프레드 P. 슬론 재단은 6개월 동안 프로젝트에 온전히 집중할 수 있도록 연구비를 대학원생 연구조교 에린 코프만의 몫까지 지원해 줬다. 에린 코프만은 데이터 분석, 그림과 표 준비, 참고문헌 정리에 탁월한 능력을 발휘했다. 또 국제경제연구센터ICER 측에서 펠로십을 제공해준 덕분에 2009년 가을 3개월 동안 이탈리아 토리노대에서 원고 작업에만 전념할 수 있었다. 그뿐 아니라 내가 근무하는 조지아주립대 경제학과에서도 프로젝트에 전념하도록 자율적인 활동과 제도적인 지원을 보장받는 행운을 누렸다.

이 프로젝트에 기여한 많은 이에게 감사를 표하기에 앞서, 연구를 수행하고 나만의 관점을 갖추기까지 정부 자문위원회와 패널에 참여했던 경험이 매우 유익했음을 밝힌다. 1996년, 생명과학자의 초기 경력 추세를 연구하는 미국국립연구회의 위원회 참여가 시작이었다. 이때의 경험 덕분에 대학 실험실이 수행하는 연구와 실험실 인적 구성 방식에 관한 통찰력을 갖추게 되었다. 당시 셜리 틸먼은 수년에 걸쳐 공부한 대학원생들이 적합한 일자리를 얻도록 공정한 기회를 주기 위해 노력했으며 그 과정에서 발휘한 그녀의 강력한 리더십은 결코 잊지 못할 것이다. 그때 이후로 나는 미국 내 국제대학원생 및 박사후연구원 정책 영향, 고등교육 및 노동력 위원회 등 몇몇 미국국립연구회의 위원회에서 활동했다. 이 모임들을 마치고 나면 내가 회원으로서 제공한 것보다 언제나 더 많은 것을 얻어 과학에 대한 이해와 인식을 높이는 데 큰 도움을 받았다. 2000년대 초에는 미국국립과학재단 사회 · 행동 · 경제 자문위원회에 참여했다. 여기서는 연구를 지원하는 연방 단체들이 마주한 쟁점들을 직접 접해보는 기회를 얻었다. 2004년에는 유럽연구위원회 설립에 기여한 "유럽의 기초연구 지원 경쟁력 확보를 통한 이익 극대화" 방안을 연구하기 위해 유럽위원회 전문가그룹에 회원으로 참가했다. 최근에는 2006년부터 2009년까지 미국국립일반의학연구소, 미국국립보건원에서 활동했고, 미국국립일반의학연구소에서 연 20억 달러에 달하는 예산의 사용처를 논의하며 연구위원들은 물론이고 훌륭한 관계자들에게서 많은 가르침을 얻었다.

또 이 책을 쓰면서 미국국립과학재단 국립과학 · 공학통계센터가 제공하는 박사학위 취득자 조사SDR, 박사학위취득조사SED를 이용하는 행운도 누렸다. 하지만 미국국립과학재단의 데이터를 사용했다고 해서 미국국립과학재단이 이 책에서 제시한 연구 방법이나 결론을 보증하지 않는다는 점을 분명히 해둔다.

이제 도움을 주신 분들을 소개하겠다. 무엇보다도 이 책에서 다룬 연구에 공헌했으며, 내가 과학을 이해하도록 도와주신 공동저자들이 있다. 누가 뭐래도 샤론 레빈이 가장 먼저다. 우리는 미시간대 경제학과 대학원생 시절에 종합시험을 준비하면서부터 공동연구를 시작했으니까 어느덧 20년이 넘었다. 우리는 1980년대에 '젊은 층이 선호하는 과학학위와 특정 집단이 과학 생산성에 영향을 미치는 방법'을 함께 연구해 옥스퍼드대 출판사가 출간한 『아메리칸 이코노믹 리뷰』에 발표했다. 그 이후에도 꾸준히 함께 하며 '외국인 과학자(알프레드 P. 슬론 재단 지원)'를, 좀 더 최근에는 앤 윙클러와 더불어 '정보기술 확산과 과학자의 생산성'을 연구했다. 이 연구는 앤드류 W. 멜런 재단이 아낌없이 지원해 줬다. 샤론 레빈 외에도 제임스 D. 애덤스, 데이비드 오드레치, 탄윈 장, 로저 클레먼스, 웨슬리 코언, 웨이벌리 딩, 론 에렌베르크, 키아라 프란조니, 볼프강 글란젤, 제니퍼 마, 피오나 머리, 주세페 스켈라토가 공동저자로 작업했다.

또 조지아주립대 전 · 현직 동료들의 도움도 빼놓을 수 없으며 이들 대부분이 공동저자다. 이들은 그랜트 블랙, 아스마 엘가나이니, 고 스티븐 에버하트, 시프 거무, 리처드 호킨스, 배리 허슈, 메리 카시스, 차오바우언, 앨버트 서멜, 메리 베스 워커다. 그랜트는 이 책에 사용한 미국국립과학재단 데이터 분석 작업에도 시간을 할애했다.

최근에는 (조지아주립대에서 불과 8킬로미터쯤 떨어진) 조지아 공과대학에서 비슷한 관심사를 가진 동료들을 만날 좋은 기회가 있었다. 특히 메리 프랭크 폭스, 매슈 히긴스, 헨리 사우어만, 제리 서스비, 마리 서스비, 존 월시와 대화하면서 값진 아이디어를 얻었다. 마리와 존을 제외한 나머지는 모두 공동저자다.

전미경제조사국 동료들을 통해서도 유용한 가르침을 얻었다. 찰스 클롯펠터가 이끈 전미경제조사국의 "고등교육" 연구그룹에 참가한 덕분에 대학교를 연구하는 많은 학자와 교류하는 다양한 기회를 얻었다. 2000년 이후에는 전미경제조사국의 과학 · 공학 인력프로젝트에 동참하는 행운도 누렸다. 참고로 이 프로젝트는 알프레드 P. 슬론 재단이 재정을 지원했으며 초기에는 대니엘 고로프가 주도하다가 이후 리처드 프리먼이 이끌었다. 슬론 재단의 마이클 테이텔바움이 특별히 이 프로젝트를 지원했다. 프리먼은 내가 담당한 과학경제학 연구에 넉넉한 자원을 지원하고 열의를 보여줬다. 프리먼은 특별히 이 책과 관련한 프로젝트에도 참여했으며 내게 유익한 의견들을 제안했다.

그 밖에도 다양한 재단과 기업 관계자들이 정보를 제공하고 지원해 줬다. 미국국립과학재단의 니르말라 카난커티는 나의 데이터 요청에 발 빠르게 대응해줬기에 특별히 감사를 표한다. 멜런 재단의 해리어트 저커먼은 1980년대 초 처음 알게 된 이후 줄곧 나를 지원해줬고, 슬론 재단에서는 마이클 테이텔바움이 언제나 힘써 줬다. 미국국립보건원 대외연구실의 월터 샤퍼는 끊임없는 질문 공세에도 인내심을 발휘하며 답해줬다. 뿐만 아니라 내가 장비를 구입하지 않았는데도 장비가격을 친절하게 알려준 각 기업체의 판매 담당자들에게도 감사를 표한다. 일일이 이름을 밝히기 힘들 정도로 많은 분들이 도와줬다.

특별히 도움의 손길을 뻗어 주신 과학자들이 있다. 런셀러폴리테크닉대의 프란 버먼, 캘리포니아대 샌프란시스코캠퍼스의 캐시 지아코미니, 위스콘신대 매디슨캠퍼스의 프랜시스 할젠, 조지아주립대의 고 빌 넬슨, 프랑스 공업물리화학대학의 다비드 케레, 시카고 로욜라대 스트리츠의과대학의 에이미 로젠펠드, 조지아대의 왕비칭, 토론토대 로트만 경영대학원의 교수이자 생화학박사 크리스 리우 등이 유용한 제안을 해줬다.

또 많은 동료들이 원고를 꼼꼼하게 읽고 검토했다. 리처드 프리먼(2번 읽었다), 프란체스코 리소니, 헨리 사우어만, 레인힐데 뵈이겔레, 네 사람이 원고 전체를 읽는 임무를 담당했다. 이들의 통찰과 의견 덕분에 원고가 월등히 개선되었음은 물론이다. 용감하게 자원했거나, 채용한 사람들이 특정 부분을 검토했다. 이들은 론 에렌베르크, 메리 프랭크 폭스, 키아라 프란조니, 호워드 개리슨, 알도 제우나, 샤론 레빈, 크리스 리우, 에이미 로젠펠드, 마리 서스비 등이다. 고맙습니다! 또 하버드대 출판사가 채용한 익명의 검토자 2명도 참여했다. 하지만 오류에 대한 책임은 전적으로 저자인 나에게 있다.

출판 전 과정에 걸쳐 하버드대 출판사 엘리자베스 크놀과 함께 일하는 행운을 누렸다. 크놀은 원고를 받으면 일주일 이내에 각 장을 읽고 적절한 칭찬과 지적 사항을 언제나 재빨리 피드백한다는 편집자로서의 원칙을 지켰다. 고마워요, 엘리자베스!

또 친구들이 응원해 줬는데, 경제학자도 아니고 이 주제에 특별히 관심 없는 이들도 있다. 짐 기번스, 프랑수와즈 팔로-파팽, J 스테지, 라라인 토마시, 데이브 울버트, 쿤 장이 그들이다.

마지막으로, 가족을 빼놓을 수 없다. 가장 먼저 나의 아들 데이비드 에이미스는 에린 코프만의 세심한 작업을 마무리해 이 책에 삽입한 그래프로 완성시켰다. 원고를 세심하게 읽고 의견을 제시했음은 물론이다. 두 번째로, 데이비드의 파트너 조너선 드로치에게도 감사를 표한다. 조너선은 가족들이 모여 이 책에 관해 끝도 없이 나누는 대화를 너그러이 함께 해줬다. 마지막으로, 남편 빌 에이미스가 없었다면 이 책을 시작하지도 끝맺지도 못했을 것이다. 조지아주립대 사회학과 명예교수인 빌은 원고를 끝없이 읽고 다듬고 주註를 달았으며, 언제나 이 책에 맞춰 자신의 일정을 조정했다. 무엇보다도 이 책을 완성하는 데 필요한 에너지와 지원을 아끼지 않았다. 대학원을 졸업하자마자 조지아주립대에 와서 빌과 기분 좋은 첫 데이트를 했던 40년 전의 선택을 영원토록 감사히 여길 것이다. 이 책을 빌에게 바친다.

옮긴이의 말

"연구비를 유치할 것이냐, 굶주릴 것이냐."

세계적인 과학경제학자가 묘사하는 과학계의 풍경을 들여다보니 과학자들의 현실은 녹록하지 않았다. 일단 과학자가 다루는 '지식'에는 수요와 공급에 따라 가치가 결정된다는 경제학의 기본 원리가 적용되지 않는다. 그렇다보니 과학자는 발견에 대한 우선권이나 명성 등 다른 방식을 통해 인정을 받으려고 애쓴다. 이를 위해 과학자는 자신이 발견한 내용을 논문이라는 형식으로 발표해야 한다. 하지만 지식을 공표하고 나면 다른 사람들이 활용하지 못하도록 막기 어렵고, 남들이 지식을 알게 된다고 한들 나의 지식이 줄어들지도 않는다. 지식은 마치 '공공재'와도 같은 성격을 띠는 까닭이다. 바로 이것이 과학자들의 고민의 시작이라고 저자는 설명한다.

다양한 사례 가운데 미국국립보건원이 1998년부터 2002년까지 과학 부문의 예산을 2배로 늘린 사례는 무척 흥미롭다. 일반적으로 투자를 늘리면 곧장 연구 성과로 이어질 것 같지만 실제로는 그렇지 않았다. 흔히 공돈이 생기면 새로 돈 쓸 곳이 생겨나듯 대학들도 늘어난 예산을 연구개발비로 투입한 게 아니라 뜻밖에도 연구동 건축에 쏟아부은 것이다. 학교마다 과열된 건축 경쟁을 벌였고 이 시기의 연구 성과는 다른 나라와 또는 예산을 확대하기 전후와 비교해도 개선되지 않았다. 단순히 투자를 확대한다고 해서 반드시 성과 개선으로 이어지지 않는다는 커다란 교훈이라 할 만하다. 투자 확대와 더불어 효율적인 운영 방안을 함께 연구해야 한다는 의미일 것이다.

과학계에도 빈익빈 부익부 현상이 두드러진다는 부분 역시 눈길을 끈다. 과학 연구를 지속하려면 연구비 유치야말로 최우선 과제인데, 연구비를 유치하려면 과거 실적이 절대적으로 중요하다. 따라서 한 번 성공을 거둔 사람은 이후에도 지원금을 유치하기가 용이하고, 자금이 넉넉하니 추가적인 성과를 내기에도 유리하며 이런 선순환이 반복된다. 반면에 새내기 연구자라서 이전 실적이 없거나, 한 번이라도 실패해서 삐끗한 경험이 있거나, 이른바 '시기를 잘못 만난' 사람들인 경우에는 좀처럼 기회가 주어지지 않는다. 가령 취업시장에 뛰어들 때 시장 상황이 나빠 기회를 얻지 못했던 과학자는 경력 내내 이때의 경험이 따라다니면서 온전히 재능을 꽃피우지 못하는 수도 생기는 것이다. 이들에게 실적만 따지기보다는 향후 계획과 비전에 중점을 두어 평가하고 좀 더 기회를 주자는 저자의 이야기는 귀담아들을 만하다.

그런가 하면 과학자와 공학자를 위한 시장을 바라보는 저자의 눈은 매섭다. 우리나라를 비롯해 미국 등 여러 나라에서는 이공계 인력이 부족하다고들 하지만, 저자는 인력 부족을 논하기에 앞서 기득권자를 중심으로 돌아가는 인력시장이 문제라며 이를 꼬집는다. 박사과정까지 오랜 시간과 막대한 비용을 들여 고생 끝에 과학자가 되지만, 이렇게 양성된 과학자가 실력을 발휘할 일자리가 부족하다는 지적이다. 그런데도 이와 같은 현상이 반복되는 이유는 과학계 인력이 많아질수록 유리해지는 기득권자들의 입김이 반영된 까닭이라고 주장한다. 과학자의 공급을 늘리면서도 그에 걸맞게 일자리를 창출하고, 취업 실적까지도 공유하자는 저자의 일침은 경기가 부쩍 어려운 요즘 더욱 피부에 와 닿는다. 이밖에도 외국 출신 과학자가 미국에서 차지하는 비중과 배경, 향후 전망 등 과학계의 인력 문제를 다각도에서 분석하고 있다.

끈질긴 진단 끝에 저자는 과학계의 인센티브 방식을 바로잡자고 말한다. 훈련보조금을 강화하고 보조금에서 삭감하는 교수의 연봉 수준을 제한하자고 말이다. 또 과학에서는 핵심 아이디어를 중요하게 여기다보니 개인에게 상을 주지만(최대 3명까지), 이 방식이 가져오는 비효율을 우려한다. 개인에게만 상을 주는 방식은 협업을 독려하지 못하고, 때로는 연구에서 중요한 몫을 담당하고도 수상자에서 제외되는 안타까운 사례들도 있다며 개인이 아닌 단체에 상을 주자는 저자의 제안에도 고개가 끄덕여진다. 이럴 경우 상금을 배분해야 하므로 개인에게 돌아가는 상금이 줄어드는 문제도 있을 텐데 이런 현실적인 문제까지 논의를 확대해나가도 의미 있을 것이다.

사실 진리를 탐구하고 세상을 이롭게 하는 경이로운 학문인 '과학'을 경제학적인 관점에서 분석한다는 자체가 조금은 색다른 접근이다. 이 책을 옮기며 과학자들의 연구비 유치 부담을 덜어주고, 때로는 위험부담이 있더라도 조금은 대범하게 연구 기회를 주는 게 어떻겠냐고 말하려는 저자의 따뜻한 애정을 느낄 수 있었다. 과학계에 관한 날카로운 분석과 대안을 제시하는 데서 한 걸음 나아가 논의해볼 만한 다양한 주제를 던져주는 책이다.

찾아보기

ㄹ

ㅁ

ㅅ

ㅇ

ㅈ

ㅊ

ㅋ

ㅌ

ㅍ

ㅎ